MÉTÉOROLOGIE.

PARIS. — COSSON, IMPRIMEUR DE L'ACADÉMIE ROYALE DE MÉDECINE,
rue Saint-Germain-des-Prés, 9.

MÉTÉOROLOGIE.

OBSERVATIONS

ET

RECHERCHES EXPÉRIMENTALES

SUR LES CAUSES QUI CONCOURENT

A LA FORMATION

DES TROMBES,

PAR M. ATH. PELTIER,

Correspondant de l'Académie des sciences de Turin, de l'Académie des Géorgophiles de Florence, et membre de la Société philomatique de Paris.

PARIS,

H. COUSIN, LIBRAIRE-ÉDITEUR,

rue Jacob, 25.

1840.

INTRODUCTION.

La Météorologie est une des branches de la physique qui a fait le moins de progrès et qui s'est le moins ressentie de la marche brillante des sciences naturelles ; elle seule est restée stationnaire , lorsque toutes les parties de la physique s'enrichissent chaque jour et lorsque chacune d'elles devient par son étendue une science spéciale qui exige toute la vie d'un homme.

Il règne dans plusieurs parties de la météorologie tout autant d'obscurités qu'il y a un siècle ; on peut même dire que l'interprétation de plusieurs météores n'a pas fait un pas depuis le temps d'Aristote. Il semble que les découvertes des siècles passés n'ont eu pour but que le développement de nos applications intérieures et non l'interprétation des grands phénomènes qui nous environnent et qui ont tant d'influence sur notre constitution et sur celle des végétaux. La grandeur des appareils que la nature emploie , l'état de la matière qui les constitue , et leurs dispositions spéciales , si différentes de celles de nos instrumens , ont été un obstacle à l'appréciation des effets les plus importans des météores et à la possibilité d'en reproduire un certain nombre dans nos cabinets.

De très-grandes difficultés s'opposent, en effet, à l'étude et aux progrès de plusieurs branches de la météorologie ; les phénomènes qui les constituent sont trop éloignés de nous pour que nous puissions embrasser leur origine , leur marche et leur explosion. L'effet qui nous frappe dans le lieu que nous habitons a presque toujours sa cause à de grandes distances et à des hauteurs où nous ne pouvons nous placer en observation, et il est impossible à un seul observateur d'assister aux différentes phases du phénomène pour apprécier les influences de la localité où il s'est développé, pour apprécier l'effet manifesté lors de son passage dans une autre, et enfin son explosion qui rend l'équilibre aux élémens.

Nous n'avons que des connaissances fort incertaines sur l'atmosphère, prise à différentes hauteurs, sur l'eau à l'état de vapeur, soit transparente, soit opaque; nons ignorons quels sont les rapports des particules de vapeur entre elles, dans l'un et dans l'autre de ces états; nous n'avons que les données les plus hypothétiques sur la distribution de l'électricité statique autour de ces particules isolées ou aglomérées en nuage. Lorsque nous voulons reproduire quelques uns des phénomènes naturels, nous sommes arrêtés l'instant par la différence qu'il y a entre nos appareils et ceux de la nature : chacune des parties de nos appareils est un corps complet, rigide, dont toutes les molécules sont solidaires par leur cohésion; dans la nature, c'est le contraire qui existe, toutes les molécules de l'atmosphère, soit gaz ou vapeur, sont dans un état de liberté et d'indépendance presque absolue; leurs positions relatives changent perpétuellement, parce qu'elles obéissent à toutes les influences, quelque faibles qu'elles soient. Nos appareils étant plus pesans que l'atmosphère, il leur faut des supports qui apportent leurs résistances. L'eau elle-même, qui n'a conservé qu'un peu d'adhésion entre ses particules, nous est d'un faible secours, puisque nous ne pouvons l'étudier isolément, en dehors du vase qui la contient, en dehors des communications et des influences terrestres. Si nous la transformons en vapeurs, nous ne pouvons les tenir suspendues dans nos laboratoires ni en faire des groupes de nuages; nous ne pouvons leur donner des légèretés spé-

cifiques différentes ni les garder placés l'un sur l'autre pour
étudier leurs rapports isolés et les modifications qu'ils
s'impriment.

Lorsque l'on veut étudier l'état électrique de l'atmosphère, il y a des difficultés d'une autre nature dont on ne
peut vaincre que la plus faible partie. Les instrumens desti-
nés à constater et à mesurer cet ordre de phénomènes, n'indiquent pas l'électricité absolue d'un corps, mais la différence
de sa quantité avec celle d'un autre corps; s'il s'agit d'électricité statique, les feuilles de l'électroscope ne divergent
que lorsqu'on les a mises en contact avec un corps plus
chargé d'électricité que le milieu dans lequel l'instrument
est plongé. La constatation d'un tel état est toujours facile
dans nos expériences de cabinet, puisqu'il ne s'agit que de
connaître l'état électrique d'un corps limité sur lequel nous
opérons et auquel nous donnons une électricité de beaucoup supérieure à celle du milieu ambiant. Mais cette
expérience, si facile dans les recherches ordinaires, devient
d'une très-grande difficulté lorsqu'il s'agit de l'électricité
atmosphérique, de l'électricité du milieu dans lequel l'instrument est plongé tout entier. Et en effet, l'air ambiant
et par conséquent les armatures et les feuilles d'or étant
au même degré de tension électrique, il n'y a aucune raison
pour que ces dernières s'écartent l'une de l'autre, étant
soumises à des forces égales, placées en tous sens.

Pour démontrer la vérité de cette assertion, je prends
un globe en verre recouvert partout d'une feuille d'étain,
à l'exception de deux petites fenêtres que je ménage dans
le diamètre pour voir ce qui se passe dans l'intérieur. Au
centre de ce globe, je place un petit électroscope dont les
feuilles d'or correspondent au rayon visuel traversant les
deux petites fenêtres; je charge alors le globe d'une quantité considérable d'électricité sans que les feuilles d'or démontrent la plus petite divergence. Il en est de même si
on charge préalablement l'électroscope d'une petite quan-

tité d'électricité pareille ou contraire à celle du globe ; la petite divergence que l'on a donnée aux feuilles n'en est nullement modifiée. Ce n'est pas que l'influence électrique soit nulle dans l'intérieur, comme quelques physiciens le pensent; elle est tout aussi puissante en dedans qu'en dehors, comme nous le démontrerons plus tard (*voy.* la note page 191); mais c'est que cette influence est égale partout et qu'il n'y a aucune différence d'action entre les feuilles de l'électroscope et l'air ambiant ou les armatures de l'instrument.

Pour sortir de cette similitude d'action électrique, dans l'atmosphère, il faut donc mettre ses feuilles d'or en communication avec un milieu éloigné de celui dans lequel l'instrument est plongé ; il faut placer son extrémité exploratrice dans une zône d'air qui est dans d'autres conditions que celles qui entourent l'instrument. Une première difficulté est de savoir à quelle distance il faudra s'élever pour sortir de cette similitude d'action; à quelle distance il faudra s'élever dans deux heures, le soir, un autre jour ; car enfin, cette distance peut varier d'un instant à l'autre. Lors donc que l'instrument ne diverge pas, il faut bien se garder de conclure l'absence de toute électricité ; la seule conclusion rationnelle que l'on puisse tirer, c'est que la pointe exploratrice et l'instrument sont dans le même état, sans qu'on puisse savoir s'il y a peu ou beaucoup d'électricité dans le milieu ambiant. L'instrument serait placé dans le nuage le plus chargé d'électricité, qu'il n'en resterait pas moins muet, si les influences électriques étaient égales dans tous les sens, comme il est resté muet au milieu de notre globe. C'est un grave inconvénient d'avoir des instrumens qui ne marquent que des différences, et malheureusement nous n'en avons pas d'autres pour interroger l'électricité atmosphérique. Pour sortir autant que possible de cet état d'équilibre, on enlève un balon ou on lance un cerf-volant, ou bien encore on lance, comme l'ont fait MM. Becquerel et

Breschet, sur le grand Saint-Bernard (*Traité de l'élect. et du magn.* 4 , 10), une flèche, portant l'extrémité exploratrice d'un fil conducteur, dont l'autre extrémité tient à l'instrument ; on sort ainsi des conditions d'égalité qui rendent l'instrument muet.

Ce qui précède n'a de rapport qu'avec l'état électrique de l'atmosphère et non avec celui des nuages qui nagent dans son sein. Lorsqu'un nuage électrique passe au dessus du lieu où repose l'instrument, il agit comme on le fait dans le cabinet , en promenant un corps électrisé au dessus de l'électroscope; ce dernier diverge sur-le-champ. Cependant, dans cette expérience même , il faut encore avoir égard à la presque égalité de tension dans laquelle peut se trouver l'instrument , lorsque la distance est très-grande ; car alors l'action est à peu près égale sur toutes les parties de l'instrument, et s'il parle, il n'indique que la faible supériorité de la partie supérieure.

L'extrémité de la tige peut être terminée de deux manières : si l'on ne veut qu'une indication transitoire, il faut la terminer par une grosse boule, l'instrument en acquerra une plus grande sensibilité ; la boule ayant une grande surface, prendra par influence beaucoup d'électricité contraire, au détriment des feuilles d'or qui auront alors une électricité semblable à celle des nuages ; mais aussitôt qu'on retirera l'instrument de son influence, il redeviendra neutre. Si l'on veut au contraire conserver en partie l'électricité que les feuilles ont acquise , il faut que l'extrémité soit pointue et même armée d'un faisceau de fils, afin que le rayonnement soit facile et que l'électricité contraire puisse abandonner l'instrument et y laisser l'électricité semblable à celle du nuage. Une autre observation que nous ne devons pas omettre, c'est la longueur à donner à la tige ; elle ne peut être augmentée indéfiniment , principalement lorsqu'il s'agit d'électricité par influence. Car la charge électrique qui est accumulée à l'extrémité supérieure étant prise au détriment d'une très-grande longueur, chaque zône n'a eu qu'une petite quantité d'électricité à fournir pour la compléter ; il en résulte que les feuilles n'ayant fourni qu'une très-faible quantité d'électricité, elles divergent peu ; et si le conducteur est très-long, il faudra des quantités considérables développées à l'extrémité pour que le contingent des feuilles soit suffisant pour les faire diverger. Ainsi le double défaut de cet instrument est, 1° de ne mesurer que des différences ; 2° de ne pouvoir s'aider de grandes longueurs pour mesurer les petites quantités d'électricité, ce qui limite l'application qu'on en peut faire ; aussi beaucoup d'observateurs ont-il témoigné leur étonnement de la faible indication ou même de la nullité d'effets dans la plupart des cas, parce qu'ils n'ont pas tenu compte des principes sur lesquels il est fondé, ou qu'ils n'ont pas pris les précautions nécessaires pour le faire sortir de son égalité.

Le multiplicateur ne marque également que des différences et il exige deux circonstances qni en restreignent encore les indications. D'abord il lui faut une grande quantité d'électrité en mouvement, pour le faire dévier, tandis que la plus faible partie suffit à la divergence des feuilles d'or ou de l'aiguille d'un bon électromètre. Dans un mémoire que j'ai publié dans le 67ᵉ volume des Annales de chimie et de physique, j'ai prouvé qu'il fallait l'écoulement d'une quantité d'électricité statique représentée par une déviation de 7069 degrés de mon électromètre statique, pour produire un seul degré de déviation dans un excellent rhéomètre de 3,000 tours, ayant un système d'aiguilles légères, faisant une oscillation par minute. C'est là un très-grave défaut pour un instrument qui ne marque que des différences et non des quantités absolues.

La seconde exigence de cet instrument, c'est qu'il y ait un courant continu et non une suite de petites décharges. Lorsque ce sont des décharges intermittentes, l'inertie du

système d'aiguilles n'est pas encore vaincue, que déjà l'intermittence lui a rendu toute sa résistance. Il faut donc un
courant continu, ou, s'il est intermittent, il faut que chaque
paroxysme ait une durée appréciable pour que l'aiguille soit
déviée de sa position d'équilibre. Ces difficultés spéciales
au rhéomètre n'ayant pas été bien comprises, on a été surpris de son silence pendant les jours les plus secs et les plus
électriques, tandis que l'électroscope manifestait une forte
électricité atmosphérique. Il n'en est plus de même lorsqu'il
y a des nuages orageux ; le rayonnement du fil élevé dans
l'atmosphère est tellement considérable , que l'instrument
marche rapidement et va souvent jusqu'à son maximum de
déviation.

Ce défaut du multiplicateur est racheté en partie par la
possibilité d'employer de grandes longueurs de fils, ce qui
permet d'aller chercher au loin la quantité nécessaire à sa
déviation. Pour obtenir cette quantité , la hauteur des mo-
numens les plus élevés ne peut suffire que bien rarement:
étant placés sur le sol, ils en partagent l'électricité négative
et atténuent d'autant l'état positif de l'air qui les entoure.
Le moyen le plus simple , le plus économique et le plus
prompt, lorsqu'il fait le plus léger souffle de vent, est l'emploi d'un cerf-volant attaché à un fil métallique de 0 mil. 5
de section.

Je vais rapporter quelques unes des expériences faites à
la campagne de M. Ant. Breguet à douze kilomètres de
Corbeil, où j'ai trouvé tous les secours que je pouvais désirer en instrumens , en savoir et en un dévouement à la
science qui faisait braver à toute la famille l'ardeur d'un
soleil ardent pendant plusieurs heures chaque jour. M. Gut-
tièrez, professeur de mécanique à Madrid , prenait avec
nous une part très-active à ces recherches.

Le 21 avril 1840, le ciel était assez beau; cependant des
vapeurs formant des *cirri*, liaient quelques *strati* éloignés et
s'avançaient lentement dans l'espace. L'air était médiocre

ment électrique à 3 mètres du sol ; le vent inférieur était nord-ouest et faible, tandis que la marche des nuages indiquait qu'il venait du sud à cette hauteur. Le tambour autour duquel le fil de cuivre était enroulé, avait un compteur qui indiquait constamment la longueur du fil donné au cerf-volant ; de plus, il était isolé afin de garder l'électricité statique sur toute la longueur du fil. Un rhéomètre de 3000 tours et d'une grande sensibilité placé tout près, était à volonté mis en communication avec le fil du cerf-volant par une de ses extrémités, et avec l'autre, au moyen d'une tige de cuivre enfoncée de trois décimètres. Ainsi nous pouvions contrôler ces instrumens l'un par l'autre.

L'électroscope avait déjà indiqué une électricité positive croissante depuis 3 mètres au dessus du sol jusqu'à 30 mètres, que le multiplicateur n'avait encore donné aucun signe de puissance dynamique. A partir de cette hauteur jusqu'à celle de 50 mètres, l'aiguille, commençant enfin à dévier, indiqua un faible courant positif de 2 à 3 degrés. C'est, nous le pensons, le premier exemple de la marche d'une aiguille aimantée, sous l'influence d'un courant provenant d'une atmosphère parfaitement sereine. Il y a peu de mois encore, M. Clarke, de Dublin, déclarait à l'Académie de cette ville ses insuccès à cet égard (*Athenæum du 14 mars 1840*). Mais si le multiplicateur avait été muet jusqu'alors aux courans d'une atmosphère sereine, un autre effet magnétique avait déjà prouvé qu'on pouvait obtenir un courant réel. C'est ce que l'expérience de MM. Becquerel et Breschet démontra, en aimantant une petite aiguille placée au centre d'un solénoïde.

Le cerf-volant, montant toujours, fut un instant sans donner de signe électrique, puis bientôt l'aiguille indiqua un courant négatif de quelques degrés. L'électroscope interrogé, indiqua que cette zône négative avait une épaisseur de 20 mètres, au dessus de laquelle les signes positifs reparurent; lorsque le cerf-volant fut à une hauteur de 80 mètres, le courant devint sensible, il augmenta peu à peu jusqu'à 120 mètres ; mais au dessus de cette hauteur l'aiguille marcha rapidement, et lorsque le cerf-volant fut arrivé à 180 mètres, l'aiguille marqua 60 degrés, répondant à un courant de 180 degrés de forces proportionnelles.

Ce renversement de signes était un fait trop curieux pour ne pas chercher à le constater par de nouvelles observations ; mais les jours suivans eurent une sérénité tellement uniforme qu'ils ne nous offrirent aucune zône négative interposée entre des couches positives, comme celle du premier jour. Voici, du reste, les indications que nous donnèrent les jours d'une sérénité âpre et desséchante qui suivirent le 21 avril.

Les premières indications positives du multiplicateur eurent lieu à une hauteur d'environ 40 mètres ; de 40 à 100 mètres, l'aiguille monta faiblement, mais au-delà et jusqu'à celle de 247 mètres, la déviation augmenta tellement, que l'aiguille alla frapper l'arrêt à 90 degrés et se maintint entre 70 et 80 degrés ; c'est-à-dire que le courant avait au moins une force de 600 degrés proportionnels. Ce sont des faits sur lesquels nous reviendrons et que nous compléterons, lorsque nous traiterons des nuages orageux dans l'ouvrage qui doit suivre celui-ci.

Les météores ignés apparaissant dans des momens inattendus et n'ayant qu'une durée fort courte, laissent peu de prise à l'observation ; ils prennent en outre une multitude de formes, dont le plus souvent on ne peut apprécier la cause. Quelques uns ont des zones privilégiées ; ainsi les aurores boréales, ou mieux polaires, se montrent vers les pôles magnétiques ; la lumière zodiacale, les parhélies accompagnent le soleil, et les halos les corps lumineux. Si nous descendons plus près de la terre, nous trouvons les vents alisés qui soufflent avec constance et les moussons qui règnent périodiquement ; les ouragans et les typhons n'apparaissent que par instant.

Puisque ces météores sont toujours reproduits dans certaines zones et sous les mêmes circonstances, il faut bien que ces circonstances entrent comme causes dans les effets qui les manifestent ; qu'elles y entrent comme causes médiates. L'interprétation de ces phénomènes naturels devra donc tenir un compte notable de ces circonstances et dire pourquoi ces signes visibles les accompagnent. On voit combien de difficultés accompagnent l'étude de la météorologie. Ce n'est point assez de l'étendue du phénomène ; ce n'est point assez de l'éloignement des causes concomitantes et de l'impossibilité pour le même observateur d'assister à l'origine, au passage et à la solution du phénomène, il faut encore y joindre l'impossibilité d'imiter les procédés de la nature dans nos expériences, et conséquemment d'en reproduire les effets dans les mêmes circonstances, et de démontrer expérimentalement l'ensemble des causes primordiales et secondaires, sans l'addition d'aucune déduction. Cette impossibilité de reproduire le phénomène entier est un très-grand obstacle aux recherches et aux progrès de cette science. Ce n'est donc qu'avec beaucoup d'observations faites en commun sur une large échelle, ou bien par la coordination des observations particulières recueillies et analysées, enfin par la reproduction des parties du phénomène qui peuvent se plier à nos instrumens, que l'on pourra dévoiler peu à peu des secrets qui ont été trop bien gardés jusqu'ici. Nous ne croyons pas cependant que ces interprétations soient impossibles ; nous pensons même que, la route une fois ouverte, on y marchera avec plus de facilité ; que ce long retard dans la connaissance des météores vient de la fausse route des anciens observateurs, qui ont pris les effets apparens pour les causes inaperçues, et surtout des lacunes de la science qui ont été comblées en partie depuis vingt ans.

Persuadé qu'avec beaucoup d'observations, et aidé des moyens actuels de la science, on peut rendre compte de plusieurs météores, j'ai recherché avec ardeur quelles sont les circonstances qui concourent à leur formation et je me suis efforcé d'y joindre l'expérience , autant que cela m'a été possible.

Ces recherches devant durer long-temps, j'ai dû les partager en plusieurs séries , et les publier successivement à mesure qu'elles me paraîtront suffisamment complètes. La question des trombes ne me laissant plus de doute sur sa solution , c'est par elle que je commence. En effet, ce météore n'étant que la transformation d'un autre météore , comme nous le verrons dans le cours de cet ouvrage, on peut donner son interprétation en partant du météore primitif, dont il n'est que la continuation, sans entrer dans les détails que comporterait celle de ce dernier. Quoique dans cette première série je n'aie pour but que l'explication des trombes , cependant , comme ce météore touche à tous les autres météores aqueux et électriques , j'ai été obligé de dire comment je les envisageais et quelle route je me proposais de suivre. J'ai rassemblé un grand nombre de relations relatives aux trombes; je les ai coordonnées, pour en faire ressortir les parties constantes que je devais considérer à part ; puis les parties accessoires , qui ne sont pas de nécessité absolue. Ainsi dégagées les unes des autres , il m'a été plus facile de reconnaître la cause générale et primordiale, sans laquelle il n'y a jamais de trombes; d'en reconnaître toutes les influences spéciales et d'en imiter quelques résultats principaux, par des expériences convenablement appropriées ; j'ai coordonné également un bon nombre d'autres météores qui ont été accompagnés d'effets semblables à ceux qu'on retrouve dans les trombes ; ce qui m'a permis de tirer une double preuve de la vérité de mes déductions. Cette manière de procéder par la coordination des parties constantes et des parties accessoires m'a mis sur la voie de diverses expériences qui viennent appuyer directement l'interprétation que je tire de ce phénomène ;

elle m'a de plus ouvert celle d'autres météores tout aussi contestés et tout aussi inexpliqués que celui des trombes. Je n'ai trouvé jusqu'alors aucun obstacle sérieux , et j'espère démontrer dans le travail qui suivra celui-ci , que les phénomènes météorologiques sont plus simples qu'on ne l'a cru jusqu'alors, et qu'ils s'enchaînent et se transforment de la manière la plus naturelle.

Il y a trois faits qui m'ont servi de bases nouvelles et m'ont facilité l'interprétation de la plupart des météores. Le premier de ces faits a été souvent pressenti, beaucoup d'auteurs en ont prononcé le nom dans leurs énoncés généraux; mais, conçu isolément, il n'a pu satisfaire aux diverses parties des phénomènes, et alors ayant paru insuffisant, il a été délaissé comme n'entrant pas dans la cause première des phénomènes auxquels on l'avait appliqué. En effet, il n'a de valeur positive qu'avec le secours des autres faits; puisqu'il ne se présente jamais sans eux, ou au moins sans l'un d'eux. Ce premier fait est l'action statique de l'électricité des vapeurs, ce sont ces attractions ou ces répulsions qu'éprouvent les corps environnans , suivant qu'ils sont chargés d'une électricité contraire ou d'une électricité semblable. Nous verrons que les vapeurs peuvent être chargées d'une quantité prodigieuse d'électricité et que leur puissante action porte la perturbation sur l'atmosphère environnante. Cette première base sera facilement admise, parce qu'elle est connue par toutes les expériences de cabinet, et si elle ne l'a pas été plus tôt, c'est que seule, comme nous l'avons dit, elle n'a pu donner d'interprétation complète. Lorsque cette base sera admise, on en fera remonter l'honneur à tous les physiciens qui ont prononcé le mot *électricité* en parlant des météores , quelles que soient les fausses interprétations qu'ils en aient faites , ou quelles que soient les lacunes qu'ils n'ont pu remplir. Ainsi depuis Wilcke et Beccaria , cinquante auteurs pourraient en réclamer la priorité, si le mot *électricité*, prononcé d'une manière générale , pouvait servir de démonstration.

La tension électrique seule ne pourrait rendre compte de la persistance des actions, seule elle ne pourrait suffire à toutes les parties des phénomènes complexes qui nous entourent ou qui frappent nos yeux ; pour satisfaire aux conditions imposées par les faits naturels, il faut admettre que les particules de vapeurs gardent une portion de leur indépendance, de leur isolement, et que la quantité d'électricité qui les entoure et qu'elles entraînent, est conservée en partie plus ou moins grande, suivant leur raréfaction ou leur condensation. Il en résulte qu'un nuage a deux sortes de tensions électriques, deux forces avec lesquelles il agit sur l'atmosphère ambiante et sur les corps voisins : l'une appartenant à la quantité d'électricité qui est coërcée à la périphérie, l'autre appartenant à la quantité gardée autour de chaque particule.

Cette seconde base après quelque hésitation sera admise; elle est trop rationnelle, trop en harmonie avec ce que nous connaissons de la constitution des vapeurs et des phénomènes météorologiques, pour qu'on puisse balancer longtemps. Les preuves que nous donnerons de cette tension persistante après les décharges électriques, ne permettront pas le doute. L'expérience que nous avons rapportée en note, pag. 191, prouve la double influence de l'électricité de chacune des particules qui les repousse et les tient à distance et de l'électricité de la surface qui les rapproche, les groupe et les maintient en corps, tout en laissant à chaque particule son individualité, si la tension extérieure est modérée et proportionnée à celle de l'intérieur, et enfin les rapproche jusqu'à la condensation liquide, si la tension extérieure est très-puissante. C'est du reste une expérience qui appartient au travail qui suivra celui-ci. Une fois ce second principe admis, on trouvera que cette idée a été souvent émise, qu'on a déjà dit qu'une décharge électrique ne formait pas toute l'électricité d'un nuage. Nous répondrons d'avance que l'énoncé vague et général d'une idée n'est point une démonstration, ne prouve le plus sou-

vent que l'impossibilité de comprendre toutes les parties
d'un phénomène.

Le troisième fait sur lequel je m'appuierai sera plus
long-temps contesté, il rencontrera plus de difficultés à
se faire admettre, parce qu'il est tout-à-fait en dehors des
opinions émises jusqu'alors, il sort complétement des idées
acquises et avec lesquelles on a l'habitude de raisonner.
Le fait dont je parle est celui-ci : *Les vapeurs transparentes, que l'on nomme aussi vapeurs élastiques, dont la dissé-
mination ne trouble pas la pureté de l'air, se grouppent en
nuages comme les vapeurs opaques ; elles se massent entre
elles et forment ainsi des parties plus denses qui sont les
nues transparentes, et des intervalles qui séparent ces nues
qui en sont les éclaircies. Ces nuages transparens peuvent être
comme les nuages opaques, chargés d'électricité et peuvent
reproduire les mêmes phénomènes que ces derniers, avec les
modifications qui découlent de leur état particulaire, de leur
plus grande raréfaction et consécutivement de leur plus faible conductibilité électrique.* C'est sur l'existence de ces
nuages invisibles que j'attends les objections les plus vives ; aussi, pour porter chez les autres la conviction que
m'ont donnée les observations et les relations météorologiques, je multiplierai les preuves des phénomènes apparens, dépendant le plus souvent des nuages opaques, et se
montrant tout à coup au milieu d'un ciel pur et serein.
Ces exemples seront assez nombreux pour rendre la négation impossible et pour faire naître le doute où l'on
place encore la négation absolue ; puis, nous arriverons à
convaincre les plus incrédules, du moins nous l'espérons,
en montrant combien l'explication de beaucoup de météores
en devient plus facile et plus naturelle ; combien ils ressortent immédiatement de cet arrangement atmosphérique,
que des observations directes auront d'abord fait connaître.

La route que nous suivons est nouvelle, elle produira
d'abord un sentiment de surprise, peut-être de répulsion,
comme le produit tout ce qui vient rompre nos habitudes,

Il est rare , en effet, qu'on doute tout à coup des interprétations dont on s'est servi pendant long-temps et avec lesquelles on s'est familiarisé : les défauts n'en sont plus sen-
tis, leur application ne demande aucun effort ; on n'examine
plus, on prononce. Il n'en est pas de même de l'admis-
sion d'une autre interprétation ; tout y est travail, il faut
comprendre , coordonner , déduire , appliquer ; ces efforts
d'intelligence viennent troubler notre confiante quiétude ,
et cela suffit pour nous disposer défavorablement. Telle est
notre nature, telle est la marche de notre esprit, aussi
nous en appelons au temps, à la discussion , à la bonne
volonté de lire , de peser et de juger. Entraîné par mes
études à la recherche des causes , je n'invente rien , je
cherche , j'observe , je recueille, j'assemble tous les documens propres à m'éclairer , je les coordonne, je les lie par
le lien commun le plus simple , le plus naturel , le plus
direct qui ressort des faits ; j'applique à tous les faits nouveaux le lien que j'ai tiré des faits antérieurs ; si un seul
fait bien constaté , bien observé lui est contraire, c'est qu'il
est insuffisant ; je l'abandonne ou je le modifie dans la partie qui ne s'accordait pas avec les faits ; en suivant cette
marche avec patience et persévérance , on arrive infailliblement à des résultats heureux et plus satisfaisans que
ceux que l'on obtient par des recherches ou trop limitées ou
trop disséminées , ou par la généralisation de quelques expériences incomplètes.

Si l'on ajoute à ce qui précède quelques faits reproduits,
propres à confirmer directement l'induction qu'on a tirée
des observations, on arrive à un degré suffisant de certitude pour admettre des interprétations qui sont contraires
aux idées reçues , mais que l'on voit plus conformes à l'ensemble des phénomènes naturels.

Telle est la marche que j'ai suivie ; observer moi-même,
recueillir les observations des autres, coordonner ces observations, faire ressortir ce qui leur est commun, consi-

dérer à part les parties accessoires qui ne sont pas indispensables aux phénomènes naturels, reproduire tout ce
qu'il m'est possible des parties constantes ou transitoires
qui les constituent ; voilà en résumé ce que l'on trouvera
dans cet ouvrage que j'offre avec confiance à l'investigation
de ceux qui veulent connaître un des météores les plus
désastreux de notre globe et la route qui conduit à l'interprétation de beaucoup d'autres phénomènes. Peut-être
trouvera-t-on que j'ai rapporté trop de relations, que j'aurais pu faire un choix ou me contenter des tableaux que
j'en ai faits ; j'ai craint qu'en me restreignant à un petit
nombre de relations, ou en ne les joignant pas aux tableaux
des chapitres 21, 22, 23 et 24, on pût penser que j'avais
fait un choix partial et que j'avais élagué tout ce qui était
contraire à mon explication. Je n'ai point voulu m'exposer
à un tel soupçon, j'ai rapporté tout ce qui avait quelque
valeur d'observation et d'interprétation, et je n'ai élagué
que ce que l'ignorance et la superstition pouvait faire in-
venter, comme l'opinion de l'auteur d'une hydrographie
imprimée en 1667, où il est dit, liv. 20, ch. 21, p. 540, que
les *trompes* ou *syphons*, qu'il appelle aussi des *surons*, sont
des sorciers déguisés : j'ai dû abréger aussi les détails des
désastres qui n'auraient eu d'autre effet que celui de reproduire des émotions et non de nous instruire sur les
causes que nous cherchons.

OBSERVATIONS

ET

RECHERCHES EXPÉRIMENTALES

SUR LES CAUSES QUI CONCOURENT A LA

FORMATION DES TROMBES.

PREMIÈRE PARTIE.

CHAPITRE PREMIER.

DES NOMS DIVERS DONNÉS A CE MÉTÉORE.

1. Parmi les grands météores qui viennent troubler l'ordre apparent et l'harmonie de la nature ; parmi les grands phénomènes qui portent la terreur et la désolation où ils apparaissent, il en est un qui se fait remarquer par ses formes bizarres et gigantesques, par les forces étrangères auxquelles il paraît obéir, par les lois inconnues et en apparence contradictoires qui le règlent, enfin par les désastres qu'il occasione. Ces désastres sont eux-mêmes accompagnés de circonstances particulières si étranges, qu'on ne peut confondre leur cause avec les autres météores funestes à l'humanité. Ce météore si menaçant, si extraordinaire, et heureusement si rare dans nos contrées, est celui que les Français désignent maintenant d'une manière générale par le mot *Trombe*.

2. La singularité de ses formes, la multiplicité des lieux où il apparaît, la diversité de ses effets et de ses mouvemens directs ou giratoires, l'ont fait considérer par plusieurs physiciens comme un phénomène multiple, dont chacune des formes ou des parties méritait une désignation particulière. C'est pourquoi l'on trouve chez les différens peuples et dans les siècles antérieurs, des noms particuliers, applicables à chacune des phases du météore, ou à chacune des parties restées incomplètes. Depuis une cinquantaine d'années, on n'emploie plus en France d'autre dénomination que celle de *Trombe*, et on s'est contenté d'en distinguer de deux espèces, les *Trombes de mer*, ou aqueuses, et les *Trombes de terre*, quoiqu'elles soient exactement le même phénomène qui se trouve quelque peu modifié par la différence des lieux. On a reporté aux *Tourbillons* ou aux *Ouragans*, les phénomènes qui ne pouvaient se rattacher à aucune des formes connues de ce météore. Autrefois, on lui donnait des noms différens, suivant les mers dans lesquelles il apparaissait ; on l'appelait *Échilon* dans les mers d'Orient ; vers les côtes de Barbarie et du cap de Bonne-Espérance, on l'appelle encore *Siphon*, *Pompe* ou *Dragon d'eau*, croyant que l'eau y monte comme dans un siphon : le nom de *Puchot* l'a désigné long-temps en Amérique, et celui de *Tourbillon* lui est appliqué aussi souvent que celui de *Trombe* par beaucoup d'auteurs, qui donnent ce nom à tous les météores accompagnés d'une agitation de vent insolite.

3. Nous ne voulons pour le moment ni accepter ni rejeter les noms, ni les interprétations diverses données à cet ensemble de phénomènes ; nous ne voulons pas trancher cette question par une affirmation prématurée ; nous voulons nous éclairer par les faits, et mettre chaque lecteur en mesure de motiver son jugement et d'indiquer lui-même le nom le plus convenable, ou au moins de bien spécifier la valeur de

celui qu'il emploiera. Nous rapporterons des relations de trombes, nous les discuterons, nous nous placerons dans les mêmes circonstances que les observateurs ; mais nous nous y placerons avec des connaissances spéciales et non avec de simples croyances : nous mettrons les faits où l'on mettait des affirmations. Nous éviterons cette faute trop commune, de croire qu'il suffit d'une conjonction conclusive, pour justifier une induction, pour la présenter comme ressortant nécessairement des prémisses posées. Nous étudierons les forces en présence, nous leur appliquerons ce que l'expérience directe nous aura enseigné, et nous pourrons ainsi parvenir à une interprétation motivée du phénomène, et à reconnaître quelles sont les causes immédiates ou médiates qui produisent l'ensemble des formes, des actes, des mouvemens et des dévastations qui le constituent dans toutes ses phases ; pourquoi le commencement de sa marche diffère du milieu, et pourquoi le milieu diffère de la fin. Mais avant d'entrer dans ces détails, nous devons rappeler les opinions qui ont été émises, et montrer qu'elles ne sont nullement satisfaisantes, et qu'aucune d'elles n'a pu s'élever et se faire admettre comme une théorie suffisante.

4. Dans les météores destructeurs, les forces en présence ne paraissent pas nombreuses ; leur distinction ne serait pas difficile, si leur intensité ne variait pas d'une manière considérable, et si les causes secondaires ne venaient pas compliquer leurs effets. Cette diversité de formes et d'actions se remarque surabondamment dans les orages dont nous sommes trop souvent les témoins, quoiqu'ils soient toujours produits par les mêmes forces, par les nues qui les renferment et par les vents qui les accompagnent. Il en est de même des trombes ; nous y retrouverons les mêmes forces, les mêmes élémens destructeurs, mais variés de telle sorte, que la plupart des phénomènes ont été classés dans des

ordres différens, parce qu'on a pris pour causes ce que nous verrons n'être que des effets, mais des effets qui sont venus ajouter leur puissance et agir comme causes secondaires, dans les scènes de désastres et de dévastations qui accompagnent ce météore.

En faisant abstraction des orages, tels que nous les voyons se renouveler chaque année dans nos climats, et tels que nous sommes censés les connaître, en ne tenant compte et ne nous occupant que des autres phénomènes plus rares chez nous, mais plus communs entre les tropiques, on en peut indiquer plusieurs espèces que nous allons rappeler en les distinguant les uns des autres par des caractères spéciaux.

CHAPITRE II.

DES VENTS DIRECTS ET TOURBILLONNANS.

5. Lorsqu'une portion de l'atmosphère se meut comme un courant, qu'elle s'avance dans une direction déterminée et avec une vitesse qui rend son choc appréciable à nos instrumens ou à nos sens, cette masse d'air et son mouvement progressif senti s'appelle *Vent*. Lorsque le vent s'avance toujours dans le même sens, lorsque rien n'en arrête ou n'en dévie la marche, cet ensemble de phénomènes n'a pas de nom particulier, il conserve le nom de *vent*, accompagné d'une épithète qui indique le degré de sa force. Ainsi, ce sera un vent doux, un vent frais, un vent fort, rapide ou violent. Sa violence peut abattre des arbres, des bâtimens, et agiter fortement la surface de l'eau; mais comme son action est simple, et que l'on a compris de bonne heure l'effet mécanique que son choc devait produire, on a con-

servé la dénomination naturelle du fait, et le mot *vent*, modifié par un adjectif, a suffi pour indiquer approximativement son énergie. Quant à la direction, elle a reçu d'abord le nom des quatre points cardinaux : du nord, du sud, de l'est et de l'ouest ; puis, ces premières divisions étant subdivisées, chacune en huit parties, on a ainsi formé une *Rose de vent*, dont chaque *Rumb* a son nom particulier. Les marins ont un peu plus varié les noms, parce qu'il leur fallait plus de précision dans la puissance dont ils se servaient pour faire marcher leurs vaisseaux et pour les changemens de manœuvre qu'ils occasionaient.

6. Cette simplicité dans la propagation du vent n'existe que rarement ; les montagnes, les collines, les ravins, réfléchissent et détournent le cours du vent et le conduisent vers un espace qui reçoit déjà un cours direct. Dans cet endroit, deux vents plus ou moins inclinés l'un sur l'autre, agissent sur les corps, comme ils agissent sur eux-mêmes, ils impriment et s'impriment à eux-mêmes un mouvement, résultant des deux forces et de l'agitation de la masse d'air, dans laquelle cette rencontre a lieu. Si, à cette première cause de perturbation, on ajoute plusieurs autres réflexions ; si on ajoute les sources diverses de courans, des condensations ou des dilatations subites dans l'atmosphère, si l'on ajoute les vents produits par les nuages orageux, cette multitude de vents contraires, cette agitation puissante de l'atmosphère, dont on ne peut reconnaître les causes partielles, n'est plus seulement du vent fort ou faible, du vent froid ou chaud, c'est une agitation sans direction ou ayant des directions variables et brusques, des rafales venant de tous les côtés de l'horizon, et d'en haut et d'en bas ; cette agitation en tous sens, ces bourrasques violentes, se nomment *Tourmentes* ou *Tempêtes*, selon le degré de la turbulence des coups de vent et lorsqu'on fait abstraction des causes, que l'on considère seulement l'effet mécanique de

l'impulsion de l'air violemment agité. Lorsque les changemens de direction sont réglés et non brusques et incertains, ces tempêtes régularisées se nomment *Ouragans*.

7. Très-souvent, dans cette agitation de l'air, il s'établit une résultante qui a une forme déterminée et giratoire ; le courant le plus violent donne l'impulsion première, les autres l'atteignent et le dévient suivant leurs énergies particulières ; frappé dans toutes ses déviations par de nouveaux courans, il se résout en un mouvement circulaire qui résume en lui toutes les forces qui ont concouru à le former; c'est ce mouvement d'ensemble, tournant comme autour d'un axe, qu'on a nommé *Tourbillon* ; mais les vents, qui ont afflué de tous côtés, ne peuvent s'échapper qu'en s'élevant et en imprimant, non seulement un mouvement de rotation, mais un mouvement de giration en spirale, qui n'a de durée que celle des vents qui le produisent. Dans ce phénomène, réduit à son état le plus simple, les vents seuls ont agi, ont été la cause de ce tourbillonnement, et si l'on veut restreindre l'application du mot à son sens véritable, le *Tourbillon*, après les vents directs, est le phénomène ou le météore le plus simple de tous ceux que nous devons examiner, puisqu'il n'est qu'un mouvement giratoire imprimé à une masse fluide ou liquide, mouvement qui produit, sur les corps qu'il atteint, un effet purement mécanique.

8. La plupart des auteurs ne se sont pas astreints à n'appliquer ce nom qu'à l'effet simple et primitif dont nous venons de parler ; retrouvant ce mouvement giratoire dans les trombes incomplètes, dont on n'a vu que le tourbillonnement de l'air et des corps légers, on a donné le nom de *Tourbillon* à des phénomènes fort complexes dont on n'apercevait que le produit matériel ; on a ainsi confondu des résultats très-différens les uns des autres. Dans la réalité, le tourbillon simple est celui qui ne reconnaît pour cause que

l'impulsion mécanique d'une force; les tourbillons sont aqueux ou aériens, selon qu'ils se passent dans l'eau ou dans l'air; mais, quel que soit le fluide qui est agité, l'effet est le même : c'est toujours une résultante giratoire qui est la somme des forces, si elles convergent, ou leur différence si elles divergent dans leur action. L'application de ces forces ayant de la durée, le tourbillon a plus ou moins de permanence, et sa vitesse de rotation croît avec le temps jusqu'à ce qu'il y ait équilibre entre le mouvement produit et les forces mises en jeu. Il est rare que dans les nombreuses perturbations aériennes, il n'y ait pas quelques mouvemens giratoires produits; qu'il n'y ait pas des déviations circulaires plus ou moins complètes; cela a suffi pour faire nommer *tourbillon* toutes les tourmentes, de quelque espèce qu'elles soient. Aussi trouve-t-on dans les auteurs ce mot employé comme synonyme de tempête, sans y attacher l'idée de ce cône giratoire qui distingue les véritables tourbillons et hors desquels ce n'est plus un tourbillon.

9. Voici ce que Sénèque dit de ce phénomène dans les *Questions naturelles*, liv. 5, chap. 13.

« Tant qu'un fleuve coule sans obstacle, son cours est uniforme et en ligne droite; s'il va heurter contre un rocher qui s'avance au rivage dans son lit, il rebrousse en arrière, replie circulairement ses eaux, qui s'absorbent en elles-mêmes, et forment un tourbillon : de même le vent, tant qu'il ne trouve pas d'obstacles, pousse en avant ses efforts; réfléchi par quelque promontoire, ou resserré par la convergence de deux montagnes, dans un canal étroit et incliné, il se roule sur lui-même à plusieurs reprises et forme un tourbillon semblable à ceux des fleuves.

» Les tourbillons ne sont donc qu'un vent mû circulairement, qui tourne sans cesse autour du même centre, et ranime ses forces par ce tournoiement même : quand cette circonvolution a plus de force et de durée qu'à l'ordinaire, elle produit une inflammation et forme le météore que les Grecs appellent *Prester*. Ce n'est qu'un tourbillon de feu ; mais il produit tous les effets des vents élancés du sein des nuages. Ces tourbillons emportent les agrès des vaisseaux et soulèvent quelquefois les navires eux-mêmes dans les airs. »

Nous ne releverons pas les erreurs de physique contenues dans ce passage; elles appartiennent au temps de l'auteur ; nous ne l'avons rappelé que pour montrer qu'à cette époque, le mot *Tourbillon* était réservé au produit mécanique du mouvement du fluide , et qu'aussitôt que ce tourbillon paraissait accompagné d'un autre phénomène, on donnait un nouveau nom au résultat complexe.

10. On a cherché depuis long-temps à imiter ce phénomène, et on en a reproduit l'apparence avec facilité ; il est vrai que ce n'est point par le même moyen que la nature , mais par l'application d'une force en sens inverse. Dans la nature, la cause part de l'extérieur ; c'est le vent qui souffle de plusieurs points et qui imprime cette résultante du dehors en dedans en comprimant : dans l'expérience, au contraire, elle part du centre, le mouvement est donné aux molécules centrales, qui de là se propagent à l'extérieur en dilatant. Voilà, au reste, ce que dit d'Alembert, dans l'ancienne Encyclopédie, à l'article *Tourbillon*.

« A l'imitation de ces phénomènes , on peut faire un tourbillon artificiel avec un vase cylindrique, fixé sur un plan horizontal et rempli d'eau jusqu'à une certaine hauteur. En plongeant un bâton dans cette eau, et le tournant en rond aussi rapidement que possible, l'eau est nécessairement forcée de prendre un mouvement circulaire assez rapide, et de s'élever jusqu'aux bords mêmes du vase. Quand elle y est arrivée, il faut cesser de l'agiter. L'eau, ainsi élevée, forme une cavité dans le milieu , qui a la figure d'un cône tronqué, dont la base n'est pas différente de l'ouverture supérieure du vase, et dont le sommet est dans l'axe du cylindre.

» C'est la force centrifuge de l'eau qui, causant son élévation aux côtés du vase, forme la cavité du milieu ; car le mouvement de l'eau, étant circulaire, se fait autour d'un centre pris dans l'axe du vase, ou, ce qui est la même chose, dans l'axe du tourbillon qui forme l'eau : ainsi la même vitesse étant imprimée à toute la masse d'eau, la circonférence d'un plus petit cercle d'eau, ou d'un cercle moins éloigné de l'axe, a une force centrifuge plus grande qu'une autre circonférence d'un plus grand cercle, ou, ce qui revient au même, d'une circonférence plus éloignée de l'axe : le plus petit cercle pousse donc le plus grand vers les côtés du vase ; et de cette pression ou de cette impulsion que tous les cercles reçoivent des plus petits qui les précèdent et qui se communiquent aux plus grands qui les suivent, procède cette élévation de l'eau le long des côtés du vase jusqu'au bord supérieur, où nous supposons que le mouvement cesse. »

11. Daniel Bernoulli, dans son *Hydrodynamique* (1), traite des fluides auxquels on a imprimé un mouvement de rotation. Il rappelle qu'à l'époque de Kepler et de Descartes, on s'occupa beaucoup de la démonstration des *Tourbillons* auxquels on attribuait divers phénomènes de la nature. Huyghens fut le premier, suivant lui, qui s'en occupa d'une manière heureuse dans son *Traité de la Pesanteur*. Reprenant cette question, Bernoulli entre dans l'analyse de la courbe que prend la surface de l'eau mise en rotation, sans s'occuper du moyen que l'on a employé pour la lui imprimer. Il dit ensuite quelque chose sur le résultat obtenu en faisant tourner le vase cylindrique, ou un axe mobile, tel que l'a

---

(1) Dan. Bernoulli..., *Hydrodynamica, sive de viribus et motibus fluidorum Commentarii.* Argentorati , 1738.

fait M. Saulmon (1). Clairaut, dans son *Traité de la Théorie de la figure de la Terre* (2), a résolu, par digression, cette même question dans le chapitre sixième. Il n'a point fait d'expérience, mais il a traité analytiquement la courbure que prend la surface de l'eau renfermée dans un vase cylindrique que l'on fait tourner autour d'un axé placé au centre. Cette disposition de l'appareil permet à·la masse fluide de garder une forme constante pendant tout le temps que l'on conserve au vase un mouvement égal et uniforme. Ce n'était point une démonstration des tourbillons qu'il voulait faire, mais celle d'un principe d'hydrostatique qui se rattachait à ses recherches sur la figure de la terre.

12. Clairaut ne s'occupa pas de la force qui imprimait cette rotation, mais seulement de la place que chaque molécule devait prendre en raison de la projection et des résistances du liquide. Lorsqu'on fait l'expérience, lorsqu'on imprime un mouvement uniforme à un vase à demi plein d'eau, ayant divers corps en suspension, on voit se former le cône renversé et on le voit se continuer indéfiniment, sans produire de tourbillon secondaire au centre, pendant tout le temps que l'on maintient la rotation au même degré de vitesse. On peut encore faire tourner un cylindre renversé dans une masse d'eau contenue dans un grand vase immobile. On voit alors deux cônes, un cône obtus à l'intérieur du cylindre et un cône tronqué à l'extérieur. Aucune de ces expériences ne représente ce qui se passe dans la nature, où l'on ne peut séparer la force de son produit ; de même dans les tourbillons simples, il n'est pas possible de séparer les vents contraires qui s'impriment réciproquement un mouvement rotatoire, du tourbillon qui en est le résultat. Les vents qui affluent avec leurs forces centripètes,

---

(1) *Mém. Acad. sc. Paris* (1716), p. 35 et 244.

(2) *Théorie de la figure de la terre*, 2ᵉ édit., ch. 6, p. 52 et suiv.

sont les mêmes qui s'impriment le mouvement rotatoire et une résultante centrifuge.

13. M. Saulmon, de l'ancienne Académie royale des sciences, a fait beaucoup d'expériences pour étudier les divers tourbillons qu'on peut former en imprimant un mouvement circulaire, soit par une force extérieure, soit par une force intérieure. La série d'expériences qu'il fit alors, et dont le détail se trouve dans les mémoires de l'Académie royale des sciences, année 1716, paraîtrait actuellement un peu puérile ; mais à cette époque, l'importance des tourbillons dans le système du monde n'était pas encore tout-à-fait éteinte, et ces expériences avaient un grand intérêt. Parmi les divers modes d'impulsion qu'il employa, il y avait celui d'un bout de canne placé au centre du vase qu'il tournait assez vivement pour donner peu à peu un mouvement de rotation à toute la masse. Il mit dans le liquide des petits corps de différentes densités, afin de découvrir lesquels de ces corps s'approcheraient ou s'éloigneraient davantage de l'axe du tourbillon, lorsqu'ils ont acquis le mouvement circulaire. Le résultat a été que les corps les plus pesans s'éloignaient le plus de l'axe.

En 1832 (1), M. de Maistre a reproduit ces expériences en les modifiant un peu : il ajouta à l'axe de rotation un volant composé de quatre ailes en croix : ce volant n'était placé que dans une portion du liquide, il ne le traversait pas dans toute sa hauteur comme l'axe de M. Saulmon ; par ce moyen il n'agitait qu'une zone du liquide, d'où le mouvement se propageait au reste.

14. Cette expérience de M. de Maistre s'éloigne encore plus de ce qui se passe dans l'atmosphère que celle dont Clairaut a calculé le résultat. Car, dans l'expérience de

---

(1) *Biblioth. univ.*, Genève, v. 51, 226.

M. de Maistre, on place en un point du liquide une grande
force de projection, qui se développe dans ce centre même
sans qu'elle y arrive de l'extérieur : on fait, bien entendu,
abstraction du petit axe qui porte le volant et de la main
qui fait tourner l'axe. Ainsi, dans cette expérience, toute
la force vient d'un point central qui projette le liquide au
dehors; dans l'atmosphère, toute la force vient du dehors
qui comprime le point central. Cette expérience, toute jolie
et ingénieuse qu'elle est, ne peut pas rendre compte des
tourbillons simples qui ont une cause tout opposée; et, en
effet, la résultante des tourbillons, provenant de forces
appliquées de l'extérieur à des masses qui se projettent vers
un point central, ne peut être comparée à celle qui provient
d'une force appliquée au centre, et qui projettent les couches d'air ou d'eau dans la tangente sans compression extérieure. La première est une colonne d'air condensé,
tournant sur elle-même, et projetée vers le côté qui a le
moins de résistance, par les masses d'air arrivant de toutes
parts, et se comprimant en raison de leur vitesse acquise ;
le mouvement rotatoire une fois imprimé, les molécules
d'air ou d'eau s'échapperaient dans la tangente, si la force
comprimante et la résistance du milieu ne s'y opposaient.
Cette puissance tangentielle ne peut jamais l'emporter sur
les masses d'air qui la compriment, puisqu'elle n'est que
leur résultante. C'est ce que la plupart des auteurs ont oublié. Le tourbillon une fois établi, on n'a plus vu que la
force de projection tangentielle, on ne s'est pas rappelé
que la cause venant de l'extérieur, elle s'opposait à cet
effet; ou il faudrait admettre que le produit centrifuge est
plus puissant que la cause centripète, malgré toutes les
pertes éprouvées. Mussenbroek a fait le même oubli, et
nous verrons plus bas avec quelle facilité on passe d'une
affirmation à une autre, sans s'apercevoir du vide qui les
sépare. L'expérience de M. Saulmon et celle de M. de

Maistre, ont propagé cette erreur de raisonnement, quoiqu'il soit impossible de comprendre qu'un mouvement rotatoire produit par des forces extérieures qui compriment, ait plus de puissance pour dilater et projeter, que les forces comprimantes qui l'engendrent.

15. Lorsqu'on applique au centre du fluide la force mécanique d'impulsion, l'effet est tout autre ; il s'établit une colonne raréfiée au centre par la projection tangentielle de toutes les molécules. Le vide partiel de la colonne centrale est rempli par les zones fluides superposées, lesquelles étant à leur tour projetées, font place aux zones suivantes. Il en résulte un mouvement descendant ou ascendant, ou les deux à la fois, selon que la force rotatoire est appliquée en bas, en haut ou au milieu du fluide. Cette colonne descendante ou ascendante ne se propage pas en ligne droite, comme elle le ferait dans un tube immobile : traversant une masse d'air empreinte d'un mouvement circulaire, elle rencontre dans son mouvement ascensionnel des zones tournantes qui lui donnent un pareil mouvement rotatoire.

Pendant le temps que chaque particule du fluide obéit à l'impression du mouvement circulaire de la masse, elle s'est élevée dans la colonne centrale à une certaine hauteur ; il en résulte qu'au lieu d'un cercle, la particule a décrit une spire d'hélice. La particule suivante décrivant une semblable spire, ainsi que toutes les autres particules centrales de la masse d'eau ou d'air, il y a deux espèces de mouvement dans le même liquide, le mouvement de rotation de la masse et le mouvement en spirale de la colonne centrale qui va remplir le vide produit par la projection tangentielle.

16. Il y a dans cette expérience un second oubli que nous devons faire remarquer. Il ne s'agit pas seulement d'imprimer un mouvement de rotation à un fluide, mais

aussi d'élever jusqu'aux nuages des colonnes d'eau et le plus souvent de vapeurs. Assez d'exemples attestent que des mares et des ruisseaux ont été mis à sec instantanément. Il faut donc que le tourbillon aérien élève dans son centre dilaté une colonne d'eau huit cents fois plus pesante que lui, et à une hauteur que la physique ne peut admettre ; aussi n'est-ce qu'à force de suppositions qu'on a voulu rendre raison de cette impossibilité. Il a fallu supposer, comme l'ont fait Mussenbroek, Olivier, Napier et autres, que la trombe, creusée comme la vis d'Archimède, opérait comme elle en élevant des filets d'eau dans ses cannelures en spirale. Mais, enfin, est-il vrai que le mouvement rotatoire de l'air peut soulever une colonne liquide, et motiver quelque peu cette hypothèse ? L'expérience est facile à faire, et nous l'avons faite. J'ai placé un double volant à 3 ou 4 millimètres de la surface de l'eau, et je lui ai imprimé une rotation de 60 tours par seconde, vitesse que l'air n'acquiert jamais. Malgré cette rapidité, à peine voyait-on un petit bouton d'eau s'élever, et il disparaissait aussitôt que je remontais quelque peu le volant. Il y a donc deux impossibilités physiques dans cette supposition : le vide produit par des forces comprimantes et une grande élévation d'eau au centre d'un tourbillon d'air. Nous trouverons dans les effets des trombes une foule de démentis tout aussi formels sur la formation de ce météore par la puissance du vent.

17. Nous n'avons voulu considérer les tourbillons que comme le produit mécanique des rafales ou vents contraires, sans l'interposition d'aucune autre force ; en est-il ainsi dans la nature ? Les tourbillons gigantesques des Tropiques, ceux qui s'élèvent tout à coup sans qu'un souffle de vent en ait fait pressentir la naissance, ceux qui paraissent obéir à un tout petit nuage placé très-loin à l'Est, le ong des côtes méridionales de l'Afrique, ceux enfin qui

accompagnent les orages , ne reconnaissent-ils pour unique cause que l'agitation de l'air , lorsque tant de faits prouvent que le tourbillon s'est élevé au milieu d'un grand calme? Nous sommes loin de le penser, et les preuves ne manqueront pas pour démontrer qu'il y a une autre puissance que celle des vents qui peut les produire et les produire à de grandes distances , aussi bien dans l'air que sur la mer. Voulant marcher du simple au composé, nous n'avons parlé d'abord que du tourbillon causé par la rencontre de vents contraires , tourbillon qui n'a jamais une longue durée, qui n'est qu'une rafale giratoire et n'a qu'une faible puissance dévastatrice. Les tourbillons de longue durée, ceux qui portent la dévastation avec eux, reconnaissent une autre cause que nous ferons connaître plus bas. Ce sont de ces derniers tourbillons que les anciens, et surtout les poètes, ont tiré leurs images de terreur et de désastre.

Homère dans l'Odyssée, Virgile dans l'Énéide, Ovide dans ses Métamorphoses, Lucain , Lucrèce , se servent de la métaphore des tourbillons. Les prophètes en ont fait un fréquent usage , principalement Isaïe. Dieu dans sa colère doit visiter Ariel au milieu d'un tourbillon (Isaïe 29, 6). Il sera comme un tourbillon qui brise tout , 28, 2. Il brisera tout par les tourbillons et la grêle , 30, 30. C'est encore au milieu d'un tourbillon qu'Élie est enlevé au ciel (Rois, 4 , 2 , 11), etc., etc.

CHAPITRE III.

DES OURAGANS.

18. Avant d'arriver aux effets complexes qui constituent les trombes , nous devons parler de ces tempêtes qui assié-

gent souvent les lieux voisins des tropiques et qui auraient mérité un nom spécial à cause de la régularité de leur marche désastreuse. Vers les zones tropicales, il survient tout à coup un vent d'une grande violence qui souffle pendant quelques heures dans la même direction ; il cesse subitement, un calme plat lui succède ; puis il reprend, partant d'un autre point et souffle dans cette nouvelle direction aussi long-temps que dans la première : il cesse encore et reparaît dans un autre rumb, puis encore dans un autre, et fait ainsi le tour du compas dans 24, 48 heures ou quelquefois dans un temps plus long. Cette marche régulière et violente du vent, soufflant ainsi successivement de tous les points de l'horizon, aurait demandé un nom particulier, rappelant sa violence et sa régularité. Il n'en a pas été ainsi. On a donné à cette tempête régularisée le nom d'*Ouragan*, mot appliqué à toutes les perturbations désastreuses de l'atmosphère, et qui par conséquent ne désigne rien de spécial.

19. Dunbar, dans ses *Remarques générales sur les vents* (*Trans. Soc. amér. Philad.*, t. VI, 2ᵉ série, part. 1ʳᵉ, 1804), en parlant des deux ouragans terribles qui ont ravagé la Nouvelle-Orléans, en 1779 et 1780, rapporte l'opinion de quelques physiciens, qui voient l'action de l'électricité dans ces grands phénomènes ; il cherche lui-même à se rendre compte de cette violence subite du vent et de son calme momentané, puis de son renouvellement. Malheureusement, les démonstrations pèchent par la base et ne peuvent être adoptées : ce sont de ces vagues inductions qui ne reposent sur aucun fait positif. La cause de ces ouragans circulaires est tout-à-fait inconnue ; les vents qui les constituent venant successivement de tous les points de l'horizon, il faudrait avoir l'état du ciel et celui de l'atmosphère d'une grande étendue de pays, pour se former une idée des causes éloignées qui y concourent. Le résultat de

mes recherches sur tous les météores me fait espérer de pouvoir soulever, dans un autre travail, le voile qui les couvre, ou au moins d'indiquer quelques unes des circonstances qui y concourent.

20. Ce mot *Ouragan* n'a de valeur un peu limitée que dans la mer des Indes ; partout ailleurs, et principalement dans le langage usuel, on a donné ce nom à la réunion de la tempête et du tourbillon. Ce nom vient probablement du mot indien *Aracan*, donné à un ensemble de phénomènes communs dans ces régions ; il aura passé du langage des marins dans la langue usuelle, et on l'a employé ensuite à désigner d'autres tourmentes atmosphériques, que celles auxquelles il est appliqué entre les tropiques. La distinction des tourbillons suivant leurs causes n'ayant jamais été faite, on conçoit que lorsque le mot *ouragan* est appliqué à la désignation des vents, sans fixité du rumb, unis à des tourbillons de toute origine, ce n'est plus qu'une expression arbitraire, sans valeur définie, puisqu'on ne connaît pas toutes les parties du météore qu'on veut désigner : de telles expressions jettent une grande confusion dans le langage, et le lecteur n'est jamais certain d'y mettre la même valeur que l'auteur y a mise. Lorsque les causes en seront mieux connues, on pourra se servir de termes mieux appropriés que ceux que l'on emploie maintenant et donner ainsi à chaque météore la désignation qui rappelle son origine et ses effets.

21. On a distingué dans les ouragans, deux modes de propagation qui ont fait donner les noms d'ouragans *rasans*, ou horizontaux à ceux qui suivent la surface du sol ; ce sont les plus désastreux, puisque leur violence s'exerce sur les productions de la terre et sur les bâtimens ; ou celui d'ouragans *verticaux*, à ceux dont la résultante se résout en un mouvement giratoire ascensionnel, qui se perd dans l'espace sans dévaster le sol. Les ouragans simples, tels

que nous l'entendons maintenant, peuvent exister sous un ciel sans nuages apparens, comme sous un ciel couvert ; avec un air sec ou humide. La présence ou l'absence des nuées ordinaires n'entre pour rien dans leur formation ; la force mécanique du vent nous paraît en être la seule cause, et la résultante des forces en présence en constitue tous les degrés de diversité de formes, de puissance et d'énergie. Maintenant à ce produit tout aérien, nous allons voir se joindre les vapeurs qui constituent les nuages et produire un ordre de phénomènes beaucoup plus complexe, dans lequel entreront non seulement les nues, mais encore une autre puissance de la nature dont nous n'avons pas parlé jusqu'à présent.

CHAPITRE IV.

DES CAUSES ÉTRANGÈRES QUI S'AJOUTENT AUX VENTS.

22. Dans les deux chapitres précédens, nous avons cherché à faire comprendre ce qui constitue une tourmente et un tourbillon simple. Nous avons insisté sur la cause commune à ces deux phénomènes, la progression plus ou moins rapide du vent, soit d'une manière violente et confuse ; soit d'une manière violente et régularisée sous la forme d'un mouvement giratoire. Maintenant, nous devons nous occuper d'une force de tout autre nature qui viendra compliquer la puissance toute mécanique des tourbillons : nous devons tenir compte d'une substance nouvelle, d'un corps nouveau qui viendra s'adjoindre à l'air ; nous devons tenir compte de l'eau et des nuages, dont la présence rendra le phénomène plus complexe encore. Nous ferons la part de chacune des forces nouvellement intro-

duites, et nous chercherons à distinguer les divers états de
simplicité ou de complexité relative de ce nouvel ordre de
phénomènes, suivant ses apparences simplement aqueuses,
ou aqueuses et ignées, le tout réuni aux tourmentes de
vent, aux ouragans simples ou à d'autres plus compliquées
que nous allons connaître, c'est-à-dire, à tout cet ensemble de phénomènes que les Français appellent *Trombe.*

23. Mais d'abord disons quelques mots sur la vapeur
contenue dans l'air et sur ce que nous savons de la constitution des nuages. Nous connaissons l'eau dans trois états
différens; nous la connaissons à l'état solide, lorsque la
température est au dessous de zéro; à l'état liquide, lorsque la température est entre 0° et 100 degrés; enfin à l'é-
tat de vapeur, lorsque chaque particule d'eau s'est appro-
prié une quantité de calorique latent, supérieure à celle
qui constitue une température de cent degrés, quand cette
quantité est libre. La science n'a point encore démontré
pourquoi l'addition du calorique dans un corps lui ôte sa
cohésion, pourquoi les molécules n'ont plus que des rapports d'adhésion, pourquoi elles deviennent libres, presque
indépendantes, et peuvent passer des unes aux autres et
cependant conserver des rapports optiques, comme le démontrent les dissolutions d'acide tartrique, de sucre, de
gomme et d'autres substances. La science ne dit pas pourquoi une nouvelle addition de calorique rompt toute adhésion, tout rapport quelconque; pourquoi les molécules s'é-
tant assimilé une grande quantité de calorique à l'état
latent, elles se repoussent les unes les autres et le feraient
indéfiniment, si la gravitation ne les retenait superposées;
pourquoi enfin elles passent à l'état de vapeur.

24. Enfin, la science est encore muette sur la cause qui
donne la puissance aux molécules superficielles de l'eau,
à moins de cent degrés, de prendre aux autres molécules
la quantité de calorique dont elles ont besoin, pour passer à

l'état de vapeur ; pourquoi ces dernières se laissent ainsi dépouiller de leur propre calorique. Tout ce que nous savons , c'est qu'il en est ainsi ; c'est qu'à la surface des liquides , les molécules superficielles , après avoir enlevé aux molécules voisines le calorique qui leur est nécessaire, s'élèvent et se répandent dans l'espace à l'état de vapeur; c'est que cette évaporation croît avec la température et avec la sécheresse de l'air ambiant. Ce que l'on sait aussi , c'est que cette vapeur invisible et répandue dans l'espace devient visible par un abaissement de température , puis se résout en eau liquide ou pluie , par un nouvel abaissement ou par une trop grande saturation ; sans doute la science n'a point encore dit le secret de ces transformations, de ces divers états de l'affinité ; nous pensons cependant qu'elle parviendra à le dire , car nous savons qu'il y a des travaux qui permettent de s'élever jusqu'à l'interprétation de ce phénomène; mais enfin, prenant la science telle que l'ont faite les publications, nous rappelons les faits qu'elle n'a point encore expliqués, quelle que soit la certitude de leur existence.

25. Les faits incontestables et inexpliqués sont : que l'eau à la surface du sol s'évapore ; qu'elle se répand en vapeurs invisibles dans l'atmosphère ; que la quantité de vapeurs qui se forment croît avec la température , ainsi que le degré de la saturation ; qu'un certain abaissement de température rend ordinairement visible la vapeur qui ne l'était pas ; qu'on nomme nuage une masse plus ou moins étendue de cette vapeur visible , qui est limitée par une portion de l'air qui ne contient encore que de la vapeur invisible ; qu'un plus grand refroidissement produit un rapprochement des particules de vapeur visible et forme alors des gouttes liquides , lesquelles, ayant plus de densité que l'air ambiant, tombent sur la terre et forment la pluie. Cette différence dans l'état de la vapeur, d'être invisible ou visi-

ble, a fait supposer qu'elle se trouvait dans des états différens et qu'il était de toute nécessité qu'elle passât de l'un à
l'autre avant de reprendre sa liquidité. La première supposition est fondée, car s'il n'y avait aucun changement dans
les rapports des particules aqueuses, elles continueraient
de nous être invisibles; il faut donc bien admettre qu'il y
a une disposition nouvelle, un arrangement nouveau entre
les molécules puisqu'elles forment des corps visibles, d'invisibles qu'ils étaient. La seconde supposition est moins
fondée : nous ne voyons pas de nécessité absolue que la
vapeur transparente passe par l'état opaque pour être de
nouveau transformée en gouttes d'eau : nous ne voyons pas
l'impossibilité du passage direct de la vapeur invisible à l'é-
tat liquide sans l'intermédiaire d'un état tierce. Les faits
mêmes viendraient démentir ce que cette supposition a de
trop absolu. Les pluies tropicales sans nuages ne peuvent
pas être plus révoquées en doute, que la rosée de nos climats où cette transformation se fait sans cet intermédiaire.
Nous aurons d'ailleurs d'autres preuves à donner plus bas,
que la vapeur inviisble n'a pas toujours besoin de changer
d'aspect pour jouer le rôle qu'on attribue spécialement à la
vapeur visible.

26. Nous avons un autre fait à signaler, c'est le phénomène d'électricité statique qui apparaît pendant l'évaporation des eaux qui contiennent quelques substances en dissolution, c'est-à-dire, avec lesquelles l'eau est entrée dans
une combinaison chimique. A la surface de la terre, toutes
les eaux sont imprégnées de sel; la mer, les lacs, les étangs,
les marais, contiennent une infinité de substances en dissolution que l'évaporation rend libres. La vapeur est formée
d'eau pure ou presque pure ; les molécules du chlorure de
sodium, des sulfates, des nitrates et des phosphates de
toute espèce, qui étaient combinées avec celles de l'eau,
en ont été séparées, elles sont restées dans le liquide. Ce

changement d'état, ce passage d'un équilibre ancien à un équilibre nouveau entre les atomes , ne peut s'opérer sans qu'il en résulte un phénomène électrique : c'est ce que l'expérience de chaque jour vient démontrer. Ce phénomène serait de l'ordre de l'électricité dynamique, c'est-à-dire, qu'il y aurait un courant électrique , si, au moment de ce changement d'état, un bon conducteur donnait un passage facile à la propagation du mouvement qui a été produit au moment de la transformation; mais, comme dans le cas qui nous occupe , cette propagation ne peut avoir lieu et qu'aucune substance conductrice ne vient compléter le circuit, les deux états électriques restent isolés, l'eau emporte l'état positif ou , comme l'on dit , l'électricité positive, le sel garde l'électricité négative : le phénomène dynamique ne pouvant avoir lieu , la neutralisation des deux états électriques contraires ne peut s'opérer, et chacune des substances garde son état électrique libre. Cette électricité libre , gardée et coërcée sur les corps , n'agit plus de la même manière que celle en mouvement, elle produit un tout autre ordre de phénomènes, comme nous l'avons tant de fois indiqué : ces phénomènes sont de l'ordre statique , ils n'agissent plus que par une influence de présence et non par un effet de mouvement. *Voyez* le mémoire que j'ai publié sur ce sujet dans le 67ᵉ volume des Annales de chimie et de physique.

27. La vapeur qui s'élève d'un liquide est donc accompagnée d'électricité statique, puisqu'elle provient d'une décomposition , et l'on sait par expérience que celle de la vapeur est positive, et celle laissée sur le sol négative. Ces deux électricités ayant été séparées l'une de l'autre au moment de la décomposition chimique, l'intensité électrique des molécules variera comme l'intensité de l'affinité qui les maintenait combinées , et en proportion de leur isolement du sol ou des nuages chargés d'une autre électricité. Ces intensi-

tés puissantes de l'électricité de l'atmosphère et du sol,
donneraient occasion à des décharges continuelles, à des
foudres sans cesse renaissantes, si la neutralisation de ces
états électriques contraires, ne s'opérait à tous les instants,
entre la terre et l'atmosphère, par le moyen de l'humidité
même que cette vapeur donne à l'air. Aussi, dans les temps
froids et humides, lorsque l'évaporation est faible et que
les nuages ne sont pas le produit de la contrée, mais sont
amenés de très-loin et sont restés long-temps suspendus
dans une atmosphère conductrice, leur électricité s'est
écoulée peu à peu dans le sol et ils s'en trouvent plus
ou moins déchargés ; ce qui en reste n'a plus qu'une action insensible à distance. Ces nuages ne sont plus alors
formés que de vapeurs d'eau, et leur transformation en
pluie ne dépend que d'un peu d'abaissement dans la température ; ils ne présentent plus d'autres phénomènes que
ceux de leur translation et de leur résolution. Dans l'été,
au contraire, l'évaporation est rapide, l'air se charge de
vapeurs dans la contrée qu'il traverse ; lorsque ces vapeurs
sont condensées par un abaissement subit de température,
elles n'ont point eu le temps de perdre toute leur électricité, elles en ont conservé, au contraire, la plus grande
partie, qui vient jouer un rôle dans les phénomènes extérieurs. Aussi, les orages les plus chargés d'électricité, ceux
qui offrent le spectacle d'un plus grand nombre d'échanges
électriques, sont les orages qui viennent après les journées
chaudes et calmes, dans lesquelles la condensation a été
subite ; effet qui se reproduit sur une grande échelle dans
le phénomène des trombes.

28. Les nuages sont donc accompagnés des forces électriques ou ne le sont pas, selon qu'ils ont conservé l'électricité que les vapeurs ont enlevée, ou suivant qu'ils l'ont
perdue par un écoulement à travers l'atmosphère humide.
Les nuages, dépouillés de leurs forces électriques, n'entrent

dans aucune combinaison dévastatrice, ils obéissent aux vents qui les poussent, ou, pour parler plus exactement, ils marchent comme la masse d'air, dans laquelle ils sont plongés et se résolvent en pluie, lorsque la température n'est plus suffisante pour les maintenir en vapeur, tout est passif dans leur produit, ils subissent les effets des forces ambiantes et n'en possèdent pas qui leur soient propres. Les nuages chargés d'électricité, au contraire, ont des forces qui leur appartiennent. Toutes les influences d'attraction, de répulsion, de partage et de neutralisation des corps électrisés, les nuages les subissent et les font subir aux corps voisins. Ce ne sont plus des masses qui ne savent qu'obéir au souffle des vents, ce sont des masses qui attirent ou repoussent l'air qui les entoure, les vapeurs qui les circonscrivent et les autres nuages qui sont dans leurs sphères d'activité. Lorsque de tels nuages concordent avec d'autres forces, ils en augmentent la puissance, ils les varient, les diversifient et leur donnent l'étendue nécessaire pour qu'elles puissent s'étendre des nuages au sol.

29. En partant de ces dernières considérations, la masse de vapeur qui est répandue dans l'atmosphère, n'est plus formée de simples molécules d'eau, d'un corps tout passif, obéissant ; elle est formée de molécules entourées de la substance qui produit les phénomènes d'électricité statique ou dynamique, selon qu'elle est en repos ou en mouvement. La quantité d'électricité qui accompagne les vapeurs reste la même, que ces dernières soient invisibles ou qu'elles deviennent visibles ; elle ne change pas, seulement elle est, ou peut être différemment partagée, selon le rapprochement ou la combinaison des particules d'eau, et ses effets peuvent en être fortement modifiés. Les nuages ou vapeurs visibles restent suspendues dans l'espace où leur poids fait équilibre à la masse d'air qu'ils déplacent, ce sont des corps électrisés plongés dans un milieu isolant, dont toutes les

parties légères et mobiles sont libres des résistances qu'é-
prouvent nos appareils par les suspensions , l'inertie de
leurs poids, et la rigidité de leurs parties.Ces masses énormes
varient à l'infini dans leurs formes , parce que leur liberté,
leur indépendance leur permet d'obéir à toutes les forces
qui viennent du dehors. Non seulement comme masse , le
nuage obéit aux forces qui l'atteignent , mais encore
toutes ses parties changent continuellement par cette
même obéissance partielle aux moindres impulsions. L'on
comprend que lorsque des nuages , chargés d'électricité ,
viendront concourir aux perturbations atmosphériques , ils
n'y viendront pas comme des masses passives, mais comme
de nouveaux agens d'autant plus redoutables, qu'ils se prêtent à toutes les transformations et qu'ils tiennent entre deux
puissantes causes de destruction, ce qui repose sur la terre.
Dans les trombes , il n'entre que cette dernière espèce de
nuages, celle qui porte dans son sein des forces électriques
puissantes, qui agissent au loin et reçoivent de loin des influences analogues. C'est ce que les faits prouvent surabondamment. (*Voy*. les relations à la suite de cet ouvrage.)
Lorsque nous traiterons de la formation des nuages , nous
aurons à dire comment il se fait que toutes ces vapeurs, que
toutes ces particules isolées, chargées de la même électricité, ne se fuient pas à l'infini ; comment il se peut qu'une
telle aglomération de particules libres et électrisées puisse
faire un corps, une masse qui a son individualité. C'est là ,
bien certainement, une des questions les plus capitales de
la météorologie , que nous croyons avoir résolue , et qui
nous a conduit à d'autres interprétations de météores inexpliqués.

CHAPITRE V.

DES TYPHONS.

30. Il était nécessaire de rappeler en peu de mots le nouvel élément matériel qui doit entrer dans la constitution du météore complexe dont nous nous occupons, parce que sa présence comme corps aqueux, comme nuage, vient le compliquer, et plus encore la présence et l'action de la force nouvelle, renfermée dans son sein. La part des nuages et celle de l'électricité peut varier considérablement selon les lieux, les distances et les masses en présence ; le météore sera peu ou très-dangereux, il aura de grandes ou de petites proportions, selon la force du vent, des tourbillons, des projections de la foudre : les attractions ou les répulsions puissantes de ces masses électrisées, agiront avec une grande énergie sur l'atmosphère qui les entoure et produiront ces grands déplacemens d'air qui accompagnent toujours les nuages orageux. Les degrés de puissance et d'action de chacune de ces forces sont si nombreux, qu'un météore peut paraître différent d'un autre météore de même nature et sembler mériter une autre désignation ; aussi, dans tous les siècles, on a cherché à diviser en espèces, les apparences variées sous lesquelles se présentent ces phénomènes.

Malheureusement, l'ignorance des causes, s'arrêtant aux apparences accessoires, a fait confondre des phénomènes fort différens, et a fait diviser ceux qui proviennent des mêmes causes, par cela seul qu'on ne retrouvait pas toujours les effets secondaires accompagnés des mêmes formes et des mêmes apparences. Le météore nommé Typhon va nous en offrir un exemple remarquable. Ce mot *Typhon*, chez les anciens, comme chez nous le mot *Trombe*, ou bien comme celui de *Tourbillon*, n'exprimait pas une idée unique et constamment la même ; ce n'était pas toujours le même météore, les mêmes proportions, les mêmes apparences que ce mot désignait. La variété de formes et d'aspect qu'on aperçoit d'un météore à l'autre, d'un moment à l'autre dans le même météore, lui a fait donner des noms divers, selon ce qu'on en voyait et la terreur qu'il inspirait.

31. Dans la mythologie grecque, le nom de Typhon a été donné à un géant affreux, formé des vapeurs condensées que Junon fit sortir de la terre en la frappant de sa main, dans un moment de fureur jalouse. Les bras de ce monstre s'étendaient du levant au couchant, sa tête touchait aux nues, ses yeux étaient enflammés et sa bouche vomissait des torrens de feu ; il était porté par des ailes noires couvertes de serpens qui faisaient entendre des sifflemens aigus ; ses pieds étaient deux dragons énormes. Ce monstre, qui effraya les dieux, paraît être à plusieurs auteurs, le type de ces météores désastreux qui s'étendent de l'orient à l'occident, dont la tête se perd dans les nues et les pieds dans la mer, qui vomissent la foudre, la grêle et des torrens de pluie, des *Trombes* enfin les plus complètes et les plus dévastatrices.

Hésiode, dans sa *Théogonie* (v. 820-880), raconte la naissance du géant Typhon, qui enfante les Presters ou tourbillons accompagnés de feu, et les tempêtes accompagnées des grandes averses. Le Typhon égyptien était aussi le génie du Mal et de la Dévastation, quoique sa puissance et sa vie diffèrent essentiellement du Typhon grec. Enfin le verbe τύφω veut dire j'allume, j'enflamme.

32. Quoi qu'il en soit, ce mot n'a pas eu toujours une signification aussi étendue, même dans l'antiquité, car Aristote et Pline le classent parmi les météores qui ne portent

pas la foudre dans leurs flancs. Voici les distinctions que ces auteurs font dans les météores.

Aristote, dans le chapitre premier du troisième livre de sa Météorologie, dit : que lorsque le vent (*pneuma*) s'étend et s'épure, il engendre le tonnerre et la foudre ; s'il est moins épuré, si ses parties sont moins subtiles, il en sort une Ecnéphie (une tempête) ; si ces vents continuent et se projettent contre d'autres portions de l'air, ils engendrent la pluie. Lorsque ce vent sort des flancs d'un nuage et va frapper le nuage voisin, qui le repousse, il se transforme en giration aérienne, tel qu'on voit le vent s'engoufrant dans les gorges des montagnes, s'y réfléchir et se résoudre en un *Tourbillon*. Si le vent ne peut vaincre son enveloppe nuageuse, il s'y roule, pèse vers la terre, d'où il s'échappe brûlant. Si cette portion du phénomène s'accomplit sans feu, c'est un Typhon, c'est une tempête informe : le typhon ne vient pas pendant l'aquilon, ni l'ecnéphie pendant les jours neigeux, parce qu'ils sont le produit d'un souffle chaud et sec que les frimats tuent. Le typhon n'apparaît donc que lorsque l'ecnéphie ne peut percer la nue, qu'elle entraîne dans sa lutte intérieure, ainsi que les objets qu'elle touche. Mais lorsque le pneuma, ce souffle subtil, rompt sa prison, il se nomme Prester, c'est-à-dire brûlant, parce qu'il enflamme l'air et le colore de ses nuances. Lorsque les parties en sont très-subtiles, il traverse les corps sans les brûler, c'est alors que les poètes l'ont appelé Arges ; s'il est moins subtil et qu'il enflamme les corps, c'est alors un Psoloen.

Ces différences dans la ténuité des parties en produisent dans les effets ; c'est ainsi qu'on voit des corps brûlés par ce météore et d'autres qui ne le sont pas ; qu'on voit la hache d'airain fondue et le manche resté intact. La foudre qui accompagne toujours ce *pneuma* si subtil, fait sentir sa puissance avant même que le coup ne soit arrivé ; c'est ce fluide subtil, et non le bruit qui l'accompagne, qui déchire les corps.

Aristote revient sur ces différences de signification dans le chapitqe 4 de son Traité *de Mundo*. Nous ne pensons pas qu'il soit utile de relever les erreurs de physique que contiennent ces énoncés ; il suffit, à notre sujet, de faire connaître l'état de la question chez les anciens.

33. Dans les chapitres 49 et 50 du second livre, Pline dit (1) :

« Passons aux souffles qui s'élèvent subitement, et qui,
» sortis, comme nous l'avons dit, des flancs de la terre, y
» sont repoussés de la région des nuages, en s'en envelop-
» pant et en prenant plusieurs formes chemin faisant. Va-
» gabonds et rapides comme des torrens, ils produisent,
» au rapport de plusieurs auteurs que nous avons déjà cités,
» des tonnerres et des éclairs. Si leur trop grand poids, ac-
» célérant leur chute, vient à crever une nue chargée de
» vapeurs sèches, il en résulte une tempête que les Grecs
» nomment Ecnéphias (2) ; si, roulés dans un cercle moins
» vaste, ils rompent la nue sans faire jaillir d'éclairs ou de
» foudres, ils forment un tourbillon appelé Typhon, c'est-
» à-dire, une nue qui crève en jetant de l'eau autour d'elle.
» Il entraîne avec lui des glaçons qu'il en détache, les roule,
» les tourne à son gré ; son poids s'en augmente, sa chute
» s'en accélère, et sa rotation rapide le porte de lieu en

---

(1) Dans certaines éditions, ces chapitres portent les nᵒˢ 48 et 49.

(2) Varenius, dans sa Géographie (lib. 1, cap. 2), dit : « Les ecné-phias sont très-communs..., surtout au Cap de Bonne-Espérance ; les matelots les appellent *travaros*, nom qu'ils ont reçu des Portugais. Les Latins les nomment *procellæ ;* le terme grec me paraît plus propre à les désigner. » Kolbe, dans sa Description du Cap de Bonne-Espé-rance, t. 2, p. 249 (édit. 12, Amst., 1742), ne partage pas son avis, et ne veut pas que l'on nomme ecnéphias ces travaros.

» lieu. Nul fléau n'est plus fatal aux navigateurs ; non seu-
» lement il fracasse les antennes, mais les vaisseaux mêmes
» en les tordant. Le vinaigre naturellement très-froid , ré-
» pandu à sa rencontre, offre un petit remède à un si grand
» mal. Le typhon en tombant se relève , par l'effet du choc
» même, et, pompant ce qu'il trouve, à l'instant de la réper-
» cussion, il l'enlève et le reporte dans la région supérieure.

» Si l'ouverture de la nue abaissée est plus considérable
» que dans le météore précédent , et l'est moins pourtant
» que dans les orages de la première classe , mais avec dé-
» tonnation, l'ouragan s'appelle *Tourbillon*. Il renverse tout
» sur son passage. S'il marche entouré d'éclairs et de flamme,
» il prend le nom de *Prester* , et , effectivement , il brûle ,
» renverse , écrase tout ce qu'il touche.

» Il n'y a pas de typhon quand l'aquilon souffle , et pas
» d'ecnéphias lorsque la neige tombe ou couvre la terre.
» Quand ce dernier s'embrase et s'enflamme à l'instant
» même où il perce la nue , et non pas après , il forme la
» foudre. Il est au *prester* ce que la flamme est au feu ;
» tandis qu'il s'agglomère par sa propre impétuosité, l'au-
» tre se disperse au loin par l'effet du moindre souffle. Le
» *Vortex* remontant diffère du *Tourbillon* comme un bruit
» perçant ou un sifflement aigre d'un immense fracas. L'*Ou-*
» *ragan* diffère de l'un et de l'autre par son expansion la-
» térale ; il disperse la nue plutôt qu'il ne la rompt. Les
» navigateurs redoutent encore un nuage sombre , et qui
» ressemble à un animal monstrueux. Quand le nuage con-
» densé est réuni en une masse perpendiculaire, on l'ap-
» pelle *Colonne;* et c'est dans cette classe que l'on range la
» nue qui pompe l'eau comme un siphon. » (Trad. de l'édit.
Ajasson-Grandsagne.)

34. Lucain entend aussi par typhon un météore aqueux :

«Et trabibus mistis avidos typhonas aquarum Detulit, etc.»
Lucain , Phars. 7 , 156.

La fortune fit descendre le typhon avide d'eau, mêlé aux feux du ciel, etc.

Aulu-Gelle donnait au mot *Typhon* le même sens que nous donnons à celui de *Trombe*, car il dit : lib. 19, cap. 1. « Dies quidem tandem illuxit ; sed nihil de periculo, neque de sævitia amissum, quin turbines etiam crebriores, et cœlum atrum, et fumigantes globi, et figuræ quædam nubium metuendæ, quas τυφῶνας vocabant, impendere, imminereque, ac depressuræ navem videbantur. »

Le jour enfin reparut, mais ni le péril, ni le courroux de la mer ne s'apaisa ; les tourbillons devinrent plus fréquens et le ciel plus noir ; on vit des globes fumans et des nuages prendre ces formes effrayantes qu'on nomme typhons, s'abaisser et, restant suspendues au dessus du vaisseau, menacer de l'engloutir.

35. Dans l'Orient, dans les mers de Siam, de la Chine, du Japon et de Malacca, les terribles ouragans qui désolent ces mers sont désignés par le nom de *Typhons*, ou *ty-foongs*, comme disent les Chinois, de *ty*, fort ou grand, et de *foong*, vent. Ce nom pour eux, emporte l'idée de la puissance dévastatrice par l'influence d'un vent très-violent, sautant d'un rumb à l'autre et souvent accompagné de tourbillon. Il en a été tout autrement vers l'Occident, le mot *Ouragan* a prédominé, et celui de *Typhon* a été peu employé. Buffon a même voulu en restreindre la signification à la partie inférieure d'une trombe, à la colonne ascendante de la mer, lorsqu'on ne voit pas encore descendre le nuage de communication. Voici une description du typhon chinois donnée par Dampier, dans le second chapitre de son *Voyage à Achin et Tonquin*.

36. « Les Typhons sont une espèce de violens tourbillons, qui règnent sur les côtes de Tonquin aux mois de juillet, août et septembre ; ils viennent ordinairement lorsque la lune change ou devient pleine, et sont presque

toujours précédés par un temps beau, clair et serein, accompagné de vents doux et modérés. Ces petits vents tournent du vent ordinairement de ce temps de l'année qui est ici sud-ouest, et deviennent nord et nord-est. Avant que ces tourbillons viennent, il paraît une grosse nuée au nord-est, qui est fort noire, auprès de l'horizon; mais vers la partie supérieure elle est d'une couleur rougeâtre enfoncée; plus haut encore, elle est plus brillante, et ensuite jusqu'à ses extrémités elle est pâle et d'une couleur blanchâtre qui éblouit les yeux. Cette nuée est affreuse et effrayante; on la voit quelquefois douze heures avant que le tourbillon vienne. Lorsqu'elle commence à se mouvoir avec rapidité, vous pouvez attendre à coup sûr que le vent soufflera d'abord. Il se lève avec impétuosité et souffle au nord-est, d'une manière terrible, douze heures durant, plus ou moins. Il est aussi accompagné de terribles coups de tonnerre, avec de gros et de fréquens éclairs et une pluie extraordinairement violente. Lorsque le vent commence de s'abattre, la pluie cesse aussi tout à coup, et le calme succède. Cela dure ainsi une heure plus ou moins. Alors le vent venant à peu près sud-ouest, il souffle avec autant de violence de ce côté-là, et aussi long-temps qu'il a soufflé auparavant étant nord-est. »

Cette description est suffisante pour démontrer que ces tempêtes nommées Typhons sont produites par des nuages orageux. Nous citerons encore une relation moderne pour faire voir que les préjugés anciens n'ont pas influencé l'auteur de ces voyages.

37. « Un autre fléau du même genre, mais plus terrible encore, vient ravager les Philippines en octobre, époque où la pluvieuse mousson du sud-ouest si brûlante, si malsaine, même pour les indigènes, cède aux douces influences de la mousson du nord-est qui rend pour six mois aux habitans de Luçon un ciel serein, une température agréable

et la santé. Ces ouragans, appelés *ty-fongs* par les Chinois,
et qui désolent les côtes de leurs pays, font alors préférer
la rade de Manille, abritée du nord par les terres, à celle
de Cavite, qui y est exposée par sa position (1). Les navires
voient arriver le danger sans pouvoir l'éviter. Toutes les
précautions sont prises, les mâts élevés descendus sur le
pont, les ancres portées dans différentes directions ou prêtes
à tomber à la mer dès que les circonstances l'exigeront.
Le ciel est clair, mais une brume rougeâtre enveloppe
l'horizon ; un calme profond dure depuis plusieurs jours,
cependant la mer paraît *tourmentée par une houle qui
semble ne suivre aucune direction*, l'air est lourd, d'une
chaleur suffocante ; alors les baromètres descendront parfois jusqu'à 26 pouces. Les oiseaux sont silencieux. Les
animaux abattus semblent consternés et cherchent un abri;
enfin l'ouragan se déclare, le vent souffle du nord avec
une rage effrayante, sans aucune intermittence, aux points
les'plus opposés. La mer, si calme un instant auparavant,
soulevée alors de tous les côtés, forme des lames mon-
strueuses, auxquelles les grands navires peuvent seuls
résister ; mais ils éprouvent des mouvemens si durs que
leurs mâts brisés deviennent pour eux un nouvel embarras,
dont la violence du vent les empêche de se dégager :
heureux encore quand les avaries ne vont pas plus loin,
car souvent les câbles et les chaînes ne pouvant résister à
d'aussi terribles secousses, les bâtimens vont se briser à la
côte et s'y échouer pour toujours.

» Quelques heures ont suffi à l'ouragan pour causer tous

____

(1) Il est rare que les ouragans des Antilles ou des mers de l'Inde
ne soient pas accompagnés de trombes. Que sont ces effrayans ouragans
de la mer de Chine, connus sous le nom de *tyfoongo*, sinon des trombes, et des trombes immenses, terribles, qui, en crevant, se terminent par un violent coup de vent ? (Th. Page, *Écho du mon. sav.* 1, 177.)

ces désastres, ravager les campagnes, détruire les moissons, arracher les arbres, renverser les villages entiers et souvent réveiller la fureur des volcans éteints. Le *ty-fong* tombe tout à coup ; il a commencé au nord, il expire au sud. La mer se calme peu à peu, l'air devient frais et léger, et la belle saison est commencée.

» Les convulsions de la nature paraissent nécessaires pour rétablir l'équilibre dans l'atmosphère, et souvent, malgré les terreurs qu'elles inspirent, les habitans des Philippines les appellent de tous leurs vœux. En effet, les *collao* (1) et plus encore les *ty-fongs* enlèvent *les brumes épaisses, stagnantes*, auxquelles les indigènes attribuent, sans doute avec raison, les maladies qui, à la fin de chaque mousson du sud-ouest, ravagent plus ou moins la population de Luçon. »

Voy. autour du monde, par les mers de l'Inde et de Chine, exécuté sur la corvette de l'état *la Favorite*, pendant les années 1830, 31 et 32, sous le commandement de M. de La Place, capitaine de frégate. Paris, Imp. roy., 1833, t. I, pag. 420.

38. Dans le II⁰ vol., il revient sur l'effet du terrible *ty-fong* ; il ajoute : « Parfois des nuages sombres et épais, se roulant sur eux-mêmes, voilent les sommets des montagnes ; une obscurité profonde succède au jour, et semble vouloir enlever aux marins tout espoir de salut ; cependant, cette nuit lugubre, qui précède de quelques instans le coucher du soleil, est de moins mauvais augure qu'un ciel pur et brillant, qui annonce presque toujours un surcroît de violence dans le *ty-fong*. »

Suivant Horsburgh (2), rien n'avertit de leur venue avec

---

(1) Grand vent du sud-ouest appelé ainsi par les Espagnols.

(2) Instructions nautiques sur la navigation de la mer de Chine, par J. Horsburgh.

certitude ; tous les signes qu'on a indiqués se retrouvent dans les temps qui ne sont pas suivis de ty-fongs.

39. Confondant les météores et toutes les causes secondaires qui les compliquent, on a nommé aussi Siphon, dans le Levant, le même phénomène qu'on a appelé Typhon. Dans le Dictionnaire de marine de l'Encyclopédie méthodique, M. Aubin dit : « Le siphon est un orage dans le- » quel l'eau de la mer s'élève en manière de colonne à la » hauteur de cent brasses et tournoie spiralement par la » largeur de 15 à 20 pieds de diamètre , comme si c'était » par un siphon ou par une vis d'Archimède. On ne voit » d'abord paraître en l'air qu'une petite nuée de la gros- » seur à peu près du poing. Elle vient du côté du sud au » cap de Bonne-Espérance , aux côtes de Barbarie et aux » plages orientales de l'Amérique. Les mariniers l'appel- » lent *Dragon*, ou grain de vent, les Levantins *Typhon* ou » *Siphon*, et ceux qui naviguent à l'Amérique, *Puchot*. On » l'appelle encore *Pompe de mer*. Du temps de Pline , les » matelots versaient du vinaigre pour abaisser ce tourbil- » lon quand il approchait, etc. »

40. Chez les Grecs, c'est le *Prester* qui était le météore le plus dévastateur ; c'était la trombe avec tous les désastres qu'elle entraîne.

Lucrèce dit, 6, 422 :

Quod superest , facile est ex his cognoscere rebus ,
Πρηστῆρας Graii quos ab re nominitarunt ,
In mare qua missi veniant ratione superne ;
Nam fit ut interdum tanquam demissa columna
In mare de cœlo descendat , quam freta circum
Fervescunt graviter spirantibus incita flabris ;
Et quæcunque in eo tum sunt deprensa tumultu
Navigia, in summum veniunt vexata periclum :
Hoc fit, ubi interdum non quit vis incita venti

Rumpere, quam cœpit, nubem ; sed deprimit, ut sit
In mare de cœlo tanquam demissa columna
Paulatim , quasi quid pugno brachiique superne
Conjectu trudatur et extendatur in undas ;
Quam cum discidit , hinc prorumpitur in mare venti
Vis , et fervorem mirum concinnat in undis ;
Versabundus enim turbo descendit , et illam
Deducit pariter lento cum corpore nubem :
Quam simul ac gravidam detrusit ad æquora ponti ,
Ille in aquam subito totum se immittit , et omne
Excitat ingenti sonitu mare fervere cogens.
Fit quoque , ut involvat venti se nubibus ipse
Vortex , conradens ex aere semina nubis ,
Et quasi demissum cœlo prestera imitetur :
Hic ubi se in terras demisit dissolvitque ,
Turbinis immanem vim provomit atque procellæ ;
Sed quia fit raro omnino , montesque necesse est
Officere in terris , apparet crebrius idem
Prospectu maris in magno cœloque patenti.

Ce que nous avonsdit de la foudre, doit nous faire connaître de quelle manière ces trombes, que les Grecs nomment *Prestères* à cause de leurs effets, viennent d'en haut
fondre sur la mer. Quelquefois on les voit descendre des
cieux sur les eaux , comme une longue colonne autour de
laquelle bouillonnent les flots émus par un souffle impétueux. Les vaisseaux surpris par ce terrible météore sont
exposés au plus grand péril. C'est que le vent n'ayant quelquefois pas assez de force pour rompre le nuage contre lequel il fait effort , l'abaisse peu à peu comme une colonne
dirigée du ciel vers la surface de la mer, ou plutôt comme
une masse précipitée de haut en bas par l'effort du bras et
qui s'étendrait sur les eaux. Enfin, après avoir crevé la nue,
le vent s'engouffre dans la mer et y excite un bouillonne-

ment incroyable ; car le tourbillon à force de s'agiter, fait descendre avec lui la nuée qui se prête à tous ses mouvemens, et aussitôt que cette masse orageuse s'est précipitée sur les ondes, le vent s'y plonge tout entier, fait bouillonner la mer et soulève à la fois tous ses flots avec un bruit épouvantable.

Il arrive aussi qu'un tourbillon de vent, après avoir ramassé dans l'air les élémens qui forment la nue, s'y enveloppe par lui-même et imite sur terre la trombe marine. Le nuage, après s'être abaissé dans les plaines et s'y être brisé, vomit de ses flancs un horrible tourbillon, un ouragan furieux. Mais ces phénomènes sont très-rares sur terre, à cause de l'obstacle que les montagnes opposent à l'action du vent ; ils sont plus fréquens sur la mer, dont la surface est plus étendue et plus découverte. (Traduction de M. de Lagrange.)

41. Jusqu'à la fin du dix-septième siècle, la dénomination des météores et principalement leur interprétation sont restées dans les mêmes termes qu'au temps d'Aristote. Ce sont les mêmes noms, les mêmes explications que cet auteur a mis dans sa Météorologie et qu'on retrouve aussi dans Pline et Lucrèce ; il semble, par exemple, en lisant la Philosophie ancienne et moderne de Duhamel, lire une copie (1) de ces auteurs. Il cite seulement en plus des points géographiques qui leur étaient inconnus, et les tempêtes qui appartiennent à ces localités, tel que l'*Ecnéphie* ou œil de bœuf du cap de Bonne-Espérance. Il dit que l'ouragan est d'autant plus violent, que le nuage précurseur a paru plus petit, parce que, sa petitesse apparente provenant de sa hauteur, *il tombe alors de plus haut, et arrive avec plus d'im-*

---

(1) *Philosophia vetus et nova ad usum,* etc. Par. 1681, t. 5. Meteor., cap. 7, § 8 et suiv.

pétuosité. Il cite R. Bohun , auteur anglais d'un Traité sur l'origine des vents , etc., qui veut que pendant les nouvelles lunes , les typhons viennent plutôt la nuit , tandis que c'est le contraire dans les pleines lunes ! Kircher n'a rien ajouté aux anciens, il confondait le tourbillon et le typhon à ce point, qu'il dit que dans l'amphithéâtre à Rome, le *Typhon* y domine, parce que l'hémicycle donne au vent une impulsion giratoire (1).

CHAPITRE VI.

DES TROMBES.

42. Peu contens de toutes ces divisions , qui portaient la confusion plutôt que la clarté dans ces phénomènes , les physiciens actuels se sont renfermés dans la désignation générale de *trombe*, lorsque le météore est complet, ou à peu près ; ils ne l'ont distingué que par les lieux de son apparition ; il ont dit qu'il y avait des trombes de terre ou de mer, selon que le cône de la nue descendait sur la terre ou sur la mer. Lorsque l'union visible entre les nues et la terre n'était pas complète , quelques auteurs se sont servi des mots d'*ouragan* ou de *tourbillon*, pour indiquer ce qu'ils en apercevaient. On voit quelle confusion a régné dans la dénomination de ces divers météores. Pour apporter quelque jour dans l'incohérence des idées sur le météore des trombes , nous étudierons expérimentalement , autant que nous le pourrons , chacune des parties concomitantes du phénomène. Nous pourrions dès à présent rapporter des

----

(1) *Mundus subterr.*, lib. 4, prep. 4.

exemples nombreux ; mais leur étendue interromprait trop complétement les démonstrations que nous voulons donner ; nous devons donc nous restreindre à la description générale des trombes vues en mer, donnée par Maxwell, et aux figures qu'il y a jointes, à la relation de deux autres exemples, nécessaires à l'intelligence de certaines parties du phénomène, sur lesquelles nous aurons à nous appuyer ; enfin à celle de deux trombes de terre. Toutes les autres relations sont réunies dans la seconde partie de l'ouvrage, où on devra les consulter.

Voici ce que Maxwell dit des trombes qu'il a vues dans ses voyages au Congo. (Edimb. Phil. jour. 5, 39.)

A son origine, on voit la trombe apparaître comme A, planche première, où le nuage noir, faisant partie d'une surface plane, s'abaisse sous forme de cône, avant que la surface de la mer soit changée, comme on le voit en D. L'effet produit sur cet espace D, est semblable à une fournaise fumante. Le nuage noir conique, continue à descendre, comme on le voit en B, jusqu'à ce qu'il touche la surface de la mer, tandis que la vapeur ayant l'apparence de fumée, s'élève de plus en plus, jusqu'à ce qu'elle soit unie avec le nuage, auquel elle paraît alors suspendue. On dit que c'est à ce moment qu'elle est le plus à craindre pour les marins qui ont le malheur d'être dans le voisinage. Lorsque ce jet ou cette fumée aqueuse se disperse, la trombe paraît comme on le voit en C. Le nuage noir s'offre généralement sous des formes déchirées, en lambeaux, il présente au dessous de lui *un tube mince et transparent* C E qui touche l'eau de la surface, où l'on voit toujours des apparences de tourbillons de fumée. M. Maxwell observa alors, dans la partie supérieure du tube, un mouvement très-curieux. « Ce fait, fort singulier, dit-il, d'un tube transparent con- » firme la description que M. Alex. Stuart a donnée dans les » Trans. ph. en 1702, p. 1077, des trombes qu'il a vues

» dans la Méditerranée. On observa dans tous ces météores,
» mais principalement dans les grandes trombes, que l'ex-
» trémité inférieure apparaît comme un canal noir sur ses
» bords et transparent au milieu, quoique dans le commen-
» cement il paraissait noir et opaque ; cependant chacun
» pouvait parfaitement voir l'eau de la mer monter le long
» de ce canal, comme une fumée dans une cheminée, et cela
» avec rapidité et par un mouvement très-visible. »

Bientôt après, le jet ou canal crève dans le milieu et disparaît peu à peu ; la partie bouillonnante et le pilier d'eau
de la mer continuent pendant quelque temps encore, après
que le jet a disparu et peut-être jusqu'à ce que le jet apparaisse de nouveau, ou se reforme, ce qui arrive communément dans la même place, comme ci-dessus ; se rompant
et se reformant plusieurs fois pendant un quart d'heure ou
une demi-heure.

43. Les trombes décrites par Maxwell sont simples et
régulières et n'indiquent que le parties constantes du phénomène que rien ne dérobe à la vue. Cette relation et le
dessin qui l'accompagne, montrent la vapeur qui sort des
eaux s'élever tranquillement vers le cône descendant,
comme de la *fumée daas une cheminée*, et dont quelques
portions tournent sur elles-mêmes, telles que des nuages de
fumée qui rencontrent des résistances inégales dans leur
ascension. Rien dans cette relation ne peut s'accorder avec
l'idée d'un tourbillon de vent comme cause ; l'élévation des
masses de vapeur dans le même plan, que l'œil suit de leur
naissance à leur jonction avec le nuage, est en opposition
formelle avec le fait d'un grand tourbillon de vent qui formerait et maîtriserait le météore.

Cet auteur n'a pas vu tout ce qui entre dans l'ensemble du phénomène, ou, les trombes qu'il a vues, ne pos-
sédaient peut-être pas une des particularités les plus importantes, celle d'un cône rentrant au sein des eaux (*Voy.*

figure 2); il ne parle pas du sifflement qui l'accompagne.
Pour compléter cette relation dans les parties principales ,
nous joindrons celle d'un gentilhomme de New-York,
adressée à Franklin et qui a été lue devant la société royale
de Londres , le 4 novembre 1756. Nous la choisissons parce
qu'elle relate un fait important qui n'a pas été vu par Maxwell, et que les nuages fuligineux qui s'élèvent de la mer,
dérobent presque toujours aux regards. Le bâtiment sur
lequel était ce gentilhomme étant très-près de la trombe ,
il a pu voir avec certitude et sans illusion possible, ce creux
formé dans la mer et il a pu entendre le sifflement qui l'accompagne. L'explication qu'il donne de ce fait est erronée,
comme nous le prouverons ; cependant nous ne devons pas
l'omettre, parce qu'on la trouve reproduite par Constantini
et Spallanzani , qui ont été spectateurs du même phénomène.

Il est nécessaire, pour avoir une idée complète de ce
météore, de lire quelques relations détaillées comme celles de Thevenot, Dampier, Baussard, Napier, etc., qu'on
trouvera dans la seconde partie , et que nous n'avons
pas placées ici pour ne pas interrompre nos démonstrations.

44. Dans la lettre de ce gentilhomme de New-York à
Franklin (1) , il est dit que dans un voyage aux Indes-Oc-
cidentales , dans le mois de juillet , pendant un calme
parfait, une trombe passa à 30 ou 40 mètres du vaisseau ;
c'était un cône renversé, touchant la mer de sa pointe dans
une étendue de huit pieds de surface, et les nues par une
immense base; elle passa lentement près du vaisseau , « je
pus , dit-il , parfaitement observer qu'un courant de vent
violent sortait de la trombe ; il faisait un trou de six pieds

---

(1) *Franklin's Letters,* etc., à la suite de la 22 lettre.

de diamètre sur la surface de la mer , ce qui produisait un grand anneau circulaire et inégal par la projection de l'eau, comme le ferait le vent d'un fort soufflet, tombant perpendiculairement sur la surface de l'eau, et j'en entendis parfaitement le sifflement. Je suis très-sûr qu'il n'y avait aucune attraction de l'eau qui la fît monter dans la colonne de la trombe , excepté les projections écumeuses dont je viens de parler, je pus parfaitement distinguer un espace de huit pieds environ entre le bout du cône et la mer dans lequel rien n'interrompait la vue , ce qui aurait eu lieu si l'eau de la mer était montée dans le cône.

» Dans le même voyage, je vis plusieurs autres trombes, mais de plus loin; aucune ne descendit si près de la surface de la mer, l'axe de quelques unes était très-incliné et même plié en arc ; aucune succion de l'eau de la mer, n'avait lieu. Je crois que c'est par le courant de vent sorti de ces trombes que sombrent les vaisseaux si soudainement. J'ai entendu dire par les équipages que les vaisseaux étaient parfaitement calmes avant le choc de vent qui les renversait, ce qui ne peut se comprendre que d'un courant venant des nues. »

45. Le 13 septembre 1835, une trombe a ravagé les communes de Caux, canton de Couché et de Champagné-St-Hilaire. Sa marche a été du sud-ouest au nord-est, et elle y a causé les dégâts habituels d'arbres arrachés et brisés et de maisons renversées. Dans la dernière commune , elle a enlevé toute l'eau d'une mare et tous les poissons qu'elle contenait : elle a été les rejeter à une lieue et demie de là, au grand étonnement des personnes témoins de cette pluie ichthyologique. (Mauduyt, Ech. M. Sav., 1835, n⁰ˢ 80 et 83.)

46. Remarquons, avant d'aller plus loin, trois effets bien distincts produits sur les eaux : les nuages fuligineux qui s'élèvent sur une surface assez étendue et qui vont se réunir à la nue descendante ; une dépression de l'eau au des-

sous même du tube trombique, avec un mouvement giratoire, enfin de l'eau en masse enlevée comme on le voit
dans la dernière relation et comme on en trouvera douze
autres preuves dans la seconde partie. Ajoutons que, dans
beaucoup de relations de trombes de mer, il est fait mention d'eau jaillissante, de gerbes d'eau liquide en même
temps que des vapeurs qui se forment et qui s'élèvent vers
le cône descendant. Ces divers effets se sont reproduits
pendant des calmes, ou pendant des vents réguliers, ou
des tempêtes, sans en être déplacés. L'interprétation doit
donc satisfaire à ces divers phénomènes sans le concours
des vents ; c'est ce que nous ferons plus bas.

47. On trouve souvent dans les relations que l'*eau de la
m r* montait vers la nue ; mais à cette expression, il y en a
presque toujours d'autres qui viennent en limiter la valeur
et même en changer le sens : ainsi on dit qu'elle montait
comme une *fumée*, ou comme des masses *fuligineuses*, ou
même *en vapeur*. Quelques auteurs, n'ayant pas tenu
compte de ces termes restrictifs, ont avancé que la surface
de l'eau était soulevée, et que c'était l'eau liquide qui montait jusqu'aux nues.

48. Constantini, dans une dissertation sur les trombes,
qu'il a placée à la fin d'un ouvrage intitulé *Vérité du Déluge universel*, nie positivement cette élévation des eaux.
« Il me semble, dit-il, qu'il y a tant d'absurdités dans cette
supposition, que je ne puis comprendre comment tant de
physiciens expérimentés se sont laissé ainsi entraîner sans
réflexion. »

Sa démonstration repose sur le simple raisonnement,
parce qu'il lui paraît impossible d'expliquer comment il y
aurait une attraction dans la trombe, sans qu'il y eût une
force contraire qui pressât de haut en bas. Constantini ne
pouvait apprécier des forces appartenant à un ordre de
phénomènes presque inconnu de son temps, il ne concevait

que des attractions mécaniques : au temps même de Boschovich, la science de l'électricité était trop nouvelle et trop incomplète pour que ce savant jésuite pût l'appliquer aux phénomènes météorologiques.

49. Mais si nous ne devons pas nous arrêter aux raisonnemens de Constantini, nous ne pouvons omettre ses observations, quelles que soient ses erreurs d'interprétation. Il a vu un grand nombre de trombes, et il en a considéré beaucoup du haut des montagnes situées sur le bord de la mer, les suivant de l'œil, non pas pendant quelques minutes, mais pendant des heures entières. Il n'a jamais vu les trombes comme Majava les dépeint; il n'a jamais vu un monticule d'eau vers le centre du tube descendant ; au contraire, il y vit toujours une dépression. Il pensa qu'un vent très-fort, sortant du tube trombique, comprimait l'eau en ce point et le faisait renfler de quelques pieds autour de cette cavité. Il dit que ce qui le porta à croire à cette pression ou à cette impulsion de haut en bas, c'est qu'en 1710, comme il était dans un port de Dalmatie, il vit passer une trombe près de là ; le refoulement de l'eau fut tel dans le port, que des ancres en furent rompues et des barques rejetées sur le quai.

« Il m'arriva une fois, dit-il, d'en contempler une trèsgrande à moins d'un mille de distance : je vis distinctement un grand mouvement rotatoire dans l'eau ; le vent étant faible et presque complétement nul, j'aperçus parfaitement l'action du tourbillon : on voyait une grande cavité dont la distance ne me permit pas de voir le fond et qui suivait le centre de la trombe. Autour de cette cavité l'eau s'élevait parfois de 5 à 6 pieds et lui formait une enceinte. »

Il attribue cette enceinte, comme nous venons de le dire, à la force qui presse de haut en bas et refoule l'eau tout autour... Il cite encore l'observation d'un voyageur qui a vu cette dépression sous une trombe dans la mer Pacifique. (Voy. Diss. sur les Trombes, de Boschovich.)

50. Nous allons maintenant donner deux relations de trombes terrestres.

« Le 25 juin 1829, vers deux heures de l'après-midi, une lieue au dessous de Trèves, à l'est nord-est de Ruwer et de Pfalzel, à environ 20° au dessus de l'horizon , un phéno- mène se montra , qui frappa d'étonnement et mit pendant une demi-heure dans une attente inquiète un grand nom- bre d'hommes qui étaient occupés au dehors.

» Le ciel, à la suite de la pluie qui venait d'avoir lieu , était encore couvert, lorsque, tout à coup, du milieu d'un nuage noir qui s'élevait de l'est-nord-est, une masse lumineuse commença à se mouvoir en sens inverse et à le déchirer violemment. Le nuage prit bientôt , vers le haut, la forme d'une cheminée, de laquelle se serait échappée une fumée d'un gris blanchâtre, assez mélangée par intervalles de jets de flamme, et s'élevant par plusieurs ouvertures avec au- tant de force (ainsi s'exprimèrent un certain nombre de témoins) que si elle avait été chassée avec la plus grande vivacité par plusieurs soufflets.

» Le météore était arrivé au dessus des vignes de Disburg et vis-à-vis Ruwer, lorsqu'à quelque distance plus au sud, sur la rive droite de la Moselle, tout-à-fait en contact avec le sol , un nouveau météore , comme il sembla à plusieurs individus, apparut d'une manière effrayante, il dispersa des masses de charbon de terre entassées autour d'un arbre , renversa un ouvrier d'un four à chaux, qui se trouvait là , et se précipita à travers la Moselle avec un fracas épouvan- table, comme si un grand nombre de pierres se heurtaient ensemble. L'eau s'élança en une haute colonne.

» Roulant avec ce même fracas, ce dernier météore, tou- jours à terre, se dirigea à travers les campagnes du Pfalzel, laissant des traces évidentes de sa route en zigzag à travers les champs de blé et de légumes. Une partie des légumes fut entièrement détruite, une autre partie couchée et hachée, le reste enlevé au loin dans les airs.

» Plusieurs femmes, près desquelles passa le météore, s'évanouirent ; d'autres , plus éloignées, se cachèrent, ou s'enfuirent en criant : tous les champs sont en feu. Deux ouvriers , qui étaient montés sur un arbre, observèrent le météore dans tout son trajet ; un autre eut même la pensée courageuse de le suivre , et cela était facile en marchant d'un pas ordinaire. Mais dans un des zigzag qu'il décrivait, le météore l'enveloppa tout à coup. Il se sentit tantôt tiré en avant, tantôt violemment soulevé ; il se pencha en s'appuyant fortement à terre avec ses outils ; mais il n'en fut pas moins jeté à la renverse. Le tourbillon pourtant l'abandonna et continua sa route.

» Il ne se souvient d'aucune impression particulière qui aurait affecté soit l'odorat , soit le goût , mais seulement d'un bruit assourdissant. Il affirme qu'il y avait deux courans , dont l'un s'élevait obliquement, entraînant les tiges et les épis avec d'autres corps légers ; l'autre avait une direction contraire.

» La route que le météore s'était frayée à travers les champs avait, suivant différens rapports, de dix à dix-huit pas de largeur sur une longueur de deux mille cent pas. Sa forme était à peu près conique. Sa couleur, tantôt gris-blanc ou jaune , tantôt brun obscur, le plus souvent celle du feu. Le premier météore était en l'air au dessus de celui-ci, à peu près parallèle, en avant vers le nord ; il présenta, pendant environ dix-huit minutes, une grande masse d'un gris blanchâtre , qui semblait souvent vomir de la fumée rouge de flamme, et qui, vue à la distance d'environ une demi-lieue, avait la forme d'un serpent de cent quarante pas de long, dont la tête était vers le nord-nord-est , la queue à l'opposite.

» En huit à dix minutes de temps, la queue s'était changée déjà en s'abaissant ; au moment où elle allait toucher
la tête, tout le phénomène disparut, et en même temps aussi
le météore inférieur, sans que, ni de la partie élevée en
l'air, ni comme l'assure un témoin oculaire, de la partie
inférieure, il y eût aucune explosion, mais alors une odeur
de soufre très-puante se répandit sur toute la campagne.
Presque aussitôt un orage éclata sur les bois situés au
nord-nord-ouest du lieu où s'était montré le météore, et
fut accompagné d'une grêle à grains extraordinairement
gros.

» Le soleil ne parut point pendant tout ce temps, à ce
qu'affirment la plupart des spectateurs. Il n'y avait aucun
souffle de vent.

» Le météore supérieur fut aperçu de Gutweiler, Cassel
et autres endroits, comme aussi de Trèves ; il paraît être
descendu des hauteurs de Hochwald. » (Prosper Grosman,
*Iahrbuch der Chemie und Physick. Schweigger, Ann. Ch.
Phy.* 42,420.)

51. La relation de la trombe qui a ravagé les environs
de Carcassonne, le 3 novembre 1780, a été faite par M. de
Lespinasse dans une lettre insérée dans le t. 16, p. 355
du Journal de Physique de l'abbé Rozier. Elle fut aperçue
d'abord par des charpentiers radoubant un bac sur la rive
gauche de la rivière de l'Aude ; elle leur parut comme un
nuage noir et épais, rasant la terre, qui s'avançait vers
eux avec un grand bruit, suivant la direction du vent du
nord-ouest qui soufflait dans ce moment. Dans l'instant ils
en furent enveloppés ; ils se sauvèrent à la maison du garde,
et de là suivirent des yeux la marche du météore. Ils le
virent obéir lentement au vent, surtout par le pied qui leur
semblait ondoyant. Sa largeur leur paraissait illimitée et
occupait tout le vallon ; sa hauteur qui était très-considérable, se dirigeait vers le village de Leüc. Bientôt ils l'entendi-

rent mugir avec fureur et s'aperçurent que, fouillant la rive gauche de la Leuquet, elle lançait à une grande hauteur deux jets de sable qui se croisaient sous un angle fort ouvert. Elle fut stationnaire pendant près de trois quarts d'heure sur le bas du côteau de la rive droite de cette rivière ; elle déracina des arbres, en tordit d'autres, etc. En passant sur le château, où elle fit de grands dégâts, on y remarqua plusieurs choses qui parurent extraordinaires. *Le pavé des appartemens fut sillonné et soulevé ;* dans une autre chambre, cet effet n'a eu lieu qu'*au centre*, et des tas de faïence placés autour ont été épargnés. Un miroir adossé contre le tuyau d'une cheminée, et non attaché, resta en place, mais son cadre fut brisé et les éclats dispersés. Des lambeaux de contrevens sont restés sur leurs gonds ; des chiffons de rideau sont restés aux fenêtres ; des cailloux énormes transportés sur le toit du château ; un gros arbre laissé sur le toit d'un villageois, etc. La trombe ne fut précédée ni suivie de pluie à Leüc, mais bien à l'endroit où elle avait pris naissance, ainsi que près du village de Villarbe où l'on essuya une très-forte averse. Le baromètre était à 27 pouces 10 lignes.

« Je finirai, dit l'auteur, après ce que je viens d'exposer, par faire remarquer qu'en adoptant l'explication reçue par les physiciens modernes, pour rendre raison de la formation des trombes, il est bien difficile de l'adapter aux événemens particuliers qui ont été produits par celle-ci. En effet, si ce météore n'est autre chose qu'un tourbillon mu rapidement par des vents contraires et opposés, son influence peut être active et puissante dans ces parties de l'atmosphère où elle est en prise au concours des vents : mais comment, dans l'intérieur de divers appartemens d'un vaste château, à divers étages, les impulsions extérieures n'y ayant pas lieu et la trombe y étant dérobée à l'impression des vents dont on la croit être le résultat, a-t-elle pu déployer au moins autant de force et d'énergie qu'en plein air, où elle éprouvait l'impression soutenue et constante des vents? » — L'auteur aurait pu ajouter : comment un tourbillon de vent peut-il décarreler les chambres sans renverser les porcelaines légères placées autour?

52. Nous pouvons citer un exemple de carreaux de plancher enlevés, qui ne peut laisser aucun doute sur la cause électrique. Nous le tirons de la brochure sur l'*Utilité des paratonnerres* que M. Beyer a fait imprimer en 1806; page 30 à 32.

« Au mois d'août 1791, un orage s'étant formé dans le sud-ouest, vint fondre sur la vallée de Montmorency. Là, éclatant au dessus du village d'Ormesson, le tonnerre tomba sur une maison peu élevée, puisqu'elle n'avait qu'un étage au dessus du rez-de-chaussée, et appartenant à M. Durand. »

» Je fus chargé de visiter et d'examiner soigneusement les effets du tonnerre sur cette maison. Voici ce que j'observai : le tuyau de la cheminée du salon du rez-de-chaussée était fort endommagé. Il se trouva dans l'appartement du premier, au dessous du comble, un trou évasé dans le plancher, et *le carreau de cet endroit était sauté hors de place*. Ce trou était précisément au dessus du point où répondait le bout d'un des pitons qui portaient la tringle des rideaux de la pièce au dessous.

» Dans cette même pièce, les clous du canapé, placé près du trou fait au plancher, ainsi que ceux des fauteuils voisins, dont les bois étaient dorés, offraient, pour la plupart, des marques du passage de la foudre. La tête des uns était emportée et lancée au loin; celle des autres était fondue, particulièrement dans leur point de contact d'un fauteuil à l'autre, ou du canapé aux fauteuils. De semblables marques d'explosions existaient entre ces derniers et les baguettes dorées qui maintenaient la tapisserie et qui lui servaient d'encadrement. Les fils de fer des sonnettes étaient fondus en plusieurs endroits. Ces fils de sonnettes aboutissaient en dehors, le long du mur principal de la maison, au dessus d'une vigne qui le tapissait en entier. Les grappes de raisin de cette vigne furent trouvées comme pulvérisées, et leurs branches comme si on les eût placées à un feu violent. »

53. Cette relation contient deux faits importans pour nous ; le premier est celui des carreaux soulevés par l'influence électrique comme les carreaux de la trombe de Carcassonne ; le second est l'enlèvement de la tête des clous du canapé et des fauteuils. Nous verrons plus bas, chap. 23, dans la relation de la trombe de Châtenay, que les clous de plusieurs rangs d'ardoises du toit du château du côté du parc, ont été enlevés, sans que les ardoises aient été dérangées de leurs places. Enfin nous ferons remarquer que le passage de la foudre le long du fil de la sonnette, a grillé et pulvérisé le raisin et la vigne qui étaient dans le voisinage. Le premier de ces faits a une autre importance que nous ferons ressortir dans le volume suivant. C'est qu'il y a une attraction co-existante, durable et indépendante de celle de l'électricité libre qui fait explosion ; elle démontre qu'il y a deux ordres de tension électrique, une qui se neutralise instantanément et l'autre qui a de la durée.

54. Les puissantes attractions des trombes étant un des effets constans, et le plus dévastateur, nous ne devons pas craindre de multiplier les exemples analogues provenant directement de la foudre. Voici trois faits que nous prenons dans la notice sur le tonnerre, dont M. Arago a enrichi l'Annuaire de 1838. pag. 469.

« Le 24 février 1774, la foudre frappa le clocher du village de Rouvroy, au nord-ouest d'Arras. Un de ses effets fut *le soulèvement du pavé* composé de grandes pierres bleues, qui existait sous un porche correspondant verticalement à la flèche du clocher.

» Dans l'été de 1787, la foudre tomba sur deux personnes qui s'étaient réfugiées sous un arbre, près du village de *Tacon*, dans le *Beaujolais*. Leurs cheveux furent lancés *sur le haut de l'arbre*. Un cercle de fer qui liait le sabot d'un de ces malheureux, se trouva aussi, après l'événement, *accroché à une branche très-élevée.* »

« Le 29 août 1808, le tonnerre tomba sur un pavillon en forme de rotonde et couvert de chaume, dépendant d'un cabaret, situé derrière l'hôpital de la Salpétrière à Paris. Un ouvrier qui était assis sous ce pavillon fut tué. On trouva les morceaux de son chapeau *incrustés au plafond.* »

CHAPITRE VII.

DES PARTIES CONSTANTES DES TROMBES, DE CELLES QUI NE SONT QU'ACCESSOIRES, ET DE CELLES QUI NE SONT PAS OSTENSIBLES.

55. En coordonnant les relations, on distingue dans le phénomène des trombes des parties constantes qui en forment la base, et que l'on retrouve toujours ; des parties accessoires qui peuvent être ou ne pas être ajoutées aux parties fondamentales, sans que l'existence du phénomène en soit altérée ; enfin des parties qu'on ne retrouve pas toujours ostensiblement, sans qu'on puisse assurer de prime abord qu'elles n'y sont pas, et que leur existence n'est pas nécessaire à certaines parties constantes, sans lesquelles ce météore cesserait d'être une *trombe.*

56. Les parties nécessaires, sans lesquelles il n'y aurait pas de *trombe*, mais un autre météore, sont :

1° Des nuages limités, agglomérés, ayant l'apparence des nuages orageux et non une couche de vapeur uniformément répandue. Par nuages, nous n'entendons pas seulement les groupes formés de vapeur visible, mais aussi les masses de vapeur invisible qui ne diffèrent des nuages ordinaires que par leur transparence. L'opacité et la transparence des vapeurs sont des circonstances indifférentes pour certains phénomènes naturels, comme nous le verrons.

2° L'abaissement vers la terre du nuage le plus inférieur du groupe, sous des formes assez variées, quoiqu'en général il prenne celle d'un grand porte-voix, dont le pavillon se perd dans la nue, et dont l'embouchure s'approche plus ou moins du sol ou de la surface de la mer. Ce cône renversé peut être plus ou moins développé, plus ou moins altéré, suivant l'état particulier des nuages et de la localité. Ce qui est constant, c'est un lien de vapeurs entre les nuages et la terre;

3° Ce lien entre les nuages et le sol, est quelquefois formé d'un simple amas de petits nuages ou lambeaux de vapeur fort agités; le plus souvent les vapeurs qui le forment sont resserrées vers la partie inférieure en un tube ou cylindre d'un gris argentin plus ou moins transparent, au milieu duquel on voit quelquefois des vapeurs monter ou descendre. (Figures 1re et 3e.)

4° Au dessous du nuage qui s'abaisse, une grande agitation apparaît sur la mer ou sur le sol; cette agitation est comparée, par les marins, à celle d'une ébullition qui lancerait des vapeurs, des filets ou gerbes liquides. Cette agitation varie dans son intensité, depuis le simple frémissement jusqu'à l'élévation et l'élancement d'une grande quantité de filets d'eau; elle dépend de la force qui l'agite, de la proximité, de l'étendue et de la forme du nuage qui descend. Sur la terre ce sont les corps légers qui forment des nuages et des tourbillons de toute espèce.

5° Indépendamment de ces projections aqueuses, vaporeuses, les eaux peuvent être soulevées en masse dans un petit espace, en forme de cône ou de colonne, ressortant de la surface et se dirigeant vers un nuage placé au dessus. Si cette attraction a lieu au dessus d'une masse d'eau très-limitée, comme une mare ou une fontaine, toute l'eau est enlevée comme un corps ordinaire, comme le serait une poutre ou une barque ;

6° Le plus souvent, au lieu d'un cône ascendant d'eau, c'est un cône renversé, creusé dans la mer, et le bout inférieur du cône descendant de la trombe paraît libre au milieu du cercle de vapeurs qui enceint cette dépression. (Voyez fig. 2, pl. 1re.) Les vapeurs qui s'élèvent, dérobent presque toujours la vue du cône creusé dans l'eau et du cylindre trombique qui descend au milieu ; elles simulent alors un large cône droit tronqué, ayant sa base sur la mer.

7° Quant aux apparences extérieures de cette enveloppe aqueuse, tantôt elles se présentent comme des nuages qui s'élèvent jusqu'à la nue, au milieu desquels est le cône descendant, tantôt à ces nuages de vapeurs moins étendus, moins élevés se joignent des gerbes d'eau, des projections de filamens aqueux qui s'élèvent jusqu'à certaine hauteur, puis sont chassés en dehors et retombent en pluie à l'extérieur. Cet amas d'eau, élevé sous forme de vapeur ou de fumée tourbillonnant, ces jets ascendans et descendans, vus de loin, ont l'apparence d'un bosquet ou d'une charmille que la plupart des navigateurs anglais ont nommé *bush*, buisson.

8° Lorsque le milieu de ces eaux soulevées est plus compact, il paraît comme un pilier placé pour soutenir la colonne descendante : aussi lui a-t-on donné ce nom, ou bien encore, s'il monte plus haut et s'amincit, on le nomme cône ascendant.

9° Enfin il se fait dans cette colonne ou *trompe marine*,

un bruit qui varie considérablement, depuis le sifflement du serpent jusqu'au bruit de lourdes charrettes courant dans des chemins rocailleux. Ce bruit est bien plus considérable sur terre que sur mer : il augmente lorsque la trombe traverse des terrains secs, et diminue lorsqu'elle traverse des terrains humides.

57. Toutes ces parties, plus ou moins complètes, concourent à la formation du météore en proportion de leur intensité. D'un autre côté, selon la disposition de l'observateur, son éloignement, la surprise ou la frayeur qu'il a éprouvée, il a été frappé de telle partie plutôt que de telle autre ; il la fait ressortir, il ne s'occupe que d'elle ; pour lui, le phénomène est dans cette partie, le reste est réduit à de moindres proportions. C'est ainsi que les uns s'occupent principalement du *buisson* ou cercle fuligineux de la base, un autre des gerbes d'eau lancées, d'autres du pilier central, ou de la colonne servant de siphon pour enlever l'eau de la mer jusqu'à la nue, et beaucoup d'autres enfin, des mouvemens tumultueux ou rotatoires que présentent certaines parties du météore.

58. Les parties accessoires, et dont la présence n'est pas de nécessité absolue au météore qui existe quelquefois sans elles, sont :

1° Les courans de vent s'avançant de la circonférence au centre, ou s'éloignant du centre à la circonférence en lignes droites, et formant par leur rencontre une tourmente plus ou moins violente ;

2° L'agitation du vent sous la forme circulaire, c'est-à-dire, formant un mouvement giratoire, soit comme une simple rotation, soit comme un mouvement ascensionnel en spirale ou tourbillon. Beaucoup de trombes ont eu lieu au milieu d'un calme parfait, sans aucun mouvement giratoire, sans tourbillon de vent ou d'eau ; quelques unes se sont fait sentir au milieu d'habitations fermées, en arrachant les carreaux ou le parquet, sans que les objets placés autour soient endommagés , § 52 et 53. Les trombes peuvent donc exister sans l'agitation de l'air, soit en ligne droite, soit en ligne circulaire ; elles peuvent exister sans que le liquide ascensionnel ou les vapeurs tournent sur elles-mêmes. Pendant la durée du météore , on voit quelquefois un mouvement giratoire imprimé pour un instant, puis cesser, puis reprendre inégalement, tourner plus vite dans un endroit que dans un autre, etc.

3° Les éclairs , le tonnerre, la grèle ne se montrent pas toujours , ni même la pluie.

4° La présence des nuages opaques n'est pas de nécessité absolue. La même quantité d'eau , réduite en vapeur et contenue dans l'atmosphère , peut être visible ou invisible suivant certaines circonstances ; c'est ce qui constitue pour nous l'atmosphère sans nuages ou avec des nuages , quoiqu'il n'y ait en réalité rien d'ajouté, mais seulement une disposition particulière des molécules d'eau , qui les rend visibles (1). On pense que cette disposition nouvelle est une condensation qui les rend vapeurs opaques , et fait voir ce qui existait inaperçu. Cependant, la vapeur invisible peut se condenser à l'état liquide sans passer à l'état vésiculeux , comme le prouvent certaines pluies entre les tropiques sans aucun nuage apparent (chapitre 14). Enfin le cône allongé

---

(1) L'abbé Richard (*Hist. n. air,* t. 6, p. 503) pense qu'il y a des typhons ou trombes sèches , et que c'est probablement à cette espèce de météore qu'il faut rapporter le fait cité par le cardinal Bellarmin : *De ascensu mentis in Deum* , et que Buffon a rappelé dans son ouvrage. « J'ai vu, dit ce savant cardinal , je ne le croirais pas si je ne l'eusse pas vu , une fosse énorme creusée par le vent , et toute la terre de cette fosse emportée sur un village , en sorte que l'endroit d'où la terre avait été enlevée paraissait un trou épouvantable, et que le village fut entièrement enterré sous cette terre transportée. »

s'est montré quelquefois diaphane dans sa partie inférieure comme un tube de cristal.

59. La partie qui ne se manifeste pas toujours par les mêmes signes extérieurs, est l'*Électricité*. Les physiciens n'ont cherché à constater sa présence dans les météores que par l'un de ses effets, par celui qui se manifeste à nous de trois manières, séparées ou réunies ; ce sont la foudre, l'éclair et le tonnerre, c'est-à-dire, la quantité coërcée qui s'écoule, la lumière produite, et le bruit qui accompagne le passage de l'électricité à travers l'air. Cette triple manifestation du même effet n'est pasla seule qui appartienne à cette puissance ; l'électricité a d'autres modes que celui de la foudre pour constater sa présence et pour marquer sa puissance.

60. L'absence de décharges ignées n'implique pas l'absence de l'électricité, mais des circonstances qui provoquent ce genre de manifestation, comme sont l'électricité libre à la surface des nuages et un milieu mauvais conducteur qui ne permet de neutralisation que lorsque la tension est suffisante pour vaincre sa résistance ; mais alors, ce n'est plus un écoulement, c'est la décharge instantanée d'une masse d'électricité qui se manifeste par une vive lumière et par le bruit que l'air fait en rentrant dans le vide fait par l'éclair : mais cette vive lumière, mais l'action mécanique de la décharge de cette masse électrique, mais le bruit qui en résultent, ne sont pas les produits uniques de l'électricité. Sa présence peut donner lieu aux actions les plus énergiques, aux altérations les plus profondes, lorsqu'elle agit comme courant, sans qu'il y ait lumière : de même que sa présence statique se manifeste par des attractions et des répulsions qui déplacent les corps, sans bruit et sans ignition. Pour décider s'il y a ou s'il n'y a pas d'électricité dans un nuage, il ne faut pas seulement interroger l'air ou le bruit du tonnerre, il faut savoir s'il ne

s'est pas manifesté d'attraction ou de répulsion et si l'action énergique des courans n'a pas laissé de traces. L'observation ultérieure nous l'apprendra.

61. Pour savoir si cette puissance naturelle est ou n'est pas dans ce météore, nous aurons à constater si les phénomènes particuliers qui concourent à son ensemble, autres que ceux d'éclairs et de tonnerre, sont ou ne sont pas des effets directs de l'électricité statique ou dynamique. Nous aurons à considérer le produit de l'électricité dans les groupes de nuages ; à considérer ces nuages comme des corps légers, obéissant à toutes les lois électriques connues, et à voir si l'application de ces lois aux nuages, répond aux effets des trombes dans leurs circonstances les plus simples , comme dans les circonstances les plus compliquées.

62. L'interprétation de ce phénomène doit donc être indépendante des parties accessoires, accidentelles, qui viennent en compliquer le résultat, mais dont l'absence ne peut s'opposer à sa formation et à son existence : elle doit être indépendante de l'état visible ou invisible des vapeurs, du vent et de ses diverses directions ; du mouvement rotatoire ou ondulatoire. Ces circonstances peuvent en changer l'aspect, mais non faire parties nécessaires de ce qui constitue le météore primitif, le météore restreint au simple rapprochement des nuages de la mer ou du sol, et les perturbations qui accompagnent toujours une telle communication. Pour que l'interprétation de ce météore soit vraie, il faut qu'elle rende raison des dix propositions suivantes :

1° Il faut qu'il y ait des nuages opaques ou transparens;

2° Qu'il y ait une continuité de vapeur ou d'eau entre le sol et les nuages, soit qu'un nuage descendu se forme, soit que des vapeurs ou une colonne d'eau se soit élevée ;

3° Que le cône, ce lien de communication entre les nuages et le sol, puisse être formé de lambeaux de nuage ou par une vapeur très-condensée et même par un liquide dans sa portion inférieure ;

4° Qu'une agitation prodigieuse ait lieu sur la mer ou sur le sol à l'approche de ce cône, mais seulement dans le rayon de son influence ; que les corps les plus pesans puissent être arrachés, enlevés et transportés suivant le cours du vent ou contre ce cours ;

5° Qu'il s'élève du dessus des eaux et des terrains humides, des vapeurs nombreuses qui se groupent en nuages ;

6° Que l'eau puisse s'élever en masse ;

7° Qu'un creux puisse être produit dans les eaux, sous le sommet du cône ;

8° Qu'autour de ce sommet prolongé, il s'élève un buisson de poussière ou d'eau ;

9° Que ce buisson puisse être compact pour imiter un pilier ;

10° Que le bruit soit à la fois rauque, saccadé et sifflant d'une manière continue.

Il faut en outre que la cause donne la raison du calme ou de l'agitation de l'atmosphère environnante ; des vents directs ou giratoires ; qu'elle s'accommode de la présence ou de l'absence du tonnerre et de la grêle ; et de l'opacité ou de la transparence des nuages.

Nous allons interroger l'observation et l'expérience. En commençant par cette dernière, nous aurons plus de facilité d'apprécier les premières.

CHAPITRE VIII.

DU MOUVEMENT GIRATOIRE DES CORPS LÉGERS.

63. Lorsqu'un corps isolé est électrisé et qu'il est en présence d'un autre corps conducteur non isolé, ce dernier s'électrise par influence ; si le premier est positif, le second sera négatif ; c'est un fait dont la connaissance remonte au temps de Dufay. Si entre ces corps tenus à distance, on place un petit corps léger, conducteur ou non, ce petit corps léger oscillera de l'un à l'autre, jusqu'à ce que le corps électrisé ait perdu toute son électricité. Si le petit corps est bon conducteur, l'échange se fera plus rapidement et la neutralisation du corps électrisé sera plus prompte. C'est le carillon électrique de Franklin ; ou, si l'on veut, l'expérience si connue de Volta, celle des boules de sureau placées entre deux corps électriques.

64. Ce qui précède est connu depuis long-temps, et nous n'avons eu besoin que de le rappeler ; mais dans ce qui suit, quelques parties étant moins généralement connues et d'autres ressortant de mes propres expériences, je dois entrer dans quelques détails, afin de ne laisser aucun doute dans l'application que j'en ferai. Nous venons de rappeler ce qui se passe lorsque le corps léger, interposé entre deux corps électrisés, est un corps régulier comme une sphère bien unie ; nous avons dit que, dans ce cas, ce corps va jusqu'au contact des corps électrisés pour y faire l'échange des électricités différentes : il en est autrement si le corps est irrégulier et principalement s'il est armé de pointes. Supposons-le armé d'une pointe, l'électricité ne pourra plus se coërcer également sur toute sa surface, elle s'écoulera

par la partie aiguë; conséquemment, le corps vers lequel sera tournée cette aspérité, recevra à distance l'échange électrique, tandis que de l'autre côté il faudra que le contact ait lieu. Pour assurer le succès des expériences que nous allons rapporter, il faut disposer l'appareil de la manière suivante. On suspend un globe métallique de 2 à 3 décimètres de diamètre, au moyen d'un cordonnet de soie attaché à un crochet entouré de résine, fig. 4 *a*, pl. 2°, puis on le met en communication avec une machine électrique, de telle sorte que le conducteur ni la machine ne puissent avoir d'influence sur les corps soumis à l'expérience; ces derniers ne doivent ressentir que celle du globe et celle du plateau dont nous allons parler.

65. A trois décimètres au dessous de ce globe, on place un disque en cuivre *B* de 4 décimètres au moins de diamètre, que l'on fait communiquer au sol et à la chaîne négative de la machine. C'est sur ce disque qu'on place les corps légers dont on veut faire usage pour servir d'intermédiaire entre ces deux corps électriques. Si le corps qu'on a successivement allongé en pointe a été rendu plat et mince, il se levera sur sa base et la pointe tournée vers le globe, il en neutralisera à distance l'électricité. On peut ainsi, par une suite de transformations, arriver à ne plus avoir qu'une lame étroite en forme de triangle isoscèle et dont la minceur soit arrivée à celle d'une feuille de cuivre battu. Dans cet état, la feuille a acquis une qualité qu'elle n'avait pas auparavant, c'est celle d'être flexible et de pouvoir obéir partiellement aux forces qui l'influencent. Nous supposons donc que notre feuille de cuivre battue est un triangle isoscèle, haut de 1 décimètre et dont la base a 5 centimètres environ. Cette feuille flexible et légère se redressera sur sa base, l'angle le plus aigu tourné vers le globe; droite, posée sur le plateau, on verra sa base immobile ou bien parfois ou y apercevra un petit mouve-

ment de trémulation ; la pointe supérieure oscillera d'un mouvement rapide et la décharge du globe se fera ainsi à distance.

66. Si l'on diminue le petit côté en rendant plus aigu l'angle supérieur, si la base n'a plus que 2 centimètres de large, ce triangle, dressé comme tout à l'heure, ne restera plus en contact avec le plateau ; une petite distance l'en séparera, et le mouvement de trémulation sera de beaucoup augmenté ; la pointe supérieure oscillera avec plus de force', l'ensemble du triangle n'aura plus la même stabilité, il changera souvent de place. Si l'on diminue encore le petit côté, qu'on ne lui donne que 1 centimètre, le triangle s'éloignera davantage du plateau, il ne restera plus dans le même espace, mais se promenant autour de l'axe prolongé du globe, il décrira des cercles avec plus ou moins de rapidité et de régularité, selon sa forme et les rapports d'intensité électrique. Si l'on diminue encore ce côté et qu'il n'ait plus que 3 ou 4 millimètres, le triangle se soulève davantage, se place entre le globe et le plateau, et, au lieu de décrire des cercles autour de l'axe prolongé du globe, il se place dans cet axe et tourne avec une grande vélocité sur lui-même ; son corps reste au centre, mais ses extrémités supérieure et inférieure décrivent des cercles plus ou moins étendus qui lui donnent l'aspect d'un tube terminé par deux pavillons. On a ainsi un mouvement giratoire, une imitation de tourbillon produite par l'électricité seule. Cette lanière ne peut prendre ce mouvement rotatoire, que lorsqu'elle est assez étroite pour ne trouver qu'une faible résistance dans l'air.

67. La cause de ces divers mouvemens est facile à saisir et donne l'interprétation de plusieurs faits inexpliqués. Nous supposerons que le globe soit électrisé positivement ; conséquemment le plateau le sera négativement par influence ; lorsque le corps léger est sphérique, sans aspé-

rités , placé sur un plateau négatif, il se charge de la même électricité et en est repoussé en même temps qu'il est attiré par le globe positif. Il s'élève vers le globe et avance jusqu'au contact pour y échanger son électricité et prendre l'électricité positive. L'électricité rayonnant difficilement d'un corps rond et régulier, il faut qu'il arrive au contact , ou presque au contact, pour neutraliser l'"électricité négative qu'il a apportée, avec l'électricité positive du globe.

La boule retombant sur le plateau, l'électricité positive qu'elle a prise à la sphère s'y neutralise et y reprend de l'électricité négative; elle est de nouveau repoussée vers le globe et attirée par lui , et ainsi de suite jusqu'à ce que presque toute l'électricité positive du globe ait été neutralisée. Si le corps léger que nous avons admis , comme une boule bien ronde , bien régulière et sans aspérités , est au contraire un corps irrégulier; si cette boule a une pointe , elle n'aura plus besoin de monter jusqu'au contact du globe, comme nous l'avons dit , pour échanger l'électricité négative quelle y portait , l'échange aura lieu avant d'arriver au contact , en vertu du facile rayonnement électrique des pointes; le même jeu de va-et-vient s'exécutera encore , mais réduit à de moindres limites. Si le corps a plusieurs pointes très-fines , très-allongées, le petit corps ne quittera plus le plateau, il se dressera, et son rayonnement suffira pour neutraliser à distance l'électricité du globe. S'il est assez léger, ce corps sautillera et changera de place en décrivant un petit cercle.

68. En altérant de plus en plus la forme de notre corps régulier , en l'aplatissant d'une part et l'allongeant de l'autre , nous l'avons réduit à une lame mince et légère, que nous supposerons être en or ou en cuivre battu. Réduit ainsi en lame très-flexible , ce corps peut non seulement se déplacer , mais encore s'infléchir de part et d'autre , et osciller avec une grande facilité. Si cette feuille de cuivre

battu est un triangle isocèle de 5 centimètres de base et de 1 décimètre de haut, il se redressera comme nous l'avons dit, et sa pointe oscillera ; puis, en diminuant sa base, le corps devenant plus léger, il s'élevera davantage au dessus du plateau et ne sera plus réduit à un simple oscillement ; il se déplacera et décrira des cercles autour de l'axe prolongé du globe, avec une vitesse fort notable, la pointe continuant toujours d'osciller, conjointement avec le déplacement. Enfin, si l'on réduit cette feuille à une lanière pointue par ses extrémités, elle se placera au milieu des corps électrisés, prenant un mouvement giratoire très-vif et variant comme le courant qui le produit.

69. Ces faits étant bien constatés, leur explication ne peut être douteuse. Lorsque la boule n'a qu'une pointe, l'échange électrique se fait au moyen de cette pointe, et la charge que garde cette boule n'est plus suffisante pour que la répulsion entre elle et le plateau d'une part et l'attraction entre elle et le globe supérieur de l'autre, l'emporte sur sa pesanteur ; ou bien, si la pointe est très-obtuse, les forces répulsive et attractive l'emportant quelque peu, le corps est soulevé ; un faible rapprochement du globe supérieur permettant une radiation plus facile d'électricité, le petit corps cesse d'avoir la quantité suffisante pour faire contre-poids à sa pesanteur ; il retombe, puis il recommence le même jeu, après s'être rechargé de nouveau, et forme ainsi une sorte de danse dont les sauts sont proportionnés à la tension électrique des corps. Mais lorsqu'il est réduit à une feuille battue, il exécute un nouveau mouvement qui n'avait pas lieu auparavant. Dans cette expérience, l'air est intermédiaire entre le globe et le corps léger ; c'est lui qui sert de conducteur à l'électricité qui s'en échappe ; la ligne droite qui unit le globe léger est bientôt saturée d'électricité, en vertu de la faible conductibilité de l'air : l'échange ne peut se faire aussi vite que le petit corps

apporte de quantités nouvelles ; les couches qui sont interposées entre lui et le globe, sont donc saturées d'électricité, tandis que les couches placées au-delà, latéralement, ne le sont pas ; le corps léger attirant cette portion d'air non chargée et attiré vers elle, s'y transporte, y décharge une partie de l'électricité qu'il possède et qui lui arrive surabondamment du plateau; cette nouvelle ligne droite entre lui et le globe est aussitôt dans les mêmes conditions que la première, elle possède de l'électricité négative près du petit corps négatif ; il fuit alors vers une autre portion plus près de l'état neutre, y dépose également une charge d'électricité, puis continue ainsi de zone en zone en décrivant un cercle autour de l'axe prolongé du globe.

70. C'est la même cause qui produit les oscillations : elles ont lieu parce que le corps, par sa pesanteur, n'obéit pas suffisamment à la répulsion des zones d'air chargées de l'électricité du petit corps et à l'attraction des zones voisines; la flexibilité de la lame de cuivre battu vient au secours de l'inertie du corps entier ; elle quitte une zone chargée de la même électricité et s'incline vers la zone voisine : pendant que cette dernière s'est chargée et saturée de l'électricité négative du petit corps, la première zone s'est déchargée en partie et présente alors moins de répulsion que la seconde qui s'est saturée ; la pointe s'y incline, y dépose une nouvelle charge ; elle en est ensuite repoussée et revient à la deuxième zone qui a écoulé son électricité en partie, pendant ce mouvement de la lame, et ainsi de suite d'une manière continue, tant qu'on donne de l'électricité au corps léger. Telle est la série d'équilibrations qui a lieu et qui occasione cette suite de mouvemens divers de translation, d'oscillation ou de rotation. Il suffit donc qu'un corps conducteur et chargé d'électricité soit au milieu d'un fluide mauvais conducteur, pour que des mouvemens d'oscillation et de giration soient produits. Nous appelons l'attention sur

ce fait , parce que son application nous donnera l'explication du mouvement oscillatoire de la partie inférieure des trombes, en présence de corps saturés de son électricité.

Nous n'avons pas besoin de faire remarquer que l'interprétation des oscillations des feuilles d'or et de leur déplacement, s'applique complétement à la **rotation du tourniquet électrique**.

Si le corps électrisé par influence est stable, et si l'on rend le conducteur électrisant mobile , en le terminant par une feuille d'or , c'est ce dernier qui oscille et qui passe d'une zone saturée d'électricité à une autre zone qui ne l'est pas ; c'est la même expérience renversée.

CHAPITRE IX.

ACTION DE L'ÉLECTRICITÉ SUR LES POUSSIÈRES.

71. Si , au lieu de corps légers ayant des dimensions notables , on prend de la poussière très-fine, fig. 5, comme est la cendre de bois blanc tamisée et bien sèche , on voit que toutes les poussières placées au dessous du globe sont attirées vers lui, qu'elles le touchent, puis en sont repoussées : elles retombent alors sur le disque , y changent leur électricité , sont attirées de nouveau et continuent ce jeu aussi long-temps qu'on maintient la sphère électrisée à la tension convenable. La quantité de poussière successivement attirée et repoussée étant en raison de la proximité, il en résulte qu'au centre la quantité est considérable , qu'elle forme un nuage obscur qui s'éclaircit de plus en plus en s'éloignant. Les poussières situées au dehors de l'axe prolongé de la sphère , sont attirées par les parties

latérales de cette même sphère et du conducteur; elles sont alors soulevées par l'action de ces parties et prennent d'abord leur direction vers elles ; mais quand elles se sont élevées et qu'elles se trouvent rapprochées de la calotte inférieure de la sphère, elles sont déviées de leur route par l'attraction dominante de cette portion plus voisine ; elles s'inclinent en dedans, et décrivent des arcs d'hyperbole dont la convexité est extérieure. Cette disposition donne à l'ensemble du phénomène l'aspect d'un bosquet circulaire dont les arbrisseaux placés à l'extérieur se recourbent vers le centre et le ferment par leur contact à la sphère.

72. Lorsque le corps électrisé se termine par des aspérités, l'arrangement des poussières est tout autre, le bosquet a disparu en grande partie ; il en reste d'autant moins que les aspérités sont plus nombreuses. Le rayonnement électrique étant considérable par les pointes, l'air devient forcément le conducteur, et la tension électrique du corps a diminué à ce point, qu'elle ne peut agir à distance avec son énergie primitive. Ajoutons à cette première modification, que si le plateau, au lieu d'être en cuivre et de tenir au sol par un bon conducteur, est en bois ou en marbre, le résultat est notablement altéré : ou bien encore, si on représente les accidens de terrain par des petits corps placés sur le plateau, si on établit un courant d'air préalable, chacune de ces additions apporte son influence et modifie le résultat général. Il faut donc tenir compte des nombreuses circonstances concomitantes pour analyser avec exactitude les phénomènes électriques qui ne nous sont dévoilés qu'après avoir été soumis à une multitude d'influences particulières. Quoi qu'il en soit, il résulte de ce fait, qu'une trombe fera d'autant plus de ravage par enlèvement, qu'elle conservera une plus grande tension électrique.

CHAPITRE X.

ACTION DE L'ÉLECTRICITÉ SUR LA FUMÉE DES RÉSINES.

73. Pour imiter l'atmosphère, j'ai placé au dessous du globe électrisé une capsule métallique, dans laquelle j'ai fait brûler des substances produisant une fumée épaisse et peu humide, telle que la fumée des résines (planche 2, fig. 6). Cette fumée ayant une électricité propre, étant positive, il faut lui présenter la sphère électrisée tantôt positivement, tantôt négativement, pour apprécier la différence de ces deux influences. Si la sphère est positive, la fumée est chassée avec énergie aussitôt qu'elle est produite et quitte le vase ; elle s'étend horizontalement ou s'abaisse vers la terre par des courans de moins en moins rapides, à mesure qu'elle s'éloigne du corps électrisé. Arrivée à une certaine distance, elle cesse de fuir et nage au milieu de l'atmosphère. La marche de cette fumée donne une idée des courans qui proviennent des nuages orageux en général, et des trombes en particulier ; seulement, relativement à la tension électrique dont nous faisons usage, le résultat est beaucoup exagéré, comme nous le verrons plus bas § 77.

74. Au lieu d'être électrisée positivement, si on charge la sphère négativement, le résultat est tout autre ; la fumée monte vers elle (fig. 7) ; elle la touche, s'en éloigne aussitôt, et fait place aux nuages qui suivent et viennent la frapper, et tourbillonner ensuite en fuyant. Souvent il s'établit des groupes nuageux, tournant sur eux-mêmes c', et servant d'intermédiaires entre la sphère unie et la fumée ascendante. La section supérieure du tourbillon de fumée qui a touché la sphère, qui s'y est chargée de la même électri-

cité , en est alors chassée, et vient au-devant de la fumée positive qui monte , et avec laquelle elle échange son électricité négative pour une quantité égale de positive qui se neutralisent l'une l'autre. Cette portion du tourbillon redevenue neutre , et même quelque peu positive , est attirée de nouveau par la sphère , et reprend la position supérieure qu'elle a déjà occupée et que l'autre moitié devenue négative laisse vacante par sa fuite; après l'échange fait, elle est repoussée encore une fois , et , continuant ainsi , il s'établit un tourbillon de fumée autour d'un axe horizontal c , jusqu'à ce qu'une cause nouvelle vienne troubler la rotation de ce nuage , au moyen duquel se font les échanges électriques. Un courant d'air , un nuage ascensionnel considérable ou possédant un excès de tension positive , peut déranger cet intermédiaire et en prendre la place : alors le premier tourbillon s'éloigne et s'éparpille dans l'espace pour faire place au nouveau venu. C'est en étudiant ces masses de vapeurs qu'on peut apprécier les influences des nuages électriques sur l'atmosphère, et étudier toutes les phases de son agitation.

75. Les effets que nous venons de décrire , produits par l'influence d'un corps uni , agissant avec une grande tension et peu de rayonnement , ne représentent point exactement ceux que produit un nuage. Un nuage n'est point terminé par une surface unie , comme le sont nos boules de cuivre ; sa tension électrique n'est point également répartie autour de lui ; entouré qu'il est d'aspérités mobiles , il rayonne de l'électricité de toutes parts. Pour nous rapprocher de la constitution de ce corps, ce n'est pas par une surface unie qu'il faut le représenter , mais par une surface rugueuse ou armée de pointes. C'est bien assez de ne pouvoir reproduire sa constitution intérieure et vésiculaire , l'isolement , l'individualité de chacune de ses parties constituantes , sans y ajouter encore la différence capitale de sa périphérie.

C'est donc par un corps armé de pointes qu'on peut reproduire une partie des effets extérieurs des nuages, et non par une sphère unie. Les effets de cette dernière sur la fumée ne se retrouvent plus lorsque le corps est armé d'aspérités. Le rayonnement se faisant abondamment, la fumée n'a plus besoin de monter jusqu'à lui pour y échanger son électricité. A peine soulevée du vase, elle a perdu son électricité positive, et se trouve chargée d'électricité négative qui lui arrive par le rayonnement des pointes : elle est chassée aussitôt au loin dans l'espace et produit des courans horizontaux marchant du centre à la circonférence. Ces courans sont bien plus énergiques encore, si le corps armé de pointes est chargé positivement. La fumée fuit rapidement en effleurant les bords du vase, et ne s'arrête qu'en dehors de l'influence des parties positives (fig. 8).

76. Entre ces extrêmes, on conçoit tous les intermédiaires possibles, selon la tension du corps, ses pointes plus ou moins rayonnantes, sa distance et l'état électrique du gaz même qui l'entoure. Il nous suffit d'indiquer le principe et les cas extrêmes qui en découlent, pour que chacun puisse remplir la série des cas particuliers qui les lient. Nous ferons seulement remarquer que les nuages orageux, étant terminés ordinairement par des échancrures, agiraient toujours plus énergiquement sur l'air par leurs rayonnemens que par leur tension, si leur conformation spéciale ne s'opposait pas à un rayonnement trop accéléré, comme nous le verrons plus bas ; et si cette même conformation ne faisait pas prédominer quelquefois les effets de la tension statique de l'électricité. Quoi qu'il en soit, l'effet le plus ordinaire des nuages orageux sera de produire au dessous d'eux des courans fuyant du centre à la circonférence, et rarement marchant de la circonférence au centre. Enfin, l'état de tension et d'aspérités rayonnantes, peut se compenser de telle sorte, que l'air à quelque distance reste calme, et

qu'il n'y ait d'agité que la portion touchant immédiatement le corps. Avec des dispositions favorables, on reproduit successivement ces divers résultats.

77. Sans doute on se rapproche quelque peu des effets produits sur l'atmosphère, en se servant ainsi de la fumée peu humide des résines. Cependant, on se tromperait beaucoup, si on voulait y trouver une complète analogie. Dans l'atmosphère, la masse d'air ne change pas, elle reste la même, que le corps soit électrique ou non ; le mouvement imprimé par l'électricité, soit comme attraction, soit comme répulsion, ne produit qu'un déplacement qui peut être renfermé dans un espace plus ou moins limité. La même portion d'air peut revenir en tourbillonnant frapper plusieurs fois les deux corps chargés d'électricités différentes. Il n'en est pas de même avec de la fumée ; celle-ci n'est visible qu'autant que des nuages nouveaux, aglomérés, s'élèvent constamment et forment des masses apercevables, au milieu de la fumée également répartie, dont on ne peut plus apprécier les mouvemens ; c'est sur une suite de productions que l'on agit et non sur une même atmosphère. Aussi les corps légers, tels que les fils de soie, suspendus près du corps électrisé, ne sont point agités à quelques centimètres de distance, tandis que la fumée repoussée s'étend fort au loin et ne revient pas. Dans l'estimation du mouvement des soies, nous faisons abstraction de l'attraction ou de la répulsion électrique des fils, et nous ne tenons compte que de l'agitation dépendante de l'air ; cela est d'autant plus facile que la soie se rapproche ou recule, puis reste tranquille dans sa nouvelle position tant que la tension est la même ; tandis que l'air agité les fait osciller de chaque côté de leur position.

78. En comparant l'effet des poussières à celui des nuages de fumée, on voit que, quelle que soit la variété des mouvemens des premières, chacune d'elles est indépendante

de la poussière voisine , et qu'elles n'ont entre elles aucun rapport de connexion ni d'ensemble ; ce sont de petits corps qui agissent chacun pour leur compte, comme le font les boules de sureau dans l'expérience de Volta. Elles n'ont d'influences les unes sur les autres que par leurs charges électriques, c'est-à-dire par une force qui ne leur est pas spéciale, qui n'est point une dépendance de leur nature , mais qui leur est ajoutée. Ce résultat n'est plus le même lorsque les particules ont entre elles quelques rapports, quelque influence, qui ne les laissent pas dans une indépendance aussi absolue, parce qu'alors, quelque faible que soit cette influence , il y reste toujours une solidarité qui ne permet pas de mouvemens isolés , qui ne permet pas qu'on déplace une de ces particules sans qu'il y ait un changement de rapports entre les particules voisines.

79. Considérés sous ce point de vue , les atomes de gaz sont solidaires , ils ne sont pas dispersés au hasard comme la poussière; ils sont répandus régulièrement et séparés les uns des autres , d'après certaines lois que les poussières ne peuvent connaître ; il y a contact entre leurs sphères d'action , entre leurs sphères de répulsion ; aussi on ne peut ébranler une molécule de gaz sans changer les rapports des molécules voisines ; les sphères d'action des gaz se pénètrent, et cette pénétration augmente ou diminue avec leur condensation ou leur dilatation. Quelle que soit leur dilatation, cette pénétration des sphères n'est jamais nulle, et un atome de gaz n'est jamais dans une indépendance complète de l'atome voisin : le plus léger changement de température et de pression, change également leurs pénétrations sphériques et toutes sont changées au même degré, si la cause de perturbation a été uniformément répartie. Rien de semblable n'existe dans les poussières les plus impalpables ; tout y est isolé, rien n'y est solidaire. C'est une distinction importante sur laquelle nous insistons ,

parce qu'on a l'habitude de considérer les atomes des gaz comme étant dans une indépendance qu'ils n'ont pas.

CHAPITRE XI.

ACTION DE L'ÉLECTRICITÉ SUR L'EAU EN MASSE.

80. La diversité d'effets produite sur les gaz et les corps légers, suivant la forme et les irrégularités du corps électrisé, peut se démontrer également sur l'eau de la manière la plus intéressante.

Si l'on place au dessus d'un vase en verre *a* rempli d'eau, une sphère régulière et polie, fig. 9 *b*, pl. 2, d'au moins 6 centimètres de diamètre, ou un disque uni, bien arrondi sur ses bords et qu'on les électrise, l'eau placée au dessous sera soulevée en cône plus ou moins saillant *c*, selon la distance et la tension électrique du corps ; l'eau doit communiquer au centre commun par un conducteur *d* qui traverse le fond du vase, afin que l'électricité, par influence, puisse s'y développer sans obstacle : ce fait de l'élévation de l'eau est connu depuis l'abbé Nollet (*Ess. sur l'él.*, p. 59). Si la proximité de la boule permet qu'il y ait des décharges, il y aura à chaque étincelle une dépression du cône, puis sa reproduction, et si les décharges se succèdent avec une vitesse appropriée au mouvement du liquide, on peut l'augmenter à tel point qu'il soit projeté du vase par les vagues oscillantes ; mais pendant tout le temps que l'influence électrique se manifeste sans décharge ignée, il y a élévation de la surface liquide, sous forme d'un bouton conique, et le liquide reste en repos dans ce nouvel arrangement.

81. Il en est tout autrement lorsque le corps est terminé par des pointes ou par des aspérités (fig. 10, *b*). L'électricité ne peut plus s'y accumuler avec une tension suffisante, pour développer par influence une grande quantité d'électricité contraire dans le liquide et produire son soulèvement par leur attraction réciproque. Si le corps est très-aigu, s'il se termine par une ou plusieurs pointes très-fines, l'électricité en rayonne de toutes parts, l'air humide intermédiaire sert de conducteur, la portion de l'eau placée immédiatement au dessous la reçoit en quantité considérable et produit un phénomène tout-à-fait semblable à celui observé par le correspondant de Franklin, par Constantini, Spallanzani, de Bourdieu, Wild, etc., sur la surface des eaux.

Il se fait une dépression au centre et des courans divergens s'éloignent de ce point central. Les couches inférieures prennent la place de la couche projetée par la répulsion électrique, elles se chargent de la même manière, elles sont projetées à leur tour et font place à d'autres couches qui les remplacent aussitôt, et ainsi de suite. Ce cône renversé, cette dépression du liquide n'est point le fait du conducteur métallique, mais bien de l'air interposé entre eux. La colonne d'air électrisée est composée, comme l'on sait, d'une multitude de molécules isolées, dont chacune peut être considérée comme un corps distinct, ayant son électricité libre à sa périphérie et agissant en raison de sa tension propre. La colonne d'air étant la réunion de toutes ces molécules, son action sera la somme de toutes les actions particulières, en même temps qu'elle servira de conducteur par transport et par rayonnement. Pour s'en assurer, c'est de diminuer cette colonne d'air en rapprochant la pointe du liquide, et l'on verra que lorsqu'il n'y aura plus que quatre ou cinq millimètres, la dépression sera moindre ; qu'à trois millimètres la dépression aura disparu, et qu'enfin à un ou deux millimètres, l'eau s'élèvera jusqu'au contact du conducteur.

82. Si toutes les résistances étaient égales, le mouvement de répulsion se ferait en ligne droite et le mouvement général serait un rayonnement partant du centre. Mais il en est rarement ainsi, la résistance n'étant pas partout égale, ces courans sont déviés de la ligne droite et décrivent des arcs de cercle qui donnent peu à peu à toute la masse environnante un mouvement circulaire, et quelquefois deux girations se réunissant tangentiellement au point déprimé. Le sens de la rotation n'est pas déterminé par l'électricité, mais par les obstacles que le liquide éprouve dans son déplacement ; car, pendant qu'un mouvement circulaire est imprimé, si on déplace le vasê afin de changer la position des obstacles, la rotation s'arrête, et souvent même elle change de sens, et le liquide tournè dans le sens opposé.

83. On voit qu'il en est des liquides comme des corps légers ; ce sont des parties saturées d'électricité par le rayonnement des pointes qui sont repoussées et les autres attirées ; mais comme les liquides sont de meilleurs conducteurs que les poussières, quelles qu'elles soient, il faut une quantité considérable d'électricité et une forte tension pour obtenir ce résultat ; mais si on se place dans ces circonstances de quantité, de tension et de pointe rayonnante, on obtiendra infailliblement cette dépression et le tourbillon aqueux qui en est la suite. Avec de la résine fondue, la dépression est plus marquée encore, parce que la substance, quoique chaude, est moins conductrice que l'eau ; les mouvemens y sont moins apparens, parce que ses particules ont trop d'adhésion pour obéir à la répulsion avec la facilité de l'eau. On retrouve encore le même effet de dépression avec du mercure, mais beaucoup moins prononcé.

84. Un nuage n'étant point un conducteur parfait, il produit à la fois les deux ordres de phénomènes; il rayonne par ses extrémités une quantité considérable d'électricité, en même temps que le reste de sa masse agit par une puissante influence statique (chap. 13, § 113 et suiv.). Cette dernière peut agir avec d'autant plus de force, que les couches d'air interposées sont moins conductrices.

Le nuage attiré peut s'approcher assez près de la terre pour soulever des masses d'eau avec les corps qu'ils contiennent; les plus gros tomberont isolément en raison de leur pesanteur, mais les plus petits seront transportés plus loin et relâchés en masse. C'est par ce moyen qu'ont lieu les pluies de petites grenouilles et de petits poissons. Ces pluies ne peuvent plus être niées, trop de témoins en ont attesté la réalité; nous-mêmes, nous avons reçu sur la tête et dans les mains, un bon nombre de petites grenouilles qui accompagnaient une violente ondée; toute la place publique de la ville de Ham, département de la Somme, où j'étais alors, en fut couverte (voy. Comm. à l'Ac., sc. 20 octobre 1835). Les grenouilles n'ont pas seules le privilége d'être enlevées, on trouve aussi des pluies de poissons, dont nous citerons un exemple.

Le vendredi-saint 1666, il tomba une grande quantité de petits merlans de la grosseur du petit doigt dans un champ, à Cranstead, près Wrotham, dans le comté de Kent. Cet endroit est éloigné de la mer et de toute grande pièce d'eau. Dans ce moment il y avait une grande tempête accompagnée de tonnerre et de pluie. (Lettre du docteur R. Conny. Ph. Tr., 1698, vol. 20 et 21, p. 289.)

85. Dans les expériences qui précèdent, nous avons vu se produire le mouvement direct ou giratoire, nous avons vu l'eau s'élever ou se creuser en cône, nous avons vu l'agitation et l'enlèvement des corps légers, nous avons vu les mêmes portions de l'atmosphère tourner sur elles-mêmes

et représenter au corps électrisé les mêmes parties. C'est, comme on voit, la solution de plusieurs des questions posées dans le paragraphe 62.

Nous allons maintenant reproduire un autre ordre de phénomènes pour résoudre également les autres questions.

CHAPITRE XII.

DES VAPEURS PRODUITES PAR L'INFLUENCE ÉLECTRIQUÉ.

86. Dans l'ensemble des faits qui constituent le phénomène général des trombes, il en est un qu'on a constaté plusieurs fois et qui a causé beaucoup de surprise à ceux qui en ont été les témoins et qui ont pu le vérifier. On sait qu'on voit très-souvent, dans les trombes de mer, un mouvement ascensionnel dans la colonne, qui part de la surface de la mer et se continue jusqu'à ce qu'on le perde de vue dans les nuages (voyez chap. 21, et la 2ᵉ partie, chap. 1). Le corps qui monte semble être de l'eau divisée, une sorte de fumée, d'écume ou de vapeur qui s'élève soit directement, soit par un mouvement giratoire plus ou moins prononcé. Quelques uns de ces météores ayant rencontré des navires dans leur marche, la colonne a cessé d'être en communication avec la mer, et son extrémité libre a traversé le pont. L'eau qui la constituait et qui venait de s'élever de la mer, au lieu de continuer à monter, s'écoula sur le navire : tel est le fait relaté par le capitaine Melling, de Boston (voyez § 207, n° 17); cela eut lieu avec une telle abondance, que cet officier se trouvant au milieu de son épaisseur, se crut perdu, parce que l'eau lui entrait par le nez et la bouche, et que son abondance l'entraînait

dans la mer par dessus le bord du navire. Cet officier qui avait bu une grande quantité de cette eau, la trouva aussi douce que la plus belle eau de fontaine, et tous les marins qui eurent l'occasion de goûter de l'eau descendantes des trombes ont confirmé qu'elle n'a conservé aucun goût saumâtre. Ce fait intéressant méritait d'être étudié ; mais comme il tenait à quelques autres, qui font aussi parti du phénomène général, nous n'avons pas dû les séparer et nous les avons reproduits les uns et les autres. Ce n'est pas que l'eau ne puisse être enlevée en masse, mais lorsque cela a lieu, ce n'est le plus souvent que dans des mares de peu d'étendue, où l'eau a été enlevée avec les poissons et les reptiles qu'elle contenait, comme un corps limité.

87. Boze étudia quelques unes des influences que l'électricité peut avoir sur l'eau (1) ; ses expériences eurent pour résultat de montrer que l'écoulement des liquides à travers des tubes capillaires, était augmenté par la présence de l'électricité statique. L'abbé Nollet confirma ce fait, l'étendit et en ajouta d'autres d'un intérêt bien plus considérable (2) : il constata l'influence de l'électricité sur l'évaporation des liquides, en les soumettant pendant plusieurs heures à une forte tension électrique. Il prit deux capsules en étain de quatre pouces d'ouverture, et il versa dans chacune d'elles quatre onces du liquide qu'il voulait expérimenter ; l'une était maintenue à l'état naturel et l'autre soumise à la tension électrique. Après cinq heures d'électrisation, il trouva la différence suivante dans le poids des liquides.

Le vase électrisé contenant de l'eau de Seine avait perdu 10 grains, tandis que l'autre n'en avait perdu que 3.

---

(1) *Mém. ac. sc.* 1745, p. 119 et 133.
(2) *Rech. sur les causes des phén. élec.* 1749, 4ᵉ disc., p. 315 et suiv.

Différence. . . . .   7 grains.
L'urine fraîche donna une différence de . .   9
Le lait nouveau.   4
L'huile d'olive   0
Essence de térébenthine   10
L'alcool . . . . : .   10
L'ammoniaque liquide   13
Le mercure   0

88. Beccaria obtint les mêmes résultats que l'abbé Nollet (1), il étudia les circonstances qui pouvaient les faire varier et trouva que l'évaporation n'est augmentée par la tension électrique que lorsque l'air qui effleure le liquide, ne possède pas la même électricité ; car, si le vase est profond, et qu'il n'y ait qu'une faible couche d'eau au fond, les parois du vase électrisant de la même manière l'air intérieur et le liquide, il y a répulsion et non attraction entre ces corps, et l'évaporation en est retardée. Ce n'est donc que dans le cas d'une opposition entre l'électricité de l'air et celle des liquides qu'il y a augmentation dans l'évaporation.

89. L'évaporation étant un phénomène permanent à la surface du globe, cette découverte devait avoir un grand retentissement ; on devait rechercher les cas où l'action de l'électricité viendrait modifier les phénomènes naturels, et suivre ceux qu'elle ferait naître. Il n'en fut point ainsi ; les fausses applications qu'on en fit, retardèrent jusqu'ici la connaissance du rôle qu'elle joue dans les nues orageuses, et on cessa même de s'en occuper. Vers 1776, M. Guénaud de Montbelliard, dans un mémoire qu'il présenta à l'Académie de Dijon, émit quelques idées sur le froid produit par l'évaporation électrique ; mais

---

(1) *Electricismo artificiale*, § 647 et suiv.

cet auteur, confondant l'explosion électrique avec une
véritable vaporisation , n'en tira que des suppositions
inadmissibles. M. de Morveau , dans sa réponse à
M. Guénaud (1), base aussi le refroidissement sur l'évaporation électrique ; mais l'application qu'il en fait à
la formation de la grèle n'est pas heureuse , et n'a rien de
rationnel pour ceux qui connaissent les lois des échanges
électriques. On est revenu plusieurs fois encore sur ce fait
pour l'appliquer à la météorologie ; mais, ne l'ayant pas
fait heureusement , Volta chercha dans une autre cause de
vaporisation , celle du froid nécessaire à la formation de
la grèle , comme nous le verrons plus bas, chapitre 16.

90. J'ai repris cette expérience , je l'ai étendue, et je
l'ai étudiée sous le point de vue météorologique. Indépendamment du procédé de Nollet et de Beccaria , qui consiste
à peser le liquide soumis à l'évaporation sous l'influence
électrique, et à le comparer au liquide qu'on a soumis à
l'évaporation naturelle , j'en ai employé d'autres pour le
contrôler. L'un de ces procédés consiste à rendre la vapeur visible, en présentant de l'eau chaude à un corps
électrisé. On place sur un trépied métallique non isolé ,
une capsule en platine remplie d'eau (fig. 11 , a) que l'on
échauffe avec une lampe à alcool jusqu'à 80 ou 90 degrés.
On retire la lampe et on place à environ un décimètre au
dessus de l'eau une boule de cuivre (b) de deux centimètres de diamètre , qui communique avec la machine électrique. Si l'on tourne le plateau de la machine , la boule
s'électrise aussitôt et la vapeur visible qui s'élevait de
la surface de l'eau chaude est augmentée notablement (c).
Si on cesse de tourner le plateau , la quantité de vapeur
revient telle qu'elle était d'abord. Si l'on électrise de nou-

---

(1) *Jour. Phys. Roz.* 1777, t. 7, p. 64.

veau, l'évaporation reprend plus d'activité, et cela dure tout le temps que l'eau est assez chaude pour produire de la vapeur visible. Au lieu d'une boule qui rayonne peu d'électricité, si l'on prend un faisceau de pointes, la quantité de vapeur est triplée et le jeu des nuages qui s'élèvent est tout autre, et se rapproche de celui de la fumée de résine, dont nous avons parlé plus haut chapitre 10.

91. L'air, électrisé par son contact avec le corps suspendu, est chassé de tous côtés et fait place à d'autres portions qui viennent s'électriser et fuir comme la première. Est-ce cette agitation de l'air qui est la cause de la plus grande évaporation, ou n'y entre-t-elle que pour une portion appréciable ? C'est une question qu'il fallait résoudre, au moins dans ses parties principales. L'impossibilité de séparer l'action électrique de l'agitation de l'air au milieu duquel elle a lieu, ne permet pas d'arriver à un résultat absolu, mais à des approximations de plus en plus voisines de l'effet réel de ces deux causes d'évaporation. Pour parvenir à la solution de cette question, je fais agir successivement l'air agité seul et l'électricité seule. Un volant à quatre branches (pl. 2, fig. 12, *e*), mû horizontalement par un rouage, produit une agitation de beaucoup supérieure à celle de l'électricité ; c'est ce qu'on peut voir en suspendant des fils de soie (*f*) tout autour de l'appareil. Dans le premier cas, les fils sont animés d'une grande agitation ; dans le second cas, les fils sont attirés, puis repoussés et tenus à distance dans une parfaite tranquillité. On peut s'assurer que le mouvement des soies tient aux actions électriques en plaçant des soies qui ont touché le corps électrisé, et qui se sont chargées d'électricité semblable, et d'autres soies à l'état neutre ; les premières s'éloignent et les secondes se rapprochent du corps électrisé et restent calmes les unes éloignées, les autres rapprochées, pendant tout le temps qu'on maintient la même tension. Si l'air

était agité à huit ou dix centimètres, ces soies oscilleraient dans les positions que la tension leur fait prendre, comme on le voit lorsque le moulinet tourne. Ce dernier fait sentir son action à plusieurs décimètres de distance, et les soies fuient ou se rapprochent en oscillant suivant le courant imprimé à l'air. Le volant doit tourner sur un axe vertical, afin de chasser la fumée et non de la refouler vers la capsule, ce qu'on fait en soufflant de haut en bas, ce qui peut induire en erreur dans l'estimation qu'on fait de la vapeur aglomérée par le souffle vertical.

92. Le moulinet produisant une agitation plus grande que celle de l'électricité, on aura à en tenir compte dans le résultat définitif. Il y a une autre précaution qu'il ne faut point omettre ; c'est de placer sur la capsule métallique un anneau plat en verre (dd), afin que la radiation électrique ne se fasse pas du faisceau de pointes au bord de la capsule, mais de ce faisceau au liquide. Tout ce qui rayonnerait des pointes (b) au bord du vase (a), serait pris à la quantité totale et en diminuerait le résultat. Il faut donc abriter le bord du vase par un anneau plat en verre.

93. Tout étant ainsi disposé, on chauffe l'eau jusque près de l'ébullition ; puis, on place la capsule sur le conducteur préparé au dessous du faisceau de pointes et près du volant. On fait agir tantôt le volant, tantôt l'électricité ; dans les deux cas, la quantité de vapeur est augmentée, mais évidemment beaucoup plus par l'électricité que par l'agitation de l'air. A mesure que l'eau se refroidit, elle résiste davantage à l'action électrique. Pour vaincre cette résistance, on rapproche le faisceau qui agit alors avec une plus grande énergie, mais lorsque la proximité est très-grande, la vapeur, frappant le faisceau de fils de cuivre aussitôt sa formation, s'y condense en gouttelettes et très-peu se repand en nuages visibles. Il faut donc pouvoir opérer à une distance suffisante, pour que la vapeur

produite ait eu le temps de perdre son électricité par rayonnement et se soit chargée de celle du faisceau. Dans cet état, la plus grande partie est chassée par la répulsion et l'agitation de l'air, avant d'arriver au faisceau. Le volant agitant l'air n'a pas cet inconvénient ; la vapeur diminue à mesure du refroidissement sans altération dans sa marche graduelle. Lorsque cette expérience est faite dans les circonstances indiquées, elle ne laisse aucun doute sur l'augmentation de vapeur par l'influence électrique en dehors de celle de l'agitation de l'air.

94. Les vapeurs vésiculaires étant rapidement dissoutes par l'agitation de l'air et par son hygrométricité, on est facilement trompé par le résultat apparent, principalement lorsque l'eau, en se refroidissant, donne médiocrement de vapeur. Les nuages sont plus épais et durent plus longtemps en opérant sous un récipient placé sur un gâteau de résine. Au centre de ce gâteau ou plateau isolant, on perce un trou que l'on fait traverser par un fil de cuivre, dont l'extrémité supérieure est soudée à une petite plaque de cuivre appuyée sur la résine, pour recevoir la capsule d'eau chaude ; l'autre extrémité communique à la chaîne de la machine pour compléter le circuit. La douille du récipient est traversée par une tige de cuivre portant soit la boule, soit le faisceau de pointes de l'expérience précédente. L'air n'étant point renouvelé, est bientôt saturé d'humidité, et la vapeur diminue assez rapidement. Si l'on électrise alors la tige qui traverse la douille, on voit de gros nuages s'élever et rendre l'intérieur beaucoup plus opaque. L'agitation de cette atmosphère humide par la rotation du volant, ne produit pas des nuages aussi nombreux, ni aussi épais. Ce mouvement rotatoire éparpille davantage la vapeur produite et ramène toute celle que le volant rencontre. Il n'en est pas de même dans l'action électrique, la vapeur s'élève dans la partie supérieure du

récipient, s'y étend et ne revient pas se mêler à la nouvelle vapeur produite. Lorsque la vapeur déposée sur la paroi intérieure du récipient se réunit et ruisselle, l'électricité se perd en si grande abondance que l'expérience ne peut être continuée. C'est la moindre portion qui rayonne alors par le faisceau de pointes. C'est pour retarder ce mouvement que je prends un plateau isolant et que je chauffe légèrement le récipient : il ne faut tenir compte de l'expérience que jusqu'à l'instant du rassemblement des vapeurs en filets liquides.

95. Dans nos expériences, nous avons été obligé de nous servir d'un liquide ayant une haute température, pour produire de la vapeur vésiculaire naturellement et sous les influences secondaires de l'agitation de l'air : nos faibles moyens de production électrique, et la petite tension que nous pouvons atteindre, ne nous permet pas d'agir sans cette complication, si nous voulons rendre le phénomène visible. A la température ordinaire, nos actions électriques provoquent l'évaporation sans aucun doute, comme le démontre la plus grande diminution du liquide, et son refroidissement dont nous parlerons tout à l'heure. Il résulte de cette obligation de se servir d'eau chaude, que toutes les vapeurs produites sont visibles, quelle que soit la cause qui les provoque. Il n'en est point ainsi dans la nature ; ce n'est point sur de l'eau à 80 degrés que l'électricité des nuages agit, ni l'air en mouvement ; tout au contraire, l'eau de la mer a pendant les orages une température plus basse que l'air qui l'effleure, et cette température est très-éloignée de celle qui produit de la vapeur visible. Conséquemment, l'agitation de l'air ne peut en faire naître, elle ne peut qu'augmenter la vapeur transparente ; mais jamais un courant d'air ne produira de vapeur visible, n'enlèvera de vapeur au-delà de sa capacité de saturation, lors même que son passage serait suffisamment prolongé pour s'y sa-

turer. La vapeur qui s'élève sous l'influence des trombes
ou sous celle de certains nuages , précurseurs des tempêtes , étant visible et très-dense , il faut bien reconnaître
que l'air agité n'y est pour rien , qu'il y a une autre puissance provoquant la formation d'une quantité de vapeur
qui dépasse de beaucoup la capacité de saturation de l'air
ambiant. Ce n'est donc pas l'agitation de l'air, mais bien
l'influence électrique qui produit ces nombreux nuages
ascendans formant le pied des trombes.

96. Dans l'expérience précédente , nous avons chauffé le
liquide , afin d'obtenir une vapeur visible et suffisante pour
étudier ses groupemens ; nous pouvons encore prouver
cette évaporation par une expérience toute différente , et
qui nous conduira à un des faits les plus intéressans de la
météorologie. On sait depuis long-temps qu'un liquide ,
abandonné à l'évaporation spontanée, a une température
plus basse que celle de l'air qui l'entoure : c'est sur ce
principe que Leslie a fondé un hygromètre qui n'a point
été généralement adopté , à cause des soins qu'il exige et
de son peu de sensibilité. Dans ces dernières années , j'en
ai formé un autre sur ce même principe , mais doué d'une
sensibilité supérieure à tous les hygromètres connus.

97. Le refroidissement du liquide étant en raison de
l'évaporation dans un temps donné , pour connaître cette
évaporation , il ne faut que mesurer la température du liquide restant ; mais il faut le faire promptement et avec
précision. C'était le but que se proposait Leslie et auquel il
ne put parvenir, à cause de la lente obéissance des ther-
momètres et de leur peu de sensibilité. Mes hygromètres
indiquent un centième de degré centigrade et l'indiquent
promptement. Ces instrumens sont composés d'un trépied
thermoscopique (pl. 2 , fig. 13 *aaa*), c'est-à-dire d'une
pile thermo-électrique de trois couples bismuth et anti-
moine , disposée en trépied pour recevoir la capsule *b* qui

contient le liquide ; nous avons séparé cette capsule du
trépied pour la facilité de la démonstration ; mais dans la
réalité elle repose sur les trois soudures *aaa* du trépied.
Le circuit de cette pile thermo-électrique, ouvert en *cc*,
est fermé au moyen d'un rhéomètre *d* à fil court et très-
gros, de 40 à cinquante tours. La capsule est en platine
très-mince, à bords droits, présentant une section égale
dans une étendue d'un centimètre, et elle est remplie
d'eau distillée. Pour compléter l'instrument, on visse dans
le disque en bois *f* un pied en ivoire, dont l'autre extrémité
est vissée dans un socle ; un récipient à douille recouvre le
trépied et la capsule pour les abriter des courans d'air.
Deux cylindres en carton, de diamètres différens, sont
placés entre le récipient et le trépied pour éviter toute radiation sur les soudures.

Pour le sujet de nos recherches actuelles, on prend une
capsule en verre très-mince, percée au fond d'un petit
trou, dans lequel est scellé un fil de métal servant de conducteur entre l'eau et le centre commun. Si l'on veut se
servir de la capsule en platine, il faut la couvrir du disque
en verre percé *dd* de la figure précédente, afin de mettre
obstacle à la radiation électrique entre le faisceau de
pointes *g* et la capsule.

98. Le plus petit changement dans la température d'un
des deux côtés du trépied, étant manifesté par la déviation
de l'aiguille du multiplicateur *d*, on peut, avec cet appareil, connaître l'accélération ou le retardement de l'évaporation, par l'abaissement plus ou moins grand de la température du liquide. Au dessus de la capsule remplie d'eau,
est suspendue une petite sphère en cuivre *g*, ou une tige
armée de pointes, qui communique à la machine électrique, comme dans les expériences précédentes. Lorsque
tout est calme et que la déviation de l'aiguille du multiplicateur indique le refroidissement constant de l'évaporation

spontanée , on tourne alors le plateau , les pointes s'électrisent, l'échange a lieu entre elles et l'eau, l'évaporation augmente et par conséquent le liquide devient plus froid ; le trépied touchant la capsule partage son refroidissement et, par suite, la déviation de l'aiguille du rhéomètre en est augmentée. Si l'on suspend la production électrique, la température du liquide revient peu à peu à son point de départ et s'y maintient ; puis, si l'on recommence à produire de l'électricité soit positive, soit négative, le froid augmente de nouveau et le multiplicateur en indique l'intensité. Le verre étant un mauvais conducteur du calorique, l'indication se fait plus attendre avec cette capsule qu'avec celle en platine ; on atténue ce défaut en tirant la capsule d'une boule soufflée très-mince. Il est évident, par ces expériences de diverses natures, que le rayonnement électrique augmente l'évaporation, que c'est la vapeur produite qui sert d'intermédiaire pour l'échange des deux électricités et non l'eau elle-même. L'eau ne peut être enlevée que par une tension considérable, capable de vaincre le poids d'une masse liquide et son adhésion. C'est ce qu'on peut faire avec de puissantes machines, et c'est ce que font les nuages armés d'une tension prodigieuse, comme on le voit dans certaines trombes.

90. Le trépied thermoscopique que je viens d'indiquer a un inconvénient que je dois faire connaître. Les soudures inférieures *ooo*, étant à la température ambiante, le refroidissement produit par l'évaporation spontanée abaisse la température des soudures supérieures, au point de faire dévier le multiplicateur de 50 à 80 degrés, suivant l'état de l'air ; une telle déviation permanente ôte à l'instrument sa principale sensibilité. Pour la lui rendre et ramener l'aiguille à zéro, je m'y suis pris de la manière suivante :

Au lieu de faire les couples droits, comme dans l'appareil précédent, je fais ma pile thermo-électrique de trois couples contournés en un U très-évasé, c'est-à-dire que les deux extrémités présentent deux trépieds, sur lesque' je place des capsules en platine, d'égal diamètre, remplies d'eau et surmontées de leurs disques de verre percés. L'évaporation étant égale des deux côtés, l'aiguille du rhéomètre se tient à zéro ou très-près de zéro, ce qui est un très-grand avantage pour la sensibilité de l'instrument. Au dessus d'une des capsules est suspendu le faisceau de pointes, et au dessus de l'autre un moulinet que l'on met en mouvement, soit au moyen d'un rouet, soit au moyen d'un mouvement d'horlogerie : tout autour sont placés des fils de soie, libres par une extrémité, pour pouvoir apprécier l'agitation de l'air. Ainsi disposée, l'expérience devient comparable, principalement si l'on a diminué le volant, de manière à ce que cette agitation ne soit pas beaucoup plus grande que celle occasionée par le rayonnement électrique. Cette disposition a l'avantage de produire alternativement du froid dans l'une, puis dans l'autre capsule, en augmentant l'évaporation d'un côté avec l'électricité, et de l'autre avec l'air agité. Quoique l'agitation de l'air, au moyen du volant, soit de beaucoup plus grande, nous avons toujours eu un moindre abaissement de température qu'avec l'influence électrique. Pour égaler le froid produit, j'étais obligé, ou de mettre un volant plus grand, ou de le faire tourner assez rapidement, pour agiter les soies à une distance décuple de celle jusqu'où se fait sentir l'agitation atmosphérique de l'électricité.

100. L'expérience précédente prouve que l'évaporation est considérablement augmentée par le rayonnement électrique du liquide ; mais elle ne prouve pas directement que cette vapeur surabondante, obtenue par l'électricité, est dans les mêmes conditions que la vapeur spontanée, et qu'elle est nécessairement privée de tout atome de sel.

Pour m'assurer du fait, j'ai terminé mon conducteur supérieur par du papier réactif, bleui par le tournesol, et légèrement humecté ; j'ai pris pour liquide inférieur de l'eau acidulée par de l'acide sulfurique, dont le contact rougissait instantanément le papier qu'on y plongeait. Je plaçai en même temps d'autres bandes de papier réactif autour du vase, afin qu'elles fussent frappées par les vapeurs que repoussait l'influence électrique. La vapeur, augmentée par la tension électrique, venant frapper et mouiller ce papier réactif, aurait dû le rougir, si elle avait contenu les moindres parcelles d'acide ; il n'en fut rien, le papier resta bleu jusqu'en ses filamens suspendus au dessus de l'eau, aussi bien lorsque la vapeur était le produit de l'action électrique, que lorsqu'elle était celle de la spontanéité. Pour qu'il en soit autrement, il faut que la tension soit telle, qu'il y ait décharge et non écoulement électrique. Dans ce cas, il y a parfois des éclaboussures de projetées sur le papier, qui le rougissent. Ce qui précède prouve, de la manière la plus complète, que la fumée aqueuse, ascendante des trombes, est bien de la vapeur et non de l'eau divisée, obéissant à l'attraction du conducteur, comme les corps légers ; que c'est la vaporisation qui est augmentée, et non des parcelles de liquide enlevées à la masse totale.

Ces expériences répondent à un des énoncés les plus importans du problème, à celui des masses de vapeurs qui s'élèvent à l'approche d'une trombe, ou à l'approche d'un nuage surbaissé prêt à s'allonger en cône.

CHAPITRE XIII.

DE LA PRODIGIEUSE TENSION ÉLECTRIQUE DES NUAGES ET DE L'ATMOSPHÈRE.

101. Maintenant , nous allons demander à l'observation seule ce qui ne peut pas être reproduit par l'expérience ; nous allons montrer que les nuages opaques ou transparens, et que l'atmosphère peuvent acquérir la prodigieuse tension électrique nécessaire à la violence des effets connus de ce météore ; nous insisterons principalement sur les deux sortes de tension électrique, méconnnes jusqu'alors , que possèdent les nuages, et nous démontrerons que c'est de cette double tension que ressortent une foule de phénomènes qu'on n'a pu comprendre parce qu'on n'a pas su reconnaître cette double puissance.

102. Dans les régions inférieures, trois causes rendent l'air trop conducteur pour qu'il puisse garder une tension électrique considérable. La première est une cause puissante de neutralisation, toujours active, toujours présente ; c'est la proximité du sol, d'un corps plus ou moins conducteur , qui se charge par influence d'une électricité contraire à celle de l'air et qui réagit conséquemment par son attraction pour la neutraliser. Cette proximité est un obstacle permanent à la conservation d'une tension un peu notable dans les zones inférieures. Cette cause, dont on ne tient pas assez compte, est certainement celle qui s'oppose le plus puissamment à l'accumulation électrique près de la surface du globe.

103. La seconde cause est la quantité de molécules d'eau à l'état de vapeur que contiennent les mêmes couches inférieures ; ce n'est pas de l'humidité percevable à nos hy-

gromètres qu'il s'agit, mais du rapprochement des molécules d'eau par la pression atmosphérique. On sait que ce n'est pas seulement en raison de l'humidité libre que l'écoulement électrique s'opère, que ce n'est pas en raison du degré de l'hygromètre, que la tension diminue, mais en raison de la quantité d'eau contenue dans l'atmosphère, quel que soit le degré marqué par l'hygromètre. C'est pourquoi la tension électrique est toujours moindre pendant les chaleurs de l'été que pendant les gelées de l'hiver, quoique l'hygromètre reste constamment moins élevé dans le premier cas que dans le second ; c'est que pendant les temps chauds, l'air ayant une plus grande capacité pour la vapeur, en contient une quantité latente plus considérable, non percevable aux instrumens. C'est donc de la quantité absolue de vapeur, latente ou libre, de l'atmosphère, que dépend sa plus grande conductibilité, et c'est par cette même cause que les zones inférieures, contenant des molécules aqueuses plus rapprochées, sont plus conductrices que les zones supérieures.

104. La troisième cause est l'abaissement de la température dans les zones élevées, qui contiennent dès-lors moins de molécules d'eau dans un espace donné. Ainsi, éloignement d'un corps conducteur, diminution dans la quantité absolue des vapeurs, et température basse, voilà trois grandes causes de conservation de l'électricité statique, de celle qui témoigne sa présence par des attractions ou des répulsions à distance et dont l'écoulement produit ces météores ignés connus sous le nom de foudre, feu de Saint-Elme, feu follet, bolides, etc., etc.

105. La grande tension électrique des zones supérieures a été constatée par les voyageurs observateurs les plus célèbres. Il faut lire le voyage de de Saussure sur les Alpes, et celui de M. de Humboldt aux régions équinoxiales, pour juger de la grande différence qu'il y a entre l'état électrique des lieux élevés et celui des lieux bas. Ces il-

lustres voyageurs ont trouvé partout des signes électriques très-prononcés ; les boules de l'électroscope allaient souvent frapper les armatures, et cependant, la première cause de diminution, celle qui agit avec le plus de force et de la manière la plus incessante, la proximité du sol, les suivait partout. Leurs instrumens n'étaient jamais élevés à plus de deux mètres de la terre, ils subissaient son action sur les montagnes comme dans les vallons; la température elle même, prise à une égale hauteur, est plus élevée près du sol que loin de tout abri. Il n'y avait d'entière que la troisième cause, celle de la diminution de pression, amenant après elle une diminution dans la quantité absolue des vapeurs, et la seconde pour une certaine quantité qui est très-variable selon l'orientation. Isolées de la terre, éloignées de son influence, les zones élevées de l'atmosphère peuvent se charger d'une quantité prodigieuse d'électricité, quantité dont nous n'avons que des idées fort incomplètes, d'après nos expériences faites terre à terre.

106. Cette tension si puissante des zones supérieures ne se déduit pas seulement des nues orageuses, mais encore des résultats qu'on peut mesurer, et des pluies étincelantes qu'on a observées. J'ai reçu quelquefois dans un vase isolé, attenant à un électroscope, de ces larges gouttes de pluie qui n'apparaissent que dans les temps orageux, et j'ai vu souvent qu'une seule de ces gouttes suffisait pour projeter les feuilles d'or contre les armatures. D'une autre part, les relations scientifiques nous ont conservé les preuves de la haute tension que peuvent posséder ces mêmes gouttes de pluie. Toaldo rapporte dans son *Essai météorologique*, page 274, que, le 22 septembre 1773, il tomba dans la Gothie orientale, dans un district qu'on nomme Skara, une pluie des plus abondantes, à laquelle succéda une chaleur accablante qui dura jusqu'à six heures du soir; il recommença alors à pleuvoir, mais d'une manière fort

singulière, puisque chaque goutte de pluie jetait du feu en tombant sur la terre. Perraut rapporte, d'après Krantz (*Essais de Physique*, tom. 4), qu'il tomba en 1305, qui fut une année froide, une grêle enflammée.

107. Le 3 mai 1768, M. Pasumot, surpris par un orage vers sept heures du soir, étant sur une hauteur près la Canche, reçut la pluie qui tombait à flots ; ayant incliné la tête pour décharger son chapeau de l'eau qu'il retenait, cette eau rencontra dans sa chute celle qui tombait du ciel et leur choc donna une étincelle électrique. (*Jour. Phys.*, *Roz.* 1774, t. 3, 256. On sait aussi que de Saussure étant sur les montagnes du Valais avec quelques amis, ils furent électrisés de manières différentes, de telle sorte qu'ils tirèrent des étincelles en approchant les doigts les uns des autres. (Acad. Sc. 1773. *Jour. Phys.*, *Roz.* 1773, t. 2, 271.)

108. « Le 10 juin 1830, le colonel Macerone était à bord d'un vaisseau, à 50 lieues d'Alger ; il aperçut vers dix heures du soir, par un temps chargé de nuages électriques, une suite d'éclairs très-vifs à l'horizon du côté d'Alger. Des sillons de lumière tombaient verticalement dans la mer, à un mille environ du vaisseau. Tout à coup, à moins de 50 mètres du bâtiment, les sillons lumineux s'enfoncèrent jusqu'à une profondeur qui les faisait perdre de vue. Ces éclairs paraissaient occuper un espace d'un mille carré et se répétaient de seconde en seconde ; ils durèrent encore quelques minutes après la cessation des éclairs atmosphériques. Le mouvement des nuages ayant amené quelques lambeaux de ceux-ci au dessus de l'électricité sous-marine, il se fit aussitôt une suite de violentes décharges, qui précipitèrent des torrens de pluie, et mirent fin au phénomène. » (*Elem. de Géog. Ph. et de Météor.*, de M. Lecoq, p. 468, éd. 1836.)

Cette observation est d'autant plus intéressante, qu'elle signale de violentes décharges électriques entre la mer et les nuages opaques, succéder aux décharges semblables entre la mer et les vapeurs transparentes répandues dans l'atmosphère. Elle est de plus précieuse en ce qu'elle fait connaître l'immense quantité d'électricité que les vapeurs peuvent garder dans l'un ou l'autre de ces états, c'est-à-dire soit à l'état de transparence ou comme on le dit à l'état de vapeur élastique, soit à celui de vapeur opaque ou vésiculaire.

109. Dom Halley, prieur des Bénédictins de Lessay, proche Coutances, a écrit à M. de Maizan, que le 3 juin (1731) sur le soir, le jour suivant au matin et le même jour au soir, il y avait eu à Lessay des tonnerres extraordinaires. Tout le ciel était en feu depuis l'horizon jusqu'au zénith; on voyait, ainsi que dans un feu d'artifice, le jeu d'une infinité de fusées volantes; il tombait de toutes parts comme des gouttes de métal fondu et embrasé, et le spectacle eût été charmant sans la violence des coups de tonnerre, qui causaient de l'effroi aux plus hardis. Les édifices en étaient ébranlés, quelques uns furent réduits en cendres, et des bestiaux tués. Cependant la pluie ne fut pas des plus abondantes; au contraire, la sécheresse, dont on se plaignait, continua toujours. (*Hist. Ac. Sc.* 1731, p. 19.)

110. Enfin, nous terminerons par le fait suivant :

« Au château de Duino, situé dans le Frioul, au bord de la mer Adriatique, il y a de temps immémorial sur un des bastions de la place, une pique plantée verticalement la pointe en haut : quand le temps menace d'orage, la sentinelle qui monte la garde à cet endroit présente au fer de cette pique celui d'une hallebarde, qu'on laisse toujours là pour cette épreuve, et si le fer de la pique étincelle beaucoup à l'approche de celui de la hallebarde, ou qu'il jete par sa pointe une petite gerbe lumineuse, alors il sonne une petite cloche qui est auprès, pour avertir les gens de la campagne et les pêcheurs qu'ils sont menacés d'orage, et sur cet avis, tout le monde rentre. (*Traité de Météorologie* du P. Cotte, p. 71. Paris, impr. roy., 1774).

111. Nous avons à considérer maintenant la disposition intérieure des particules de vapeur dans les nuages, pour comprendre comment ils peuvent contenir une aussi grande quantité d'électricité, et comment cette électricité ne se neutralise pas par une seule explosion, ou au moins par un petit nombre d'explosions; comment les charges d'électricité peuvent se reproduire aussi nombreuses et aussi rapprochées qu'on le voit dans les orages. Il est cependant une question de constitution intérieure que nous n'aborderons pas à présent, parce qu'elle tient au travail subséquent que nous publierons ; qu'elle demande des expériences que nous n'avons pas encore faites, et qu'elle est tout-à-fait indifférente à la solution de nos recherches actuelles. La question à laquelle nous faisons allusion, est celle de la forme intégrante des particules de vapeur, lorsqu'elles passent de la transparence à l'opacité ; elle consiste à rechercher quelle est la forme qu'elle prend alors, et s'il est vrai que ce soit celle de vésicules, comme de Saussure l'a dit. Nous remettons à un autre temps cette question, qui ne se rattache pas directement à ce travail.

112. Un nuage n'est point un corps proprement dit, tel qu'on l'entend ordinairement par ce mot, ce n'est point un tout dont les particules soient solidaires comme celles des corps solides, ou même celles des liquides, par leur adhérence et leur proximité. Peu liées entre elles, les particules des nuages se prêtent difficilement à la propagation de l'électricité ; les espaces qui les séparent, maintiennent leur isolement et leur indépendance, et ce n'est que lors de leur condensation par une cause quelconque, que leurs masses se rapprochent quelque peu des corps ordinaires et se prêtent plus facilement aux échanges électriques. Cette indépendance des particules de vapeur peut exister

à des degrés fort divers, et passer de l'isolement complet à une densité semblable à celle d'une demi-liquidité, comme on le voit dans la portion inférieure de certaines trombes. L'électricité, provenant de l'évaporation, forme autour de chaque particule une sphère d'action qui est plus ou moins stable, suivant leur degré d'isolement. Si ces particules sont éloignées les unes des autres, si elles ont conservé une grande indépendance, si elles ne se sont pas groupées en parties plus considérables, elles gardent chacune toute leur énergie électrique, toute la tension qu'elles ont acquise, et la masse de vapeur agira avec une puissance d'action proportionnelle à la somme de ces forces partielles sans qu'il y ait de décharges notables. Elle ne produira que des effets d'électricité statique, ceux d'attraction ou de répulsion, et ceux de simple rayonnement.

113. Si, au contraire, les particules de vapeur sont assez rapprochées pour que leurs sphères électriques se pénètrent profondément; si la répulsion de toutes ces sphères électriques agit plus fortement que le lien qui les unit à la vapeur, toutes les particules intérieures perdront une portion de leur électricité au profit des particules extrêmes; il se formera alors autour de la masse nuageuse, une couche d'électricité libre, comme il s'en forme autour de nos conducteurs ordinaires. Le nuage ou masse de vapeur aura, par conséquent, deux ordres de tension : la tension de l'électricité libre à la surface, et celle de l'électricité conservée autour de chacune des molécules de vapeur.

114. Le nuage agit au moyen de ces deux tensions, et il se développe sur les corps voisins une électricité contraire à l'état libre. Les deux électricités libres, s'attirant réciproquement, se précipitent l'une vers l'autre et produisent une explosion par leur neutralisation. L'électricité particulaire, celle qui forme les sphères des molécules isolées, ne peut faire partie de ces échanges instantanés, puisqu'elle

n'est point à la surface, qu'elle est restée coërcée autour de chaque particule et n'a point quitté l'intérieur du nuage. Ainsi conservée, elle continue d'agir par sa tension sur les corps terrestres et d'y retenir à la surface *une électricité contraire* à l'état libre. Il suit de ce double état, de cette double tension électrique, qu'il y a deux actions de même nature, mais distinctes, dont l'une produit une décharge ignée, accompagnée de ses effets ordinaires, et l'autre, une tension puissante d'attraction, qui peut aller jusqu'à l'enlèvement et le transport des objets.

115. Dans l'étude des phénomènes météorologiques, il ne faut jamais oublier que les deux *tensions* électriques existent séparées, l'une libre autour des nuages, c'est celle qui produit les décharges ignées ; l'autre, retenue autour des particules et qui n'agit que par des effets statiques d'attraction ou de répulsion. C'est la tension libre à la périphérie qui domine dans les orages ordinaires et qui s'éteint dans les explosions ; c'est la tension particulaire qui domine dans les nuages trombiques et qui se manifeste par les puissantes attractions ou répulsions qui dévastent tout ce qui les entoure et qui ne s'éteint que par un rayonnement continu, par une suite de petites décharges entre les particules de vapeur, ou entre les petits groupes de ces particules et non par des décharges de masses à la surface. Entre ces deux extrêmes, on trouve dans les orages ordinaires et dans ceux accompagnés de trombes, tous les intermédiaires possibles sans laisser aucun vide.

116. On a quelquefois soulevé une question d'une haute importance, qui mérite d'être traitée sérieusement ; c'est celle de savoir si l'air est pour quelque chose dans la tension électrique de l'atmosphère, ou si les vapeurs qui y sont dissoutes y concourent seules. Déjà le père Beccaria a envisagé cette question dans son *Traité d'électricité* et dans ses *Lettres sur l'électricité atmosphérique ;* il pense que la

tension électrique croît avec le nombre des particules de vapeur, jusqu'à ce que leur nombre, rendant l'air trop conducteur, la perte égalant l'augmentation, la tension reste alors stationnaire ; puis enfin, si la vapeur continue d'augmenter, la perte l'emporte sur l'accroissement électrique, et la tension diminue. Nous partageons en partie l'opinion de ce célèbre physicien, sur laquelle nous reviendrons ailleurs ; nous en développerons les conséquences, et nous les mettrons en présence de tous ces bolides, qui laissent après eux une vapeur légère qui se dissipe lentement. Nous dirons aussi comment les particules de vapeur, libres et électrisées de la même manière, forment cependant des masses limitées, au lieu de se répandre uniformément par leur répulsion mutuelle.

CHAPITRE XIV.

DES PLUIES, DU TONNERRE ET DES ÉCLAIRS SANS NUAGES VISIBLES.

117. Un fait non douteux quoiqu'encore inexpliqué, est celui des pluies sans nuages. Voulant nous renfermer dans le phénomène des trombes, nous acceptons le fait sans l'interpréter, nous réservant d'y revenir ailleurs. Voici ce que A. Pictet dit, dans le *Journal de Genève de* 1791, n° 3, et cité de nouveau dans la *Bibliothèque universelle de* 1836, tome I, page 350.

« Me trouvant par hasard dans la rue, le jeudi 6 janvier 1791, à une heure après minuit, je fus témoin d'une circonstance météorologique très-remarquable. Le ciel était *parfaitement serein* et l'on voyait jusqu'aux étoiles de quatrième grandeur ; je ne découvris, du milieu de la place du Bourg-du-Four où j'étais, aucun nuage ; il ne faisait

que très-peu de vent, point du tout de brouillard, et *il
pleuvait*, non pas abondamment, mais des gouttes très-
distinctes et fréquentes. »

118. Dans son *Voyage aux régions équinoxiales du nouveau continent*, fait de 1799 à 1804, au livre 4, chap. 10,
page 511, t. I, édit. in-4°, 1814, M. de Humboldt dit :
« Depuis le 10 octobre jusqu'au 3 novembre, à l'entrée de
la nuit, une vapeur roussâtre s'élevait sur l'horizon et couvrait en peu de minutes, comme d'un voile plus ou moins
épais, la voûte azurée du ciel. L'hygromètre de Saussure,
loin de marcher à l'humidité, rétrogradait souvent de 90°
à 83°. La chaleur du jour était de 28° à 32° ; ce qui, pour
cette partie de la zone torride, est une chaleur très-considérable. Quelquefois, au milieu de la nuit, les vapeurs dis-
paraissaient en un instant ; et au moment où je plaçais les
instrumens, des nuages d'une blancheur éclatante se formaient au zénith et s'étendaient jusque vers l'horizon. Le
18 octobre, ces nuages avaient une transparence si extraordinaire, qu'ils ne cachaient pas les étoiles de quatrième
grandeur. Je distinguais si parfaitement les taches de la
lune, qu'on aurait dit que son disque était placé au devant
des nuages. Ils étaient d'une hauteur prodigieuse, disposés par bandes et également espacés, comme par l'effet
des répulsions électriques. Ce sont ces mêmes petits amas
de vapeurs que j'ai vus au dessous de moi sur le dos des
Andes les plus élevées, et qui, dans plusieurs langues, portent le nom de *moutons*. »

119. A la suite du troisième livre, ce savant observateur dit dans une des nombreuses notes du tome III, page
317 : « Le 5 septembre à trois heures après midi (23° Réaumur, 36° hygromètre de Deluc), j'ai vu tomber *des grosses
gouttes de pluie* par un ciel *tout bleu, sans trace de nuages*. »
Il dit ailleurs : « Pendant toute la journée du 23 mars, la
voûte céleste offrit un spectacle curieux qui frappa jus-

qu'aux matelots les plus indolens, et que j'avais déjà remarqué le 13 juin 1799. Il y avait absence totale des nuages : on ne remarquait pas même ces vapeurs légères qu'on appelle *sèches;* cependant le soleil colorait d'une belle couleur rose l'air et l'horizon de la mer. Vers la nuit, le ciel se couvrit d'abord de gros nuages bleuâtres ; et, lorsque ceux ci disparurent, on vit, à une hauteur immense, des flocons de nuages régulièrement espacés et rangés par bandes convergentes (t. 3 , p. 511 , liv. 11 , chap. 29).

120. Dans le tome premier, page 348 , de la nouvelle série de la *Bibliothèque universelle de Genève*, 1836, il y a une note de M. Wartmann , dans laquelle il relate l'apparition d'un arc-en-ciel observé à Genève , par un temps serein , le 12 février 1836. « Il était dix heures cinq minutes du matin , dit-il , lorsque je vis , presque à mon zénith, et au nord-ouest du soleil qui brillait de tout son éclat, un arc lumineux présentant d'une manière distincte toutes les couleurs de l'iris : il était parfaitement circulaire, embrassait une étendue d'environ 100°, et ses branches étaient situées non dans le sens vertical , mais parallèlement à l'horizon; le soleil , loin d'en occuper le centre , se trouvait placé en dehors , vis-à-vis de la convexité, à une distance d'environ deux fois et demie la longueur de la corde qui sous-tendait l'arc. En ce moment l'air était calme , le ciel était très-pur ; à onze heures et demie, de légers nuages se promenaient dans les régions supérieures, et dès l'après-midi le ciel fut couvert. » Le même observateur a vu à Genève une pluie abondante pendant que le ciel était parfaitement serein. Il y avait au ciel , tout autour de l'horizon des gros nuages noirs non continus et fortement agités. Le zénith était pur et les étoiles y brillaient de leur éclat ordinaire , en même temps qu'une pluie formée de larges gouttes d'eau tiède tombait sur différens points de la ville. (*Echo du m. sav.,* 1837, n° 95 , n° 278.)

121. Dans l'*Annuaire* de 1836, page 280, M. Arago, après avoir cité M. de Humboldt et le capitaine Beechey, comme témoins de pluie sans nuages entre les tropiques, ajoute : « En Europe on voit quelquefois par un temps froid et parfaitement serein, tomber lentement en plein midi de petits cristaux de glace dont le volume s'augmente de toutes les parcelles d'humidité qu'ils congèlent dans leur trajet. » Je rappellerai aussi la communication que j'ai faite à l'Académie des sciences le 7 septembre 1835. Trois jours auparavant, j'avais eu une tension électrique telle, que j'eus pendant vingt minutes une suite d'étincelles ; il tombait alors de larges gouttes d'eau et le ciel n'était aucunement couvert ; à peine avait-il une apparence légèrement blanchâtre ; ce ne fut que pendant cet écoulement du fluide électrique que la couche vaporeuse s'épaissit quelque peu, sans jamais former un véritable nuage.

122. Le serein de nos climats n'est lui-même qu'une pluie sans nuage, qui tombe presque toujours au coucher du soleil, à la suite d'une belle journée d'été ; on l'observe principalement dans les plaines basses, à une petite distance des lacs et des rivières, où il s'est fait une grande évaporation. C'est lorsque la température de l'atmosphère baisse, lorsque l'air n'a plus une capacité suffisante pour la quantité de vapeur qu'il contient, que cette dernière se réunit en gouttes d'eau et retombe sur la terre. Quant à la cause de cette transformation en eau, sans passer par l'état de vapeur vésiculaire, c'est une question que nous aborderons ailleurs : il nous suffit pour le présent de constater le fait qui nous est nécessaire, nous reviendrons sur son explication lorsque nous traiterons des vapeurs. A ces exemples, nous ajouterons les relations de quelques autres météores qui apparaissent également sous un ciel sans nuage.

123. M. Le Predour dans l'introduction qu'il a placée en tête de sa traduction des *Instructions nautiques sur la mer*

des Indes de James Horsburg, dit, en parlant des *grains :*
« Les grains blancs sont assez rares, mais on en rencontre
quelquefois entre les tropiques ou dans les environs, surtout auprès des terres élevées ; ils sont ordinairement violens et de peu de durée ; ils surviennent souvent lorsque
le ciel est clair et sans qu'aucune circonstance atmosphérique les fasse prévoir, ce qui les rend très-dangereux ; la
seule chose qui annonce quelquefois leur approche est le
bouillonnement de la mer, qui est très-agitée par la violence des vents. »

Dans les circonstances dont parle M. Le Prédour, si la
mer avait eu l'agitation ordinaire que lui donne la violence
des vents, on n'aurait pas dit que son bouillonnement était
une menace du grain blanc ; il faut donc que l'agitation
dont parle cet auteur ne soit pas la même que celle produite par les vents ordinaires, il faut qu'il y ait eu des
apparences très-différentes qui les fassent distinguer et
conséquemment qu'il y ait une autre cause qu'on ne voyait
pas et dont on ne pouvait tenir compte, par cela seul qu'on
ne la voyait pas. Beaucoup de ces grains qui ont commencé
ou par un petit nuage, ou même sans nuage visible, sont
bientôt accompagnés de fortes pluies et de nuages épais.

124. Pour prouver que ces agitations de la mer sont le
produit de nuages électriques, nous citerons le fait suivant :

Dans son *Voyage au détroit de Beering* (t. I, p. 4), le
capitaine Beechey dit : « Vers la fin des vents alisés, le
» vent tourna graduellement à l'est et devint frais, il dura
» ainsi jusqu'au 15 juin 1825, qu'il cessa subitement. La
» mer au dessous d'un nuage orageux très-noir était devenue
» écumante comme elle l'est dans les brisans et nous aver-
» tit de nous tenir à nos petites voiles ; nous eûmes alors
» un violent coup de vent du sud, et depuis ce moment le
» vent alisé nord-est a cessé de souffler. »

Cette mer devenue écumeuse et semblable à des brisans

au dessous d'une nue orageuse, avant que les vents ne se fissent sentir, est certainement un effet de l'influence électrique du nuage. Les exemples précédens indiquent donc que les vapeurs invisibles ou nuages transparens, se comportent dans certaines circonstances comme les nuages opaques.

125. Voici un passage de Gemelli Careri, que nous plaçons ici, quoiqu'il n'ait pas indiqué l'état du ciel.

« Le samedi 5 mai 1696, nous vîmes en pleine mer une chose fort étonnante ; c'était une grande quantité d'eau élevée en l'air, et ce que les Espagnols appellent *manga*. Il y en avait qui disaient que cela se formait comme l'arc-en-ciel, mais ils ne voulaient pas demeurer d'accord, que toute la différence qui se trouve entre l'un et l'autre était que le premier était composé de plus grosses gouttes, et que l'arc-en-ciel l'était de plus petites. Cela nous annonça la violente tempête qui arriva vers minuit, nous mit en grand danger, et dura jusqu'au lendemain midi. » (*Voyage autour du monde de Gemelli Careri*, édit. française de 1719, t. V, p. 7.)

126. Nous terminerons ce chapitre par la citation d'éclairs et de coups de tonnerre pendant un ciel sans nuages. Sénèque et Anaximandre avaient admis des tonnerres sans nuages. (Quest. n. 1, 1 ; et 2, 18.) Lucrèce au contraire dit positivement qu'il faut d'épais nuages pour engendrer la foudre. (N. D., liv. 6, v. 98 et 245.) Sennebier parle du tonnerre des jours sereins comme d'un fait reconnu. (*Jour. Ph.*, t. 30, p. 245.) C'est donc une question qu'il est bon de résoudre par l'observation bien constatée. Volney a inséré dans son Tableau du climat et du sol des Etats-Unis, chap. 9. § 3, p. 203 de l'édition de Bossange de 1821, le fait suivant de tonnerre sans nuages :

« J'ai long-temps refusé de croire à l'existence de ces grêlons pesans des onces et des livres, dont parlent trop souvent les gazettes et les voyageurs ; mais l'orage du

13 juillet 1788 m'a convaincu par mes propres sens; j'étais au château de Pontchartrain, à quatre lieues de Versailles. A six heures du matin, étant allé visiter un parc de moutons, je trouvai les rayons du soleil d'une chaleur insupportable ; l'air était calme et étouffant, c'est-à-dire très-raréfié : *le ciel était sans nuage*, et cependant je distinguai quatre à cinq coups de tonnerre : vers sept heures et un quart parut un nuage au sud-ouest, puis un vent très-vif. En quelques minutes le nuage remplit l'horizon , et accourut vers notre zénith avec un redoublement de vent alors frais, et tout à coup commença une grêle, non pas verticale, mais lancée obliquement comme par 45°, d'une telle grosseur, que l'on eût dit des plâtres jetés d'un toit que l'on démolit. Je n'en pouvais croire mes yeux ; nombre de grains étaient plus gros que le poing d'un homme, et je voyais qu'encore plusieurs d'entre eux n'étaient que les éclats de morceaux plus gros ; lorsque je pus avancer la main en sûreté hors de la porte de la maison, où fort à temps je m'étais réfugié , j'en pris un, et les balances qui servaient à peser les denrées , m'indiquèrent le poids de plus de cinq onces : sa forme était très-irrégulière, trois cornes principales , grosses comme le pouce et presque aussi longues , prédominaient du noyau qui les rassemblait. »

127. Le 8 janvier 1777, à sept heures du matin, vent N.-N.-O., très-vif et très-sec, un maréchal-ferrant de Marseille était à sa forge, forgeant une barre de fer que deux autres ouvriers frappaient en devant. Au même instant, il entend derrière lui une très-forte explosion, il recule et aperçoit entre ses jambes une ligne de feu serpentant qui disparaît rapidement ; au même instant, la suie de la cheminée tombe en masse, un des battans de la porte est emporté dans la rue, les pentures ont été rompues sans endommager le bois, une cloison en maçonnerie est abattue, des femmes couchées au premier étage se sentent sauter

en l'air sans éprouver de mal. l'odeur du soufre sentie d'abord, fut aussitôt couverte par celle de la suie. Le maréchal n'eut que les poils de ses bas brûlés et l'extrémité des cheveux. L'air était sec et le ciel parfaitement serein. (Raymont. *Ext. du Jour. Ph.*, *Roz.* 1777, t. 9, 222).

128. Le 1er avril 1826, l'on entendit un bruit dans les environs de Saarbruck, à quatre heures après midi, pendant que l'air était calme et serein, et que le soleil brillait au ciel ; c'était un roulement semblable à celui du tonnerre, et pendant la durée duquel on vit dans l'air un objet grisâtre, paraissant avoir 3 pieds et demi de hauteur, et s'approchant du sol avec la vitesse de l'éclair, pour s'y étendre en forme de nappe ; ensuite, après une minute à peu près de silence, on entendit de nouveau le bruit du tonnerre, qui parut s'élever du lieu même où le météore s'était arrêté. (Chladni, *Annal der Phys. und Chem.* 1826, n. 7, p. 373 ; Bulletin Ferussac, 1827, *Sc. Phys. mat.*, t. 8, p. 143.)

129. Voici un autre fait que l'on trouve dans le mémoire du Pr Schubler sur les orages de l'année 1823 dans le Wurtemberg. (*Journ. for. Che. Phy.*, t. 2, cah. 1 ou 5, 1824 ; Bulletin Ferus., 1824, t. 2, p. 303).

Le 26 août 1823, en plusieurs endroits du Wurtemberg, entre 9, 10 et 11 heures du soir, par un ciel parfaitement clair, on remarqua des éclairs, sans découvrir de traces d'orage nulle part, sur une surface de 400 milles carrés ; l'atmosphère même ne paraissait point disposée à l'orage. Le baromètre se tenait depuis quelques jours 1 ou 2 lignes au dessus de la hauteur moyenne, et il monta le jour suivant encore davantage ; la direction du vent était est et nord-est. Ce fut un des jours les plus chauds de cet été. A Stuttgard la température, à midi, fut de 28° R.,

CHAPITRE XV.

DE QUELQUES MÉTÉORES IGNÉS PROVENANT DE NUAGES
OPAQUES ET D'AUTRES PROVENANT DE NUAGES TRANS-
PARENS.

130. Les recueils scientifiques, et tous les ouvrages de
physique, contiennent de nombreuses relations de météores ignés dont quelques uns communiquaient à un groupe
de nuages, mais dont la plupart parurent pendant un ciel
serein. Lorsqu'on suit avec quelque attention la forme, la
marche, la terminaison de ces météores, et qu'on y applique les lois des échanges électriques, il est impossible
de ne pas reconnaître que ces globes de feu, ces flammes,
ces aigrettes, ces fusées volantes, ne soient des décharges électriques, des neutralisations de courans continus
entre des masses de vapeurs invisibles, ou entre ces nuages transparens et des nuages opaques ou la terre. La durée
de ces météores, leurs mouvemens, leurs translations conduisent à une remarque du plus haut intérêt pour l'étude
des phénomènes météorologiques. C'est que les vapeurs
transparentes sont moins conductrices que les vapeurs opaques ; que la tension électrique est plus individuelle, plus
attachée à chaque particule de vapeur et qu'une masse limitée de cette vapeur, c'est-à-dire une nue transparente,
n'a pas à sa périphérie autant d'électricité libre que les nues
opaques, et qu'elle ne lui en cède que successivement. Ce qui
le prouve, c'est la durée même du phénomène, sa marche
plus ou moins accélérée et sa lumière pâle et souvent rayonnante. Entre les nuages opaques, au contraire, il y a presque
toujours instantanéité de décharge et de neutralisation, et

la réproduction extérieure s'y fait plus rapidement et fournit la matière à de nombreuses explosions.

131. Les météores ignés cessent de deux manières; ou ils s'éteignent tout à coup sans bruit, ou ils éclatent avec un bruit plus ou moins fort, et quelquefois semblable à un coup de canon. Dans le premier cas, c'est que la matière électrique a cessé d'arriver; une des deux sources ou toutes deux à la fois, se sont trouvées épuisées, et il ne s'est plus fait de neutralisation apparente : c'est le cas ordinaire des étoiles filantes, sur lesquelles nous reviendrons avec détail dans un autre travail ; quelquefois ces petits météores se terminent par une explosion et projettent au loin des étincelles, comme tant d'autres bolides. Dans le second cas, c'est que l'échange électrique, gagnant de proche en proche, a rencontré une masse de vapeur plus dense et plus chargée d'électricité libre à sa périphérie ; une grande quantité d'électricité a pu être tout à coup neutralisée, et cette neutralisation en masse a produit son explosion ordinaire accompagnée d'une forte détonation.

132. Voici deux exemples de météores ignés tenant à des nuages.

Le 6 mars 1716, à neuf heures du soir, étant dans le 45° 36′ de latitude, un nuage clair parut à l'est, voisin de notre zénith; il en sortit peu après des rayons lumineux, imitant la queue d'une comète, qui s'étendirent à tel point qu'ils touchèrent en peu de temps l'horizon. Un autre corps lumineux parut au nord-nord-est et donna une lumière très-vive qui dura jusqu'après minuit. Ce corps était à une assez grande distance de nous et s'éteignit tout à coup. (Geebie, *Ph. Trans.*, n° 348. 1716, p. 430).

M. Lapeyrouse rend compte à l'Académie de Toulouse, le 29 juillet 1790, du météore qu'il avait vu le 24 du même mois. Le ciel était assez serein; quelques nuages bas et légers paraissaient seulement à l'ouest ; la lune éclairait :

tout à coup, dit-il, nos yeux furent frappés d'un spectacle fort curieux. Dans la direction du sud-ouest au nord-est, à la hauteur des nuages, un feu, qui avait un mouvement horizontal, nous fit d'abord croire que c'était un reste de quelque énorme fusée. La lenteur de sa marche, sa forme, sa grosseur qui allait toujours croissant, nous détrompèrent bientôt. C'était d'abord un feu mat et tranquille, qui s'anima par degrés, changea deux fois de nuance, et devint scintillant comme des gerbes d'artifice. Le feu alla toujours en se renflant, et finit par jeter de son sein, sans aucune explosion, un globe clair, vif et argentin, et alla se perdre dans les nuages. (*Mém. acad. Toulouse*, t. 4, 189.)

133. Les deux météores suivans ont eu lieu sans explosion. Le 11 juin 1762, trois quarts d'heure après le soleil couché, il parut un globe de feu, aux environs du zénith, plus gros, en apparence, que la lune ou le soleil, tout chevelu; il alla avec une assez grande vitesse s'éteindre sans explosion dans le sud-est, derrière la cime des montagnes, en traînant après lui une queue semblable à celle des fusées volantes : il mit environ 30 secondes de temps dans son trajet. (Le Gentil, *Voyage aux Indes*, etc., t. 2, 659-663.)

Le 15 janvier 1747, vers deux heures de l'après-midi, il parut sur la Garonne, près du pont de la Terrasse, un feu de la grandeur et de la figure d'une grosse gerbe, Ce feu, qui dura environ un quart d'heure, était placé sur la surface des eaux, vers le milieu de la rivière, et sans mouvement, quoique dans le même temps il fît un vent du sud-est très-violent, qui déracina des arbres et enleva des toits aux environs. La partie de la Garonne où était ce feu, se trouve, à raison de la situation de ses bords, à l'abri du vent du sud-est. (Marcorelle, *Mém. ac. sc., sav. étrang.*, t. 4, 112.)

134. Les relations suivantes appartiennent à des météores qui ont éclaté avec explosion; le nombre des explosions est

égal à celui des divisions ignées que l'on aperçoit , chaque coup que l'on entend répond à une décharge.

Le 18 février 1737 , on vit s'élever tout à coup à Rouen et aux environs , un corps lumineux , de la forme d'une étoile et trois fois plus grand qu'une étoile de première grandeur. Il avait une queue comme les comètes , mais autrement configurée ; elle consistait en trois espèces de serpenteaux , qui étaient terminés par autant d'étoiles , moindres que celle qui formait le corps principal. Le feu de ce météore était pâle ; mais la clarté était si grande qu'on aurait pu lire. Le météore employa plus d'une minute à parcourir une espèce de demi-cercle , du sud au nord. Lorsqu'il fut prêt à disparaître , et qu'il touchait pour ainsi dire , l'horizon , *la lumière devint plus vive* , il éclata alors comme une bombe , ce qui fut suivi d'une explosion semblable à celle du plus fort canon , et tout disparut. (*Hist. acad.* , Paris , 1757 , page 24 , relation de M. Barbier.)

135. Le 9 février 1750 , sur les 11 h. du soir , le temps étant très-serein , on vit à Breslaw en Silésie , un globe de feu , qui, s'étant allumé dans l'air au sud-ouest , passa en moins d'une minute , en s'approchant toujours de la terre jusqu'au nord-est. La grandeur apparente de ce météore augmentait considérablement à mesure qu'il s'avançait , tant parce qu'il recevait peut-être des accroissemens réels, que parce qu'il s'approchait de la terre. On y observait deux mouvemens bien distincts , l'un en ligne droite , et l'autre autour de son centre : sa lumière, d'abord pâle, se changea ensuite en une lumière rougeâtre qui éclairait autant les objets que la lune dans son plein..... A quarante pieds environ de la terre, il s'éclata en quatre morceaux qui restèrent allumés jusqu'à ce qu'ils se plongeassent , comme on le croit, dans les eaux de l'Oder..... Aussitôt la séparation du globe en quatre morceaux , on entendit trois coups

de tonnerre ou plutôt si semblables à une décharge d'artillerie, que ceux qui n'avaient pas vu le phénomène, crurent que c'était trois coups de canon qu'on tirait, suivant la coutume, pour avertir de la désertion de quelque soldat. (*Hist. de l'Acad,,* Paris, 1751, p. 37.)

136. L'abbé Pugnaire a mandé que le 3 mars 1756, vers six heures et demie du soir, il parut vers le levant d'été un globe de feu hérissé de quelques pointes en rayons ; il s'étendit d'abord comme un cylindre qui paraissait de dix à douze pouces de largeur sur deux toises environ de longueur. En cet état il parcourut en trois minutes une grande partie de l'horizon en décrivant à la vue une parabole, et finit en se divisant en plusieurs globules de feu à peu près semblables aux étoiles d'une fusée volante. Cette séparation se fit avec un bruit qui approchait des roulemens du tonnerre après son éclat. La route du phénomène était du levant au nord, et il donnait une lumière aussi brillante que celle d'un beau jour. (*Hist. Acad. sc.,* Paris, 1756, 23.)

CHAPITRE XVI.

DE LA FORMATION DE LA GRÊLE.

137. Les expériences que nous avons rapportées nous ont conduit à l'explication d'un des phénomènes les plus intéressans de la météorologie ; à celle de la formation de la grêle. Quoique notre intention ne soit pas d'entrer dans les détails et les preuves que nous réservons pour un autre travail, cependant nous devons faire connaître dès à présent la théorie de ce phénomène, telle que nous la déduisons des faits et de l'observation.

Nous ne discuterons pas ici les hypothèses que l'on a

émises sur la cause de la formation de la grèle ; nous y reviendrons lorsque nous traiterons spécialement des orages. Nous devons seulement rappeler les circonstances qui accompagnent les orages de grèle, et nous les prendrons en partie dans le Mémoire de M. Denison Olmsted, professeur à New-Haven, publié dans l'*American journal of sciences,* t. 18, n° 1, avril 1830 (1).

Les orages de grèle sont caractérisés par la rencontre de tous les élémens ordinaires des orages. Les nuages sont très-noirs ; ils sont fortement agités et traversent les airs ; ou, plus fréquemment encore, ils se précipitent à la rencontre les uns des autres ; ils sont accompagnés de vents violens, d'éclairs et de tonnerre.

Les orages de grèle sont bornés aux zones tempérées ; ils n'ont lieu que rarement dans la zone torride (2) ; quand ils y éclatent, c'est principalement sur les hautes montagnes. Un grand bruit précède toujours leur chute, et ressemble à celui d'un troupeau de moutons qui galoppent sur un terrain rocailleux. Le tonnerre, qui se faisait entendre auparavant, s'amoindrit ou cesse quelquefois tout-à-fait, comme l'a remarqué M. de Ratte (3). Les grélons qui tombent sur les montagnes sont plus petits que ceux qui tombent dans les plaines. Les grélons ont des formes variées ; cependant ils offrent fréquemment un noyau central, blanc et poreux, autour duquel sont déposées des couches concentriques d'une glace transparente, ou d'un blanc opaque, ou alternativement transparente et opaque. Les grélons ont une faible quantité de mouvement : la

---

(1) Voy. *Bibl. univ.* 1830, t. 44, p. 364.

(2) Rees dit qu'ils n'y ont *jamais lieu ;* c'est une erreur ; mais ils n'ont lieu que dans les localités élevées. Voy. *Phil. May.* 44, 191, et plus bas § 139.

(3) Art. *Grèle* de l'Encyclopédie.

vitesse de leur chute ne répond pas à leur poids. Il faut que toutes ces circonstances découlent naturellement de la cause proposée ; car, si une seule lui est contradictoire, elle ne peut plus être admise. Voyons maintenant si nous pourrons rendre compte de tous les faits qui accompagnent ce phénomène.

138 Lorsque deux nuages chargés d'électricités différentes se trouvent en présence, l'un placé au dessus de l'autre et tenu à distance par sa légèreté spécifique ; si ces nuages ont leurs vésicules dans l'état d'isolement que nous avons indiqué § 113 à 116, c'est-à-dire, si leurs particules de vapeur sont assez distantes les unes des autres, pour que chacune d'elles retienne une quantité considérable d'électricité, il n'y aura à la surface de chacun des nuages qu'une atmosphère électrique insuffisante pour vaincre l'air interposé et produire une explosion. Dans cet état de tension électrique, l'attraction est considérable, puisqu'elle est la somme de toutes les attractions isolées des particules ; les nuages se rapprochent sans fournir de décharges notables ; mais alors l'échange électrique s'établit par rayonnement, comme il s'établit entre tous les corps rugueux ou couverts d'aspérités, lorsque de nouvelles quantités électriques leur arrivent d'une manière continue. A fur et mesure que l'électricité extérieure diminue, que la réaction du dehors en dedans s'affaiblit, celle des vapeurs intérieures n'étant plus équilibrée et retenue, rayonne vers la périphérie, et entretient ainsi l'écoulement entre les deux nuages en présence. Cet échange électrique ne peut s'opérer sans provoquer une nouvelle vaporisation de l'eau, qui constitue les vapeurs opaques, sans faire reprendre l'état de vapeur élastique à la vapeur vésiculaire. Ce changement d'état, cette transformation nouvelle des vapeurs opaques ne se produit qu'en prenant au reste du liquide une grande quantité de calorique, c'est-

à-dire, en le refroidissant. Si la tension électrique est considérable, l'évaporation qui en est la suite est prompte, et conséquemment le froid augmente dans la même proportion.

139. Si la température du nuage est assez élevée pour supporter cet abaissement sans descendre à zéro, tout se passe sans complication nouvelle ; il n'en résulte que la neutralisation plus ou moins complète des deux nuages électriques ; mais si l'un des nuages a déjà sa température près de zéro, soit par son élévation dans l'atmosphère, soit par toute autre cause (1), l'abaissement de la température produira la congélation des portions non vaporisées ; elles seront ainsi transformés en parcelles ou flocons de neige, c'est-à-dire en corps solides. Ce produit du refroidissement obtenu, l'échange électrique se fait d'après la loi des corps légers, avec les modifications dépendantes de la forme, de l'arrangement et de la substance des nuages. Chaque parcelle de neige, chargée d'électricité et d'humidité prises au premier nuage, est attirée par le second et emportée vers lui ; mais pendant cette progression, son électricité s'est perdue par rayonnement, l'évaporation d'une partie de la couche humide en est le résultat, et cette évaporation produit un abaissement subit de température dans la portion restée liquide autour du globule neigeux ; cette portion s'y solidifie et elle forme une enveloppe de glace à la touffe de neige primitive.

---

(1) Beaucoup d'observateurs, et en particulier M. de Humboldt, ont remarqué qu'il ne grèle jamais dans les plaines basses, entre les tropiques, malgré les orages violens et souvent renouvelés de ces contrées. M. de Humboldt dit qu'il faut s'élever au moins à 300 toises pour trouver des orages qui donnent de la grèle. A Cumana, il ne grèle jamais, quoique les explosions électriques y soient fréquentes deux heures après le maximum de chaleur. (*Voyage aux régions équin.*, t. 2, liv. 8, chap. 19, p. 272.)

140. La tension électrique étant diminuée par cette radiation, le globule est moins attiré ; il cède à sa pesanteur
spécifique ; il retombe dans le premier nuage, s'y recharge
et s'y mouille. Attiré de nouveau, ce noyau congelé perd,
comme la première fois, par le rayonnement et par une
nouvelle évaporation, et sa nouvelle tension et une partie
de son humidité au profit du refroidissement du reste du
liquide, qui se congèle et s'ajoute concentriquement à la
première enveloppe solidifiée. Grossi par cette addition, le
globule retombe encore se charger d'électricité et d'humidité, et continue ainsi jusqu'à ce que l'échange entre les
deux nuages ait diminué leur tension électrique au dessous
de celle qui leur donnait la puissance d'attraction propre à
vaincre la pesanteur des grêlons. Ces derniers, moins sol-
licités par le nuage supérieur que par leur gravitation,
obéissent à leur propre poids en tombant sur la terre. Le
bruit qui accompagne ce phénomène n'est pas dû à l'entrechoquement de cette foule de corps portant en sens inverse
des électricités contraires ; leur petitesse, leur peu de dureté ne permettrait pas que leurs chocs produisissent un
bruit semblable à celui qu'on entend ; ils peuvent ajouter
quelque chose au bruit général, mais non le constituer. Ce
bruit provient des décharges électriques qui ont lieu entre
les nuages et ces corps voguant entre eux et entre ces petits corps eux-mêmes, dont la tension est prodigieuse.

141. Le rayonnement électrique et l'évaporation de l'humidité des grêlons doivent leur donner nécessairement des
formes rayonnées ; en effet, pendant que l'attraction les
rapproche du nuage, l'eau liquide dont ils se sont impré-
gnés, est attirée elle-même vers ce point et forme un petit
bouton par où sort tout le rayonnement électrique. La
température s'y baisse rapidement et la congélation y solidifie ce petit bouton liquide. Une autre oscillation entre
les nuages produisant le même effet, le bouton s'alongera,

et peu à peu le grélon aura pris une forme polaire. Les incidens électriques de ces innombrables échanges modifieront de toutes les manières la formation de ces épines et les multiplieront ou les étendront en arête. En suivant la marche de ces phénomènes, on voit que la congélation produite par les rayonnemens électriques, rend un compte facile de toutes les particularités qu'on observe dans la grêle.

142. Nous avons dit précédemment que les nuages n'avaient pas autour d'eux toute leur électricité, comme dans nos conducteurs métalliques. Et, en effet, les météores ignés, c'est-à-dire, cette continuité d'échanges étincelans qui dure un temps qui peut aller jusqu'à plusieurs minutes, prouve que la quantité d'électricité qui se neutralise au moyen de ces échanges lumineux, n'y arrive pas toute à la fois, qu'elle n'y arrive que successivement ; car, aussitôt qu'une circonstance favorable à la conductibilité se présente, comme cela a lieu lorsque le météore s'approche de la terre et lorsqu'une grande masse d'électricité s'est coërcée tout à coup à l'extérieur du corps nuageux, il y a une explosion instantanée et non une continuité d'échanges. La neutralisation de l'électricité des nuages peut donc se faire à tous les degrés possibles d'instantanéité, depuis l'explosion la plus vive jusqu'à l'écoulement lumineux de quelques minutes, et dont l'intensité varie comme les quantités neutralisées. Dans les orages ordinaires, l'éclair, étant presque toujours le produit de la décharge de l'électricité libre, agglomérée à la surface des nues, est instantané et rien n'en peut mesurer la durée ; mais il arrive quelquefois, pendant des orages excessivement chargés d'électricité, que les éclairs ont une durée qu'on apprécie facilement. Dans l'orage du 5 juin 1839, à huit heures du soir, au dessus de Saint-Denis, j'ai vu des éclairs ayant plus de deux secondes de durée, et l'on voyait avec évidence le ruban de feu qui liait les nuages, osciller plusieurs fois dans l'éclat

de sa lumière, comme les rubans de feu que nous produi
sons par de forts courans électriques qui varient dans leur
éclat selon les quantités qui y concourent.

143. Les nuages propres à la formation de la grêle son
de cette dernière espèce; leurs particules vésiculaires conservent une atmosphère électrique qui leur est propre;
celle du nuage est faible et doit l'être comparativement.
Lorsque les vapeurs sont assez conductrices pour fournir
une grande tension à la périphérie, les décharges ont lieu
par explosions instantanées, et non par des échanges du-
rables; c'est la foudre d'un nuage à l'autre, et il y a repos
jusqu'à ce qu'une nouvelle répartition ait amené une nouvelle charge à la périphérie, et par suite une nouvelle
explosion. Mais, lorsque les particules de vapeur gardent
une grande tension et qu'elles ne cèdent que lentement
leur électricité à la surface, l'action statique a lieu, c'est-
à-dire l'attraction résultante des tensions partielles, sans
qu'il y ait à la surface une quantité suffisante d'électricité
libre, pour produire une décharge à distance. Cet état est
favorable à l'attraction des particules de vapeur entre les
nuages superposés, à leur radiation électrique, à l'évaporation qui en résulte et au froid qu'elle produit. Voici un
exemple d'un commencement de formation de grêle qui a
été interrompu par une décharge violente, et la pluie est
tombée mêlée avec la grêle déjà formée.

« Au moment où j'étais le plus occupé à considérer le
changement d'électricité obtenue des nuages, j'en vis deux
d'une immense étendue qui planaient au dessus de ma
tête, se choquer avec une violence inconcevable, l'un
d'eux s'entr'ouvrir, et la foudre, suivie d'un torrent de
pluie mêlée de grêle, s'échapper de son sein. » (Beyer,
Sur l'utilité des paratonnerres, p. 46.)

144. Ainsi, pour que la grêle se forme, il faut la super-
position des nuages chargés d'électricités contraires; il faut

que les particules vésiculaires conservent une grande tension électrique et ne cèdent que lentement leur électricité à
la périphérie, il faut que la température ne soit pas beaucoup au dessus de zéro dans le milieu ambiant, que les
échanges électriques provoquent une rapide évaporation
qui ne s'effectue qu'en prenant du calorique au reste du
liquide, et en abaissant ainsi la température au dessous de
zéro. Le simple abaissement de la température des parties
en regard des nuages, gèle les vapeurs qui s'aglomèrent
en petits flocons, c'est de la neige qui agit aussitôt comme
corps léger ; chaque flocon chargé d'électricité et d'humidité s'avance vers le nuage chargé d'électricité contraire,
celle du globule neigeux rayonne et vaporise une partie de
l'humidité qui l'entoure, le reste se solidifie. Ayant perdu
sa tension, le petit grélon retombe dans le nuage inférieur
où il se recharge d'électricité et d'humidité, qu'il perd en
partie en remontant vers le nuage qui l'attire et retombe
encore, augmenté d'une croûte nouvelle d'eau gelée, et
ainsi de suite jusqu'à ce que la tension du nuage supérieur
ne suffise plus pour vaincre le poids du grélon. La grosseur
de ce dernier sera donc un indice de la tension du nuage
supérieur, puisque son augmentation dépend du nombre
de va-et-vient qu'il aura exécuté depuis la première congélation, jusqu'à la chute sur le sol.

145. Volta a donné une explication du phénomène à peu
près semblable, mais Volta a placé des suppositions où je
place des faits : ainsi, il suppose que le nuage supérieur
est tout à coup refroidi jusqu'à la congélation, puis les vapeurs congelées tombent dans le nuage inférieur où elles
se chargent d'humidité et de son électricité ; repoussé par
ce nuage inférieur, le petit flocon glacé remonte vers le
nuage supérieur où se fait la congélation de l'humidité qu'il
apporte, et ainsi de suite. En lisant cette description, on
est étonné de la supposition qu'il a faite pour rendre

raison d'un tel refroidissement , lorsqu'il était si facile de s'assurer qu'il n'en était rien. Il suppose que les rayons solaires, en augmentant l'évaporation du nuage supérieur, c'est-à-dire en transformant les vapeurs opaques en vapeurs transparentes , abaisse la température du reste des vapeurs opaques au point de les congeler. Cette supposition est inexacte , car si on enveloppe une boule de thermomètre d'un linge mouillé , et qu'on l'expose au soleil , l'évaporation sera très-grande et en même temps le thermomètre montera. Ainsi , quoique le jeu des flocons neigeux primitifs et celui des mêmes flocons entourés d'eau gelée , soit le même que celui indiqué par Volta ; l'indication de la cause naturelle , de l'abaissement de la température , sans avoir recours à des suppositions ; et celle des épines ou des arêtes en grélons , mettra toujours une grande différence entre les deux théories.

CHAPITRE XVII.

DES EFFETS DE LA FOUDRE SEMBLABLES A CEUX DES TROMBES.

146. Nous allons réunir dans ce chapitre des exemples qui viendront compléter la conviction que les trombes ne sont que des orages modifiés dans leurs moyens de communication avec le sol.

Voici d'abord un extrait de la relation d'un double orage qui a assailli le paquebot le New-York, le 19 avril 1827. Cette relation a été faite par M. W. Scoresby, et elle est imprimée dans le tome 4 des Savans étrangers de l'Acad. des sciences de Paris , page 697, année 1833.

Ce bâtiment fut frappé deux fois par la foudre au mois d'avril 1827, durant la traversée de New-York en Angleterre. Un des passagers décrit la première explosion de la manière suivante :

« Le 19 avril 1827 , à cinq heures et demie environ du
» matin , nous fûmes réveillés dans nos hamacs par un bruit
» semblable au retentissement d'un canon de gros calibre
» qui aurait été tiré à nos oreilles. Nous fûmes tous debout
» dans un instant. Notre cabine et toutes les autres parties
» du vaisseau étaient remplies d'une épaisse fumée qui
» avait une très-forte odeur de soufre. Le bruit se répan-
» dit bientôt que le navire avait été frappé par la foudre...
» Il était déjà grand jour ; mais les nuages qui envelop-
» paient de toutes parts le navire étaient si noirs et si épais,
» que l'obscurité régnait au milieu de nous. Il faisait ce-
» pendant assez clair pour que nous pussions distinguer
» tous les détails de l'affreuse scène qui se passait sur le bâ-
» timent. La pluie tombait par torrens mêlés à des grélons
» aussi gros que des noisettes... Des éclairs brillaient de
» tous côtés accompagnés presque au même instant de coups
» de tonnerre.

» La mer était agitée d'une manière violente et irrégu-
» lière , et présentait un aspect remarquable..... D'immen-
» ses nuages de vapeur s'élevaient de la mer et formaient
» dans l'air une multitude de colonnes grisâtres : on eût dit
» d'innombrables piliers supportant la voûte massive des
» nuages qui couvraient le navire. . . . .

» La mer était dans un bouillonnement continuel comme
» par l'action d'une quantité de petits volcans sous-marins.
» Ce devait être un phénomène électrique du même genre que
» les trombes. On apercevait, en effet, trois colonnes d'eau
» qui s'élançaient dans les airs, et puis retombaient en écu-
» mant dans la mer qu'elles agitaient avec force. La scène
» qui se passait en ce moment était épouvantable ; les élé-
» mens semblaient s'être combinés pour la destruction de
» tout ce qui se trouvait sur la surface de la mer. »

A la suite de ce tableau, M. Scoresby fait la description des objets qui ont été déplacés, cassés ou altérés d'une manière quelconque. Le bâtiment n'avait point alors de paratonnerre.

« La tempête se calma dans la matinée, mais vers une heure, des nuages s'amoncelèrent de nouveau. Le capitaine Bennett fit attacher une tige en fer au grand mât, prolongée par une chaîne pour servir de conducteur jusqu'à la mer... A deux heures, les passagers et l'équipage furent glacés de terreur par un épouvantable éclat de tonnerre semblable à celui du matin ; l'éclair et le bruit de la foudre furent simultanés. Le bâtiment parut être un instant tout en feu. Un courant d'électricité descendit le long du conducteur, le fondit sur son passage et causa *une forte dépression dans l'eau de la mer*, substance moins conductrice, vers laquelle l'électricité était alors poussée. Le *recul et la réaction* qui s'opéraient à la fois sur le vaisseau et dans l'atmosphère étaient très-remarquables. Concentré par le conducteur dans un seul courant, le feu électrique se dispersait aussitôt qu'il pénétrait dans la mer ; mais une vapeur lumineuse paraissait remonter de la mer jusqu'aux nuages, pendant que la réaction qui avait lieu sur le bâtiment était si forte, que quelques individus tombèrent à la renverse sur le pont. Un matelot qui était occupé à percer une planche avec une tarière, reçut un coup vigoureux à la main et fut renversé avec force... »

« ..... Un passager vieux et infirme et qui était resté couché, fut soulagé par ces deux fortes décharges d'électricité et il put ensuite se livrer à l'exercice de la promenade dont il était privé depuis trois ans. Il eut pendant quelques instans un dérangement dans ses facultés intellectuelles, mais elles se rétablirent en peu de temps. » L'auteur entre ensuite dans beaucoup de détails sur la marche de la foudre, ses effets, la désaimantation des boussoles, l'aimantation des outils en fer ou acier, la fusion éprouvée par le conducteur en fer et par des tuyaux en plomb, etc., etc. Ces détails cessent d'avoir de l'intérêt pour nos recherches actuelles, et nous devons les passer sous silence.

On voit dans ce terrible orage le bouillonnement de la mer, et ses vapeurs s'élever en colonnes vers les nuages ; on a vu qu'une décharge considérable d'électricité a formé une grande dépression dans l'eau, comme celle produite par l'écoulement prodigieux qui s'échappe des trombes. On a vu aussi les vapeurs ascendantes tellement chargées d'électricité, que les séries de décharges partielles qui s'opéraient en montant, produisaient une flamme considérable. L'odeur de soufre, le déplacement des objets, tout est venu démontrer qu'il n'a fallu à cet orage, pour devenir une trombe, qu'un peu plus d'isolement dans ses particules de vapeur, afin que les nuages, gardant mieux leur puissante tension, pussent s'abaisser, et s'unir à la mer d'une manière continue. Ce qui ne peut avoir lieu si le nuage est trop conducteur, s'il se forme trop d'électricité libre à la surface qui se neutralise en masse.

147. Les trombes s'annoncent par un nuage surbaissé qui s'approche de plus en plus de la terre : si ce nuage a peu d'électricité libre à la surface, il ne peut y avoir d'explosion, et le nuage, constamment attiré par l'électricité contraire du sol, continue à descendre et forme ce cône de communication qu'on nomme *Trombe*. Voici un orage qui n'a manqué que d'un peu plus de puissance coërcitive dans ses particules de vapeur pour être transformé tout-à-fait en trombe.

Le 4 janvier 1717, le temps était fort couvert au Quesnoy, les nuages baissèrent au point qu'ils paraissaient toucher les maisons : à ce moment, un globe de feu parut dans le nuage et alla, avec l'éclat d'un coup de canon, se briser contre la tour de l'église et se repandre sur la place comme une pluie de feu. Peu d'instans après, une pareille détonation eut lieu, et l'orage se dissipa peu à peu. (*Hist. Ac. sc.* Paris, 1717, p. 8, Geoffroy le cadet.)

M. Pouillet, dans les *Elémens de météorologie* qu'il a placés à la fin de son *Traité de physique*, a parfaitement décrit la marche descendante des nuages orageux, et le soulèvement des eaux placées au dessous. Si ce savant physicien eût appliqué aux trombes les idées si justes qu'il venait d'émettre sur les orages, il est probable qu'il aurait été conduit également à ne regarder ce météore que comme un orage armé d'un conducteur.

148. Le fait suivant constate la production d'une vapeur instantanée au moment de la chute de la foudre ; j'en dois la relation à l'obligeance de M. Hubert, architecte.

Le 17 juin 1839, M. Hubert se trouvait au château de Goury, appartenant à madame Baudelocque, situé au milieu d'une vaste plaine, à environ un myriamètre de la commune d'Arthenay (route d'Orléans), lorsque, vers le milieu de la journée, un orage se déclara, accompagné de larges gouttes de pluie tombant avec assez d'abondance. On entendit pendant un certain temps un bruissement sourd, continuel et monotone qui venait du côté où s'amoncelaient de nombreux nuages d'un noir foncé, au dessus desquels le vent chassait une large nue gris-cendré, d'où pendait un commencement de trombe, dont la longueur augmentait et diminuait alternativement.

La pluie continuait à tomber avec force et le vent était devenu violent, lorsque la foudre éclata et tomba en zigzag sur le toit pointu de la chapelle, où est placée l'horloge. M. Hubert, regardant l'endroit que la foudre venait d'atteindre, vit une petite boule de feu de la grosseur d'une forte bille d'enfant. Cette boule descendit en sautillant dans une noue en plomb et offrait à peu près l'aspect d'un morceau de potassium brûlant sur l'eau. Arrivée au deux tiers de la noue, cette boule éclata et disparut entièrement en brisant seulement quelques ardoises voisines.

Au moment de la chute de la foudre et pendant que la boule de feu descendait dans la noue , le toit fut entouré d'un nuage de vapeur tellement épais et si semblable à de la fumée, que tous les habitans du château crurent que le grenier était en feu et que chacun, s'armant d'un vase plein d'eau , se porta en courant , malgré une pluie battante, où l'on croyait que le feu était. Arrivé au grenier, on fut fort surpris de le trouver intact et sans aucun indice de feu. On supposa alors que le nuage de fumée que l'on avait vu était une vapeur produite par le grand vent qu'il faisait dans ce moment.

Cette relation contient deux faits sur lesquels nous appelons l'attention : le premier est cette masse de vapeur subitement formée qui a fait croire à l'incendie du grenier ; le second est cette boule de feu sautillant le long de la noue en plomb; ce qui prouve que l'explosion n'avait pas neutralisé toute l'électricité du nuage surbaissé , puisque le rayonnement électrique de la noue était encore assez considérable pour produire une ignition. Ce second fait prouve que la conductibilité du nuage était faible , que l'électricité intérieure n'arrivait à l'extérieur que successivement et non en masse.

149 Un fait dont nous ne devons pas omettre de parler est celui qui concerne les effets de décharges à distance sur les animaux , puisqu'on en retrouve des exemples dans l'histoire des trombes. D'abord rappelons le fait expérimental. On place sous le microscope une goutte d'eau que l'on fait toucher à des conducteurs métalliques. L'appareil doit être établi de telle sorte , qu'on puisse faire passer la décharge d'une bouteille de Leyde par le liquide ou au dessus du liquide , afin que dans le premier cas, il soit conducteur, et que dans le second , il ne ressente que l'in-

fluence du choc en retour. Au moment qu'on examine les animalcules contenus dans la goutte d'eau et qu'on est attentif à leurs mouvemens, un aide fait passer à travers le liquide la charge d'une bouteille de Leyde ou d'une batterie ; si aucune étincelle n'est aperçue, si toute la décharge s'est faite par un écoulement silencieux, les animalcules ne témoignent aucune perturbation, ils restent impassibles au courant. Mais, au contraire, si la décharge est assez puissante pour produire une étincelle dans le liquide, ou si elle se fait en dessus du liquide, la presque totalité des animalcules en sera frappée de mort ; tous le seraient si la décharge était suffisante. La mort des animaux placés ainsi près d'une décharge électrique dont ils ne sont point atteints directement, ne peut être produite que par un choc en retour. Lors donc que les poissons d'un étang sont tués par le passage d'une trombe, on peut dire avec certitude qu'il y a eu une décharge ignée entre la trombe et l'étang, avant que la communication soit établie.

150. Un des effets les plus remarquables des trombes est le clivage des arbres en lattes minces et alongées ou en filamens représentant une sorte de balai ; nousdevons donc prouver que cet effet est le produit de l'écoulement de la foudre ou autrement dit de l'électricité, dont l'effet direct est d'élever la température de la sève ; en effet, si le courant est quelque peu persistant, s'il n'est pas simplement une décharge limitée, cet écoulement élève la température jusqu'à la vaporisation de la sève, dont la tension brise en lattes ou en fragmens plus fins encore tout le ligneux du tronc, à l'endroit où il est le plus resseré. Souvent, la décharge étant insuffisante, on ne retrouve qu'une ou deux lanières d'arrachées, un arbre fendu en deux ou en quatre, ou enfin en un plus grand nombre de parties. Quelques citations suffiront pour faire comprendre que ce clivage est bien le produit d'un courant électrique.

151. M. Mourgue a fait la relation de l'orage du 28 juin 1778 qu'il y eut à sa maison de campagne près Marsillargues, à quatre lieues E. de Montpellier. Il vit, ainsi que plusieurs gens de la campagne, des éclairs sortir de terre ; les arbres sur lesquels la foudre tomba furent lacérés par lanière, les écorces enlevées et la terre fouillée à leurs pieds. Assemblée publique de la Société royale des sciences de Montpellier du 25 novembre 1778. Cahier de 1779, pag. 40 et suiv.

M. Hardy, propriétaire à Presle, département de Seine-et-Oise, nous a donné la relation d'un fait semblable, qui a été constaté sur les lieux dans la forêt de Carnelle :

« Le 13 juin 1837, pendant un violent orage, la foudre frappa un chêne antique, patriarche de la forêt de Carnelle. L'arbre, plein de force et de vigueur, d'au moins huit pieds de tour, à hauteur d'homme, étalait de grosses et nombreuses branches. En un moment plus de sève, plus de vie ; la foudre produisit une mort instantanée. Ce chêne fut brisé à environ dix pieds de terre, quelques branches jetées au loin, les autres renversées à l'entour ; le tronc dépouillé d'écorce, entièrement fendu, clivé en lattes ou déchiré en longs copeaux, semblables à ceux qu'enlève une cognée ; çà et là, mais surtout vers le collet des racines, quelques apparences de brûlures, indices d'une température aussi élevée que rapide, car les lignes noires étaient sans profondeur. »

152. Pour que l'effet du clivage ait lieu, il faut que les bois aient assez de sève pour être conducteurs, il faut qu'ils communiquent au sol d'une manière assez intime pour donner écoulement à une grande quantité d'électricité ; sans ces deux conditions, il se produit un autre effet que celui du clivage du ligneux. Les arbres en sève sont les bois placés dans les meilleures conditions pour servir à la conduction de la foudre, et la portion entre

l'écorce et l'arbre, étant la plus humide, est la plus propre à cette conductibilité ; leur contact avec le sol humide par un grand nombre de racines, complète encore leur qualité conductrice. Lorsqu'un arbre est frappé par la foudre ou lorsqu'il sert de conducteur inférieur à une trombe, toute sa sève servant à la conduction électrique s'échauffe rapidement ; la température continuant à s'élever, elle la transforme en vapeur, dont la tension brise aussitôt l'arbre dans le sens des moindres résistances, c'est-à-dire dans le sens longitudinal. Après cette explosion, l'arbre privé de sa sève n'est plus conducteur, il ne donne plus passage au fluide électrique et conséquemment sa température ne peut dépasser celle qu'il a fallu pour vaporiser toute la sève dont il était pénétré : il n'est plus qu'un corps inconducteur qui peut être carbonisé par une masse d'électricité, mais non clivé en lames longitudinales. Aussi les arbres clivés sont-ils desséchés dans ces parties et non carbonisés ; ils ne pourraient l'être que par la chute de quantités électriques bien plus considérables ; aussi les traces de carbonisation sont-elles très-rares. Lorsque la quantité électrique n'est pas suffisante pour vaporiser la sève de l'arbre, rien n'apparaît au dehors, et quelquefois l'arbre meurt sans cause apparente ; si une portion seule de la sève a pu être vaporisée, il n'y a que l'écorce qui recouvrait cette portion qui est déchirée et projetée, et le reste de l'arbre paraît intact. Aussi la plupart des arbres frappés de la foudre n'ont-ils qu'une lanière enlevée, suivant le fil du ligneux, comme j'ai pu le constater plusieurs fois.

153. Les vieux bois, comme les bois de charpente bien abrités et bien secs, qui ne sont plus conducteurs, ne sont jamais clivés en lattes. Lorsque, par une circonstance particulière et dépendante du lieu où ils sont placés, la foudre les frappe en masse suffisante, ils sont marqués par des signes de combustion, de carbonisation et non de clivage. Le

bois moins sec que ces vieux bois , peut donner un peu d'écoulement à l'électricité et offrir un effet moyen comme le prouve l'observation suivante de M. Beyer. « Vers le milieu de mai 1806, le tonnerre tomba , rue Caumartin à Paris , dans la boutique d'un menuisier, à quelques pas de chez moi . . . . . Je m'y transportai sur-le-champ pour en examiner les effets. Je remarquai que la matière de la foudre avait atteint plusieurs planches de sapin , placées dans la cour du menuisier ; qu'elle en avait frappé une entre autres , qu'elle avait carbonisée à son extrémité supérieure , et qu'elle avait séparée en deux , dans la longueur d'un mètre , environ; qu'elle avait, en outre, détaché deux éclats de deux autres planches, qu'elle avait lancés par dessus les murs, à une hauteur et à une distance inconcevables. » (Beyer, *Sur l'utilité des paratonnerres*, p. 45.)

154. Le transport des objets étant fréquent dans les trombes , soit dans le sens du vent, soit dans le sens contraire , nous devons prouver que ces effets sont tous reproduits par la foudre , c'est-à-dire par une masse d'électricité agissant par sa puissante tension et par sa force mécanique.

Le 6 août 1809, à Swinton, près Manchester, il y eut un orage considérable. Vers deux heures, une explosion épouvantable se fit entendre, et elle fut suivie immédiatement d'un torrent de pluie et d'une odeur sulfureuse. Le mur extérieur d'un petit bâtiment , cave et citerne , fut arraché de ses fondations et soulevé en masse ; l'explosion le porta verticalement, sans le renverser, à quelques distances de la place qu'il occupait d'abord ; l'une de ses extrémités avait marché de 9 pieds , l'autre de 4. Ce mur se composait de 7000 briques et pouvait peser 26 tonnes. Au moment du phénomène , la cave renfermait une tonne de charbon et la citerne une certaine quantité d'eau. (*Mém. de Manchester*, tom. 2 , seconde série.)

155. Dans la nuit du 22 au 23 juin 1723, la foudre tomba sur un gros chêne de 2 mètres 5 centimètres de tour dans le tronc, situé dans la terre de Boulay en Gatinais, à deux lieues de Nemours. Ce chêne fut rompu longitudinalement jusqu'à 8 décimètres de terre en quatre parties principales. L'une de ces parties, longue de 5 mètres, fut projetée à 15 mètres de distance de la souche ; la seconde, de 7 mètres de long à 5 mètres du côté opposé. Les autres portions, ainsi qu'une multitude de petits éclats, avaient été projetés en tous sens et à des distances fort diverses. M. de Mairan a constaté la vérité de la relation, dont nous n'avons pris qu'un extrait. (*Hist. Ac. des sc.* Paris, 1724, p. 15.)

Nous citerons aussi la chute de la foudre sur l'église de Breâg en Cornouailles, en 1762. Elle brisa et démolit entièrement la tourelle du sud-ouest, et en projeta les pierres en tous sens. (*Phil. Tr.*, 1762, t. 52, p. 507; *Lettre du R. Henry Ustick à W. Borlase.*)

On trouve un grand nombre d'exemples de trous faits par la foudre dans les murs, dans les planchers et dans les objets qu'elle frappe, effets que nous retrouvons également produits par les trombes.

CHAPITRE XVIII.

DES EFFETS INCONCILIABLES AVEC LA THÉORIE DES TOURBILLONS DE VENT COMME CAUSE DES TROMBES.

156. Avant de résumer nos recherches et nos expériences, nous avons besoin d'apporter de nouvelles preuves contre la théorie des tourbillons. Nous ferons observer d'abord que l'inspection seule des figures, que nous avons copiées, suffit pour détruire cette théorie. Ainsi les fi-

gures 14 et 21, l'une ayant trois cônes et l'autre trois origines, les figures 15 et 17 formant des doubles et triples
trombes des nues entre elles et de ces nues à la terre, la
figure 18 montrant une trombe rompue en deux ; et celles
numérotées 14, 15, 21 et 22, présentant des trombes près
ou au milieu de la pluie droite ou inclinée directement ;
enfin le demi-cercle de la figure 23 et celle serpentant
n° 20, tout s'oppose à l'interprétation de ce météore au
moyen des tourbillons de vent. Voici de nouveaux faits qui
doivent achever la conviction, s'il restait encore des
doutes.

Le 29 octobre 1757, vers trois heures du matin, un *tourbillon* furieux vint du sud du port de Malte avec un très-
grand bruit ; sa direction étant presque du midi au nord,
il traversa le port, passa ensuite sur la Barraque de Cas-
tille, sur l'extrémité de la cité Valette et sur le fort Saint-
Elme, et emporta pendant une minute et demie qu'il dura,
presque tout ce qui se trouva sur son passage. Des vaisseaux furent démâtés ; la barque du roi, l'*Hirondelle*,
perdit son mât d'artimon, avec cette circonstance remarquable, que *ni son grand mât, ni même son bâton d'enseigne* ne furent endommagés : ce qui ferait croire que le
diamètre de ce tourbillon ou l'espace qu'il embrassait n'é-
tait pas fort considérable....... *Des parapets de maçonnerie
de plus de trois pieds d'épaisseur, furent abattus*, quoiqu'à
peine élevés de trois pieds. Enfin ce *tourbillon* arracha dans
deux endroits *les pierres qui formaient le pavé* d'un bastion
du fort Saint-Elme, et laissa deux espaces découverts qui
avaient l'un une toise carrée, et l'autre trois toises de long
sur deux de large. Cependant les pierres avaient huit à neuf
pouces d'épais, un pied et demi en carré, et étaient d'autant mieux cimentées, qu'elles couvraient un magasin à
blé, situé dans l'intérieur de ce bastion. Mais un effet encore plus singulier et vraiment extraordinaire, c'est le dé-

placement de plusieurs pièces de canon et de mortiers situés sur une plate-forme du même fort. Deux canons entre autres, de plus de quarante livres de balle, montés sur leurs affûts et placés à côté l'un de l'autre dans la même direction, furent trouvés retournés dans deux sens opposés, et rapprochés par le côté des culasses ; l'extrémité de l'affût d'un de ces canons se trouva à treize pieds de distance de sa place ordinaire ; les mortiers furent emportés au moins aussi loin et tournés pareillement dans des sens opposés. » L'auteur ne voyant pas d'autre force que celle du vent, ajoute : « Quelle doit être la vitesse de l'air pour produire des effets si prodigieux ?..... Pendant ce tourbillon, on entendait des tonnerres, mais ils étaient éloignés ; cependant le capitaine et l'équipage d'un bâtiment anglais qui fut démâté, dirent que dans l'instant où cela arriva, on y sentit beaucoup de soufre, quoiqu'il ne parût aucune marque de feu aux tronçons des mâts. » (M. Chabert, *Mém. acad.*, Paris, 1758, p. 19.)

Brydone a fait la relation du même météore, mais moins bien circonstanciée que celle de M. Chabert ; seulement, il parle de flamme et de tonnerre dont ce dernier ne parle pas. (*Arch. de l'Ile de France*, n° 11, 1er juin 1818, extrait fait par M. Mallac.)

Le 5 novembre, sept jours après ce désastre, un nouvel ouragan vint encore désoler cette ville.

Nous ferons observer que si la cause du météore eût été un *tourbillon de vent*, le grand mât et le bâton d'enseigne n'eussent pas été menagés ; le bastion eût été plutôt renversé qu'une seule des dalles enlevée, puisqu'elles ne donnaient aucune prise au vent, et qu'elles étaient parfaitement enchâssées ; ce que du reste nous avons déjà fait voir au paragraphe 51. Ce mot *tourbillon* n'a pas d'autre signification que celle d'une grande perturbation atmosphérique, quelles qu'en soient la cause et la marche.

157. M. Maret, après avoir décrit avec détail la localité traversée par une trombe, le 20 juillet 1779, à La Chartreuse, près Dijon, dit : « Il était environ six heures et demie du soir, lorsque ce météore parut. Il y avait eu de grands orages avec pluie dans la nuit ; mais l'après-midi, la pluie avait cessé. Le vent était est, il fut remplacé le soir par le sud-ouest. Une violente explosion, suivie d'un roulement semblable à celui d'un coup de tonnerre, dont la durée fut prolongée, fixa l'attention des témoins qui ont observé tout le phénomène. Ils virent s'avancer dans la direction du sud-ouest au nord-est avec une rapidité incroyable, une colonne noire ayant plusieurs toises de largeur, sur une hauteur considérable, et qui touchait à un nuage de même couleur. » Il décrit ensuite le nombre d'arbres arrachés et de toits enlevés ; puis il ajoute : « En passant sur l'étang, elle en aspira l'eau sensiblement ; la lumière du soleil qui brillait alors, réfléchie par cette colonne, donna les couleurs de l'arc-en-ciel. Sa direction la portant sur un rocher coupé à pic, le choc qu'elle y éprouva lui fit prendre un mouvement de *tourbillon* qui l'éleva. De ce point, tendant toujours au nord-est, elle alla se dissiper en petite pluie du côté des Capucins.

» Cette colonne entraînait avec elle une quantité innombrable de feuilles, qui contribuaient à lui donner la couleur noire. Elle ne touchait pas la terre, du moins peut-on le croire, *vu qu'elle franchit le premier mur de l'enclos, sans y faire de dégradations*, et qu'elle n'attaqua que le faîte du pressoir. Mais, le mouvement qu'elle communiqua aux planches rassemblées dans le hangard des menuisiers, celui qu'elle donna à un chariot qui se trouvait dans la grande cour, prouvent que l'air pressé par le volume de cette colonne, et violemment agité par son mouvement rapide, concourut à la production de quelques uns de ces phénomènes. Un calme profond succéda au passage et à la disparition de ce météore. Mais ce qui en rend l'observation intéressante (c'est toujours l'auteur qui parle), c'est la direction de sa marche et l'explosion qui l'annonça.

« Le vent était à l'est, et ne passa au sud-ouest que sur les huit à neuf heures du soir, et la colonne observée traversa la Chartreuse du sud-ouest au nord-est : elle marchait donc presqu'en sens inverse du vent. Des maçons virent, au moment de l'explosion originelle, s'élever des prés voisins une vapeur qui ressemblait à une colonne prodigieuse, qui s'évasait en s'élevant, et prit dans le même instant, la route qu'elle a tenue. » (*Nouv. Mém. ac.*, Dijon, 1783, 1re partie, p. 152.)

158. L'auteur se pose ensuite cette question. La route presque absolument opposée à la direction du vent, fut-elle nécessitée par la force de projection du tourbillon, principe de la colonne ? Après avoir lu cette relation, on est étonné qu'il se pose une telle question ! Il n'a observé aucune tourmente de vent, il ne parle de mouvement de rotation, que lorsque la colonne a frappé un rocher élevé ; il termine même par dire que toutes les trombes dont on a donné la description, sont le produit de l'électricité de même que la foudre, et cependant, il a pu prononcer le mot de *tourbillon* comme cause ! Il en est de M. Maret comme de beaucoup d'observateurs, chez qui le mot de tourbillon emporte l'idée de cause des trombes, sans y joindre celle d'un mouvement de giration. Nous avons dû citer cette trombe à cause de la marche contraire à celle du vent, qui vient surabondamment prouver contre les *tourbillons* comme cause première. Nous ferons encore observer que l'eau enlevée de l'étang était en gouttes et non en vapeur, puisqu'elle reflétait les couleurs de l'arc-en-ciel.

159. Dans son voyage au détroit de Beering, dans les années 1825 à 1828, le capitaine Beechey dit :

« Comme nous étions à la hauteur de Clermont-Tonnerre, il s'en fallut de peu que nous tombassions au milieu d'une trombe d'une grandeur peu ordinaire ; elle s'approchait de nous accompagnée d'averse, d'éclairs et de tonnerre ; on ne la vit que lorsque déjà elle était près du vaisseau. Aussitôt que nous fûmes dans son rayon d'influence, nous eûmes un coup de vent qui nous obligea de serrer les voiles ; les huniers, que nous ne pûmes ferler à temps, faillirent être déchirés en deux. Le vent, qui soufflait avec violence, changeait à chaque instant de direction, comme s'il était chassé en rond dans une courte spirale ; la pluie, qui tombait par torrent, suivait aussi une ligne courbe et avait des intermittences dans sa chute. C'est au milieu de cette averse que nous aperçûmes la trombe, s'étendant sous forme de cône, depuis une nuée épaisse jusqu'à environ 10 mètres de la surface de l'eau, où elle se trouvait entourée et cachée par l'écume de la mer, qui s'élevait en tourbillonnant d'une manière terrible. A peine l'eûmes-nous aperçue, que la trombe changea de direction et menaça de traverser le vaisseau ; mais elle en fut détournée par un violent coup de vent qui se fit sentir tout à coup. Lorsque ce magnifique phénomène se dissipa, nous vîmes la colonne diminuer peu à peu et remonter ensuite vers le nuage d'où elle était descendue, tout en ondoyant.

» Différentes causes furent assignées à ce météore, qui paraît intimement lié à l'électricité. Pendant la durée de cette trombe, on vit une boule de feu tomber dans la mer ; et une chaloupe, qui avait été écartée du vaisseau, a été enveloppée par une telle flamme, que le lieutenant Belcher pensa devoir se débarrasser de son ancre, en l'enfonçant de quelques brasses sous l'eau, et faire couvrir les fusils des marins. D'après le récit de cet officier et de M. Smyth, qui étaient à quelque distance du vaisseau, la trombe descendit du nuage sous la forme d'une spirale, jusqu'à ce

que la colonne qui s'élevait de la mer l'eût atteinte. Il s'en
forma ensuite une seconde , puis une troisième (*voy*. pl. 3,
fig. 14), qui se réunirent bientôt après et ne formèrent
plus qu'une large colonne (fig. 15). Après un petit moment,
elle se divisa de nouveau en trois petites spirales, qui disparurent bientôt. Il n'est pas impossible que l'air raréfié
des lagunes, renfermé entre les forêts, n'ait contribué à
la production de ce phénomène.....

» Ni le baromètre, ni le sympeisomètre ne furent affec-
tés sensiblement par ce trouble local de l'atmosphère ;
mais la température descendit de 8 degrés ; elle tomba de
82° Farh. à 74° (de 27° 78 c. à 23° 33 c.). A minuit, elle
remonta à 78° Fahr. (25° 56 c.) Le jour suivant, nous
vîmes encore de loin plusieurs trombes ; le temps était
couvert de nuages et sujet aux coups de vent. » (Londres,
4°, tom. 1, p. 148.)

L'auteur dit que l'air était fortement agité en un vaste
tourbillon, et cependant la trombe se divise en trois filets,
puis ils se réunissent pour se rediviser encore. Certainement, il est contre toutes les lois de la mécanique, que
l'impulsion d'un tourbillon de vent puisse diviser, réunir et
rediviser encore le cône nuageux formant la trombe.

Le mouvement rotatoire eût-il été trois fois plus accéléré,
que cette division du cône trombique devait écarter l'idée
que la cause résidait dans un tourbillon de vent.

160. Pour prouver l'existence de trombes sous un ciel
sans nuages, nous citerons l'observation de M. Page (*Écho
du monde savant*, 1835, t. 1, p. 176 et suiv., et *Élém.
géog. phys. et météor.* de M. Lecoq, p. 466), et nous ren-
verrons à la seconde partie, paragraphes 193, 219, 251,
271, 281, 290, etc.

« Un jour nous naviguions sur les côtes d'Espagne, non
loin du cap de Sate, prêts à le doubler pour nous lancer
dans le détroit de Gibraltar ; le baromètre était fort haut :

il marquait 29 pouces ; la brise était incertaine, l'air sec et chaud, et de temps en temps des rafales descendaient des montagnes ; le ciel était de ce brillant azur qu'on ne rencontre que sous le climat de l'Andalousie. Tout à coup une violente agitation se manifesta dans l'atmosphère ; le vent roula sur nos têtes avec un bruit semblable à celui d'une forêt agitée par la tempête, et nous nous trouvâmes presque instantanément enveloppés de trombes. A droite, à gauche, devant, derrière, nous en comptâmes sept, de diverses grandeurs, toutes s'élevant de la surface de la mer et montant en cône renversé, dont le sommet était d'abord tangent à l'eau, et la base vaguement terminée dans l'air. C'était un beau spectacle que ces colonnes vaporeuses..... »

Il cite le brick de guerre français *le Zèbre*, qui fut surpris par une trombe de cette espèce en allant de Toulon à Navarin. Son action fut si rapide, que l'officier n'eut pas le temps de se débarrasser des voiles : elle était forte ; elle emporta deux mâts de hune, jeta quelques gouttes d'eau sur le pont, et, un instant après, laissa tomber le brick dans un calme plat.

161. Nous terminerons ces citations par une observation curieuse que je dois à M. Bravais, un des savans distingués de l'expédition scientifique du Nord.

« Le 15 juin 1839, dit M. Bravais, le temps était en général mauvais, le ciel très-nuageux, la brise du N.-O. et du N.-N.-O. ; le temps était à *grains*, et l'attraction de la mer pour les nuées était très-remarquable. Il est résulté de cet état atmosphérique une sorte de *chevelu* abondant qui, partant de la nuée, se rendait à la mer. Cette disposition se remarque tout le long du Fioul (l'Altenfiord, baie de 5 à 6 lieues de longueur sur 1 ou 2 de largeur) ; mais elle n'existe pas dans les nuées placées au dessus des montagnes de la côte. Le passage sur la mer de ce chevelu de la nuée, amène de l'agitation à la surface et un peu de vent, souvent de la neige ou du grésil, comme cela a eu lieu entre autres dans cette journée. La température était de + 1° 7.

» Ce phénomène n'est pas très-rare en été, je l'ai aussi observé auprès d'Hammerfert ; les fibres descendantes qui composent le chevelu ne sont pas verticales ; la partie inférieure reste en arrière, soit que le vent inférieur soit moindre, soit par toute autre cause. Le clapotis qui suit le phénomène est parfois très -sensible. »

Ce chevelu vaporeux, descendant des nuages à *grains* ou électriques jusqu'à la mer, agitant l'air et produisant des clapotis sur la surface des eaux ; ce chevelu n'est pour nous qu'une trombe altérée par l'état des vapeurs dans ces régions polaires. L'air froid de ces contrées a peu de capacité pour la vapeur ; elle y est plus rare ; chacune de ses vésicules est plus indépendante des autres vésicules que dans nos climats tempérés. Lorsqu'elles sont chargées d'électricité , elles la conservent mieux, leur isolement y étant plus grand ; conséquemment , il y a peu de tension électrique à la périphérie, presque toute l'électricité est conservée dans l'intérieur. Il résulte de cet état de chose que l'attraction entre le nuage et la mer est très-grande ; que les nuages peuvent s'abaisser sans décharges électriques : aussi le tonnerre est-il inconnu dans ces parages ou à peu près. La nue attirée par la mer, ne descend pas comme le fait un corps dont toutes les parties sont solidaires. L'isolement des particules les rend trop indépendantes pour qu'elles aient entre elles des rapports d'unité. Il n'y a qu'entre les vésicules de vapeur, placées sur la ligne qui les joint à la mer, qu'il s'établit une solidarité de position. En effet, les particules les plus basses , ayant rayonné de leur électricité vers la mer, sont moins repoussées des particules supérieures ; la réaction électrique étant moins grande de ce côté que des autres , l'équilibre se rétablit par un rayonnement des particules supérieures aux particules immédiatement inférieures, c'est-à-dire, qu'il s'établit un nombre considérable de filets conducteurs voisins les uns des autres, sans communication entre eux ou n'ayant que de très-faibles rapports. Ce sont ces échanges de haut en bas, au moyen des vapeurs vésiculaires interposées, qui forment ce chevelu qui agite l'air et la surface de la mer ; un peu moins d'isolement dans les particules de vapeur, ces lignes conductrices se réuniraient en une ou plusieurs colonnes, et elles formeraient des trombes ordinaires. Nous avons cité plus haut, § 159, une trombe qui se sépara en plusieurs branches, lesquelles se réunirent ensuitepour se rediviser encore ; celle de Mirabaux , § 274, présenta le même effet de divisions et de réunions successives. Si ces trombes eussent été formées de vapeurs plus indépendantes encore, les lignes conductrices eussent été plus considérables. C'est même parce que plusieurs trombes se sont résoutes en un faisceau de filets d'eau, que quelques auteurs ont dit qu'une trombe n'était qu'une forte averse. M. Mazzara , dans sa belle lithographie, en a présenté une sous cette forme d'averse filamenteuse , § 257 et 184. Nous reviendrons sur ce sujet lorsque nous traiterons des formes que prennent les nuages ; nous étudierons ces filamens nommés *cirri* qui précèdent les *cumuli*.

162. Un très-grand nombre des effets que nous avons cités dans cet ouvrage pouvaient être prévus comme des dépendances des attractions et des répulsions électriques, et de la diversité de conductibilité des substances ; cependant on a peu songé à les étudier sous ce point de vue, on s'est perdu dans des hypothèses nombreuses et dans les suppositions les plus gratuites. La complexité des résultats et la différence des moyens a fait méconnaître l'analogie qu'il y a entre les effets de l'électricité atmosphérique et ceux provenant de l'électricité de nos machines. Cette méconnaissance a singulièrement retardé l'application des

lois de l'électricité statique aux effets connus de certains
météores. Il a fallu toute l'évidence de l'électricité statique dans les orages, pour que Franklin pût faire reconnaître en peu de temps l'identité de la foudre avec les étincelles de nos machines; il est vrai que l'évidence était
telle, qu'elle ne permit pas de doute. Cependant, si l'on
n'osait douter tout haut, on se refusait à l'application des
lois qui en ressortaient : on niait le pouvoir des pointes pour
décharger les nuages orageux, on leur accordait un pouvoir attractif et non de neutralisation. Ces erreurs ont existé
long-temps, peut-être même existent-elles encore chez
quelques physiciens qui font chaque jour usage de ce
moyen dans leurs expériences. La grandeur du phénomène, la différence des appareils de la nature, ces nuages suspendus, si bien isolés, forment des conducteurs immenses et d'une constitution si spéciale, que rien ne les
rattache à ceux de nos cabinets. Cet état de vapeur et de
vapeur vésiculaire, l'indépendance et la constitution de
leurs parties, leur muabilité continuelle, rien ne rappelle nos conducteurs solides, limités et si bien polis ;
ni nos conducteurs liquides, dont les molécules rapprochées ne diffèrent des molécules des solides que par l'absence de la cohésion et par leur décomposition. De cet
ensemble de faits spéciaux, de constitutions variées,
bizarres même, il ressort un résultat si complexe, tellement différent des petits effets de nos machines, que nous
voyons chaque jour méconnaître l'analogie qui existe entre les causes d'un grand nombre de météores, autre que
la foudre et celles qui produisent les phénomènes électriques dans nos expériences.

CHAPITRE XIX.

RÉSUMÉ ET COORDINATION DES OBSERVATIONS ET DES EXPÉRIENCES PRÉCÉDENTES.

163. Ce qui précède ne peut laisser de doute sur l'existence d'une cause différente du vent. Quelle que soit la violence de ce dernier, il ne peut arracher les dalles cimentées d'une plate-forme, contre lesquelles il n'a aucune prise, ni enlever les carreaux d'une chambre fermée, sans renverser les meubles les plus légers. Les vents violens directs ou tourbillonnans ne connaissent pas ces ménagemens ; on ne les voit pas ouvrir des armoires et respecter le linge qu'elles renferment ; ni arracher le cadre d'un miroir sans en déplacer la glace, tandis que nous connaissons des faits analogues occasionés par la foudre, § 54, 352. Dans vingt trombes, on trouve des objets transportés en sens inverse du vent et même en sens inverse de la marche du météore ; plusieurs trombes elles-mêmes s'avançaient dans une direction autre que celle du vent : on a vu aussi les corps légers, mais secs, laissés en place ou peu agités, tandis que les pierres lourdes et la terre humide ont été enlevées. Ces singularités, ces faits extraordinaires cesseraient de surprendre, si l'on pouvait reconnaître dans chaque localité le degré de conductibilité du sol et des objets placés dessus ; on trouverait alors que toutes ces bizarreries sont des effets simples et naturels des phénomènes d'électricité statique ou dynamique ; qu'elles tiennent aux quantités électriques qui se développent, se neutralisent et se reproduisent, et que, suivant la facilité que les nua-

ges ou les localités offrent à la répétition de ces actes, le
météore y persiste, quel que soit le cours du vent.

164. En appliquant les faits et les observations précédentes aux trombes que nous avons recueillies, on trouve
que toutes manifestent la présence de l'électricité à une très-
haute tension ; on trouve tous les effets que nous avons décrits
et reproduits, mais avec une grandeur et une puissance qui répondent à la grandeur et à la puissance de la nature. Ce n'est
plus un cône creux ou saillant de quelques millimètres, ce
n'est plus un tourbillon de poussière ou de vapeur de quelques centimètres, ce n'est plus l'enlèvement des feuilles d'or
battu, le frémissement de l'eau d'une capsule, ni la tourmente
renfermée dans un vase. Dans la nature, c'est la mer qui est
agitée, soulevée à l'approche d'un nuage placé à de grandes
distances. C'est une masse d'air de cent myriamètres carrés
tout à coup perturbée profondément ; souvent même les
nuages ne sont point encore visibles, l'air seulement a cette
transparence colorée qu'il doit aux vapeurs qu'il contient
abondamment ; souvent aussi, il n'y a de visible qu'un petit
nuage, délateur des masses de vapeurs encore transparentes et qui vont bientôt se transformer en vapeurs opaques.
Ce petit nuage apparaît où le sol se relève en un point cul-
minant, voisin des régions des orages : seul visible, ce
nuage semble avoir une puissance disproportionnée à son
étendue, parce qu'on lui attribue toute la perturbation qui
l'accompagne. Sous son influence, on voit au loin la mer
blanchir et former des brisans ; l'air si calme jusque-là est
agité avec violence, il l'est par bourrasques capricieuses,
il l'est par tous les points du compas ; le petit nuage a grossi,
d'autres nuages se sont formés dans son voisinage ; l'air si
pur, si bleu un peu auparavant, s'est voilé ; à mesure que
la tempête se prolonge, les nuages se sont groupés et
vont bientôt verser des torrens de pluie. C'est le long des
côtes d'Afrique, c'est dans la mer des Indes qu'on est

souvent témoin de ces tempêtes inattendues. Lorsque le petit nuage apparaît , le marin est prévenu du danger et il cargue ses voiles ; mais , comme cela arrive souvent dans les *grains blancs*, si les nuages sont encore invisibles, et n'apparaissent que lorsque la tempête est déclarée , rien n'a pu l'avertir du danger auquel il était exposé.

165. Par une disposition naturelle de notre esprit, nous admettons facilement pour cause , la partie la plus apparente d'un phénomène complexe dont nous ne connaissons pas toutes les données. C'est cette manière erronée de déduire les causes qui a le plus retardé l'étude de la météorologie. Nous citerons pour exemple l'article *Tourbillon* du Dictionnaire de marine de l'Encyclopédie méthodique, dans lequel on trouve l'énoncé positif, que l'ascension de l'eau de la mer, au moyen des trombes, forme les nuages. « Si un tourbillon passe sur la mer, il enlève les eaux , en » les faisant écumer et voler devant lui, comme de la fu- » mée qu'un vent ordinaire emporte ; très-souvent il les » enlève en trombe , et en forme une pompe considérable, » qui est la source abondante d'un très-grand nuage qui » s'étend à mesure que l'eau monte en bouillonnant : si » on y fait attention, on voit l'augmentation sensible de la » grandeur et de l'épaisseur du nuage formé par le tour- » billon ; j'ai vu quelquefois jusqu'à dix ou douze de ces » trombes formées par des tourbillons, qui formaient au- » tant de nuages particuliers, d'où tombait ensuite une » grande quantité de pluie d'eau douce , quoiqu'il n'y eût » pas plus d'une demi-heure qu'elle fût pompée de la mer : » j'ai surtout était témoin de ce spectacle en 1755, au mois » de juillet, à l'entrée du détroit de Malaque, entre la » côte de Malais et la partie du nord de Sumatra. »

166. On retrouve la même déduction dans la relation que M. Michaud a donnée de la trombe de Nice, du 12 avril 1780, et dans celle que M. Baussard a donnée de celle de

Cuba, du 12 juillet 1782 (§§ 247 et 249 : ils disent l'un et l'autre, que l'eau montante a servi à former les nuages dont le ciel se couvrit successivement. Le cône renversé des trombes s'est prêté merveilleusement aux suppositions les plus gratuites; en élaguant quelques parties du phénomène, l'un en fait un tube aspirateur et l'autre le tuyau d'un puissant éolipyle. Nous avons vu cependant que d'autres météores, comme les grains blancs, présentaient ce rapide développement des nuages, sans qu'aucun lien apparent ne les rattache à la mer; on a signalé le fait sans l'expliquer, parce qu'ils n'ont pas ces formes secondaires, si favorables aux interprétations hasardées. Lorsque nous traiterons de ces phénomènes, nous montrerons aussi par les faits, quelles sont les causes de ces immenses condensations, et comment une vaste étendue de ciel serein 'peut être tout à coup chargée de nuages pendant un calme parfait. Il nous suffit pour le présent de faire remarquer qu'il n'y aurait pas de rapport entre la cause et l'effet, si une colonne de vapeur de quelques mètres de diamètre pouvait, en peu d'instans, remplir l'horizon d'immenses nuages, qui versent ensuite de l'eau par torrens pendant plusieurs heures, sur un très-grand espace, comme cela arriva lors de la trombe de Cuba.

167. Les influences électriques n'étant pas appréciables directement, nous ne pouvons en connaître l'existence que par les effets que l'expérience nous a montré leur appartenir; et cette connaissance n'étant acquise que par des expériences de cabinet, elle se trouve limitée à un petit nombre de signes, dans lesquelles ne sont pas comprises les modifications des vapeurs de l'atmosphère. Il en résulte que les perturbations de l'air, les bourrasques subites qui nous atteignent, n'ont point été jusqu'alors des signes propres à faire reconnaître la puissante influence de l'électricité des nuages, et l'on a méconnu complétement la cause

de cet ordre de phénomène. Ne saisissant pas le lien de cause et d'effet entre le nuage orageux et la brusque rafale des vents, on a attribué à ces derniers tous les effets dont la cause restait inconnue, malgré l'impossibilité de leur trouver une origine au-delà de l'enceinte resserrée de la perturbation, autour de laquelle règnent le calme et la tranquillité. Je n'ai jamais pu comprendre comment on a méconnu la puissance d'attraction et de répulsion de l'électricité de ces nuages épais et isolés qui nagent au milieu d'un ciel pur et serein. Avant comme après leur venue, l'atmosphère est calme, mais à leur approche, on est subitement assailli de rafales, de tourmentes, venant de toutes parts, la pluie elle-même en vient souvent terminer les phases : le nuage s'éloigne et la sérénité du ciel reparaît.

168. De ce besoin de reporter à la partie visible du météore tout ce qui avait une cause inconnue, on a fait de l'agitation de l'air une puissance toute miraculeuse. Cependant l'arrachement des dalles et des carreaux, le soulèvement des terres et des fondations, rien de tout cela ne peut s'expliquer par les bourrasques de vent, quelques violentes qu'elles soient. Un tourbillon de vent enleverait l'eau et ne la distillerait pas pour en former aussitôt de tranquilles nuages ascendans, comme on le voit autour des trombes; jamais il ne pourrait vaporiser de l'eau au-delà de sa saturation ; jamais conséquemment la vapeur produite ne deviendrait immédiatement visible. Sans doute l'air une fois perturbé par ces brusques attractions et ces brusques répulsions, ajoute sa force aux forces électriques ; il aide à renverser ce qui aurait pu résister encore ; il casse et tord des arbres que l'attraction arrache, et qu'un courant électrique a desséchés et clivés en lames ; sans doute il peut enlever des tuiles, renverser des cheminées, faire sombrer des navires ; mais, je le répète, il n'est qu'un effet local, peu étendu, au milieu du calme des contrées circonvoi-

sins. D'un autre côté, les dilatations et les condensations qu'on assigne pour cause dans l'atmosphère, ne peuvent jamais avoir cette instantanéité des bourrasques : les décharges électriques seules peuvent l'avoir ; elles seules peuvent faire passer du repos à l'action, de l'attraction à la répulsion dans un instant très-court ; elles seules peuvent vaporiser subitement une quantité considérable d'eau au-delà de la saturation de l'air ambiant, et refroidir l'atmosphère et les nuages par la révaporisation des vapeurs opaques ; elles seules peuvent transporter contre le vent des arbres et des maisons (§§ 204, 237, 157, etc.) ; elles seules peuvent produire tous ces effets, lorsqu'on sent à peine un souffle de vent ; elles seules peuvent flétrir les feuilles, les crisper, les roussir sur les bords qui regardent la trombe ou le nuage orageux et les conserver intactes sur les bords opposés ; elles seules peuvent faire ces bruits éclatans qui augmentent ou diminuent avec la conductibilité des corps en présence, et produire ces sifflemens observés dans toutes les trombes.

169. Il est évident que si l'on applique à ces météores tout ce que nous savons des effets électriques, si nous les agrandissons pour les mettre en harmonie avec les appareils de la nature, avec leurs formes et la mobilité de leurs parties, aucun fait bien observé ne peut se refuser à l'interprétation simple ou complexe des influences électriques, seules ou associées aux bourrasques de vent qu'elles ont produites. En effet, pour qu'un orage se transforme en trombe, il faut qu'un de ses nuages, attiré vers la terre, établisse une communication durable entre le groupe orageux et le sol ; qu'il serve de conducteur aux électricités contraires qui s'attirent et se neutralisent. Ce nuage conducteur n'est point un corps liquide ; ce n'est point un conducteur formé d'une colonne d'eau permettant un courant continu d'électricité : c'est un conducteur intermittent,

analogue aux tableaux ou aux tubes magiques, formés de nombreuses séries de corps alignés. Aussi, comme le remarque le P. Pianciani (*Ins. Ph. ch.*, tom. 3, § 128), les trombes changent de forme et se grossissent en diamètre lorsqu'elles passent d'une plaine liquide sur une plaine aride. C'est donc par une suite de décharges de vésicule à vésicule que la neutralisation s'effectue ; décharges de diverses intensités, suivant la variété infinie des groupemens des vapeurs vésiculaires. C'est pourquoi les trombes sont toujours accompagnées de deux sortes de bruit, l'un semblable à un sifflement et l'autre à des chocs successifs, comme ceux d'un chariot roulant sur un chemin rocailleux ; le premier est le résultat du nombre prodigieux de petites décharges de vésicule à vésicule, et les autres des décharges des groupes ou petits nuages dont la plupart des trombes sont formées. (*Voy.* fig, 3, et la trombe de Châtenay, chapitre 20.) Ces bruits augmentent sur terre, ainsi que les apparences ignées, parce que les corps terrestres rendent l'air moins conducteur que la vapeur d'eau.

170. La constitution vaporeuse et floconneuse de ce conducteur s'opposant à un écoulement rapide et continu, produit subséquemment un effet complexe sur lequel nous devons insister. L'écoulement électrique à travers les vapeurs n'est point analogue à celui qui a lieu à travers les solides et les liquides. Il n'est point latent, instantané ; il se fait par rayonnement de particule à particule et par des séries de petites décharges. Puisque la masse d'électricité répartie autour de toutes les particules de vapeur ne peut s'écouler instantanément, qu'il lui faut un temps notable pour rayonner de particule à particule, la trombe conserve alors la puissance que donne l'électricité statique, en même temps que les portions qui s'écoulent au dehors produisent des phénomènes de courant, c'est-à-dire d'électricité dynamique, double phénomène qu'on reproduit

facilement en faisant écouler de l'électricité à travers un
tube magique, où l'on retrouve des effets dynamiques et
de puissans effets statiques. Ainsi, pendant tout le temps
que la trombe sert de conducteur à l'électricité des nuages,
elle agit en même temps avec la tension statique qui lui
vient des quantités coërcées autour des particules de vapeur. Cette puissance statique est surabondamment prouvée
par les attractions qui accompagnent les trombes et les dévastations qui en résultent.

171. La tension électrique des nuages et du cône descendant se conserve-t-elle dans toute l'étendue de la trombe,
ou bien change-t-elle de signe dans la partie inférieure?
Lorsque le cône est formé tout entier des vapeurs du nuage
et que sa pesanteur spécifique ne s'oppose pas à sa descente
jusqu'au sol ou tout près du sol, ce cône descendant aura
une grande puissance d'attraction, et ce n'est qu'après y
avoir échangé leur électricité contraire que les corps attirés seront repoussés. Mais si, au contraire, le cône descendant s'est maintenu à une grande hauteur, si ce sont des
vapeurs ou des poussières élevées de terre qui forment la
base inférieure et vont neutraliser l'électricité des nuages
à cette distance, les objets terrestres placés près de ce cône
ascendant étant électrisés de la même manière que lui,
seront repoussés et projetés du centre à la circonférence,
avec une violence proportionnée à l'étendue et à la force
de tension électrique que ce cône ascendant possède. Ainsi
deux sortes de tensions peuvent exister dans la portion inférieure des trombes, suivant son origine, et produire ainsi
deux effets contraires sur les objets terrestres. Si cette
portion est une dépendance du nuage, les objets terrestres
seront attirés; si elle est formée de vapeurs ou d'objets
soulevés de la terre, elle repoussera tous les objets voisins, puisque tous auront la même électricité développée
par la même influence. Il peut arriver, et il arrive sou-

vent, que pendant la durée d'une trombe, ces deux conditions se présentent successivement, selon l'état du sol ou la légèreté spécifique des nuages qui se prête ou s'oppose à leur abaissement. Il suffit de lire quelques relations pour s'assurer que la force est tantôt attractive et tantôt répulsive ; que, dans le premier cas, les objets sont couchés vers un centre, et, dans le second cas, en sens contraire. (*Voy.* les paragraphes 178, 260, 276, 281, 287, etc.) Les bosquets du pied des trombes sont le produit d'attraction d'abord, puis de répulsion, lorsque les gouttes d'eau enlevées ont échangé leur électricité.

172. La cause immédiate de l'abaissement d'un des nuages peut varier d'une trombe à l'autre, quoiqu'elle soit le produit de la même puissance. Dans le météore des orages, un nuage peu élevé au dessus du sol et fortement chargé d'électricité peut être attiré par l'électricité contraire qui s'accumule sur la portion du sol en regard, et d'autant plus, que le sol sera plus élevé, humide et passable conducteur ; la tension électrique du sol réagit sur celle du nuage, neutralise la réaction que la portion inférieure produisait sur le reste de l'électricité du nuage, comme le plateau inférieur d'un condensateur neutralise la réaction de la couche d'électricité du plateau supérieur. Cette réaction de la couche électrique inférieure du nuage étant neutralisée, une nouvelle répartition se fait au profit de la face inférieure, une plus grande masse d'électricité statique y est accumulée, et ainsi de suite : pendant que la charge électrique extérieure augmente, le nuage, comme corps mobile, est attiré et s'approche de la terre d'une quantité dépendante de sa pesanteur spécifique et du carré des charges accumulées. Arrivé à une certaine distance, l'attraction des deux électricités l'emportant sur la résistance de l'air, une décharge a lieu ; le nuage se relève jusqu'à ce qu'une nouvelle répartition amène un pareil état et un pareil résultat.

173. Cet échange électrique, comme on le voit, se fait entre les atmosphères qui entourent les corps ; ce sont des quantités positives et extérieures du nuage qui se sont neutralisées avec une égale portion d'électricité négative et extérieure du sol. Mais la sphère d'électricité qui entoure un nuage n'est pas formée de toute l'électricité qu'il contient, comme celle d'un globe de métal qui n'en garde aucune portion dans son intérieur ; elle n'est au contraire qu'une portion souvent assez faible de la totalité, portion qui est dépendante des réactions et de la conductibilité intérieures. Un nuage étant composé d'une multitude de corps distincts, de particules de vapeur dites vésiculaires, chacune de ces vésicules a sa sphère électrique qui lui est inhérente : suivant leur proximité ou, ce qui revient au même, suivant la densité du nuage, la réaction de ces sphères électriques les unes sur les autres, repousse à la périphérie une partie de leur électricité jusqu'à ce que la réaction extérieure soit égale aux réactions intérieures. Cette quantité extérieure sera d'autant plus petite, que l'isolement des particules de vapeur sera plus parfait. Si l'isolement est grand, si le rayonnement vers la périphérie est faible, il en résultera une grande tension et conséquemment une grande attraction qui rapprochera les nuages du sol sans produire une décharge suffisante pour rendre prédominante la légèreté spécifique du nuage. C'est à cette faible réaction extérieure qu'il faut rapporter la division d'un cône trombique en plusieurs autres. Lorsque la périphérie possède une quantité suffisante d'électricité libre qui agit par répulsion sur toutes les électricités de même nature des vésicules, la totalité des vapeurs est maintenue en un corps unique : si cette force est insuffisante, les répulsions intérieures l'emportent et la trombe se divise. Nous retrouverons fréquemment ces réunions et ces divisions lorsque nous traiterons des nuages d'une manière spéciale.

174. Ainsi lorsque chacune des vésicules de vapeur conserve une très-grande tension, que leur isolement, les unes des autres, s'oppose à ce que celle du nuage soit considérable, l'ensemble du nuage est attiré et non la seule charge électrique de la surface ; la pesanteur spécifique est vaincue par cette attraction, le nuage s'abaisse et se rapproche de la terre. Pendant que ce mouvement s'effectue, l'attraction croît dans une proportion plus grande que la proximité, puisqu'elle croît inversement au carré de la distance ; le nuage continue donc à descendre, et il descendrait avec une grande vitesse, si chaque particule vésiculaire pouvait recevoir rapidement les quantités électriques nécessaires pour remplacer celles qui s'échappent par un rayonnement accéléré, et qui deviennent d'autant plus indispensables que la densité de l'air augmente. La faible conductibilité des nuages ne laisse arriver qu'avec lenteur, difficulté, inégalité, l'électricité des nues supérieures dans le lambeau inférieur le plus rapproché de la terre. La diffusion électrique ne peut être elle-même répartie que fort inégalement dans des corps aussi variés dans leurs formes et dans les rapports de leurs parties constituantes. La disposition et la constitution des nuages ne peuvent donc permettre que très-rarement l'abaissement d'une portion de nuage jusqu'au sol, principalement dans nos pays, car aussitôt que la densité du nuage permet une passable conduction, la tension électrique se porte à l'extérieur, les décharges en masse ont lieu, et le nuage se relève. C'est alors un orage et non une trombe.

175. Il faut, comme on le voit, une réunion de circonstances bien favorables pour que les particules de vapeur aient l'isolement nécessaire à l'abaissement d'un nuage jusque près de la terre, sans qu'il y ait de décharge de l'électricité, dont l'attraction contrebalance la légèreté du nuage. Il faut aussi qu'une vive évaporation ait produit en

peu de temps une quantité considérable d'électricité et
qu'il y ait un calme très-grand dans l'atmosphère pour la
conserver. Ces circonstances n'étant pas communes en dehors des chaleurs tropicales , les trombes seraient infiniment rares dans nos régions, si une cause secondaire ne
venait en décider la formation. Cette cause secondaire est
la présence d'un nuage ou d'un groupe de nuages plus
élevé, possédant la même électricité que le groupe inférieur. L'action des nues supérieures, agissant par répulsion sur les nues inférieures , facilite leur abaissement ; il
suffira que ces dernières aient la constitution propre à la
coërcition d'une grande tension électrique , que la conductibilité y soit très-faible pour qu'elles puissent s'abaisser
jusque près du sol et former ainsi cette colonne conductrice et intermittente qu'on nomme *trombe*.

176. Enfin des observations bien faites nous apprennent
que l'extrémité du cône s'allonge ou se raccourcit suivant
les localités , qu'il se balance et ondule , saute d'un lieu à
l'autre , d'un bouquet d'arbres à un autre , et n'abandonne
les lieux humides qu'après une résistance manifeste ; qu'au
centre on voit un canal transparent , suivant les uns, lumineux , suivant les autres ; que dans toutes il y a un mouvement intestin de va-et-vient , tantôt direct , tantôt giratoire , variant sans cesse et d'une portion à une autre portion , comme on le voit dans les fumées électrisées. Chaque observateur a exprimé l'impression qu'il a éprouvée,
et en effet, lorsque le rapprochement des vapeurs à l'extrémité du cône est telle qu'il en résulte une liquidité réelle ,
cet intermédiaire liquide et transparent reste suspendu
entre le reste du nuage et la mer; d'autres fois au contraire,
l'écartement des particules de vapeur est tel, que leur communication électrique ne peut se faire que par de petites
décharges, dont la multiplicité des étincelles produit un
sifflement et une lumière phosphorescente que certains ob-

servateurs ont vue. Les phénomènes de l'électricité statique et dynamique rendent compte de toutes les parties du météore, quelle que soit la variété de ses formes et de ses effets, sans avoir recours à aucune création hypothétique ; il suffit de tenir compte de la tension électrique, de sa reproduction, de la conductibilité des lieux et de leur saturation.

177. Maintenant que nous connaissons toutes les circonstances atmosphériques que produisent les forces électriques ; maintenant que nous savons distinguer les causes primitives des causes secondaires, nous allons faire la relation de la trombe qui a dévasté les communes de Fontenay et de Châtenay, dans le département de Seine-et-Oise, le 18 juin 1839, et montrer que partout la puissance électrique a été la cause première du météore et du désastre qu'il a produit ; désastre qui a été augmenté par des causes secondaires, par les vents impétueux qui accompagnent les nuages orageux et par la brusquerie des rafales. Nous n'entrerons pas dans les détails minutieux des dégâts que cette trombe a causés, nous n'irons pas compter les arbres arrachés, les tuiles enlevées ni les portes brisées ; il suffira d'indiquer chaque espèce d'effet produit, sans faire le procès-verbal de toute la dévastation. Nous ne devons pas oublier que ces relations doivent être faites pour éclairer la science et non pour produire des émotions. Nous nous attacherons seulement à chaque groupe, pour qu'on puisse juger de la vérité de notre interprétation et de l'impossibilité de satisfaire aux faits avec aucune des autres théories présentées jusqu'alors.

CHAPITRE XX.

RELATION DE LA TROMBE DE CHATENAY.

178. Le mardi 18 juin 1839, au matin, d'épaisses vapeurs s'étaient élevées à l'horizon et formaient une longue bande qui s'étendait du sud-est au nord-est du monticule de Châtenay ; l'atmosphère était chaude et lourde. Un peu avant dix heures, on entendit dans le lointain quelques coups de tonnerre : ces coups devinrent bientôt plus forts et plus fréquens ; et vers les onze heures l'orage grondait sur tous les points. Le ciel était sillonné de longs et brillans éclairs ; le roulement du tonnerre était continuel. Ce premier orage, formé au sud de Châtenay, suivit la marche ordinaire des orages, et prit la direction de la vallée qui sépare ce village, de l'est à l'ouest, des collines d'Ecouen. Les nuages dont il était formé s'étendaient jusque sur le monticule de Châtenay, et paraissaient alors stationnaires et devoir se résoudre dans la plaine à l'ouest. Mais à midi parut un second orage dont les nuages, moins élevés que ceux du premier, marchaient rapidement et s'avançaient vers le monticule. Ces nuages, arrivés à l'extrémité de la grande plaine de Fontenay, en présence de ceux qui se trouvaient au dessus de Châtenay, ralentirent leur marche, et une sorte de combat parut se livrer entre le premier et le second orage, sans qu'on pût prévoir lequel l'emporterait, ni quelle direction prendraient les derniers nuages arrivés. Plusieurs habitans observèrent ce combat avec une curiosité mêlée d'anxiété, ne sachant à quoi attribuer une perturbation aussi singulière. Nous citerons entre autres M. Dutour, homme intelligent et admirablement placé pour

faire cette observation , M. Robinet aîné et madame Bulot, de Fontenay. Une grande agitation se manifestait alors dans les parties intermédiaires , et le tonnerre grondait violemment , lorsque tout à coup les nuées du second orage, s'abaissant vers la terre , se mirent en communication avec elle. Dès cet instant toute explosion parut cesser, et il s'éleva un effroyable tourbillon de poussière , de terre meuble et de corps légers, accompagné d'un roulement extraordinaire et confus.

Un berger, nommé Olivier, était dans l'avenue de Pontoise , tout près de l'endroit où se forma la trombe : « L'orage , nous a-t-il dit , est descendu et s'est rapproché de la terre ; quelques uns des nuages se sont détachés des autres et ont formé un *tourbillon* (1). Parmi les nuages il y en avait un petit qui ne suivait pas la marche des autres et qui vint directement vers moi ; puis, tout à coup, il se retourna d'un autre côté, s'éleva et disparut. Le nuage inférieur de l'orage était très-bas, presque sur ma tête et tellement épais , que je ne pouvais voir à quelques pas ; au moment de sa descente et de son approche du sol, j'ai entendu un grand coup de tonnerre, et ce fut le dernier, car après ce n'était plus qu'un roulement, un frémissement continu et considérable. »

Le point du sol avec lequel le nuage descendant se mit en communication fait partie d'un champ à l'ouest de l'avenue des genêts, tout près d'un plan de peupliers suisses. Les arbres qui bordaient cette avenue étaient conséquem-

---

(1) Nous ferons remarquer que par le mot *Tourbillon* , il ne voulait pas dire , plus que les autres témoins , que les nuages avaient un mouvement de giration , mais que les nuages s'agitaient , se débattaient et avaient des mouvemens tantôt directs , tantôt pirouettans. C'est enfin un mot employé d'une manière générale pour désigner les météores ayant des mouvemens de diverses sortes.

ment à l'est de la trombe qui s'avançait du sud au nord. Du côté ouest de ces arbres , c'est-à-dire du côté qui regardait la trombe, toutes les feuilles furent desséchées et roussies sur les bords , tandis que les feuilles du côté opposé, et regardant l'est, avaient conservé leur verdure et leur fraîcheur. Tous ces arbres ont été infléchis à l'ouest un peu nord ; au lieu d'être droits , ils étaient penchés vers le lieu du passage de la trombe. Ainsi ces arbres , atteints par l'influence du météore et non directement par lui , ont eu toutes leurs feuilles flétries de son côté comme les feuilles qu'on a fait servir à des rayonnemens électriques puissans, et ont conservé toutes leurs feuilles intactes du côté qu'il n'y avait pas de radiations possibles. Nous ignorons complétement comment l'imagination la plus riche pourrait ramener ce fait à l'influence d'un tourbillon de vent , et nier sa connexion avec le rayonnement électrique , comme il est impossible de ne pas reconnaître dans le petit nuage , s'approchant du berger, puis le fuyant , un effet d'électricité statique accompagné de rayonnement. M. Dutour, qui était en observation dans son belveder, placé au dessus de sa maison , vit de loin la formation de la trombe et lui assigna la même partie du champ ; mais ce qu'il vit , et ce que n'avait pas vu le berger Olivier, qui était aveuglé par le nuage de poussière au milieu duquel il était, ce fut l'extrémité du cône qui était , suivant son expression , *une calotte rouge de feu* qui paraissait être à huit mètres de la terre.

La trombe augmenta bientôt en intensité , se dévia vers le nord-est et parvint près d'un endroit du chemin des genêts qu'on appelle la Croix du Frèche. Elle était animée , dit M. Lalanne , ingénieur des ponts et chaussées , d'un mouvement oscillatoire très-sensible dans le sens vertical comme dans le sens horizontal, semblable à un pendule qui se serait successivement approché et éloigné des nuages , tout en se balançant autour du point de suspension. Entre son point de départ et la Croix du Frèche, il y a un grand espace de l'avenue qui est sans arbres. Depuis la jonction de l'avenue de Saint-Denis, deux cent cinquante mètres avant ce point, il y avait des arbres fruitiers sur les bords de la route; ces arbres ont eu à l'ouest nord-ouest, comme les premiers, toutes leurs feuilles desséchées et roussies, tandis que les feuilles à l'est-sud-est furent conservées fraîches. Ces arbres ne furent pas seulement inclinées, mais tout à fait abattus et couchés par terre tournés vers l'ouest-nord-ouest. Un cerisier a été arraché et partagé en deux portions longitudinales ; la portion qui avait été séparée de la culée, était divisée en petites lames comme des lattes minces, telles qu'on en trouve dans les arbres qui ont été frappés par la foudre, et qui ont servi de conducteur à une puissante décharge.

Arrivé à la Croix du Frèche, le nuage descendant avait de grandes dimensions : c'était alors une trombe terrestre bien formée, qui, suivant le récit qu'en font plusieurs habitans de Fontenay, avait la forme d'un cône renversé, ayant sa base aux nuages supérieurs et son sommet à sept mètres environ de la terre. Les vapeurs qui le composaient étaient d'une teinte grise et roulaient les unes sur les autres avec une grande impétuosité, laissant apercevoir sur quelques points des lueurs blafardes, et faisant entendre un roulement confus.

La trombe commença alors à dévier de sa première direction et prit celle du nord-est vers un petit plan d'arbres le long d'un ruisseau sans eau, mais un peu humide. Elle les renversa tous dans le sens de sa marche et elle les cliva en lattes dans la portion de leurs troncs la plus rétrécie. Elle passa à l'extrémité sud-ouest du village de Fontenay, atteignit les fermes de MM. Lecerf et Destois, dont elle détruisit et enleva les toitures, renversa les murs de clôture dans le sens de sa marche et dévasta les enclos. Conti-

nuant ensuite sa marche le long d'un ravin humide et bordé
d'arbres , elle s'avança vers la colline de Châtenay qu'elle
commença à gravir jusqu'à l'enclos appelé le Plant-Thibault, qu'elle détruisit entièrement. Les arbres atteints par
le météore présentaient les mêmes particularités que ceux
dont il a été parlé précédemment : le côté frappé était desséché , tandis que le côté opposé conservait de la sève ; de
plus , les parties des troncs brisés étaient réduites en petites
lattes , et quelques unes avaient l'apparence d'un balai usé.

M. Dutour, qui avait suivi avec une attention soutenue la
marche du phénomène du haut de son belvedère , dit qu'à
ce moment il y eut un combat entre un nuage gris cendré,
appartenant au premier orage , et le nuage antérieur du
second orage transformé en trombe. La marche de la trombe
fut ainsi arrêtée pendant quelques minutes au dessus du
Plant-Thibault, elle était parvenue presque au dessous du
premier orage qui jusque-là était resté stationnaire , mais
alors il commença à s'ébranler et à reculer vers la vallée
ouest de Châtenay : « La trombe, nous a dit cet observateur,
» parvint à déplacer le nuage gris, à le repousser ; alors
» elle put parvenir sur la sommité de Châtenay. De petits
» nuages grisâtres s'élevaient et descendaient en *grumeaux*
» le long du cône renversé. La trombe elle-même ne pa-
» raissait composée que d'un grand nombre de petits nua-
» ges , *qui jouaient tous pour leur compte* en se tenant ren-
» fermés dans le cône. Le tout faisait un bruit semblable à
» celui d'une forte marchine à vapeur en grande activité ,
» faisant entendre des pistons et le bourdonnement de la
» chaudière. »

De son côté, madame Bulot avait vu les nuages parasites
qu'elle comparaît à des tonneaux tournant sur eux-mêmes;
elle vit aussi des flammes tomber sur les arbres ou près
d'eux. Madame Ferrière et sa domestique ont vu l'extrémité ignée du cône ; elles comparaient la flamme qui en sor-

tait à celle de la forge d'un maréchal. La trombe, au dire de son mari, semblait donner des coups de queue, ce qui du reste s'accorde avec les *oscillations* de M. Lalanne.

Ce balancement des trombes a été souvent observé et mérite que nous nous y arrêtions. Ces oscillations en tous sens sont quelquefois si prononcées, que les témoins de la trombe de la Providence, aux Etats-Unis d'Amérique (§ 309), la comparèrent à une immense trompe d'éléphant, lorsque cet animal cherche sa nourriture, pressant la terre dans un point, puis sautant à un autre, ou se balançant entre eux. Nous avons vu que lorsqu'une trombe était suspendue à quelque distance au dessus de l'eau, ce corps mobile était déprimé et fuyait le voisinage de la trombe. Nous avons dit, d'après nos expériences (§ 81), que la colonne d'air interposée entre l'extrémité rayonnante et le liquide, jouait le principal rôle dans ce phénomène ; que cette dé-pression provenait de l'état répulsif de toutes les particules d'air électrisées de la même manière, aussi bien que les molécules superficielles de l'eau. Si le corps conducteur est rapproché du liquide, la somme des répulsions indivi-duelles diminuant comme la somme des molécules d'air, la dépression est moindre ; elle devient nulle lorsque la proximité est plus grande encore, c'est-à-dire lorsque la répulsion des molécules d'air ne dépasse pas l'attraction du conducteur sur la masse du liquide. Nous avons ainsi reproduit par expérience cette partie du météore, nous avons formé une dépression au milieu de l'eau ; et nous lui avons imprimé un mouvement répulsif et giratoire. Dans ce cas, c'est le corps électrisé qui fuit, et le corps électri-sant reste en place. Mais si au lieu d'être mobile, le corps électrisé est rigide et le corps électrisant flexible, c'est ce dernier qui fuira les zones d'air et le corps qu'il vient de saturer de son électricité. Pour obtenir ces effets, on ter-mine le conducteur par des feuilles d'or qui s'agitent d'autant plus qu'on y fait arriver une plus grande quantité d'électricité. Enfin, si le corps électrisant et le corps électrisé sont mobiles, il y aura des déplacemens réciproques, l'un et l'autre corps changeront de place. C'est de cet effet si simple des échanges et des saturations électriques, que ressortent les balancemens des cônes trombiques, ces brusques déplacemens qui projettent les corps voisins, tantôt dans un sens, tantôt dans un autre sens, comme on l'a vu dans cette même trombe, où des portions de mur ont été renversées, les unes d'un côté et les autres de l'autre.

Jusque-là, tous les arbres et les murs renversés directement par la trombe, l'avaient été dans le sens de sa marche, à de petites inflexions près. Du Plant-Thibault, elle se serait dirigée infailliblement vers le bois de Châtenay, à l'ouest du château, si le premier orage ne l'avait protégé. La trombe se dévia donc vers le nord-nord-est, et gravissant la colline, elle renversa des peupliers qui se trouvaient sur sa route. Ces arbres ne furent plus couchés dans le sens de ceux qu'elle avait atteints jusqu'alors ; on en trouvait un tiers de disposés dans des directions différentes, tandis que les deux autres tiers étaient couchés dans le sens de sa progression. Arrivée sur le sommet du monticule, elle ébranla les maisons situées dans la rue de Mareil ; elle enleva les toitures, brisa les fenêtres, roussit des rideaux. Mademoiselle Beaucerf, qui était renfermée dans sa chambre, vit tomber des étincelles par sa cheminée, quoiqu'elle n'eût pas de feu, ni aucun de ses voisins. Du linge placé sur une table, fut enlevé par la cheminée et transporté au loin. Ce n'est point, comme on a voulu l'expliquer par aspiration, c'est-à-dire par un vide fait au dessus ; il n'y a que les gaz ou les vapeurs qui se déplacent par aspiration, parce que ces corps changent de volume suivant les pressions qui les compriment ; lorsqu'un vide est produit dans un point de l'espace, il s'établit un nouvel équilibre par le déplacement d'une quantité de gaz suffisante pour que toutes les molécules soient au même état de tension. Mais les corps qui ne se dilatent pas par le vide, ne changent pas de place, quelque vide que l'on fasse au dessus d'eux ; ils sont au contraire plus pesans, plus fixes dans le vide que dans l'air ; loin de voltiger, ils s'affaissent davantage, ils ne peuvent être qu'entraînés par le courant d'air, et non enlevés directement. D'après la position des lieux et les circonstances qui ont accompagné cet enlevement de linge, il n'y a qu'une attraction électrique qui peut l'avoir produit. Enfin toutes ces localités conservèrent long-temps une odeur de soufre brûlé.

En suivant la marche du météore et l'alignement des arbres renversés, il paraît évident que les dégâts des maisons de cette rue n'ont point été faits par le passage direct de la trombe, mais par des influences latérales ou des communications secondaires avec la trombe ; car les arbres du verger de M. Herelle indiquent que la colonne a passé entre ce verger et le chemin de Fontenay à Fosses, et non entre ce verger et la rue de Mareil.

Tous les arbres fruitiers de ce verger étaient couchés vers le nord-nord-ouest, tandis que ceux du chemin de Fontenay à Fosses, qui lui était parallèle à une distance de 25 mètres, étaient couchés en sens inverse. Ils étaient couchés vers le nord-nord-est. De cet espace pour entrer dans le parc du château, la trombe se dévia encore un peu à l'est et dévasta ce parc de la manière la plus désastreuse. Tous les arbres de haute futaie furent arrachés, les trois quarts eurent leurs troncs desséchés et clivés en lattes minces ou en forme de balai. Le centre du parc eut ses arbres renversés dans tous les sens ; ils ont été mêlés les uns aux autres de la manière la plus singulière, et on a vu un pommier apporté de 200 mètres, placé sur un monceau de chênes et d'ormes. Mais cette confusion n'existait qu'au centre, tous les arbres de la périphérie avaient été couchés leurs cimes vers le centre du parc, ce que M. Lalanne, ingénieur des ponts-et-chaussées, a parfaitement rendu dans le plan qu'il en a fait. La trombe enleva presque toute la toiture d'habitation, renversa les murs de clôture. Ce qu'il y eut de remarquable dans ce dernier effet, c'est qu'un des murs entre la ferme et le château fut renversé en cinq portions presque égales de 7 à 8 mètres chacune. La première, la troisième et la cinquième portions tombèrent vers le nord-est, et la deuxième et la quatrième vers le sud ouest. Les couvreurs de M. Hérelle, propriétaire du château, assurèrent que plusieurs rangs d'ardoises avaient perdu leurs clous sans que les ardoises eussent été enlevées ; il semblait qu'elles avaient été replacées par la main de l'homme. Ce fait, presque incroyable d'abord, cesse de le devenir, lorsqu'on le rapproche de ceux déjà connus, des clous de canapé et de fauteuils enlevés, de briques ou de carreaux soulevés et laissés en place, et du cadre enlevé sans avoir endommagé la glace (voyez §§ 51, 52, etc.). Ces faits concordent parfaitement avec la force attractive de l'électricité statique et la préférence de ses choix, mais devient une absurdité complète avec des tourbillons de vent pour cause.

La ferme attenante au château souffrit gravement du passage de la trombe ; les trois quarts des bâtimens perdirent leurs toitures ; les murs et les portes contre lesquels la trombe se projeta furent enduits d'une couche de la terre des champs. Après l'immense énergie que la trombe avait dépensée depuis sa formation, il semble qu'elle était arrivée à ses limites extrêmes ; elle n'enlevait plus, mais elle relâchait ce qu'elle avait pris ailleurs de terre meuble qu'elle avait délayée dans ses flancs.

Un champ de blé au nord-ouest du parc ressentit l'influence de la trombe ; toutes les tiges de la zone la plus voisine du météore eurent leurs épis roussis dans le côté en regard, vers le sud-est, tandis que le côté opposé fut laissé intact et vert, comme nous l'avons déjà observé sur les arbres de la Croix du Frèche, et comme nous l'avons vu dans les champs voisins de son parcours et sur les feuilles de vigne des maisons de la rue de Mareil.

Le monticule sur lequel est bâti le château se termine brusquement vers le nord-est, et le terrain descend tout à coup dans un ravin dont le fond est rempli par un étang. La trombe, en quittant le monticule, se trouva donc au dessus d'une profondeur dont la partie inférieure était remplie d'eau, et par conséquent bon conducteur. Beaucoup d'arbres entouraient cet étang : des saules étaient au milieu et devaient servir d'autant de pointes attirantes. La trombe ne s'alongea pas tout d'un coup pour rétablir la communication qui venait d'être rompue par un accident de terrain ; il y eut d'abord une décharge à distance, qui produisit une large flamme qui parut tomber du cône dans l'étang. Ce globe de feu fut vu par madame Louvet et sa fille, qui se trouvaient près de l'étang à ce moment ; la jeune fille fut entraînée l'espace de dix mètres environ sans qu'elle pût y résister ; enfin elle se cramponna à un tronc d'arbre en dehors du passage de la trombe et s'y maintint.

La décharge électrique produisit un effet que nous connaissions et que nous avons souvent reproduit dans nos expériences microscopiques, c'est de donner la mort aux animaux contenus dans le liquide par des décharges électriques à distance. (*Voy.* ch. 17, § 149 et 341.) C'est ce qui est arrivé à Châtenay : un très-grand nombre de poissons ont été tués par la décharge qui a eu lieu au moment du rétablissement de communication entre la trombe et l'étang. La moitié des arbres qui le bordaient ont été plus ou moins fracassés, desséchés et clivés en lattes. Après être restée un instant sur l'étang, la trombe s'avança le long d'un fossé plein d'eau et bordé de saules ; elle avait perdu de sa violence et de son étendue ; elle cheminait lentement et traversa plus lentement encore un champ placé à la suite de l'étang. En s'avançant à travers ce champ, la trombe devenait visiblement plus mince et plus transparente. Enfin, à mille mètres environ de Châtenay, près d'un bouquet d'arbres, à une avenue dite de la Fosse, elle était réduite à la grosseur d'un tuyau de poéle. C'est là qu'elle se termina ; elle se divisa d'abord en deux ; la partie supérieure paraissait elle-même divisée en rubans de couleurs brune et blanche, et se dissipa peu à peu en s'élevant comme une fumée légère ; la partie inférieure paraissait plus sombre et s'affaissa sur le sol. On a trouvé une excavation à cet endroit qu'on n'avait pas remarquée auparavant. Tout étant terminé, le ciel reprit sa sérénité ; et jamais on n'eût pu se douter de l'horrible tempête qui venait de traverser la commune, sans les débris de toute espèce qui couvraient la terre.

Quoiqu'il n'y eût que quatre ou cinq habitans des communes de Fontenay et de Châtenay qui virent des globes de feu ou des flammes s'interposer entre le sol et la trombe, ou entre les nuages parasites, il n'en fut pas de même de ceux qui virent le météore à une plus grande distance et qui étaient tout-à-fait en dehors de l'influence des nuages formant ou accompagnant cette trombe. M. Dardelle, vétérinaire à Gonesse, revenait de Vaudherlant chez lui, quand il aperçut une nuée de feu éclater sur Châtenay ; il était tellement persuadé que Châtenay devait avoir été brûlé, qu'il vint exprès, le lendemain de grand matin, pour voir et connaître tous les malheurs qui devaient être résultés d'une telle conflagration. (*Voy.* un effet semblable, § 271.)

179. L'ensemble de cette trombe, les faits particuliers qui se sont suivis et enchaînés, ne peuvent laisser aucun

doute sur la cause première de ce phénomène ; partout on retrouve les phénomènes électriques, partout on voit des résultats statiques d'attractions et de répulsions et de décharges continues entre les petits corps. Le passage de M. Dutour, cité plus haut, page 155, est remarquable en ce qu'il représente le cône de la trombe comme formé par une multitude de petits nuages se jouant entre eux, comme nos nuages factices servant de conducteurs à l'électricité. Le soulèvement et l'arrachement des corps pesans sont aussi des effets de cette puissante tension que les nuages seuls peuvent acquérir et dont aucune de nos expériences ne peut approcher. Rien ne pourrait nous donner l'idée de l'énorme quantité d'électricité que peuvent acquérir les nuages, si nous n'assistions chaque année à ces orages puissans qui sont pendant des heures entières comme des volcans enflammés, lançant de toutes parts de longs sillons de feu. Nous n'avons pas rapporté les calculs de M. Lalanne sur la force qu'il a fallu pour renverser les murs, attendu que ce savant ingénieur est parti de la supposition que le vent était la force perturbatrice ; mais, d'après nos recherches et nos expériences, cette force ne joue qu'un rôle secondaire : c'est l'attraction électrique qui est la cause première ; c'est elle que nous avons vue ailleurs décarreler les chambres, fouiller les terres et les sillonner, transporter, contre la marche même du météore et du vent, des murs et des débris de toute espèce. Nous n'avons pas dû alors nous servir de son intéressant travail ; le vent ne pourrait pas rendre compte de ce mur renversé en cinq portions, dont la première, la troisième et la cinquième vers le nord-est, et la deuxième et la quatrième vers le sud-ouest ; tandis qu'une des particularités qu'on a souvent remarquées dans les trombes, et en particulier dans celle de Châtenay, c'est un mouvement oscillatoire de l'extrémité du cône qui projette à droite et à gauche les objets qu'elle rencontre, effet dont nous avons indiqué la cause plus haut. Enfin nous nous appuierons sur l'autorité de M. Becquerel : ce savant a visité les lieux avec nous ; il a suivi la marche du météore ; il a vu les dégâts qu'il a produits, il en a interrogé les témoins, et n'a vu, comme nous, qu'une interprétation possible, celle de l'électricité pour cause.

180. Il ne nous reste plus qu'à rapporter une liste nombreuse de relations de trombes ou météores analogues, afin que chacun puisse y appliquer nos principes et juger par soi-même qu'il n'y a qu'une seule interprétation possible, celle que nous présentons, celle qui tient compte de tous les phénomènes connus d'électricité statique et dynamique, et non des seules explosions ignées. Mais pour rendre les déductions plus faciles, pour éviter des pertes de temps et un travail d'analyse pour chaque relation, nous allons mettre sous les yeux du lecteur trois tableaux : le premier contenant le résumé de 137 trombes qui ont eu lieu sur la mer ou sur la terre ; le second contenant le résumé de 52 météores ignés ou autres, apportant des preuves nouvelles du rôle important que joue l'électricité dans les phénomènes naturels, et enfin le troisième renfermant les opinions théoriques de 45 auteurs. La seconde partie de ce travail est consacrée aux preuves de toute espèce que nous avons rassemblées pour que chacun pût y suivre, comme nous, la voie de l'observation et de la coordination.

CHAPITRE XXI.

181. DES TROMBES DE MER OU D'EAU.

N°ˢ	LIEUX.	ÉPOQUES.	AUTEURS DES RELATIONS.	PARTIES REMARQUABLES.
1	Près l'île Quésomo.	1664.	Thévenot, *Voy. du Levant*, t. 2, p. 359, éd. 1674.	Plusieurs trombes à la fois; deux trombes sont inclinées en sens contraires et forment une croix; une portion du tube est transparente, au milieu duquel on voit monter des vapeurs opaques en serpentant, ou en tournoyant, ou en ondoyant longitudinalement; vers la fin on voit descendre les vapeurs.
2	Ile des Célèbes.	30 novemb. 1687.	Dampier, *Voy. autour du monde*, ch. 16.	Plusieurs trombes; l'eau de la mer prend un mouvement de rotation; eau ascendante; calme autour; vent violent très-circonscrit; nuage d'abord immobile, puis il se met en marche.
3	Ile de Kosiway.	28 décembre 1699.	Dampier, *Voy. Nouv.-Hollande*, ch. 3.	Tonnerre, éclairs; nuage arrêté dans sa marche par la trombe.
4	Près laNouv.-Guinée.	12 avril 1700.	Dampier, suite, *Voy. N.-Hol.* c.4.	Trombe sans nuages; rotation.
5	Dans les Dunes.	24 mars 1701.	P. Gordon, *Phil. trans.* 22, 805.	Vent régulier; mer très-agitée sous la trombe; eau projetée.
6	Mer Méditerranée.	27 août 1704.	Al. Stuart, *Ph. trans.* 23, 1077.	Six à sept trombes à la fois; bords bien limités; les vapeurs s'élèvent comme une fumée tranquille, sans giration; le bruit et l'agitation cessent aussitôt que la communication est complète; eau ascendante.

N°.	LIEUX.	ÉPOQUES.	AUTEURS DES RELATIONS.	PARTIES REMARQUABLES.
7	En mer.	29 avril 1716.	Le Gentil de la Barbinais, *Voy. autour du monde*, 1, 133.	Six trombes; bruit sourd mêlé de sifflement; vent égal et léger; eau descendante.
8	Près Serrelione.	13 novembre 1725.	Des Marchais, *Voy. Guinée*, etc. 1, 82.	Plusieurs trombes à la fois; quatre trombes sorties du même groupe de nuages, dont deux sortaient du même mamelon; trois autres trombes, l'une entre un gros nuage élevé et la mer, la seconde entre ce même nuage et un-autre plus inférieur, enfin la troisième entre ce dernier et la mer; elles se balancent; calme. (Fig. 16, pl. 1.)
9	En mer.	24 mai 1732.	J. Harris, *Ph. Tr.* 38, 78.	Calme autour; sous le cône l'eau rejaillit; forme bien limitée.
10	Méditerranée.	1736.	Shaw, *Voy. en Barb.* 2, 55.	Il pense que l'eau tombe des nues, que son ascension est une illusion d'optique.
11	Lac de Genève.	Octobre 1741.	Jalabert, *Mém. Ac. P.* 1741, 20.	Calme complet tout autour; l'eau bouillonne sous le cône.
12	Idem.	9 juillet 1742.	Id. Id. 1767. 412.	Eau montant par élancemens et formant une colonne; pas de mouvement giratoire.
13	Deeping-Fen.	5 mai 1752.	B. Ray, *Phil. Tr.* 47, 477.	Rayon de feu au moment de la rupture, vu par quelques témoins.
14	En mer.	De 1749 à 1753.	Adanson, *Voy. Sénégal*, p. 123.	Odeur nitreuse; vapeurs sortant de ses habits; giration; la base sur l'eau.
15	Antigoa.		Dr Mercer, *Lettres de Franklin*, p. 241, édit. 4°, 1774, Londr.	Deux ou trois trombes; eau très-agitée et lumineuse, entourée d'un cercle très-foncé; maisonnette transportée contre le vent.
16	En mer.		*Franklin Letters*, p. 227.	Calme auparavant; vent du dehors vers la trombe.
17	Mer des Indes occid.	Août, avant 1756.	Melling, *Trans. Am. ph.* 2, 335.	La trombe traverse le bâtiment, l'inonde d'eau douce.

Nos	LIEUX.	ÉPOQUES.	AUTEURS DES RELATIONS.	PARTIES REMARQUABLES.
18	Détroit de Gibraltar.	Août, avant 1756.	Wakefield, *Trans. Am. ph.* 2. 335.	L'eau descend de la trombe ; vent très-faible sous la trombe même.
19	En mer.	Id.	Rowland, id.	Eau descendante.
20	Détroit de Malaca.	Id.	Spring, id.	Idem.
21	Mer des Indes occid.	Juillet 1756.	*Franklin Lett.* 4o, 1774, p. 263.	Aucun mouvement de rotation ; la mer est creusée au dessous de la trombe ; calme parfait ; distance libre entre le sommet et la mer ; soudaines bourrasques ; aucune eau ne montait ni ne descendait.
22	Mer de Java.	Vers 1760.	Le Gentil l'Astronome, *Voy. dans la mer des Indes*, **2**, xiv.	Double trombe ; la première entre deux nuages, la seconde entre la première trombe et la mer. (Fig. 15.)
23	Côte de Malabar.	Id.	Id., p. xv.	Forme des sinuosités ; pas de mouvement giratoire.
24	Penzance.	28 juillet 1761.	Borlaze, *Ph. Tr.* 52, 507.	Eau de la mer qui a suivi le nuage orageux jusque sur le sable ; tonnerre.
25	Limay.	23 juin 1764.	Du Bourdieu, *M. Ac. P.* 1764, 32.	Tonnerre auparavant ; dépression sur la rivière ; ascension de l'eau ; grêle après la rupture de la trombe.
26	Détroit de la Reine-Charlotte.	17 mai 1773.	Forster, *Observat. sur différens sujets de physique.* Lond., 4o, 1778, p. 109.	Calme dans les régions voisines ; six trombes ; l'air est vivement agité sous chaque trombe dans un très-petit rayon ; l'extrémité inférieure d'une d'entre elles marchait plus vite que le nuage ; l'eau montait par un mouvement en spirale ; éclair au moment de la rupture entre les bouts séparés. Plusieurs trombes se formèrent après plusieurs jours de tempête, et le temps se calma.
	Cap Pallifer.	29 octobre 1773.	Id., p. 11.	

N.os	LIEUX.	ÉPOQUES.	AUTEURS DES RELATIONS.	PARTIES REMARQUABLES.
27	Nice.	12 avril 1780.	Michaud, *Journ. Phy. Roz.* tom. 30, 284, ann. 1787.	La trombe est inclinée du sud au nord, quoique sa marche et celle du vent soient de l'est à l'ouest ; aucun mouvement giratoire ; ascension de l'eau par élancemens ; panaches entre les deux portions séparées par un coup de vent, s'attirant et se réunissant aussitôt que le vent baisse ; pluie abondante aux extrémités des nuages ; neige en grenailles. (Fig. 18.)
28	Ile de Cuba.	12 juillet 1782.	Baussard, *Jour. Phy.* 1798, t. 46, (3) p. 346.	Sans nuages d'abord, il s'en forme ensuite ; eau ascendante ; giration : tonnerre après qu'on eut rompu la trombe à coups de canon.
29	Cap Vert.	7 septembre 1783.	Isert, *Voy. en Guinée*, p. 9.	Mouvement giratoire.
30	Mer Adriatique.	23 août 1785.	Spallanzani, *Mem. del Soc. d'Italia*, t. 4, p. 473.	Nuage tourbillonnant ; éclairs, tonnerre ; plusieurs trombes ; cavité dans la mer sous le cône ; calme.
31	En mer.	24 mai 1788.	Buchanan, *Edimb. Ph. j.* t. 5, 275.	Aucun mouvement giratoire ; vapeur ascendante.
32	Nice.	6 janvier 1789.	Michaud, *Mém. Ac. sc. Turin*, t. 9, p. 3 de l'annexe.	Les vapeurs élevées au dessus de la mer restent droites malgré un fort vent d'est ; projection d'eau et de lambeaux de nuage de l'enveloppe inférieure ; pas de mouvement giratoire ; grêle et neige.
33	Id.	6 janvier 1789.	Michaud, id.	Neige à peine gelée ; trombe très-contournée. (Fig. 20.)
34	Id.	19 mars 1789.	Idem.	Tonnerre, neige ; espace libre de vapeur au centre de l'agitation. (Fig. 2.)
35	En mer.	8 janvier 1789.	Buchanan, *Edimb. Ph. j.* 5, 275.	Deux nuages superposés ; trombe ayant trois origines ; cylindre bien défini. (Fig. 21.)

N°s	LIEUX.	ÉPOQUES.	AUTEURS DES RELATIONS.	PARTIES REMARQUABLES.
36	En mer.	12 avril 1789.	Buchanan, *Edimb. Ph. j.* 5, 275.	Mer agitée sous le cône éloigné; vent très-faible; le cône descendant est bien limité; pas de tonnerre.
27	Lac Léman,	1er novemb. 1793.	Wild, *Jour. Ph.* 44, p. 39.	Il neigeait de chaque côté de la trombe; le lac paraissait creusé au dessous du cône; la colonne était très-nette; pas de tonnerre.
38	Ile de Ténériffe.	22 novemb. 1796.	Baussard, *Journ. Ph.* 46, 348.	Pas de mouvement giratoire; l'eau s'élève avec régularité.
39	Mer de Finlande.	5 août 1799.	Wolke, *Ann. Gilbert,* 10, 482.	Calme complet; deux trombes, puis cinq autres; deux mouvemens en spirale; nuages parasites dansant; odeur de soufre et de nitre; mer creusée sous la colonne; eau et poissons enlevés par une autre trombe.
40	Mississipi.	1800.	Dunbar, *Rem. sur les vents,* etc.	La trombe fait un angle considérable avec l'horizon.
41	Mer Atlantique.	2 septembre 1804.	Dr Leymerie.	Trombe de jour et de nuit qui dura quatorze heures; colonne lumineuse dans toute son épaisseur; calme complet avant sa formation; ciel excessivement couvert; tempête affreuse pendant son existence; jolie brise d'occident ensuite.
42	En mer.	6 septembre 1814.	Napier, *Edimb. Ph. j.* 6, 95.	Mouvement en spirale; eau ascendante; marche en sens contraire du vent; séparée par un boulet de canon, les deux bouts flottèrent incertains un instant, puis ils se réunirent; l'eau qui tomba sur le bâtiment était douce.
43	Mer des Indes.	26 février 1817.	Johnson, *Voy. de l'Inde,* etc. 12.	Plusieurs trombes; calme; quelques bourrasques.

N^{os}	LIEUX.	ÉPOQUES.	AUTEURS DES RELATIONS.	PARTIES REMARQUABLES.
44?	Océan Atlantique.	Mai 1820.	Ogden, *Amer. Jour. sc.* 1836.	Sept trombes à la fois ; le bas d'une trombe s'écarte du vaisseau ; mouvement giratoire ; feu, tonnerre, eau douce.
45?	En mer.		Maxwell, *Edimb. Ph. j.* 5, 39.	Vapeur montante dans l'intérieur. (Fig. 1.)
46	Cap Blanc-Nez.	1er septemb. 1822.	*Ann. ch. et ph.* 21, 409.	Nuages superposés ; espace vide entre l'extrémité du cône et la mer ; pas de mouvement giratoire ; gerbe de sable ; forme régulière.
47	Roseneath.	18 septemb. 1822.	J. Smith, *Edimb. Ph. j.* t.7, p.334.	Calme tout autour ; violente rotation sous la trombe et dans les nues.
48	En mer.	19 mars 1823.	*Bibl. univ.* 24, 136.	Calme complet ; eau montante ; cavité de l'eau.
49	Côte de la Floride.	5 avril 1825.	Lincoln, *Amer. jour.* ann. 1828, t. 14, p. 171.	Cône bien terminé ; l'extrémité ne touche pas l'eau ; convexité du côté du vent ; mouvement ondulatoire dans l'intérieur de la colonne, où l'on voit une progression ascensionnelle ; pas de tonnerre pendant la durée ; lors de la rupture, les parties en regard étaient dentelées ; seconde trombe ; elle disparaît ; les nuages se sont grossis ; fort coup de tonnerre ; un calme complet succède.
50	Ile Clermont-Tonner.	Janvier 1826.	Becchey, *Voy. détroit Beering*, 1, 148.	La trombe était accompagnée d'éclairs et de tonnerre ; mouvement en spirale ; boule de feu tombant dans la mer ; triple trombe d'un même nuage ; elles se réunissent en une, puis se redivisent. (Fig. 14 et 15, pl. 1.)
51	Lac de Genève.	11 août 1826.	Mercanton, *Bibl. univ.* 36, p.142.	Pas de rotation ; ondulation.
52	Lac de Neuchâtel.	9 juin 1830.	*Bibl. univ.* 1830, t. 44, p. 248.	Pas de mouvement giratoire ; eau montante, nuage qui augmente, torrent de pluie après.

Nos	LIEUX.	ÉPOQUES.	AUTEURS DES RELATIONS.	PARTIES REMARQUABLES.
53	Canal de Bahama.	30 juillet 1832.	Page, *Écho monde sav.* 1, 176.	Vent faible ; trombe descendante ; pas de mouvement giratoire apparent ; dans une seconde trombe , du tonnerre, des éclairs.
54	Mer d'Ionie.	29 octobre et 1er novembre 1832.	Pianciani , *Institutions Physi. chim.* 3 , 554.	Le 29 octobre , quatre trombes à la fois ; eau ascendante. 1er novembre, temps couvert de gros nuages très bas ; nuages traversant les mâts , puis la trombe traverse la polacre et la fait tourner ; mouvement de haut en bas ; le bâtiment , tantôt soulevé , tantôt enfoncé , puis ce fut la proue qui fut soulevée et la poupe enfoncée ; très-grande secousse lorsque la trombe quitta le bâtiment.
55	Lac de Genève.	3 décembre 1832.	Wartmann , *Bibl. univ.* 54, 321.	Trombe sans nuages ; mouvement de giration.
56	Méditerranée.	Dans l'été de 1832 ou 1833.	De Tessan, *Descript. nautique des côtes de l'Algérie* , par M. A. Berard, p. 224.	Calme parfait ; temps lourd, nuages isolés, de petites dimensions, ayant la forme pyramidale ; un de ces nuages s'abaisse en trombe ; la mer s'agite au dessous ; autour elle reste calme ; pas de tourbillonnement ; plusieurs trombes.
57	Côtes d'Espagne.		Page , *Éch. m. sav.* 1, 176.	Ciel sans nuages ; sept trombes.
58	Près Douvres.	23 octobre 1836.	— *Éch. m. s.* 1836, n° 45.	Plusieurs trombes à la fois ; mouvement oscillatoire ; éclairs entre les nuages.
59	Fioul.	15 juin 1839.	M. Bravais.	Nuages surbaissés d'où descend un chevelu de vapeur jusqu'à la mer ; au dessous de ce chevelu, la mer est agitée ; pas de tourbillon.
60	Baie de Killinay.	Fin de juillet 1839.	Dickinson, *Athenæum* , 14 mars 1840.	Double trombe , dont une se transforma en trois filets d'eau.

Nᵒˢ		PARTIES REMARQUABLES.
61 à 66	Plusieurs trombes en divers lieux.	1ʳᵉ. Eau enlevée à 20 mètres. 2ᵉ Calme; mouvement longitudinal; pas de giration. 3ᵉ Plusieurs trombes à la fois, dont une forme un anneau; aucune n'indique de giration.

CHAPITRE XXII.

182. DES TROMBES DE TERRE.

Nᵒˢ	LIEUX.	ÉPOQUES.	AUTEURS DES RELATIONS.	PARTIES REMARQUABLES.
1	Italie.	22 ou 24 août 1456.	Machiavel, *Hist. Flor.* lib. 6. Ammirati, *Hist. Flor.* 23ᵉ liv.	Trombes de nuit; nues parasites montant et descendant, tantôt directement, tantôt tourbillonnant sur elles-mêmes; décharges électriques entre ces nuages; grande perturbation de l'air dans son voisinage; objets enlevés et transportés sans être renversés, etc. Effets bien évidens d'électricité statique.
2	Reims.	10 août 1680.	Richard, *Hist. nat. air*, 6, 505.	La trombe s'est formée lorsqu'il n'y avait que de petits nuages rares, élevés et transparens : elle apparaît comme une grande pyramide de feu au dessus de laquelle s'élève une colonne jusqu'à la nue. Il n'y eut aucune pluie.

N^{os}	LIEUX.	ÉPOQUES.	AUTEURS DES RELATIONS.	PARTIES REMARQUABLES.
3	Vérone.	29 juillet 1686.	Boschovich, *Dissertation sur la trombe de Rome.*	Trombe énorme variant avec les localités ; éclairs ; nuages tournant sur eux-mêmes et séparés par des raies de feu ; bruit rauque ; odeur de soufre ; explosion ; fruits et herbes desséchés ; hommes enlevés ; arbres et crénaux couchés vers un centre ; six trous dans un plancher ; salles dépavées.
4	En Brie.	15 août 1687.	Richard, *Hist. nat. air.* 6 , 528.	Orage ; la foudre tomba sur un taillis et fut suivie d'une colonne trombique ; forme unie, mais inégale ; mouvement vif de giration.
5	Hatfield.	15 août 1687.	De la Pryme, *Ph. tr.* 1702, p.1248.	Mouvement giratoire très-rapide ; eau montante.
6	Topsham.	7 août 1694.	Mayne, *Ph. tr.* vol. 19, 28.	Pommier transporté contre le vent ; eau rejaillissante ; mouvement giratoire ; forme en portion de cercle.
7	Hatfield.	21 juin 1702.	De la Pryme, *Ph. tr.* 1702, p.1331.	Pas de vent ; giration ; eau montante.
8	Emot-More.	3 juin 1748.	Richardson, *Phil. tr.* 30 , 1097.	Immense quantité d'eau tombée dans un lieu très-restreint ; les terres furent soulevées et placées de chaque côté du canal formé ; aucun signe igné.
9	Bocanbrey.	30 mai 1725.	Bocanbrey, *Mém. Ac. sc.* 1725, 5.	Trombe terminée inférieurement par un tourbillon de feu ; mouvement attractif et répulsif des vapeurs ; vent faible ; actions électriques incontestables ; rotation plus grande en bas ; elle forme un anneau.
10	Moklinta.	27 septemb. 1725.	Kalsenius, *Act. lit. suec.* 1725 , t. 2, 106.	Vapeur divisée en globes tournant sur eux-mêmes ; projection de charpente contre le vent ; eau d'un lac élevée comme un mur ;

Nᵒˢ	LIEUX.	ÉPOQUES.	AUTEURS DES RELATIONS.	PARTIES REMARQUABLES.
				odeur désagréable ; nuage qui s'abaisse vers un marais.
11	Capestan.	24 août 1727.	*Mém. Ac. sc. P.* 1727, 4.	Calme aux environs ; une seconde trombe se réunit à la première ; tonnerre avant, grêle après.
12	Montpellier.	2 novembre 1729.	Serres, *Mém. Ac. Montpellier*, t. 2, p. 24.	Colonne de feu au centre ; odeur de soufre ; tourbillon.
13	Ancône.	Automne 1733.	Boschovich, *Dis.* 2ᵉ p. § 50.	Trombe de nuit ; vaisseau enlevé et brisé ; lames de plomb transportées au loin.
14	Holkam.	Août 1741.	Lovell, *Ph. tr.* vol. 42, 183.	Calme, feu, ciel sans nuages ; signes d'écoulement électrique par une suite de décharges.
15	Huntingtonshire.	8 septembre 1741.	Fuller, *Ph. tr.* vol. 41, 851.	Rotation ; calme avant et après.
16	Mirabaux, près d'Aix.	17 juin, vers 1745.	Boschovich, *Diss.* 2ᵉ partie.	La trombe paraît en feu ; elle change de forme, elle se divise en trois colonnes, puis ces colonnes se réunissent en une, mouvement de va-et-vient ; marche lente ; effet d'électricité statique évident sur les arbres et sur un enfant qu'elle fait danser ; petit trou fait dans un gros mur.
17	Arezzo ou Quaranta.	20 mai 1748.	Idem.	Feu manifeste dans le cône et dans une partie des nuages ; terres attirées sur sa route ; deux hommes enlevés et transportés sans blessures.
18	Rome.	Nuit du 11 au 12 juin 1749.	Boschovich, *Dissert.* 1749.	Éclairs, tonnerre ; odeur de soufre ; flammes ; feuilles d'arbres roussies et flétries ; carrelage et plancher soulevés ; murs percés, d'autres renversés en sens contraire au vent ; lampe promenée sans l'éteindre, etc.

Nᵒˢ	LIEUX.	ÉPOQUES.	AUTEURS DES RELATIONS.	PARTIES REMARQUABLES.
19	Rutland.	15 septemb. 1749.	Barker, *Ph. tr.* t. 46, p. 248.	Calme avant ; double trombe ; éclairs ou dards de feu ; eau d'une rivière enlevée ; mouvement en tourbillon sous le cône ; la trombe s'avance plus rapidement que le vent ; calme après.
20	Mirabeau.	Juillet, vers 1756.	Richard, *Hist. nat. air.* 6, 525.	Tonnerre, grêle ; eau d'une rivière transportée à 300 pas ; hommes enlevés et déposés sans accident.
21	Malte.	29 octobre 1757.	Chabert, *Mém. Ac. P.* 1758, p. 19. Brydone, *Arch. Ile de Franc.* nº11.	La nuit ; action très-limitée ; dalles soulevés ; canons retournés ; tonnerre, odeur de soufre.
22	Près Rostock.	20 juillet 1758.	Wilcke, *Rem. sur les Lettres de Franklin.*	Calme complet ; trombe de poussière ; décharge électrique entre les nuages et le cône de poussière ; aussitôt tout disparaît.
23	Leicester.	10 juillet 1760.	Winthrop, *Ph. tr.* vol. 52, 9.	Orage transformé en trombe ; les nuages attirés l'un vers l'autre s'entrechoquent et tournent sur eux-mêmes ; arbres transportés en sens contraire du vent ; sillons ; intensité plus grande sur une mare ; pierres enchâssées enlevées.
24	Oxford.	21 septemb. 1760.	Swinton, *Ph. tr.,* 52, 99.	Trombe en demi-cercle ; pas de nuages attenant. (Fig. 23, pl. 3.)
25	Arcachon.	14 mars 1774.	Butet, *Jour. Ph. Roz.* 7, 334.	Feu, foudre, odeur de soufre, grêle ; herbes roussies ; nuages parasites montant en lignes droites ; pas de mouvement giratoire extérieur ; quelquefois un mouvement giratoire intérieur ; elle se divise en trois parties, etc. (Fig. 24, pl. 3.)

n°°	LIEUX.	ÉPOQUES.	AUTEURS DES RELATIONS.	PARTIES REMARQUABLES.
26	Eu.	16 juillet 1775.	Rozier, *Jour. Phys.* 7, 70.	Vent inférieur E.-S.-E. ; vent supérieur O.-N.-O. ; orage marchant du N. O. ou S.-O. ; des nuages s'en détachent et rétrogradent de l'E. à l'O., où ils s'accumulent près de la mer ; sillons ; effets d'électricité statique ; quelques tourbillons, etc.
27	Dijon.	20 juillet 1779.	Maret, *Mém. Ac. Dijon,* 1783, 152.	Explosion au moment de la formation ; la colonne se forme des vapeurs qui s'élèvent des prés voisins ; eau d'un étang aspirée en gouttes ; d'abord pas de rotation ; un choc contre un rocher lui en donne un ; la trombe marchait presque en sens inverse du vent.
28	Carcassone.	3 novembre 1780.	Lespinasse, *Jour. Ph. Ros.* 16, 355.	Extrémité inférieure ondoyante ; jets de sable ; pavé enlevé ; chambre décarrelée au centre sans déranger les porcelaines placées autour ; pas de giration, pas de pluie près de la trombe ; averse à l'autre bout des nuages.
29	Escale.	15 juin 1785.	*Mém. Ac. Toulouse,* 3, 114.	Calme d'abord ; grêle, foudre ; toutes les attractions et les répulsions électriques ; allée et venue en sens contraires.
30	Marliac.	13 juin 1787.	Arbas, *Mém. Ac. Toul.* 4, 77.	Calme, étincelles ; disque enflammé d'où sortent des serpentaux ; coup de tonnerre au moment de la séparation ; plantes desséchées et d'autres brûlées.
31	Merlerault.	Juin 1791.	Egasse.	Trombe bien limitée et transparente au milieu ; vapeurs ascendantes par un mouvement en spirale, intermittent ; vent tourbillonnant sous la trombe ; tonnerre après sa disparition.

Nos	LIEUX.	ÉPOQUES.	AUTEURS DES RELATIONS.	PARTIES REMARQUABLES.
32	Au Pérou.	Vers 1802.	De Humboldt, *Tabl. nature.* t. 1, 43 et 177.	Trombe de sable; calme parfait.
33	Viguzzolo.	30 juillet 1804.	Mme Leardi, *M. Ac. Turin*, 20, VIII.	Mouvement giratoire; eau d'un torrent enlevée tout entière.
34	Paris.	16 mai 1806.	Debrun, *Relation*, etc. 1806. Lamarck, *Annuair. météor.* 1807.	3 trombes; orage, tonnerre, puis trombe ayant un tube très-transparent : des témoins dirent lumineux; faible giration par moment; vapeur montant par ondulation; oscillation du tube; vapeurs enflammées; seconde trombe; pas de giration; orage voisin marchant en sens contraire des nuages de la trombe; calme parfait autour.
35	Flacq, île Maurice.	5 février 1815.	Mallac, *Arch. Ile de France*, n° 11.	Deux trombes; rotation, sillons; absorbe les eaux; le diamètre varie selon la conductibilité du terrain.
36	Kentish-Town.	27 juin 1817.	Tilloch, *Phil. Magaz.* v. 50, p. 146, année 1817.	Trombe mamelonnée; agitation, mouvemens en tous sens et entrelacemens de tous ces mamelons, mais non un mouvement giratoire d'ensemble; filament terminal.
37	Sant-Angelo.	14 août 1817.	*Journal. Comm.* 18 sept. 1817.	Ciel serein; absorbe les eaux; linge troué et brûlé.
38	Régneville.	16 juin 1822.	*Ann. ch. ph.* 1822, 407.	Ciel pur se voilant ensuite; le bruit diminue lorsque la trombe passe au dessus d'un ruisseau ou de la mer; eau enlevée à 20 pieds.
39	Assonval.	6 juillet 1822.	Demarquoy, *Ann. ch. ph.* 24, 433.	Globes de feu, explosion; giration lente; ricochets, murs de maison renversés en dehors.
40	Rouvier.	26 août 1823.	Defrance, *Bul. Fer.* t. 4, 1823.	Calme, orage; grêle avant; feuilles desséchées et roussies; objets et murs transportés contre le vent.

N°ˢ	LIEUX.	ÉPOQUES.	AUTEURS DES RELATIONS.	PARTIES REMARQUABLES.
41	Valeggia.	16 septemb. 1823.	Pagliaris, *Ann. Ch. Ph.* 24, 439.	Feu, fumée, eau absorbée et enlevée.
42	Messeling.	4 août 1824.	Noggerath, *Ann. Kartner*, 3, 52.	Giration; change de route; calme; le Rhin est creusé; eau soulevée; globe de feu au moment de la séparation; orage et grêle après.
43	Carcassonne.	26 août 1826.	*Courrier français*, 19 sept. 1826.	Orage avant; explosion au moment de la réunion; plafonds et murs percés; odeur de soufre.
44	Ruwer.	25 juin 1829.	Grossman, *Ann. Ch. Ph.* 42, 420.	Masse lumineuse marchant contre le nuage; flammes; eau projetée; homme attiré, puis repoussé; odeur de soufre; orage après.
45	Près le Gange.	1831-1834.	*Asiat. journ.* décembre 1835, *Bibli. univ.* 6, p. 155.	Trombe de sable; giration; ciel serein, calme autour.
46	Près Bronte.	1ᵉʳ octobre 1834.	Elie de Beaumont.	Giration; deux cônes joints par leurs sommets.
47	La Française.	27 juillet 1835.	*Éch. du mond. sav.* 1835, n° 73.	Orage remplacé par une trombe.
48	Mornay.	Septembre 1835.	Mauduyt, idem. n° 83.	Eau d'une rivière enlevée comme une colonne.
49	Caux.	13 septemb. 1835.	Idem.	Toute l'eau d'une mare enlevée ainsi que les poissons.
50	New-Brunswick.	Juin 1836.	Hare, *Jour. Am. sc. arts.* avril 1837, v. 32, p. 158.	Arbres renversés suivant la direction; murs de maison renversés en dehors; objets couverts de boue; tonnerre; feuilles flétries. Les objets enlevés n'étaient rejetés qu'à la hauteur du nuage; le toit d'une maison parut se soulever, puis s'écroula; lorsque le cône passa au dessus, tous les débris fu-

	LIEUX.	ÉPOQUES.	AUTEURS DES RELATIONS.	PARTIES REMARQUABLES.
51	La Providence.	Fin d'août 1838.	Dr Hare, *Trans. Am. soc. Philad.* vol. 6, nouv. sér. part. 2, p. 297.	rent lancés comme s'il y avait eu l'explosion d'une mine. La trombe étant au dessus d'une rivière et entourée de vapeurs et d'écume, il y eut deux éclairs ; à chacun d'eux l'agitation des eaux se calma, puis elle reprit ; le cône oscillait horizontalement et longitudinalement ; tout près du cercle d'air agité en tourbillon, le vent avait conservé sa direction et sa force primitive ; eau d'un étang enlevée.
52	Châtenay.	18 juin 1839.	Peltier.⅓	Orage avant ; calotte de feu au bas du cône, flamme ; pas de giration d'abord ; nuages parasites ; arbres clivés en balais ; les arbres extérieurs du parc renversés vers le centre ; feuilles et épis roussis du côté de la trombe ; poissons tués.
53	Petit-Montrouge.	1ᵉʳ septemb. 1839.	Peltier.	La nuit ; orage avant ; sillons ; mur couché sans rupture ; fondations fouillées.
54	Entre les nuages.	31 juillet 1808.	Lamarck, *Annuair. météor.* 1809.	Une trombe entre deux nuages.
55 à 71	En plusieurs lieux 15 trombes d'époques différentes.			Quatre furent accompagnées de décharges ignées, trois de grêle, une d'odeur de soufre, une concha les objets contre le vent, trois pendant le calme et deux de nuit ; une projeta des vapeurs ; un éclair fut suivi d'un cône trombique.

CHAPITRE XXIII.

183. MÉTÉORES QUI ONT PRODUIT DES EFFETS ANALOGUES A CEUX DES TROMBES.

1° *Puissante tension électrique de l'atmosphère et des nuages.*

N°ˢ	LIEUX.	ÉPOQUES.	AUTEURS DES RELATIONS.	PARTIES REMARQUABLES.
1	Skara.	22 septemb. 1773.	Toalda, *Essai météorol.* p. 274.	La pluie en tombant jetait du feu.
2	La Canche.	3 mai 1768.	Pasumot, *Jour. Ph. R.* 3, 256.	L'eau découlant de son chapeau était lumineuse.
3	Méditerranée.	10 juin 1830.	Le col. Macerone, *Élém. Géog.* de M. Lecoq, p. 468.	Décharges électriques entre l'air et la mer d'abord, puis entre les nuages et la mer.
4	Lessay.	3 juin 1731.	Dom Halley, *Mém. Acad. sc.* 1731, p. 19.	Pluie de feu.
5	Daino.		P. Cotte, *Traité de Météor.* 71.	Flamme au bout d'une pique.
6	Freyberg.	25 janvier 1822.	Lampadius, *Ann. Gilb.* 1822, c. ii.	Phosphorescence électrique des arbres.
7	Lead-Hills.	20 février 1817.	Braid, *Bib. univ.* 1823, v. 22, p. 24.	Oreilles d'un cheval lumineuses, etc.
8		17 janvier 1817.	*Mém. of Amer. Acad. Bibl. univ.* 1823, v. 22, p. 25.	Très-forte tension électrique.

2° *Des pluies, du tonnerre et des éclairs sans nuages visibles.*

N°ˢ	LIEUX.	ÉPOQUES.	AUTEURS DES RELATIONS.	PARTIES REMARQUABLES.
9	Genève.	6 janvier 1791.	A. Pictet, *Jour. Genève*, 1791, n° 3.	Pluie sans nuages.
10	Id.		Wartmann, *Echo M. sav.* 1837, n°ˢ 278 et 95.	Ibid.

	LIEUX.	ÉPOQUES.	AUTEURS DES RELATIONS.	PARTIES REMARQUABLES.
	Amérique.	5 septembre.	De Humboldt, *Voyag. aux Ré-gions*, etc. t. 1, 514.	Pluie sans nuages.
42	Genève.	12 février 1836.	Wartmann, *Bibl. univ. Genève*, 1836, 1. 348.	Iris sans nuages.
	Pontchartrain.	13 juillet 1788.	Volney, *Tableau du cl. des Etats-Unis*, etc. ch. 9, § 3.	Tonnerre sans nuages.
43	Marseille.	8 janvier 1777.	Raymont, *Jour. Phy. Roz.* 1777, 9, 222.	Foudre sans nuages.
	Saarbruck.	1er mai 1826.	Chladni, *Bul. Férussac*, 1827, *Sc. Phy. Mat.* 8, 143.	Foudre sans nuages.
	Wurtemberg.	26 août 1823.	Schubler, Id. 1824, t. 2, p. 303.	Eclairs sans nuages.

3° *Phénomènes lumineux provenant des nuages opaques.*

	LIEUX.	ÉPOQUES.	AUTEURS DES RELATIONS.	PARTIES REMARQUABLES.
44	Angleterre.	6 mars 1716.	Geekie, *Ph. Tr.* 1716, n° 348, p. 430.	Rayons lumineux sortant d'un nuage.
45	Toulouse.	29 juillet 1790.	Lapeyrouse, *Mém Ac. Toulouse*, 4, 189.	Feu se perdant dans les nuages.
46	Lough-Scavig.	30 juillet 1797.	Nicholson, *Annuair.* 1838, p. 281. Sabine, idem. p. 385.	Parties basses des nuages teintes en rouge. Nuages lumineux.
47	Turin.		Beccaria, *Dell' Elettric. terr. atmosferico.*	Nuages lumineux.

4° *Phénomènes lumineux provenant des nuages transparens.*

	LIEUX.	ÉPOQUES.	AUTEURS DES RELATIONS.	PARTIES REMARQUABLES.
		11 juin 1762.	Le Gentil, *Voy. aux Indes*, etc. 2, 659 et suiv.	Globe de feu chevelu; il s'éteint sans ex-plosion.
	Port de la Terrasse.	15 janvier 1747.	Marcorelle, *Mém. Ac. P. sav. étr.* 4, 112.	Gerbe de feu sur la Garonne; elle s'éteint sans explosion.

Nos	LIEUX.	ÉPOQUES.	AUTEURS DES RELATIONS.	PARTIES REMARQUABLES.
18	Rouen.	18 février 1757.	Barbier, *Hist. Ac. Paris*, 1757, p. 24.	Globe de feu suivi d'une queue serpentante ; il s'éteint par une explosion.
	Breslaw.	9 février 1750.	*Hist. Ac. Paris*, 1751, p. 37.	Globe de feu qui se termine par une triple explosion.
		3 mars 1756.	L'abbé Pugnaire, id. 1756, 23.	Globe de feu qui éclata en petits globules de feu.
19	Mittelheim.	23 janvier 1686.	Moeren, *Eph. nat. cur.* 1686, p. 215.	Grandes flammes qui s'élèvent de terre, etc.
20	Béziers.	13 août 1781.	Rozier, *Journ. Ph.* 18, 276.	Zônes lumineuses.
21			Ferris, id. 22, 197.	Flammes qui s'élèvent de terre, etc.
22	Captieux.	13 juin 1759.	*Hist. Ac. sc. Par.* 1759, 34.	Colonne de feu, odeur de soufre, incendie.
23	Vallée de Suze.	8 février 1836.	Mérabreäz, *Bibl. univ. G.* 1836, 4, 145.	Globe nébuleux, explosion, vapeurs.
24	Vauxhall.	11 décembre 1741.	*Phil. Tr.* 42, p. 59.	Globe de feu ayant une queue qu'il abandonne.

5° *Agitation de la mer ou des objets terrestres.*

Nos	LIEUX.	ÉPOQUES.	AUTEURS DES RELATIONS.	PARTIES REMARQUABLES.
25	En mer.	19 avril 1827.	Scoresby, *Mém. Ac. sc. P. sav. étr.* 4, 697.	Orage dont plusieurs parties se transforment en trombes.
26	Mer de Chine.	1686.	Thomas, *Mém. Ac. sc. P.* 7, 695.	Mer agitée précédant les typhons.
27	La Hougue.	27 septemb. 1839.	*Journal de Honfleur.*	Raz de marée ou marche insolite des eaux.
28	Louisianne.	Mars 1722.	Le Page du Pratz, *Hist. Louis.* t. 1.	Effets de trombe.

6° *Abaissement des nuages.*

Nos	LIEUX.	ÉPOQUES.	AUTEURS DES RELATIONS.	PARTIES REMARQUABLES.
29	Le Quesnoy.	4 janvier 1717.	Geoffroy le cadet, *Hist. Ac. sc. Paris*, 1717, p. 8.	Nuages abaissés d'où sort un globe de feu.

Nᵒˢ	LIEUX.	ÉPOQUES.	AUTEURS DES RELATIONS.	PARTIES REMARQUABLES.
30	Toul.	11 juillet 1753.	De Tressan, *Hist. Ac. P.* 1753, 74.	Nue alongée sur la ville.
31	Près de Clermont.	2 août 1835.	Lecoc, *Compte rend.* 28 mars 1836.	Nue en protubérance.

7° *Vapeurs produites en abondance par les orages.*

Nᵒˢ	LIEUX.	ÉPOQUES.	AUTEURS DES RELATIONS.	PARTIES REMARQUABLES.
32	Château de Goury.	17 juin 1839.	Hubert.	Vapeur considérable au moment de la chute de la foudre.
33	Zirknitz.	1687.	Valvasor, *Ph. Tr.* 16, 411.	Vapeur au moment de l'orage.
34	Stralsund.	29 juin 1670.	*Ph. Tr.* t. 5, p. 2084, nᵒ 65.	Idem.

8° *Poissons tués par la foudre.*

Nᵒˢ	LIEUX.	ÉPOQUES.	AUTEURS DES RELATIONS.	PARTIES REMARQUABLES.
35	Châtillon.	4 ou 5 sept. 1767.	Richard, *Hist. nat. de l'air*, 8, 285.	Flamme au dessus de l'étang; poissons tués.

9° *Arbres clivés en lattes ou lacérés en partie.*

Nᵒˢ	LIEUX.	ÉPOQUES.	AUTEURS DES RELATIONS.	PARTIES REMARQUABLES.
36	Marsillargues.	28 juin 1778.	Mourgues, *Mém. Montp.* cah. 1779, 49.	Arbres divisés en lanières.
37	Forêt de Carnelle.	13 juin 1837.	Hardy.	Idem.
38	Paris.	Mai 1806.	Beyer, *Utilité des paratonnerres*, 45.	Planches fendues, etc.
39	Nevers.		De Louville, *Mém. Ac. sc. P.* 1714, 7.	Écorce enlevée.
40	Whinfield.	6 novembre 1731.	J. Clark, *Ph. Tr.* 41, 235.	Lanière enlevée.
41	Abbaye du Val.	27 juin 1756.	*Mém. Ac. sc. P.* 1756, p. 27.	Écorce enlevée et arbre fendu en lattes.

10° *Corps enlevés et transportés au loin.*

N°°	LIEUX.	ÉPOQUES.	AUTEURS DES RELATIONS.	PARTIES REMARQUABLES.
42	Swinton.	6 août 1809.	*Mém. de Manchester*, t. 2, 2e sér·	Mur et fondations enlevés.
43	Près de Nemours.	22 juin 1723.	De Mairan, *Hist. Ac. Par.* 1724. p. 15.	Arbre divisé par la foudre et les parties portées au loin.
44	Bréâg.	1762.	Ustick, *Ph. Tr.* 52, 507.	Tourelle démolie par la foudre et les pierres jetées au loin.
45	A Funzie.		Lyell, *Principles of Geol.* 1, 385.	Rocher brisé et transporté par la foudre.
46	Boisemont.	8 juillet 1839.	Hubert, *Compte rendu*, 20 janv. 1840.	Homme frappé par la foudre et porté à 23 mètres.
47	Près de Dijon.	Mai 1755.	Richard, *Hist. nat. air.* 8, 261.	Même effet.
48	Châteauneuf.	11 juillet 1819.	*Ann. ch. Phy.* 12, 354.	Hommes et femmes transportés hors d'une église.
49	Genève.	3 août 1763.	De Saussure, *Mém. Ac. sc. P.* 67, 18, ann. 1763.	Eau soulevée.

11° *Odeur d'acide sulfureux ou nitreux.*

N°°	LIEUX.	ÉPOQUES.	AUTEURS DES RELATIONS.	PARTIES REMARQUABLES.
50	Narbonne.	4 août 1780.	Beyer, *Utilité des parat.* 21.	Odeur de soufre.
51	Antoni.	11 février 1809.	Beyer, *Jour. Phy.* 69, 452.	Id., cheminée projetée, bordure de glace enlevée.

12° *Orage accompagné de trombes.*

N°°	LIEUX.	ÉPOQUES.	AUTEURS DES RELATIONS.	PARTIES REMARQUABLES.
52	Catskill.	26 juillet 1819.	Dwight, *Am. Jour. of sc.* v. 4, p. 124.	Mélange d'orage et de trombes.

CHAPITRE XXIV.

184. AUTEURS QUI ONT INDIQUÉ LA CAUSE DES TROMBES.

Les vents étant renfermés dans une nue, l'entraînent en s'échappant et forment la trombe.

> La plupart des auteurs de l'antiquité. (Voyez 1re partie, chap. 3, 4 et 5.)
> Le P. Tachard, *Voyage à Siam, etc.* in-4°, 1686, p. 49.
> L'abbé Richard, *Hist. nat. de l'air et des météores*, 6, 421.
> Hartsoeker, *Cours de Physique*, liv. 6, chap. 1.
> Du Hamel, *Philosophie ancienne et nouvelle*, art. *Météores.*
> M. Page, *Écho du Monde savant*, t. 1, p. 176. (Voy. 249.)

Les trombes sont formées par des éructations souterraines.

> Lemery, *Cours de Chimie.* (§ 199.)
> Buffon, *Histoire naturelle*, 1re partie.

Les trombes proviennent d'un tourbillon de vent ; à cet énoncé général, chacun des auteurs explique différemment la cause du vent, sa marche et son effet sur les nuées. L'un veut que les vents viennent de promptes condensations ; un autre de promptes dilatations ; d'autres veulent que les tourbillons soient enfantés par la rencontre des vents contraires... Tous supposent des choses im-

> Stuart, *Philos. trans.*, vol. 23, 1077. (§ 195.)
> Andoque, *Mém. Ac. Paris*, 1727, 5.
> Guettard, *Mém. Soc. roy. Montpellier*, 2, 21.
> Schaw, *Voyage en Barbarie, etc.*, 2, 55. (§ 199.)
> Boschovich, *Dissertation, etc. Sopra il Turbine.* Rome, 1749. (§ 276.)
> Franklin, *Letters on Phil. subjets*, 20e lettre.
> Mussenbroek, *Cours de Physique*, chap. 42, 2381-2386.
> Forster, *Observations faites pendant un voyage, etc.*, p. 109.
> Rozier, *Observations sur la Physique*, 7, 70.
> Falconer, *An univ. Dict. of the marine.* Londres, 1780.
> Perkins, *Trans. Amér. Ph. soc.* 1786, 2, 335.
> Spallanzani, *Mem. del Soc. Itali.* 4, 473. (Voy, § 222.)
> Oliver, *Trans. of the Am. Ph. soc.*, 1786, 2, 101.

possibles ; les premiers en admettant des causes permanentes de condensation ou de dilation aux mêmes points de l'espace ; les derniers en supposant que la force tangentielle du tourbillon dilatera plus l'air intérieur que la force de pression extérieure originelle ne la comprimera, etc. (Voy. ch. 2.)	Lamarck, *Annuaire météorologique de 1807.* Monge, *Ann. Chimie*, t. 5. Volney, *Tableau du climat*, etc. *des États-Unis*, **204.** Napier, *Ed. Ph. jour.*, **6**, **95.** Defrance, *Dict. sc. nat.*, art. *Trombes.* Tilloch, *Phil. Mag.*, **50**, **146.** (§ 294.) De Maistre, *Bibl. univ.*, 1832, 51, (3), 226. Pianciani, *Istituzioni fis. chim.*, 3, ch. 18, § 132. Il y joint l'électricité. Ogden, *American Jour. of sc.* Janvier 1836. (239.) OErsted, *Bibli. univ.*, n° 45, p. 145. (1839.)
Auteurs qui ont fait intervenir l'électricité sans spécialiser les faits qui lui appartiennent.	Beccaria, *De l'Électricité artificielle et naturelle.* Turin, 1753, in-4°, chap. 7. Wilcke, *Remarques sur les Lettres de Franklin*, p. 348. Brisson, *Mém. Ac. sc. Paris*, 1767, p. 11. Lacépède, *Essai sur l'Electricité*, t. 2, p. 332. Michaud, *Jour. Phy. Roz.*, 30, 284. *Mém. Ac. Turin*, 9, 3. (227.) Young, *Leçons de Physique*, leçon 57, 1, 716. Humboldt, *Tableaux de la nature*, 1, 43 et 177. Beechey, *Voyage au détroit de Beering*, 1, 148. (§ 159.) Horner, *Ann. Gilbert*, t. 73, 95. Delalande, *Hist. astron. pour* 1805. *Mag. encycl.* Mars 1806. Gavin Inglis, *Phil. Magaz.*, 52, pag. 216, année 1818. (§ 375.) Hare, *Ameri. jour. sill.* Avril 1837. (§ 308.) Le Predour. *Introd. aux institutions nautiques d'Horsburg*, 18. De Tessan, *Descript. nautiq. des côtes de l'Algérie par M. Berard*, p. 224. (§ 252.)
Les trombes ne sont qu'une forte averse.	Eeles, *Phil. Trans.*, ann. 1755, vol. 49, 147.

CHAPITRE XXV.

RÉSUMÉ DES TABLEAUX PRÉCÉDENS.

185. On voit dans les tableaux précédens 137 relations de trombes, dans lesquelles on remarque :

37 trombes ayant eu un mouvement giratoire, continu chez les unes, intermittent chez les autres, ou pendant un court espace de temps chez quelques unes ; souvent il n'y avait qu'une portion des vapeurs qui avait ce mouvement giratoire.

25 trombes sont notées comme n'ayant pas eu de mouvement giratoire, ou cette conclusion découle directement des détails.

Les relations des autres trombes n'indiquant pas s'il y avait ou non de giration, la présomption est en faveur de la négative, parce qu'une relation est l'indication de *ce qui est*, et non de *ce qui n'est pas*.

33 trombes sont indiquées comme ayant existé au milieu d'un calme plus ou moins complet : on pourrait joindre à ce nombre toutes celles qui ont eu lieu pendant un vent léger ou un vent régulier ne soufflant que d'un seul côté.

46 ont été accompagnées de tonnerre, d'éclairs ou de signes électriques de cette nature.

13 ont transporté des objets contre le vent et contre leur propre marche ; plusieurs marchaient elles-mêmes contre le vent.

10 ont eu lieu sous un ciel sans nuages.

19 présentaient des vapeurs ascendantes dans l'intérieur, 7 les présentaient descendantes.

15 relations concernent plusieurs trombes à la fois.

7 trombes ont été multiples ; quelques unes se sont divisées et réunies successivement.

9 ont été accompagnées d'odeur de soufre brûlé ou de nitre.

15 ont enlevé de l'eau liquide.

8 relations indiquent que la mer était creusée au dessous du cône.

3 trombes marines, dont on voyait les vapeurs ascendantes, ayant été traversées par des navires, ont versé de l'eau douce.

6 trombes eurent lieu la nuit.

3 trombes furent formées entre les nuages.

Les unes avaient des formes bien limitées, d'autres étaient inégales ; toutes eurent des particularités au milieu desquelles on remarque le décarrelage des chambres et l'enlèvement des clous, etc., etc. Leur formation a été accompagnée de l'agitation de la mer et des vapeurs nombreuses qui s'en élevaient ou de l'enlèvement des corps libres sur la terre. Le bruit a varié avec le conducteur inférieur ; il a été plus fort, plus saccadé sur la terre lorsque les poussières ou les corps légers le terminaient ; il a été moins fort et plus sifflant sur la mer ou sur les eaux. Tous ces effets se rattachent aux phénomènes d'électricité statique ou dynamique, ou aux phénomènes secondaires qui en ressortent.

186. Dans le chapitre 23, on retrouve les mêmes phénomènes produits par des météores qui portent d'autres noms ; ainsi on voit la mer bouillonnante avant le premier souffle du typhon, l'eau soulevée, les ravages limités, les manifestations ignées, les poissons tués, les objets transportés et les autres effets que présentent les trombes.

187. Enfin sur 45 auteurs qui ont traité de la cause de ce météore, les uns l'ont attribué aux vents renfermés dans la nue, les autres aux feux souterrains ; 24 l'ont at-

tribué aux tourbillons du vent, mais chacun d'eux diffé-
rant d'avis sur le mode d'action ; 13 l'ont attribué à l'électricité sans spécifier les faits qui lui appartenaient ; enfin
un auteur n'a vu qu'une forte averse dans ce météore.

CHAPITRE XXVI.

THÉORIE DES TROMBES.

188. De cet ensemble d'observations et de faits donnés
par l'expérience, nous pouvons maintenant déduire l'en-
chaînement des causes et des effets qui concourent aux
phénomènes complexes des *Trombes.*

1° Tous les phénomènes constans, qui concourent à la
formation des *Trombes*, sont des résultats directs de l'*É-
lectricité.* Ces résultats directs, immédiats, sans lesquels
le météore n'existerait pas, produisent eux-mêmes des
phénomènes secondaires qui accompagnent presque toujours les phénomènes primitifs. Ces phénomènes secondaires varient suivant le lieu où se forme le météore, suivant l'espace et l'état préalable de l'atmosphère.

2° Les phénomènes constans des trombes sont, ou des
effets ressortant de l'*Électricité statique*, ou des effets
ressortant de l'*Électricité dynamique ;* le plus souvent des
uns et des autres à la fois.

3° Les effets statiques de l'électricité sont manifestés par
l'attraction des corps chargés d'une électricité différente,
développée directement ou par influence ; ou bien par la
répulsion des corps possédant une électricité semblable.

4° L'attraction d'un nuage électrique est manifestée par
la précipitation de l'air vers ce nuage, ce qui produit des
courans marchant de l'extérieur à l'intérieur, et partant de

tous les points de la circonférence ambiante ; elle se manifeste par la précipitation vers lui de la vapeur d'eau, de l'eau liquide, des corps légers ou pesans, libres ou attachés, qu'elle enlève ou arrache, selon la puissance de sa tension.

5° Au dessus des mers, on suit la marche de cette puissance attractive du nuage par le bouillonnement des eaux, par les masses de vapeur qui s'en élèvent et suivent le nuage au milieu du calme des eaux. Sur la terre, la marche de l'attraction d'un nuage trombique se montre par le soulèvement et l'entraînement de tous les corps légers, des terres meubles et même des corps pesans et solidement attachés. Il en résulte une perturbation locale, très limitée, au milieu du repos des campagnes environnantes. L'attraction d'un nuage se manifeste encore par une accélération prodigieuse de l'évaporation des eaux, par l'abaissement de la température qui en résulte secondairement, par l'influence des pointes, etc., etc. On retrouve les analogues de ces faits dans nos expériences des chapitres 8, 9, 10, 11 et 12.

6° La répulsion est manifestée par les courans d'air qui proviennent du nuage électrique et qui ne se font sentir que dans son voisinage. Au-delà d'un rayon très-limité, le calme plat y règne souvent. Ces doubles courans, allant vers le corps ou en revenant, reçoivent de nombreuses modifications des localités, soit à cause des accidens de terrain, soit à cause des diverses sortes de roches plus ou moins conductrices, soit enfin par l'humidité ou la sécheresse des couches de terre.

7° La répulsion se manifeste encore par le cône rentrant de la mer, au centre même des vapeurs qui forment le bosquet et que nous avons reproduit au chapitre 11 ; par la déviation dans la marche de certains groupes de nuages qui se rencontrent, ou par celle du sommet inférieur des trombes , passant près des corps chargés de la même électricité (§ 239), et enfin par le jeu des nuages parasites le long des trombes. (§§ 178 , 283.)

8° L'isolement des nuages électriques , et conséquemment la tension qu'ils peuvent acquérir, est en raison du carré de leur éloignement du sol , en raison de la diminution de la pression et en raison de l'abaissement de la température. La première cause permet aux nuages de prendre une tension dont nous ne pouvons avoir qu'une idée imparfaite ; les deux autres viennent favoriser cette grande tension par une moindre quantité de molécules d'eau dans un espace donné. (Chap. 13.)

9° La tension électrique des nuages , développaut par influence de l'électricité contraire sur le sol en regard , provoque une attraction entre eux ; les nuages , obéissant à cette force , s'approchent de la terre d'une quantité dépendante de la force attractive qui les abaisse, et de leur légèreté spécifique qui les relève. Tout nuage électrique est conséquemment maintenu à une hauteur moindre que ne le comporte sa légèreté spécifique.

10° Lorsque la tension des nuages est très-grande , lorsqu'elle est la somme de celles des particules isolées et non le produit d'une quantité libre à la surface, l'attraction puissante qui en résulte abaisse ces nuages vers la terre et les met en communication par la portion de nue la plus avancée. Cette portion de nue prolongée jusqu'au sol , sert alors de conducteur et offre une voie à l'écoulement de l'électricité des nuages. C'est cette portion de nue descendante que l'on nomme *Trombe*.

11° Lorsque l'attraction éloignée du nuage et du sol ne suffit pas pour vaincre la légèreté spécifique du nuage , une cause secondaire peut y suppléer et compléter le phénomène. Il suffit qu'à ce moment il se présente dans la région supérieure un autre groupe de nuages chargé de la même électricité que celle du groupe inférieur ; leur répulsion réciproque ajoute ce qui manquait au nuage inférieur pour vaincre la plus grande pesanteur de l'air ; il descend alors et forme, comme dans le cas précédent, une *Trombe* ou conducteur intermittent d'électricité.

12° La forme des trombes varie comme les causes qui concourent à les produire. Si la trombe n'est que le nuage même descendant vers la terre, sans modifications, elle aura les mêmes élémens que lui ; elle sera comme celle de Chatenay un amas de petits groupes de nuages, tenant par une large base à la nue supérieure et se terminant en pointe vers le sol. Ses bords seront déchiquetés et mobiles, et rien ne les distingue d'un nuage ordinaire, que leur position entre le groupe supérieur et le sol.

13° Mais si l'atmosphère électrique qui environne le cône s'accroît, la répulsion du dehors en dedans augmentera en proportion, et conséquemment les particules vésiculaires seront plus condensées (1), les lambeaux de vapeurs dis-

---

(1) Depuis l'impression du 13ᵉ chapitre, j'ai fait une expérience qui démontre complétement l'influence de l'électricité extérieure d'un nuage sur celle des vésicules intérieures et la condensation qui en résulte.

Je suspends et j'isole un entonnoir en verre dont le tube d'écoulement est assez fin. Une tige de cuivre met en communication le liquide contenu dans l'entonnoir avec le conducteur d'une machine électrique. On peut ainsi laisser l'eau s'écouler naturellement ou la faire écouler sous l'influence de l'électricité. Dans ce dernier cas, elle tombe en pluie plus ou moins fine, suivant la charge électrique qu'on lui donne. Si l'on place alors un tube en cuivre, haut de 5 à 10 centimètres et d'un diamètre à peu près égal, un peu au dessous du tube d'écoulement, et si on le charge de la même électricité que celle de l'eau, cette dernière ne se divise plus, elle reste en un seul filet ; si l'eau tombante était projetée en gouttes, elle les rapproche et les réunit également en filets. Enfin si on reçoit le liquide dans une sphère de verre recouverte d'étain, dans la paroi de laquelle on a ménagé deux

paraîtront, et le cône deviendra plus net et sa forme mieux limitée. Si la tension extérieure devient plus puissante encore, la condensation pourra s'accroître jusqu'à former un tube d'eau transparent dans la partie inférieure, au milieu duquel on voit monter quelquefois des vapeurs.

14° Ces cônes plus ou moins condensés, rayonnant une quantité prodigieuse d'électricité, ont bientôt saturé l'air interposé entre eux et la terre, ainsi que le sol en regard; repoussés par ces parties surchargées de la même électricité, ils fuient vers celles qui leur présentent une électricité différente ou ayant une moindre tension : quelquefois encore, ces cônes bien définis se divisent en diverses branches, se réunissent ensuite pour se rediviser encore, selon la conductibilité des lieux voisins, ou la force des répulsions intérieures.

15° Tous les corps placés à la surface de la terre sous le nuage trombique, servent de conducteurs en raison de leur propre conductibilité de leur forme, de leur étendue et de leur proximité du sol. Les corps chargés de l'électricité contraire sont attirés et soulevés vers la trombe, si leur poids ne s'y oppose pas : pendant la progression leur électricité s'étant neutralisée en partie, la pesanteur l'emporte, ils retombent sur la terre où ils reprennent leur première tension électrique ; ils remontent de nouveau vers la nue et ainsi de suite formant au dessous du cône un amas nuageux.

16° Si les corps sont attachés à la terre, comme sont les arbres, par de nombreuses communications, ils se chargent

---

petites fenêtres, on voit l'eau s'éparpiller en pluie tant que la sphère est maintenue à l'état naturel; mais si on l'isole et si l'on charge peu à peu cette sphère de la même électricité, on voit la pluie se rapprocher et ne former bientôt qu'un filet bien limité. Je reviendrai sur ce sujet lorsque je traiterai de la formation des nues.

instantanément d'une immense quantité d'électricité : la terre elle-même, celle qui en recouvre le pied, partageant cette tension électrique, a perdu sa résistance inerte ; elle se trouve plus légère et moins cohérente ; les arbres sont arrachés et transportés au loin. C'est ainsi qu'on voit des corps, n'offrant aucune prise au vent, être cependant soulevés ; on a vu les carreaux d'un plancher, ou les dalles d'une église ou d'une plate-forme, être lancés en l'air tandis que les corps voisins beaucoup plus légers n'ont éprouvé aucun dommage : c'est que dans les localités où la conductibilité est bonne, la tension s'y développe instantanément au maximun de puissance et soulève les corps qui font l'extrémité de ce conducteur. C'est aussi, en raison de ces circonstances, qu'on voit un choix dans l'arrachement ou le déplacement des objets ; comme sont les trous faits dans des murs. C'est aussi cette attraction et cette répulsion électrique qui transportent les corps et renversent les murs contre la marche du météore.

17° Les nuages étant formés de corpuscules distincts, l'écoulement électrique ne s'y fait pas silencieusement comme dans les conducteurs métalliques. Toutes les fois donc qu'une décharge extérieure rompt l'égalité des réactions, l'équilibration nouvelle qui a eu lieu se fait au moyen d'une multitude de décharges particulières qui produisent des bruits fort divers, selon qu'elles ont lieu entre les vésicules aqueuses ou entre des petits groupes de vapeurs (1).

18° Si l'isolement des particules de vapeur est faible, si chacune d'elles ne peut conserver qu'une faible tension, c'est à la périphérie que la plus grande partie de l'électricité libre est coërcée ; aussitôt que le nuage s'est abaissé

____

(1) Nous reviendrons sur cet effet lorsque nous traiterons des orages et de la persistance du tonnerre.

de quelque peu, des décharges en masse ont lieu; c'est la foudre qui tombe, c'est le tonnerre qui se fait entendre : la tension diminue, et le nuage se relève.

19° Il résulte de ce qui précède, que le tonnerre cesse de se faire entendre, dans ces groupes de nuages, aussitôt qu'une conductibilité suffisante est établie entre le sol et eux, et qu'il ne recommence que lorsque le conducteur a été rompu par une cause quelconque ou rendu insuffisant. Conséquemment, une *Trombe* est un orage armé d'un conducteur imparfait, qui produit des effets de courans et des effets de tension, comme on les reproduit en fermant une forte pile par un mauvais conducteur. Le tonnerre accompagnant les trombes ne se rencontre que dans celles terminées par un conducteur trop imparfait, soit que la légèreté spécifique du nuage laisse un vide entre le sommet inférieur et l'eau de la mer; soit que ce conducteur inférieur ne soit formé que d'objets secs et mauvais conducteurs, comme cela se rencontre souvent sur la terre.

20° Le groupement en nuages des vapeurs transparentes peut reproduire dans des circonstances favorables les phénomènes de pluie, d'orage, de trombes que présentent le plus ordinairement les nuages opaques. Les nuages invisibles contiennent toute la vapeur, toute l'électricité qu'on retrouve lorsqu'une circonstance extérieure les transforme en vapeurs visibles. Les exemples que nous avons cités chapitres 14 et 15 suffisent pour prouver l'existence de cet état particulier des vapeurs et la réproduction des phénomènes météorologiques des vapeurs visibles.

21° Le bruit qui accompagne les trombes variera avec la conductibilité des substances; il sera plus fort, plus explosif, lorsque l'extrémité des trombes traversera les campagnes arides, à cause des poussières, des terres meubles qui termineront inférieurement le conducteur; il perdra de son intensité au dessus des eaux et principalement en passant sur la mer, en raison de la meilleure conductibilité des particules aqueuses et de leur égale distribution.

22° La marche de l'air dans son attraction et dans sa répulsion, serait toujours en ligne droite, si des causes secondaires ne venaient troubler sa progression régulière. Mais la rencontre des courans contraires et d'inégale force, l'inégale résistance des zones voisines, celle des corps placés dans le voisinage ou de leur influence à distance, permet rarement que l'effet simple et direct se maintienne long-temps ; de même que l'eau s'écoulant d'un entonnoir, sollicitée en ligne droite par la dépression du centre, finit par prendre un mouvement de giration à cause des inégales résistances que chacun des courans partiels éprouve dans sa progression ; de même le mouvement direct imprimé à l'air et dévié de sa route par toutes les causes secondaires, se résout en un mouvement giratoire plus ou moins prononcé. Le même météore peut offrir, à divers instans, des exemples d'un mouvement direct, puis d'un mouvement plus ou moins altéré jusqu'à cette résultante giratoire qui a le plus frappé les observateurs. Le mouvement giratoire n'a pas toujours son axe vertical ; la plupart des nuages parasites tournent sur un axe horizontal.

23° Le mouvement giratoire n'est pas seulement produit par la déviation du mouvement direct primitif, par les résistances extérieures, il peut l'être encore par le retour des mêmes molécules d'air qui ont échangé leurs électricité avec les molécules des couches voisines qui s'approchent, comme le démontrent nos expériences. (Chap. 10.)

24° L'action de ces rayonnemens électriques ou de ces attractions à distance sur l'eau, donne aussi des résultats curieux et qu'on retrouve dans la nature. Si le corps est régulier, ou s'il agit à une distance telle que le rayonnement électrique ne puisse se faire suffisamment, il en naîtra une attraction du liquide qui est chargé par influence d'une électricité contraire; l'eau s'élève en bouton conique et s'abaisse aussitôt que la décharge a lieu. Si au contraire le corps électrisé se termine en une pointe propice au rayonnement électrique, si par ce moyen l'air interposé et l'eau reçoivent une quantité considérable d'électricité, il s'établit dans l'eau un phénomène analogue à celui observé dans l'air : les couches superficielles, chargées de la même électricité que l'air qui les touche, sont repoussées et se repoussent les unes les autres; ces molécules fuyant de tous les côtés, il se fait une dépression au dessous qui est bientôt remplie par les couches inférieures, qui sont elles-mêmes électrisées aussitôt et repoussées à leur tour; il en naît des courans directs qui se résolvent bientôt en un mouvement giratoire, comme ceux que nous avons observés dans les vapeurs ou dans l'air. (Chap. 11.)

25° L'attraction des molécules d'eau comme corps légers, chargées d'électricité contraire, facilite considérablement l'évaporation. Si cette attraction est suffisante pour enlever des masses d'eau, si elle dépasse par sa puissance tout ce que l'évaporation successive d'un espace donné peut lui fournir de vapeurs neutralisantes, c'est la masse d'eau elle-même qui obéira, et non les seules surfaces successives du liquide qui se sépareront sous forme de vapeur. Dans ce cas les masses d'eau sont enlevées comme des corps limités, comme sont les arbres, les tuiles ou les charpentes des maisons.

26° L'écoulement d'une quantité donnée d'électricité à travers un liquide, ne paraît pas affecter les animaux qui y vivent, à moins que cet écoulement n'en élève beaucoup la température. Mais si, au lieu de produire un courant par l'écoulement de cette électricité à travers le liquide, on fait une décharge au dessus, la plupart des animaux que le liquide contient seront tués, si la décharge a été considérable, et ils le seront alors par un choc en retour. Aussi remarque-t-on que, dans les cas où les poissons d'un étang ont été tués, c'est qu'il y a eu décharge électrique à distance, et non simple propagation électrique. (§§ 149, 178 et 341.)

27° Les effets dynamiques se retrouvent dans ces météores aussi bien que les effets statiques. Ainsi, si les corps attachés au sol sont armés de pointes et sont conducteurs, ils rayonnent vers le nuage une électricité contraire. Cette électricité est plus ou moins abondante, selon la conductibilité du corps et son contact avec un sol conducteur ; si le contact est étendu, si le corps est passable conducteur, comme sont les plantes humides, il en résultera un courant suffisant pour élever la température des portions les plus résistantes, au point d'en vaporiser toute la sève. C'est ce qu'on voit lorsqu'on fait servir une plante comme conducteur, c'est ce qu'on retrouve dans les relations détaillées des trombes, où il est dit que les feuilles des plantes ont été desséchées, crispées, grillées sur leurs bords.

28° L'écoulement électrique provoqué par le rayonnement des pointes est toujours trop limité pour produire des effets plus intenses que ceux du desséchement des feuilles et du grillage de leurs bords ; mais lorsque les nuages sont assez abaissés pour former un bon conducteur, que ce conducteur se met en communication avec les arbres, que ceux-ci forment les conducteurs terrestres de l'énorme quantité d'électricité qu'il y a dans les nuages, leur température s'élève alors considérablement. Dans les portions resserrées, la sève s'y vaporise toute à la fois ; la puissance de sa tension étant plus grande que celle de la résistance des tissus, l'arbre s'ouvre instantanément ; il se clive par les endroits qui offrent le moins de résistance : les chênes, les ormes, les hêtres en milliers de lattes, les autres arbres en éclats plus ou moins allongés. Le bois des premiers se trouve desséché dans ces portions, toute l'humidité en a disparu ; l'arbre ayant perdu une grande partie de sa force de cohésion dans ces parties, il est rompu avec une cassure nette du côté opposé à sa chute.

29° Les bourrasques de vent, produits immédiats des attractions et des répulsions électriques, viennent ajouter leur puissance matérielle à celle de l'électricité. Lorsque, par une brusque attraction, des masses d'air sont entraînées rapidement de la circonférence au centre, leur marche se résout très-souvent en un mouvement de giration qui rend leur force plus dévastatrice. Mais, quelle que soit leur énergie, leur action est limitée dans une circonscription assez restreinte ; ce qui indique surabondamment que cette puissante perturbation est toute locale, et qu'elle ne reçoit ni ne pousse au loin les vents violens qui l'accompagnent. (§§ 252, 309, etc.)

30° Lorsque le rayonnement électrique a lieu entre des nuages chargés d'électricités différentes, et tenus à distance par leur légèreté spécifique, une portion des vapeurs visibles ou vésiculaires des nuages subit une nouvelle évaporation et reprend l'état de vapeurs transparentes ; cette nouvelle évaporation abaisse la température des vapeurs voisines qui peut descendre au dessous de zéro. A cet état de refroidissement, ces vapeurs se cristallisent en flocons neigeux qui agissent comme des corps légers aussitôt leur formation. La portion ainsi transformée en neige, chargée de l'humidité et de l'électricité du nuage inférieur, est attirée par le nuage supérieur vers lequel chaque flocon, en s'élevant, rayonne son électricité avec une partie de l'humidité qui s'évapore ; le reste de l'humidité, refroidi par cette évaporation, se gèle comme liquide autour du globule neigeux et l'enveloppe d'une croûte glacée. La tension du flocon étant diminuée par ce rayonnement, il retombe dans le nuage inférieur, où il reprend une couche humide et sa tension première d'électricité. Attiré de nouveau , il remonte vers le nuage supérieur, où il perd encore et son électricité et une partie de son humidité , au profit du refroidissement du reste du liquide , qui est , à son tour, congelé et augmente la couche glacée du globule déjà formé , et ainsi de suite.

31° La tension électrique du nuage supérieur, en même temps qu'elle facilite l'évaporation du liquide qui mouille le globule neigeux ou le globule déjà recouvert de glace , attire aussi le liquide qui le recouvre vers la portion qui regarde le nuage ; il en résulte que, lors de la congélation, la croûte glacée présente une saillie sur cette portion du globule , saillie qui peut s'accroître par les congélations successives, et qu'on remarque sur presque tous les grélons.

32° Si cette éminence ou épine de glace , devient trop pesante, si d'autres attractions se font sentir ou font tourner le glaçon , d'autres saillies se formeront et varieront comme les circonstances dans lesquelles les grélons se trouveront.

33° Cet échange électrique entre les nuages opposés par l'intermédiaire de cette multitude de petits corps, ne se fait pas par un écoulement latent, comme dans des conducteurs métalliques , mais par une série prodigieuse de décharges plus ou moins puissantes, dont chacune est accompagnée de l'éclat sonore spécial à ce phénomène. C'est de leur ensemble que résulte le bruit éclatant et tumultueux qui précède la chute de la grêle , et non de l'entrechoquement des grélons qui ne pourrait produire qu'un bruit insignifiant et sourd à cause de leur peu de sonorité et de leur faible résistance.

Il est probablement superflu de faire remarquer que cette théorie de la grêle rectifie et complète celle de Volta. Premièrement, parce que c'est dans l'expérience même, dans les échanges électriques que nous avons trouvé la cause du refroidissement local des vapeurs et non de toute la masse par une vive insolation, comme le supposait ce grand homme; supposition inadmissible, puisque, d'une part, l'insolation échauffe le reste du liquide au lieu de le refroidir, et que de l'autre part, le nuage gelé n'aurait pas présenté l'humidité nécessaire à l'encroûtement successif des glaçons. Secondement, parce que nous expliquons la production des aspérités dont Volta n'a pas tenu compte.

DEUXIÈME PARTIE.

RELATIONS DES TROMBES DE MER, DE TERRE ET DE MÉ-
TÉORES IGNÉS; SUIVIES DES OPINIONS THÉORIQUES DE
QUARANTE-CINQ AUTEURS.

CHAPITRE PREMIER.

RELATIONS DES TROMBES DE MER.

189. Les relations suivantes ne sont pas toutes rapportées en entier; nous avons supprimé, dans un bon nombre
d'entre elles, certains détails oiseux, bons, tout au plus,
pour produire des émotions ou déjà énoncés plusieurs fois
dans les relations précédentes. Quant à celles qui contiennent des faits intéressans pour nos recherches de causalité,
nous avons ajouté quelques observations pour aider le lecteur dans l'application des principes précédens, à l'interprétation de ce météore. C'est aussi dans ce dessein
que nous avons rapporté la relation d'autres météores,
parce qu'ils peuvent servir d'indicateur à certains phénomènes trombiques et qu'ils font entrevoir la liaison des
orages et des trombes avec les météores qu'on nomme
bolides.

ILE DE QUÉSOMO, 1664.

190. (N° 1.) Plusieurs trombes à la fois; deux trombes sont inclinées en sens contraires et forment une croix; une portion du tube est transparente; au milieu du tube on voit monter des vapeurs opaques en serpentant, ou en tournoyant, ou en ondoyant longitudinalement; vers la fin, on voit descendre ces vapeurs.

Thévenot dit, dans le *Voyage du Levant* (Paris, 1674; 2 vol. in-4, tom. 2, p. 359 et suiv.) qu'il commença le 24 janvier 1664.

« Nous vîmes des trombes dans le golfe Persique entre les îles Quésomo, Latéca et Ormus... La première qui parut à nos yeux était du côté nord entre nous et l'île Quésomo, à la portée d'un fusil du vaisseau. Nous aperçûmes d'abord en cet endroit, l'eau qui bouillonnait et était élevée à la surface de la mer, d'environ un pied; elle était blanchâtre, et au dessus paraissait comme une fumée noire un peu épaisse, de manière que cela ressemblait proprement à un tas de paille, où on aurait mis le feu, mais qui ne ferait encore que fumer; cela faisait un bruit sourd, semblable à celui d'un torrent qui court avec beaucoup de violence dans un profond vallon; mais ce bruit était mêlé d'un autre un peu plus clair, semblable à un fort sifflement de serpens ou d'oies. Un peu après nous vîmes comme un canal obscur qui avait assez de ressemblance à une fumée qui va montant aux nues, en tournant avec beaucoup de vitesse; ce canal paraissait gros comme le doigt; et le bruit continuait toujours.... Cette trombe disparut... Celle-là finie, nous en vîmes une autre du côté du midi qui commença de la même manière qu'avait fait la précédente; presque aussitôt il s'en fit une semblable à côté de celle-ci vers le couchant et incontinent après une troisième à côté de cette seconde; la plus éloignée des trois pouvait être à portée du mousquet, de nous; elles paraissaient toutes trois comme trois tas de paille, haut d'un pied et demi ou deux, qui fumaient beaucoup, et faisaient même bruit que la première. Ensuite nous vîmes tout autant de canaux qui venaient depuis les nues sur les endroits où l'eau était élevée, et chacun de ces canaux était large par le bout qui tenait à la nue... ces canaux paraissaient blancs d'une blancheur blafarde, et je crois que c'était l'eau qui était dans ces canaux transparens qui les faisait paraître blancs; car apparemment, ils étaient déjà formés avant que de tirer l'eau, selon que l'on peut juger par ce qui suit, et lorsqu'ils étaient vidés, ils ne paraissaient pas, de même qu'un canal de verre fort clair exposé au jour devant nos yeux à quelque distance, ne paraît pas s'il n'est rempli de quelque liqueur teinte. Ces canaux n'étaient pas droits, mais courbés à quelques endroits, même ils n'étaient pas perpendiculaires, au contraire, depuis les nues où ils paraissaient entrés, jusqu'aux endroits où ils tiraient de l'eau, ils étaient fort inclinés, et ce qui est de plus particulier, c'est que la nue où était attachée la seconde de ces trois, ayant été chassée du vent, ce canal la suivit sans se rompre et sans quitter le lieu où il tirait l'eau, et passant derrière le canal de la première, ils furent quelque temps croisés comme en sautoir, ou en croix de Saint-André. Ces canaux étaient d'abord gros comme le doigt et surtout le premier, ensuite il se fit gros comme le bras, et après gros comme la jambe et enfin comme un gros tronc d'arbre autant qu'un homme pourrait embrasser. Nous voyions distinctement au travers de ce corps transparent l'eau qui montait en serpentant un peu, et quelquefois il diminuait un peu de grosseur, tantôt par le haut, tantôt par le bas. Pour lors il ressemblait justement à un boyau rempli de quelque matière fluide que l'on presserait avec les doigts, ou par le haut pour faire descendre cette liqueur, ou par le bas pour la faire monter, et je me persuadai que c'était la violence du vent qui faisait ces changemens, faisant monter l'eau fort vite lorsqu'il pressait le canal par le bas et la faisant descendre lorsqu'il le pressait par le haut. Après cela il diminua tellement de grosseur qu'il était plus mince que le bras, comme un boyau qu'on allonge perpendiculairement, ensuite il retourna gros comme la cuisse ; après il redevint fort menu ; enfin je vis que l'eau élevée sur la superficie de la mer commençait à s'abaisser et le bout du canal qui lui touchait s'en sépara et s'étrécit comme si on l'eût lié, et alors la lumière qui nous parut, par le moyen d'un nuage qui se détourna m'en ôta la vue ; je ne laissai pas que de regarder encore quelque temps si je ne le verrais point, parce que j'avais remarqué que trois ou quatre fois le canal de la seconde de ce même côté du midi, nous avait paru se rompre par le milieu et incontinent après nous le revoyions entier, et ce n'était que la lumière qui nous en cachait la moitié ; mais j'eus beau regarder avec toute l'attention possible, je ne vis plus celui-ci, il ne se fit plus de trombes. »

Observation. Nous ferons remarquer que l'existence de plusieurs trombes à la fois dans un espace assez resserré, ne pourrait avoir lieu si la rencontre des vents contraires était la cause de ce météore. Le fait particulier des deux trombes peu distantes l'une de l'autre et formant une croix de Saint-André par leur inclinaison opposée, est une nouvelle preuve que le vent n'est pour rien dans cette formation. Nous ferons aussi remarquer que les vapeurs s'élevant dans le tube en serpentant, ou en tournoyant, ou en ondulant longitudinalement, comme un boyau pressé de bas en haut ou de haut en bas, sont encore des faits opposés aux effets possibles d'un tourbillon de vent.

ILE DE CÉLÈBES, 30 NOVEMBRE 1687.

191. (N° 2.) Plusieurs trombes ; l'eau de la mer prend un mouvement
de rotation ; eau ascendante ; calme autour ; vent violent très-circon-
scrit ; nuage d'abord immobile , puis il se met en marche.

« Le 30 novembre 1687, dit Dampier, étant à dix lieues
de l'île de Célèbes, nous eûmes un calme jusqu'à midi ;
ensuite nous eûmes du sud-ouest un grain violent, et sur
le soir nous aperçûmes deux ou trois trombes. Une trombe
est un corps irrégulier ou mieux une portion de nuage
qui pend d'un yard (0ᵐ, 915) vers la terre et qui paraît
venir de sa partie la plus obscure. Son axe est ordinairement oblique et même quelquefois cette colonne descendante est arquée au milieu. Je n'en ai jamais vu de parfaitement perpendiculaire ; elle est petite à la partie inférieure et ne semble pas plus grosse qu'un bras, tandis
qu'elle est toujours forte vers le nuage d'où elle procède.

» Lorsque la surface de la mer commence à s'agiter, on
voit l'eau, dans un cercle de cent pas environ, écumer et
tourner doucement jusqu'à ce que le mouvement rotatoire
se soit accéléré ; alors elle s'élève et forme une colonne
d'environ cent pas de circonférence à sa base et diminuant
vers le haut jusqu'à n'avoir que la grosseur de la trombe
descendante, à travers laquelle l'eau de la mer semble
être transportée jusqu'aux nuages. Ce transport paraît
exister réellement, puisque le volume du nuage s'accroît
en étendue et en obscurité. On voit alors le nuage
changer de place quoiqu'il ait paru d'abord sans mouvement. La trombe, marchant comme le nuage, continue d'as-
pirer l'eau, et les deux ensemble produisent des bouffées
de vent pendant leur progression. Ce phénomène continue
pendant une demi-heure plus ou moins, jusqu'à ce que la

force d'aspiration soit épuisée ; alors la colonne se rompt, toute l'eau qui est au dessous du cône nuageux retombe dans la mer avec un grand fracas et lui imprime une grande agitation. Il est très-dangereux pour un vaisseau de se trouver au dessous d'une trombe au moment qu'elle se rompt ; c'est pourquoi nous nous efforcions toujours de nous tenir à distance, lorsque cela était possible. Mais à cause du grand calme qui nous empêchait de fuir, nous avons été plusieurs fois dans un grand danger , *car le temps est ordinairement très-calme tout autour, à l'exception de la place sur laquelle elle agit.* C'est pourquoi les marins , lorsqu'ils voient une trombe s'avancer sans avoir aucun moyen de l'éviter, font feu dessus de leurs plus grosses pièces pour la rompre par le milieu ; je n'ai jamais entendu dire que ce moyen eût donné un avantage réel. Vers 1674, le capitaine Records, de Londres, naviguait vers les côtes de Guinée sur un vaisseau de 300 tonneaux et 16 canons , nommé *Blessing ;* lorsqu'arrivé vers les 7 ou 8 degrés nord , il vit plusieurs trombes , dont une s'avançait directement vers le vaisseau et sans moyen de l'éviter à cause du calme qu'il faisait ; il se prépara à la recevoir avec les voiles ferlées. Elle s'avança rapidement et se rompit un peu avant de toucher le vaisseau , *en faisant un grand bruit,* et en soulevant la mer tout autour, comme si une grande maison y avait été précipitée ou quelque chose de semblable. La furie du vent continua, et il prit le vaisseau à tribord avec une telle violence , qu'il rompit le beaupré et le mât d'avant ; puis il jeta le vaisseau d'un côté avec tant de force qu'il faillit sombrer : mais le vaisseau s'étant redressé, le vent en tourbillonnant le reprit de l'autre côté avec la même fureur et lui fit courir le même danger en sens inverse. La mât de misaine en sentit toute la furie et fut brisé net comme l'avait été le beaupré et le mât d'avant. Le grand mât et son perroquet ne reçurent aucun dommage, parce qu'ils ne furent pas atteints *par cette portion de vent qui avait cette extrême violence.* Trois hommes étaient sur la hune de misaine, lorsque le mât rompit et un autre au perroquet du beaupré ; ils tombèrent à la mer avec eux, mais on les sauva. Je tiens ces relations de J. Canby, quartier-maître du navire, de Abraham Wise, contre-maître, et de Léonard Jefferies, le second.

» On est généralement effrayé des trombes, cependant c'est là le seul dommage que j'aie entendu raconter avoir été fait par elles. Elles sont effrayantes sans doute, mais c'est plutôt parce qu'elles tombent sur vous tout à coup, lorsque vous êtes dans un calme parfait, et qu'on ne peut les éviter ; quoique j'en ai vue souvent et que j'en aie été atteint, l'effroi qu'elles ont inspiré a toujours été le plus grand dommage qu'elles ont fait. » (G. Dampier, *Voyage autour du Monde*, chap. 16.)

Observation. Nous remarquons d'abord dans cette relation, le mouvement de rotation imprimé à l'eau au dessous du cône ; puis, au moment de la rupture, il se fait un grand bruit et la mer se soulève ; c'est-à-dire, qu'au moment de la rupture du conducteur électrique, la tension statique reprend sa supériorité ; les décharges recommencent et l'attraction aérienne est tellement limitée, que le mât de misaine fut brisé et que le perroquet n'en fut pas atteint.

PRÈS L'ILE DE KOSIWAY, 28 DÉCEMBRE 1699.

192. (N° 3.) Tonnerre, éclairs ; nuage arrêté dans sa marche par la trombe.

Dampier parlant d'une nouvelle trombe, dit : « Le 28 décembre 1699, près l'île de Kosiway, entre deux et trois heures (1), nous avons vu assez près de nous une trombe, qui tomba d'un nuage noir, accompagnée de quantité de pluie, de tonnerre et d'éclairs. Ce nuage avait roulé à notre sud l'espace de trois heures, et courut à l'ouest d'une grande vitesse. Ce fut alors que nous vîmes la trombe suspendue au nuage, et qu'elle n'en fut pas plus tôt détachée, que ce nuage tourna tout d'un coup au sud-est, après à l'est-nord-est, où il se dissipa à la rencontre d'une île. De cette manière nous eûmes un peu de sa queue. »

PRÈS LA NOUVELLE-GUINÉE, 12 AVRIL 1700.

193. (N° 4.) Trombe sans nuages ; rotation.

Dans le troisième volume de ses Voyages, Dampier dit : « Nous avions un très-beau temps et une jolie brise du sud-est à l'est-quart au nord-est ; mais à la pointe du jour, les nuages commencèrent à paraître, et on voyait beaucoup d'éclairs à l'est, au sud-est et au nord-est. Au lever du soleil, le ciel parut très-rouge à l'horizon ; et il y avait plusieurs nuages noirs au sud et au nord de cet espace. Un quart d'heure après que le soleil fut levé, il y eut une ondée au dessus de notre vent ; alors un de nos hommes placé sur le gaillard d'avant, cria qu'il voyait quelque chose en poupe, mais qu'il ne savait pas ce que c'était. J'y regardai, et je vis aussitôt qu'une trombe commençait à paraître à un quart de mille de nous (402 mètres), exactement au vent. Nous courûmes d'abord pour l'éviter ; elle s'avançait rapidement, imprimant un mouvement de rotation à l'eau qui s'éleva comme une colonne à la hauteur de 6 à 7 yards

---

(1) Dampier, *Suite du Voyage aux terres australes*, à la Nouvelle-Hollande, etc., chap. 3.

) (le yard vaut $0^m, 915$) comme je ne voyais pas de cône
e supérieur pendant d'un nuage, j'espérais qu'elle n'aurait
pas de durée. Quatre ou cinq minutes après, la trombe
était passée sous le vent du vaisseau à une encâblure ; je vis
alors une longue traînée d'un nuage pâle qui pendait et
touchait de son extrémité inférieure le tourbillon d'eau, le
rayon avait la largeur d'un arc-en-ciel, l'extrémité supérieure se perdait à une grande hauteur, *mais ne descendait
pas d'un nuage noir,* ce qui me surprit d'autant plus que je
n'avais jamais rien vu de semblable, elle s'éloigna d'environ un mille sous le vent et se rompit. Ce n'était qu'une
petite trombe, faible et sans durée ; cependant, j'aperçus
beaucoup de vent au moment qu'elle passa près de nous (1). »
(*Suite des Voyages à la Nouvelle-Hollande*, chap. 4.)

Observations. Cette relation ne peut laisser de doute sur
l'état de l'atmosphère ; elle était humide, l'horizon était
déjà chargé de nuages opaques ; lorsque tout à coup la
mer s'agite, et se soulève, des vapeurs forment un pied de
trombe, une colonne trombique s'y joint par son extrémité
inférieure, tandis que l'extrémité supérieure se perd dans
un espace contenant des vapeurs transparentes, comme les
précédentes s'étaient perdues dans des espaces remplis de
vapeurs opaques. Tout est semblable, à l'exception des
nuages qui étaient transparens dans cette trombe.

DANS LES DUNES, **24 MARS 1701.**

194. (N° 5.) Vent régulier ; mer très-agitée sous la trombe ; eau
projetée.

La relation suivante est de M. Patrick Gordon.

---

(1) Franklin, qui rapporte cette observation dans son *Recueil de
Lettres*, entre la 23e et la 24e, p. 279 de la 5e édit. de Londres, ajoute,
en note, que probablement si elle eût duré, le nuage se serait formé.

« Samedi dernier, entre dix et onze heures, j'observai une trombe dans les dunes ; elle était nord-quart-nord-est de notre vaisseau, à environ deux lieues de distance; le vent était E.-N.-E. et très-froid. L'horizon était ouverte et sereine, excepté la partie nord du N.-N.-O. au N.-E. par E. La plus haute partie du nuage paraissait faire un angle de 45°. La moitié supérieure du nuage était très-blanche, et l'autre moitié très-sombre ; la trombe elle-même, pendant de la partie la plus basse du nuage blanc, se tint suspendue pendant vingt minutes, et, pendant deux ou trois minutes de ce temps, la mer au dessous fut extrêmement agitée et projetait l'eau à une extrême hauteur. Cette agitation s'avança sous le vent ; le cône de la trombe marchait dans cette direction, et semblait faire des décharges qui ne nous étaient pas visibles : il continua sa marche la longueur de six vaisseaux. Après cela, le corps de la trombe se contracta et disparut bientôt. Deux heures après le ciel fut tout couvert, la grêle tomba dans l'après-midi, le vent et le froid s'accrurent. » (*Ph. Tr.*, 22, 805.)

Observations. Il est probable que si cette trombe avait eu lieu la nuit, il aurait vu des décharges ignées à l'extrémité du cône.

MER MÉDITERRANÉE, 27 AOUT 1701.

195. (N° 6.) Six à sept trombes à la fois ; bords bien limités ; les vapeurs s'élèvent comme une fumée tranquille, sans giration ; le bruit et l'agitation cessent aussitôt que la communication est complète ; eau ascendante.

Relation de M. Alex. Stuart. (*Phil. Trans.*, ann. 1702, vol. 23, p. 1077.)

« Le 27 août 1701, étant sur la côte de Bucharie, au nord de la ville de *Bona*, à dix lieues en mer, vers sept heures du soir, peu après le coucher du soleil, il parut au

N.-E. (ce qui était sur le golfe de Lion par rapport à nous) une suite d'éclairs éblouissans, sans aucune interruption, et sans entendre le tonnerre, qui continua jusqu'au lendemain matin. La lumière de l'éclair paraissait quelquefois comme une *étoile*, et d'autres fois comme une épée *flamboyante*; puis, comme *une corde d'argent tendue* le long des nuages, ou bien encore comme la cassure irrégulière d'une fiole, depuis le goulot jusqu'au fond.

» Vers les huit heures du matin, nous eûmes du tonnerre avec la continuation des éclairs au N.-E. Vers les neuf heures, trois trombes descendirent des nuages du N.-E., qui étaient horriblement noirs et chargés. Au milieu était la plus grande, paraissant grosse comme un mât de vaisseau à environ une lieue et demie de nous; elle était donc beaucoup plus grosse. Toutes étaient noires comme les nuages d'où elles sortaient, toutes étaient unies sans irrégularités, d'abord tombant l'une perpendiculairement, les autres obliquement, toutes plus petites en bas qu'en haut, ressemblant à une épée; quelquefois aussi l'une d'entre elles se courbait en arc, puis se redressait; une autre fois elle diminuait, puis grossissait de nouveau; quelquefois elle disparaissait, puis elle réapparaissait, quelquefois n'ayant plus l'apparence que d'un câble, puis reprenait son volume primitif.

» Au dessous, la mer était très-agitée, l'eau écumait et s'élevait en jets d'eau, ou bien cette eau, en s'élevant, avait l'apparence d'une fumée qui monte dans une cheminée *dans un temps calme*. Quelques yards au dessus de la surface de la mer, l'eau s'élevait comme une colonne ou un pilier, et alors elle s'éparpillait et elle était dissipée en fumée. L'épée-trombe qui était descendue des nuages, répondait au milieu de ce pilier, et lorsqu'elle lui fut réunie, comme le fit la plus grande, elle parut *calme* du commencement à la fin. Ou bien, la pointe de la portion descendante était tournée vers le pilier d'eau, mais en était tenue à distance, soit en ligne droite ou oblique , comme cela eut lieu pour les deux plus petites.

» Pendant la durée de ces trois trombes , il y eut trois ou quatre autres trombes qui apparurent vers la même partie du ciel , mais qui n'atteignirent pas les dimensions des premières et qui ne durèrent pas.

» On ne put savoir d'une manière certaine si ce fut l'épée-trombe qui descendit la première de la nue , ou si ce fut la colonne qui s'éleva la première de la mer ; les deux parurent à la fois , chacune à leur extrémité ; seulement j'en observai une où l'eau de la mer bouillonna et s'éleva à une grande hauteur, sans que je pusse voir la portion descendante du nuage ; mais alors l'eau de la mer ne s'éleva jamais en colonne , elle était comme éparpillée , et s'agitant avec fureur dans cet espace rond. Le vent soufflant N.-E., la portion agitée s'avançait vers le S.-O. comme un buisson sur la surface de l'eau ; puis il cessa. Ce fait prouve que l'agitation de la mer peut avoir lieu avant que toute trombe descendante nous apparaisse ; s'il y avait quelque intérêt à indiquer une priorité entre ces deux apparences , on dirait que c'est l'agitation de la mer qui la possède ; que c'est elle qui s'agite et s'élève en colonne la première.

» On vit sur toutes , mais principalement sur la grande trombe , que l'extrémité inférieure apparaît comme un canal , noir sur les bords et transparent au milieu ; quoique d'abord son apparence était noire et opaque ; cependant, on distinguait très-bien que l'eau de la mer montait le long du canal, comme la fumée dans une cheminée , et avec une grande vitesse et un mouvement appréciable. Après quelques momens , la trombe ou le canal se rompit au milieu et disparut ; l'agitation de la mer continua encore quelque temps après que le cône d'en haut eut disparu , ou jusqu'à ce que la trombe se fût réformée ; ce qui arrive souvent.

» J'ignore si quelqu'un a expliqué ce phénomène ; mais je pense qu'il a lieu par *succion* ou mieux par *pulsation*, comme cela a lieu lorsqu'on place un verre dont on a raréfié l'air par le feu, et que l'on place ensuite sur la peau.

» J'ai oublié de dire que les trombes obliques le sont dans le sens du vent, c'est-à-dire que, le vent étant N.-E., la pointe de la trombe regarde le S.-O., et cela, pendant le temps qu'il y a d'autres trombes qui sont tout-à-fait perpendiculaires ; de même dans la courbure, la partie convexe suit le vent, conséquemment la partie concave lui est en regard. Ainsi le vent étant N.-E., la partie concave est vers le N.-E., et la partie convexe S.-O.

» Nous eûmes beaucoup d'eau pendant la durée de ces trombes, et après leur disparition, nous essuyâmes un grand vent pendant une demi-heure venant du N.-E. avec une petite pluie ; puis le beau temps reparut. »

Observations. Nos remarques sont que les vapeurs s'élevaient sans giration, que l'agitation de la grande trombe se calma aussitôt que la communication fut complète, parce que les effets d'électricité statique cessèrent ou plutôt diminuèrent considérablement, qu'il y en eut jusqu'à six ou sept à la fois, et qu'enfin elles montrèrent les effets des influences d'électricité statique dans leurs changemens de forme et de position.

EN MER, 29 AVRIL 1716.

196. (N° 7.) Six trombes; bruit sourd mêlé de sifflement; vent égal et léger; eau descendante.

Le Gentil de Labarbinais dans son *Voyage autour du monde*, t. I, p. 133, édit. 12, d'Amsterdam, 1728, dit :

« Le 29 avril 1716 à onze heures du matin, l'air étant chargé de nuages, nous vîmes autour de notre vaisseau, à un quart de lieue. environ de distance, six trombes de mer qui se formèrent avec un bruit sourd, semblable à celui que fait l'eau en coulant dans des canaux souterrains; ce bruit s'accrut peu à peu, et ressemblait au sifflement que font les cordages d'un vaisseau lorsqu'un vent impétueux s'y mêle. Nous remarquâmes d'abord l'eau qui bouillonnait et qui s'élevait au dessus de la surface de la mer d'environ un pied et demi; il paraissait au-delà de ce bouillonnement un brouillard, ou plutôt une fumée épaisse d'une couleur pâle, et cette fumée formait une espèce de canal qui montait à la nue.

» Les canaux ou manches de ces trombes, se pliaient selon que le vent emportait les nues auxquelles ils étaient attachés, et malgré l'impulsion du vent, non seulement ils ne se détachaient pas, mais encore il semblait qu'ils s'allongeassent pour les suivre en s'étrécissant et se grossissant à mesure que le nuage s'élevait ou se baissait. »

Le Gentil se livre ensuite à diverses réflexions qu'il est inutile de rapporter, à l'exception du passage suivant :
« Je remarque d'abord que les physiciens se sont trompés, lorsqu'ils ont assuré que les trombes étaient un signe infaillible d'une tempête prochaine. Vous n'avez qu'à considérer quel est le passage où nous avons vu ces trombes ; c'est la mer Pacifique, où les vents soufflent presque toujours du même côté, et qui est renfermée entre deux tropiques. Ces trombes furent précédées et suivies d'un vent égal et léger, et nos pilotes m'ont assuré que celles qu'ils avaient vues dans plusieurs mers n'avaient causé aucune tempête, mais très-souvent une pluie abondante, sans tonnerre. »

Observation. Il est évident que les vapeurs qui s'élevaient de la mer n'avaient aucun mouvement giratoire, et qu'il n'y avait aucune rencontre de vents contraires.

ENTRE SERRELIONE ET LE CAP DE MONTÉ, 13 NO-VEMBRE 1724.

197. (N° 8.) Plusieurs trombes à la fois ; quatre trombes sorties du même groupe de nuages , dont deux sortaient du même mamelon ; trois autres trombes , l'une entre un gros nuage élevé et la mer , la seconde entre ce même nuage et un autre plus inférieur, enfin la troisième entre ce dernier et la mer ; elles se balancent ; calme.

« Le 13 novembre 1724, sur les quatre heures après-midi , il vint deux *trompes* d'une figure trop extraordinaire pour ne pas la décrire ici. La plus grosse et la plus considé-rable (pl. 1re, fig. 16), avait la tête dans un gros nuage fort noir et élevé , elle était courbe ; quoiqu'il n'y eût point de vent , et faisait bouillonner la mer à plus de cent pas aux environs où elle la touchait ; une autre *trompe* , sortie de la partie supérieure du même nuage , s'allait perdre dans un autre nuage , un peu moins épais et moins noir que le premier , et beaucoup plus bas. Ce phénomène ayant duré quelques minutes , il sortit de ce nuage une trompe qui descendait jusqu'à la surface de la mer , éloignée de plus de 200 toises, qu'elle fit bouillonner à peu près comme la première. Ces deux *trompes* s'étant balancées dans l'air pendant près d'une heure et demie , chargées d'eau , cre-vèrent à la fin et produisirent une si grande pluie , que tous les dehors du vaisseau n'étant pas suffisans pour la laisser écouler, on fut contraint de la vider avec des sceaux. Le vaisseau n'étant guère éloigné de ces trompes que d'une demi-lieue. » (*Voyage du chevalier Des Marchais , en Guinée et à Caïenne*, en 1725-1727, par le P. Labat, éd. 12°, 1730 , t. 1er, p. 82.)

M. Des Marchais n'a pas décrit la première trombe qu'il a vu , il s'est contenté de la représenter par une figure qui fait regretter l'absence de la relation : elle a quatre cônes,

deux au centre fort rapprochés et s'unissant par leurs extrémités inférieures ; les deux autres placées une de chaque
côté, ont leurs origines à une distance notable des premières, vers lesquelles cependant elles s'inclinent, en faisant
plusieurs ondulations ; celle de gauche descend jusqu'au
clapotis des premières, tandis que celle de droite ne descend qu'au deux tiers de l'espace.

EN MER, LATITUDE 32° 30′ NORD, LONGITUDE 9° EST DU CAP FLORIDE, 21 MAI 1732.

198. (N° 9.) Calme autour ; sous le cône l'eau rejaillît ; forme bien limitée.

« La trombe était entière lorsqu'on la vit, et elle avait la
proportion et la forme d'un porte-voix, le petit bout
touchait à la mer et le pavillon se terminait dans des nuages
noirs et denses, la colonne était elle-même très-noire
principalement dans la partie supérieure. Cette trombe
était perpendiculaire à l'horizon et ses bords bien limités
et sans aspérités, où ce cône tombait, l'eau de la mer
rejaillissait à une hauteur considérable.

» Il y avait une minute que le phénomène durait lorsque
je le vis et il dura encore trois minutes, puis il se dissipa.
Il commença à se dissiper vers le bas et peu à peu vers le
haut : pendant cette disparition inférieure, la portion d'en
haut n'en parut pas modifiée, jusqu'à ce qu'enfin elle se
termina dans le nuage noir qui était au dessus d'elle. Il
tomba alors une très-forte pluie dans le voisinage ; comme
elle se dissipait, le bas de la portion restante était irrégulier comme un tronc d'arbre rompu. Il y avait peu de
vent et le ciel était assez pur tout autour. La trombe était
à peu près à deux lieues de nous, en tenant compte de la
distance, la portion inférieure devait avoir au moins

60 yards et la hauteur 3/4 de mille. » (J. Harris, *Ph. Trans.*, 38, 78, année 1734.)

MÉDITERRANÉE, 1736.

199. (N° 10.) Il pense que l'eau tombe des nues, que son ascension est une illusion d'optique.

Shaw, dans son *Voyage en Barbarie*, etc., t. 2, p. 55, éd. 1743, dit : « Il est remarquable que lorsque le temps est chargé et le vent orageux, soufflant en même temps de plus d'un côté, les trombes sont plus communes près des caps de Latikea, de Greego et de Carmel, qu'elles ne le sont dans aucune autre partie de la Méditerranée. Celles que j'ai eu occasion de voir m'ont paru autant de cylindres d'eau qui tombaient des nues, quoique par la réflexion des colonnes qui descendent, ou par les gouttes qui se détachent de l'eau qu'elles contiennent et qui tombent, il semble quelquefois, surtout quand on est à quelque distance, que l'eau s'élève de la mer en haut. Pour rendre raison de ce phénomène, on peut supposer que les nues étant assemblées dans un même endroit par des vents opposés, ils les obligent, en les pressant avec violence, de se condenser et de descendre en tourbillons. Lémery suppose que ce phénomène est produit par des tremblemens de terre (1) et des éructations qui se font au fond de la mer ; ce qui ne me paraît pas vraisemblable. Les vents appelés *Siphon* dont il est parlé dans Aristote (2) n'expliquent pas mieux la chose. »

---

(1) *Cours de Chimie*. « Quand il sort des ouragans de ces endroits de la terre qui sont au fond de la mer, les eaux s'y élèvent en colonnes d'une prodigieuse grandeur ; et c'est ce qu'on nomme *Siphons* ou *Trombes*. »

(2) Τυφῶνας καὶ Σίφωνας καλοῦσι διὰ τὸ ὕδωρ πολλάκις ἀνασπᾶσαι. *In Meteorol*. On les appelle *Typhons* ou *Siphons*, parce que souvent ils attirent l'eau.

LAC DE GENÈVE, OCTOBRE 1741.

200. (N° 11.) Calme complet tout autour; l'eau bouillonne sous le cône.

Au mois d'octobre 1741, à sept heures du matin, sur le lac de Genève, à une portée de mousquet de ses bords, M. Jallabert vit une trombe se former, dont la partie supérieure aboutissait à un nuage assez noir et dont la partie inférieure, qui était plus étroite, se terminait un peu au dessus de l'eau; celle-ci bouillonnait et était agitée. A 300 pas de la colonne, le temps était fort calme et on ne ressentit aucun vent ni pendant ni après le phénomène. (*Mém. Ac. Paris*, 1641, p. 20.)

LAC DE GENÈVE, 9 JUILLET 1742.

201. (N° 12.) Eau montant par élancemens et formant une colonne; pas de mouvement giratoire.

Une autre trombe se forma sur ce lac le 9 juillet 1742, à six heures du matin. « On a vu s'élever sur le lac, dit M. Jallabert, à environ trois coups de fusil de ses bords, une vapeur noire et épaisse qui paraissait occuper un espace de 16 à 18 toises de largeur et un peu plus en hauteur, et qui montait avec des élancemens assez violens. Après avoir paru pendant une bonne demi-heure, elle se forma en une colonne fort droite et fort élevée, et subsista de cette manière jusqu'à ce que, s'étant avancée 50 ou 60 pas sur terre, vers la pointe du Puilly, elle se dissipa presque dans un instant. (*Mém. de Buisson, dans les Mém. Ac., Paris*, 1767, p. 412.)

DEEPING-FEN, 5 MARS 1752.

202. (N° 13.) Rayon de feu au moment de la rupture, vu par quelques témoins.

Cette trombe ne présente rien de remarquable, si ce n'est la manière dont elle s'est terminée. Parmi les témoins qui la virent au moment de sa rupture, il y en a qui virent un rayon de feu. D'autres virent une clarté qu'ils attribuèrent à une éclaircie. Nous trouverons des exemples d'explosion ignée au moment de la jonction et au moment de la séparation des deux portions des trombes. (Cette relation a été faite par Benj. Ray, dans les *Trans. Phil.*, vol. 47, p. 477.)

EN MER, DE 1749 A 1753.

203. (N° 14.) Odeur nitreuse ; vapeurs sortant des habits ; giration ; la base sur l'eau.

Adanson, dans son *Voyage au Sénégal*, années 1749-1753 (in-4°, 1757, pag. 122), a vu une trombe sur laquelle il donne très-peu de détails.

« C'était une espèce de trombe, dit-il, semblable à une colonne de fumée qui tournait sur elle-même. Cette colonne avait 10 à 12 pieds de largeur sur environ 250 de hauteur ; elle était appuyée sur l'eau par sa base, et le vent d'est la portait vers nous ; aussitôt que les nègres l'aperçurent, ils forcèrent de rames pour l'éviter. Ils connaissaient mieux que moi le danger auquel nous aurions tous été exposés si ce tourbillon eût passé sur nous ; car ils savaient que son effet le plus ordinaire est d'étouffer par sa chaleur ceux qui en sont enveloppés, et quelquefois *d'enflammer* leurs maisons de paille, et ils avaient plusieurs exemples de gens à qui un semblable accident avait coûté la vie. Ils furent assez heureux pour la laisser à plus de 18 toises derrière la chaloupe, et se félicitèrent d'avoir échappé si à propos à ce torrent de feu, que la lumière du jour ne laissait voir que comme une épaisse fumée. Sa chaleur à cette distance de plus de 100 pieds était très-vive et telle qu'elle tira de la fumée de mes habits tout mouillés, quoiqu'elle n'eût pas le temps de les sécher. L'air libre avait alors 25° R. de chaleur, et je pense que la colonne de fumée devait en avoir au moins 500 pour rendre sensible l'humidité qu'elle attirait. Elle nous laissa aussi une odeur très-forte, plus nitreuse que sulfureuse, qui nous infecta long-temps. »

Observation. Adanson dit que la trombe tirait de la fumée de ses habits parce qu'il en voyait la vapeur en sortir, et cela lui fit supposer que la trombe était chaude.

Adanson s'est trompé sur la cause de cette vapeur sortant de ses habits; comme ils étaient mouillés, l'attraction électrique en fit évaporer l'humidité comme elle fait évaporer l'eau de la mer sur laquelle elle agit. C'est un fait tellement bien démontré par ce qui précède, qu'il est inutile d'insister davantage. (Voy. ch. 12.)

ANTIGOA.

204. (N° 15.) Deux ou trois trombes; eau très-agitée et lumineuse; entourée d'un cercle très-foncé; maisonnette transportée contre le vent.

« Non loin du port de Saint-Jean, on vit deux ou trois trombes, dit le docteur Mercer, dont une s'avança vers le port; son mouvement était lent et inégal; elle ne s'avançait pas en ligne droite, mais par sauts et par bonds. Elle paraissait être à cent yards (91 mètres 5 centimètres) du quai sur lequel il était. Il y avait dans l'eau un cercle de vingt yards (18 mèt. 3 cent.) environ de diamètre qui

était fort curieux à voir, quoique très-menaçant. L'eau
dans ce cercle était violemment agitée, elle était comme
balayée (whisked about) tout autour, et enlevée avec une
grande rapidité et un grand bruit; de plus elle était brillante de lumière, comme si le soleil l'eût éclairée de ses
rayons : cet éclat était d'autant plus frappant, qu'il y avait
un cercle noir autour. Lorsque cette trombe arriva sur la
côte, elle souleva avec violence les bois qui étaient sur le
quai, les toits des maisons, etc. Une petite maison en bois
fut enlevée en totalité et transportée à 14 pieds de ses fondations, sans rien déranger. Ce qu'il y eut de très-remarquable, c'est qu'elle fut transportée de l'est à l'ouest, quoique la trombe marchât de l'ouest à l'est. La trombe se
dissipa après avoir traversé la ville, et ne fit plus qu'enlever une lanière à un arbre et le toit d'une sucrerie. »

Lettre du docteur Mercer, datée de New-Brunswick,
11 nov. 1752. *Lettres de Franklin*, page 241, éd. 1774.
Londres.

Observation. Il y a deux choses remarquables dans cette
courte relation du docteur Mercer : c'est l'eau projetée
comme avec un balai et qui était lumineuse, et la petite
maison en bois, transportée sans dégât contre le vent et la
marche de la trombe. Il est évident que les vergetures lumineuses sont le produit des décharges d'électricité de
gouttes en gouttes, et que la puissante attraction de la
trombe a enlevé la maisonnette comme un corps léger,
comme elle venait d'enlever les bois de charpente déposés
sur le quai. Puisqu'elle était attirée par la tension électrique de la trombe, elle s'est portée à sa rencontre ; pendant
son trajet, elle a rayonné de son électricité et perdu une
partie de sa tension électrique ; l'attraction étant diminuée
comme le carré de la quantité perdue, elle n'a plus suffi
pour vaincre la pesanteur, et la maisonnette a été déposée
sur la terre sans aucune lésion. Cet effet se remarque très-

souvent ; on voit communément des objets enlevés et transportés au loin, sans aucune fracture, comme des hommes
et des animaux être portés et déposés au loin sans blessure
notable ; la plupart du temps, les accidens proviennent de
la chute des corps et non de l'effet direct de la trombe.
Nous venons d'en donner la raison en parlant de la maisonnette : c'est que la tension électrique se perd pendant la
translation ; lorsque l'attraction est diminuée et que la pesanteur l'emporte, le corps descend plutôt qu'il ne tombe,
parce qu'il tombe en raison de la différence qu'il y a entre
la pesanteur et l'attraction restante, et non en raison de la
pesanteur seule.

EN MER.

205. (N° 16.) Calme auparavant; vent du dehors vers la trombe.

Dans la 20° Lettre, datée du 4 février 1753, page 227,
Fránklin cite le fait suivant :

Un baleinier intelligent de Nantuchet m'informe que
trois de leurs vaisseaux qui étaient à la recherche des ba-
leines, furent saisis d'un calme, se trouvant à une lieue de
distance l'un de l'autre et formant à peu près un triangle
entre eux ; après quelques instans, une trombe parut vers
le milieu du triangle, il s'éleva une brise vive, et chaque
vaisseau força de voiles. Alors chacun d'eux s'aperçut, en
déployant les voiles et par la marche du vaisseau, que la
trombe était sous le vent, c'est-à-dire que chaque vaisseau
était poussé vers elle.

De ce fait il conclut que les trombes comme les tourbillons sont le produit de la rencontre des vents opposés.

Observation. Il oublie qu'il a dit lui-même que le temps
était calme, et que ce n'est qu'au moment de l'apparition
de la trombe que ces baleiniers ont senti le vent marchant

vers elle, et que conséquemment ces vents centripètes étaient des produits et non la cause de la trombe.

206. On trouve dans les *Conjectures sur les vents, les trombes, les tornados et les ouragans*, communiquées par le Dr J. Perkins, de Boston, etc., *Trans. Am. Ph. soc.* 1786, vol. 2, p. 335, des observations que nous devons rapporter. L'auteur ayant pris des informations auprès de marins qui ont vu des trombes, et dans la véracité desquels il a pleine confiance, il ramène toutes les trombes dans quatre exemples qu'il cite.

MER DES INDES OCCIDENTALES, AOUT (AVANT 1756).

207. (N° 17.) La trombe traverse le bâtiment, l'inonde d'eau douce.

Le capitaine Melling, de Boston, dans un voyage aux Indes occidentales, au mois d'août, sur le soir d'un jour très-chaud, vit une trombe aborder le vaisseau qu'il montait, et qui, en deux ou trois secondes, traversa dans sa largeur l'arrière du bâtiment pendant qu'il y était. Un déluge d'eau, comme il le dit, lui tomba sur le corps et le renversa ; il fut obligé de s'accrocher au premier objet qu'il put embrasser pour n'être pas entraîné par dessus le bord, ce dont il avait une grande frayeur. Mais la trombe, qui faisait un bruit semblable à un rugissement, ayant dépassé l'autre bord, fut mise en communication avec la mer. L'eau de la trombe lui était entrée par le nez et la bouche ; il en avait bu malgré lui ; il l'avait trouvée très-douce et nullement salée.

DÉTROIT DE GIBRALTAR.

108. (N° 18.) L'eau descend de la trombe ; vent très-faible sous la trombe même.

Le capitaine Wakefield, de Boston, étant dans le détroit

de Gibraltar, une trombe traversa son vaisseau avec un grand bruit ; il était alors dans sa chambre, lorsque les matelots l'appelèrent à grands cris. Il monta aussitôt sur le pont et la vit marcher devant le vaisseau ; il en était si près, qu'il voyait parfaitement descendre l'eau qui constituait la trombe. Les hommes d'équipage lui dirent qu'il en était ainsi depuis qu'ils l'avaient aperçue ; que l'eau avait toujours été descendante. Ce capitaine me dit que le vent était très-faible pendant la présence de la trombe, et qu'il ne se releva qu'après.

EN MER.

209. (N° 19.) Eau descendante.

Le capitaine Rowland, de la même ville, en vit une également de si près, qu'il apercevait évidemment l'eau descendre, ce qui était contraire à ce qu'il pensait d'abord.

DÉTROIT DE MALACCA.

210. (N° 20.) Eau descendante.

M. Samuel Spring, de la même ville, vit dans le détroit de Malacca une trombe à 50 yards environ du bâtiment : c'était une colonne d'eau, ou mieux, un ensemble de gouttes contiguës qui descendaient des nues à la mer, produisant une grande quantité d'écume où elle tombait entre les rochers. Il est certain que le courant était descendant.

MER DES INDES OCCIDENTALES, JUILLET 1756.

211. (N° 21.) Aucun mouvement de rotation ; la mer est creusée au dessous de la trombe ; calme parfait ; distance libre entre le sommet et la mer ; soudaines bourrasques ; aucune eau ne montait ni ne descendait.

Cette trombe est placée dans le texte de la première partie, § 44, page 41.

MER DE JAVA, VERS 1760.

242. (N° 22.) Double trombe ; la première entre deux nuages, la
seconde entre la première trombe et la mer.

Le Gentil (l'astronome), dit, dans une note du tome 2,
p. xiv de ses *Voyages dans les mers de l'Inde* (Impr. roy.,
in-4°, 2 vol.) : « Je vis former une trombe marine (pl. 1,
fig. 17) sur l'île de Java. Deux orages de droite et de gauche se tenaient par une barre fort noire et fort épaisse ;
l'entre-deux était fort clair. La trombe parut d'abord sortir de la barre noire sous la forme d'une petite pyramide
fort pointue, qui s'allongea peu à peu sans que la base s'é-
largit ; parvenue en apparence au milieu de sa longueur,
la base s'élargit enfin en formant un corps cylindrique d'un
médiocre diamètre, ayant de chaque côté deux petits filets
très-déliés, mais très-sensibles : dans cet instant, la trombe
devint d'une finesse extrême, ne paraissant plus que comme
un petit filet fort noir et fort délié qui touchait la mer ;
cette apparence dura un gros quart d'heure ; nous en étions
à six ou sept lieues au moins. »

Observation. D'après la figure qui accompagne cette
note, et que nous avons reproduite, il est évident que la
barre noire qui lie les deux orages est un conducteur nuageux ou *trombe* entre nuages ; puis, le filet qui, du milieu
de cette barre noire descend sur la mer, est une seconde
trombe qui unit la première à la mer.

CÔTE DE MALABAR.

213. (N° 23.) Formant des sinuosités ; pas de mouvement giratoire.

Dans la note suivante, Le Gentil dit : « J'ai observé une
trombe très-singulière près la côte de Malabar ; c'était un
long canal très-noir sortant d'un grain ou d'une espèce d'o-

rage. Le canal était oblique à l'horizon et sinueux, formant un S imparfait : il n'allait pas jusqu'à la mer, mais immédiatement au dessous, à une médiocre distance, on voyait une gerbe de pluie ou d'eau qui paraissait tenir à la surface de la mer. » (Note *id.*, page xv.)

Observation. L'expression de Le Gentil indique suffisamment que cette trombe n'avait pas de mouvement giratoire.

ENTRE PENZANCE ET MAZARION, 28 JUILLET 1761.

214. (N° 24.) Eau de la mer qui a suivi le nuage orageux jusque sur le sable ; tonnerre.

Le 28 juillet 1761, l'atmosphère était calme, le ciel très-couvert, et le tonnerre se faisait entendre de temps en temps. Entre les villes de Penzance et de Mazarion, il y a des sables qui sont découverts pendant la marée basse et couverts pendant la marée haute. On profite du temps qu'ils sont découverts pour passer dessus. A dix heures du matin, un voiturier y passait avec son chariot, comme d'habitude, lorsqu'il fut tout à coup entouré par l'eau de la mer, revenue à une heure inaccoutumée. Il ne sut comment s'y prendre pour sauver ses chevaux et son bétail ainsi que pour se sauver lui-même. Les spectateurs, qui virent de loin cet événement, ne pouvaient ni n'osaient lui porter secours ; on le croyait perdu, et lui-même le pensait, lorsque la mer se retira après quelques minutes et le laissa sain et sauf poursuivre sa route. D'après les témoins, l'eau s'était élevée de plus de six pieds. Cette agitation extraordinaire fut ressentie dans d'autres endroits voisins. (Lettre du R. Ev. Borlase. Phil. Trans., vol. 52, ann. 1762, p. 507.)

Observation. Je ne balance pas à placer ce phénomène parmi les trombes ; c'est une trombe incomplète, c'est le pied ou pilier ascendant qui a suivi l'influence électrique du nuage orageux qui dominait cette portion de la mer, comme les piliers observés par M. Michaud, à Nice, le 6 janvier 1789. (Voyez plus bas, § 225 et 226.)

Avant son observation, M. Michaud pensait que le pied était toujours enfanté par la colonne descendante ; il en résulte que, si ces piliers ne s'étaient pas présentés pendant un jour qui offrit plusieurs trombes, si cet observateur n'avait pas vu une trombe descendre long-temps après la formation du pied et du clapotis de la mer, il aurait cherché des explications en dehors de la véritable cause, lui aussi aurait imaginé quelques volcans sous-marins ; mais averti par l'observation, il a vu que la mer peut être soulevée et entraînée par une influence éloignée, que déjà cet excellent observateur attribuait à l'électricité. Non seulement cet effet peut avoir lieu lorsque le ciel est couvert, lorsque des nues orageuses visibles se promènent au dessus des eaux ; mais aussi lorsque la vapeur transparente est fortement chargée d'électricité, qu'elle est groupée en nues comme la vapeur opaque.

Je pense que ces oscillations des eaux sont le produit des attractions puissantes d'une immense quantité d'électricité renfermée dans des nues opaques ou transparentes, et que ces oscillations indiquent le mouvement d'équilibration de ces tensions électriques. Aussi, je ne mets pas en doute que le raz-de-marée du 27 septembre 1839 (voyez le § 333), et le grand mouvement oscillatoire de la mer, du 7 novembre 1837, près les îles Sandwich, ne reconnaissent la même cause.

LIMAY, 23 juin 1764.

215. (N° 25.) Tonnerre avant ; dépression sur la rivière ; **ascension de l'eau** ; grêle après la rupture de la trombe.

Le 23 juin 1764, M. Du Bourdieu vit de Limay, près de

Villeneuve-Saint-Georges, à une demi-lieue de la Seine, se former une trombe vers les dix heures du matin.

L'atmosphère était chargée et le temps orageux, accompagné d'éclairs et de tonnerre. La trombe descendait jusque dans la rivière et s'élevait en serpentant jusqu'aux nuées, faisant avec l'horizon un angle d'environ 70°. Il la jugea large de trois pieds vers la nue et un peu moindre sur la rivière ; sa longueur contenait cinq à six sinuosités et avait des parties transparentes qui laissaient apercevoir l'ascension de l'eau : la trombe laissait même, à quelques endroits, échapper une espèce de brouillard : elle avait creusé dans la rivière un bassin, dont M. Du Bourdieu ne put mesurer l'étendue, à cause de l'éloignement ; ce phénomène dura à peu près un quart d'heure ; la colonne se rompit alors au tiers environ de sa hauteur, la partie inférieure retomba en pluie et la supérieure fut pompée par le nuage avec tant de vivacité, qu'elle disparut en une seconde : ce phénomène fut suivi d'une forte grêle. (*Hist. de l'Acad. des sc.*, 1764, 32.

DÉTROIT DE LA REINE CHARLOTTE, 17 MAI 1773.

216. (Nº 26.) Calme dans les régions voisines ; six trombes ; l'air est vivement agité sous chaque trombe dans un très-petit rayon ; l'extrémité inférieure d'une d'entre elles marchait plus vite que le nuage ; l'eau montait par un mouvement en spirale ; éclair au moment de la rupture entre les bouts séparés.

Voici la description que J. Brinold Forster donne de ces trombes, dans son ouvrage intitulé : *Observations pendant un voyage* (le 2ᵉ de Cook) *autour du monde, sur différens sujets de physique.* London, in-4°, 1778, p. 109.

Le chapitre 3 de cet ouvrage contient les remarques sur l'atmosphère, ses variations, les météores et autres phénomènes : la cinquième remarque est relative aux trombes. Il dit :

« Comme nous allions vers le détroit de la Reine-Charlotte , le 17 mai 1773 , étant près du cap Stephens , entre trois et quatre heures de l'après-midi, le vent s'abattit graduellement et nous eûmes un grand calme. Il avait plu tout le jour précédent, et il avait fort venté toute la nuit ; le matin, le temps était doux, beau et chaud ; le thermomètre se tint à 51° et demi Farh. (10° 8 dixièm. cent.). A quatre heures un quart, nous observâmes au sud-ouest quelques nuages épais, et, suivant les apparences, il devait pleuvoir au sud du cap. Nous vîmes immédiatement un espace de la mer blanchir à la surface, d'où s'élevait une petite colonne, tandis qu'une autre colonne aussitôt après descendit des nues, et vint se joindre à la première. Dans l'instant qui suivit, nous vîmes trois nouvelles colonnes se former, dont la plus voisine était éloignée de trois milles environ : la base de cette dernière était beaucoup plus considérable que le corps (son diamètre apparent était de 130 à 140 mètres), et l'eau, qui était agitée violemment, s'élevait en vapeurs et en fumée ; étant éclairée par le soleil , elle parut brillante et jaunâtre, principalement près du nuage noir placé derrière, tandis qu'elle paraissait blanche avant que le soleil ne se fût montré. Comme les colonnes s'approchaient de nous, nous eûmes occasion de les observer avec détail. Le diamètre supérieur était plus grand que celui du milieu, qui ne paraissait pas avoir plus de 7 à 10 décimètres. L'eau montait par un mouvement en spirale ; quelquefois il semblait qu'il y avait un espace vide dans la colonne et que l'eau formait seulement un cylindre ; en effet, le corps de la colonne, vers l'axe, avait une couleur différente et ressemblait beaucoup à un tube vide. Comme ces colonnes à la surface de la mer s'avançaient plus vite que les nues, elles eurent alors une position oblique et quelquefois arquée. Le mouvement de ces colonnes n'avait pas la même vitesse, ni leur direction ne paraissait pas être la même ; l'une d'entre elles, en ayant dépassé une autre, elles parurent se croiser. A mesure qu'elles s'avançaient vers nous, la mer parut de plus en plus agitée. Nous ressentîmes alors quelque peu de vent, mais sans aucune fixation, car il souffla en moins d'un quart d'heure de tous les points du compas. La première de ces quatre colonnes était la plus au sud, puis venait la plus longue ; celle qui était placée la plus au nord était la plus voisine de nous et s'avançait apparemment vers le sud, et conséquemment vers nous ; et, comme les nuages auxquels la colonne était suspendue, ne marchaient pas aussi vite que l'extrémité inférieure sur la surface de la mer, et qu'ils ne pouvaient la suivre, elle disparut bientôt après en se rompant, parce qu'elle était trop tirée en longueur.

Pendant que nous observions ces quatre trombes, nous remarquâmes, à une distance qui ne dépassait pas un demi-mille à la droite du vaisseau, un espace sur la mer de 100 mètres environ en diamètre qui était plus agité que le reste. L'eau se portait vivement vers le centre en vagues courtes et brisées, et là, étant résoute en vapeurs, elle se portait en spirale vers le nuage ; mais nous ne pûmes aussi bien distinguer le pilier dans cette trombe que dans les autres, parce que la vapeur qui s'élevait de la mer nous empêchait de voir. Le bruit que faisait cette trombe ressemblait assez à celui d'une cascade tombant dans une vallée profonde.

Comme cette trombe s'avançait vers le bâtiment, elle vint tout près par son travers jusqu'à moins de deux encâblures. Pendant ce temps, il tomba un peu de grêle sur le pont. Bientôt après, on découvrit une nouvelle trombe derrière ; un nuage de vapeurs se forma au dessous et s'éleva par un mouvement en spirale qui décroissait vers le sommet. Un autre nuage, d'une forme longue et déliée, pointu par le bas, paraissait descendre vers la portion qui s'élevait de la mer, et les deux portions s'étant réunies, elles formèrent un seul cylindre placé verticalement ; mais en s'avançant vers le sud-est, il prit une position inclinée et arquée ; enfin, lorsqu'il se rompit, nous observâmes dans son voisinage un large éclair, mais nous n'entendîmes pas d'explosion. La trombe qui était voisine de nous avait disparu un instant auparavant. Il était alors cinq heures et le thermomètre marquait 54° Fahr. (12° 22 c.). Nous eûmes plusieurs ondées pendant la durée de ces trombes.

Il cite encore plusieurs trombes qu'il vit le 29 octobre 1773, près le cap Pallifer, qui calmèrent le temps jusque-là horrible.

NICE, 12 AVRIL 1780.

247. (N° 27.) La trombe est inclinée du sud au nord, quoique sa marche et celle du vent était de l'est à l'ouest ; aucun mouvement giratoire ; ascension de l'eau par élancemens ; panaches entre les deux portions séparées par un coup de vent, s'attirant et se réunissant aussitôt que le vent baisse ; pluie abondante aux extrémités des nuages ; neige en grenailles.

Le 12 d'avril 1780, sur les trois à quatre heures de l'après-midi, M. Michaud, architecte à Nice de Provence, vit une trombe dont il donna la description dans une lettre adressée à M. Faujas de Saint-Fond, datée du 4 décembre 1786.

Il vit d'abord une grande agitation de la mer, qui, suivant son expression, bouillonnait comme aurait fait l'eau d'une immense chaudière, par l'action d'un feu violent. Cet espace était environné d'une enceinte ou atmosphère de vapeurs blanchâtres et diaphanes, imitant la figure d'un ballon, qui ne s'élevait que ce qui était nécessaire pour envelopper l'aire bouillonnante et conservant un état de tranquillité sans rotation, tandis que le tout avançait en obéissant au vent ; une trombe, sortie des nuages avancés d'un orage qu'on voyait au loin , avait son extrémité inférieure et très-amincie , au milieu de cette aire bouillonnante. Le pavillon de cette trombe dépassait quelque peu son zénith, et il vit avec la dernière évidence un fluide en vapeurs fort pressées , très-apparent et très-actif, qui de la trombe pénétrait dans la nue par des élancemens successifs, sans jamais revenir de la nue à la trombe. M. Michaud fit constater ce fait remarquable par des témoins, qui en signèrent le procès-verbal : cette trombe était inclinée du sud au nord, tandis que l'ensemble était poussé par le vent de l'est à l'ouest. Voici les expressions des témoins :

« Nous déclarons que nous avons vu très-distinctement, » et pendant tout le passage de la trombe , sans crainte ni » soupçon d'illusion d'optique, un fluide en vapeurs très- » accéléré dans sa course , qui de la trombe était poussé » dans la nue par un mouvement successif et jamais rétro- » grade ; le plus souvent ondoyant , quelquefois spiral. » Nous avons vu que ce fluide s'étendait tout du long et » dans l'intérieur des nuées, qui d'un gris-blanchâtre , » passèrent successivement à la couleur d'ardoise , de fer » et jusqu'au bleu-noir, à proportion du fluide qu'elles re- » cevaient et qu'elles envoyaient jusqu'aux plus éloignées, » lesquelles s'en déchargeaient alors par une pluie d'orage » sur les collines du territoire de Nice ; de façon qu'il ne » nous reste aucun lieu de douter que la trombe ne soit » un phénomène de la nature dont elle se sert pour élever » en peu de temps une grande quantité d'eau douce, du » bassin de la mer et la porter dans les nues.

» Signé, PAPACIN , *lieutenant du port*, et RENAUD , *étu-* » *diant à l'École-Militaire.* »

La trombe suivait sa marche régulière , losqu'elle arriva devant le port de Nice, situé au bout d'une vallée ; elle fut frappée alors par un courant d'air très-vif venant du nord.

Il tendait à déchirer le corps de la trombe et parvint même à l'entamer à l'endroit *a*, pl. 1ʳᵉ, fig. 18 ; la portion inférieure parut alors terminée par d'amples panaches, qui, repoussés par le vent et même quelquefois renversés fort en arrière, faisaient les plus grands efforts pour se rejoindre au tronc, par des élancemens continuels, quoiqu'infructueux ; le bout *d* très-aminci dans cette partie et diminué de toute l'épaisseur déchirée, tenait toutefois au reste et continuait à pomper l'eau que l'on voyait également monter dans la nue, tandis que le reste inférieur de la trombe qui avait conservé ses premières dimensions, voltigeait au gré du vent en s'allongeant et se raccourcissant, sans jamais abandonner le bouillonnement qui subsistait sur la mer et qui marchait comme la nue, de l'est à l'ouest. La trombe étant arrivée en face du château et se trouvant abritée de nouveau, les bords déchirés se réunirent au tronc, et bientôt le tout reprit sa forme première. Du lieu de l'observation on n'entendit aucun bruit.

Tant que dura le passage de la trombe, on ne vit tomber aucune goutte d'eau sur toute son étendue, quoiqu'il pleuvait à verse sur les collines de Saint-Pons et de Saint-André ; mais un moment après son passage, il tomba d'abord une espèce de neige glacée et réduite en grenailles, comme de la dragée de moyenne grosseur et ensuite une pluie orageuse.

On la vit de loin s'amincir, et bientôt après remonter vers les nues avec la vitesse de l'éclair. Elle se reforma du côté d'Antibes, et l'on en vit même le commencement d'une seconde. (*Journ. de Phy.* Roz. ; t. XXX, 284, année. 1787).

218. Cette trombe est d'un grand intérêt pour l'interprétation de ce météore ; on regrette seulement que l'auteur n'ait pas rapporté l'état du ciel avant son apparition et la position des nuages, si cela se pouvait. Quoi qu'il en soit, par la description détaillée de tout ce qui s'est passé, on

voit que cette trombe n'avait pas de mouvement giratoire, que les vapeurs inférieures s'élevaient directement, enveloppant la pointe du cône, que l'eau était aspirée par une force tout autre que celle produite par la rotation ; on voyait l'eau s'avancer par des élans successifs, ondulés, quelquefois en spirale. M. Michaud et les autres témoins virent l'eau s'étendre, les nuages s'obscurcir et une pluie abondante terminer ce phénomène.

Un autre passage de cette relation mérite aussi toute notre attention ; c'est celui qui décrit la rupture de presque toute la colonne par un vent très-vif, losque la trombe passa devant une vallée (fig. 18). Les bords panachés des portions séparées indiquent le rayonnement électrique, et l'attraction puissante qui combat contre le vent, et qui l'emporte, aussitôt qu'un peu d'abri a diminué son intensité : la neige en grenailles est encore une bonne observation, qui trouve son application dans l'interprétation que nous avons donnée de ce phénomène. Nous engageons à lire la relation entière qui est pleine d'intérêt.

Si l'on admet une très-forte tension électrique autour des vapeurs vésiculaires de ces nuages, si on leur applique toutes les lois de la puissance statique de l'électricité, de son écoulement par rayonnnement et des décharges partielles, on aura l'explication de tous les effets qui ont été produits, depuis son inclinaison du sud au nord, quoique marchant de l'est à l'ouest, jusqu'à ces panaches vaporeux attirés et attirant le cône attenant aux nuages, au moment qu'un vent assez fort en avait rompu la continuité.

PRÈS DE L'ILE DE CUBA, 12 JUILLET 1782.

219. (No 28.) Trombe sans nuages d'abord ; il s'en forme ensuite ; eau ascendante ; giration : tonnerre après que la trombe eut été rompue à coups de canon.

M. Baussard, lieutenant de frégate, étant au nord de l'île

de Cuba, vit une trombe dont il donna la relation suivante :

« Le 12 juillet 1782, à 6 h. 45' du matin, étant au nord de la Boca de la grande Caravelle, qui est sur la côte septentrionale de l'île de Cuba, à six lieues au large, le temps beau et fort chaud, vents échars (faibles et incertains), l'horizon brumeux, mais le ciel sans nuages; une trombe s'éleva subitement à une certaine distance de l'avant du vaisseau le Northumberland, sur lequel j'étais (M. Baussard était alors lieutenant de frégate).

» Pendant que le vaisseau parcourut l'espace d'un quart de lieue, en s'approchant forcément beaucoup de cette trombe, elle augmenta considérablement, jusqu'au moment où elle se trouva à quatre cents toises environ de ce vaisseau. Alors sa base paraissait occuper l'espace de quatre toises; le bas de la colonne (ou siphon) quatre pieds, son milieu dix pieds, et la partie supérieure, en s'élargissant, formait le nuage.

» La trombe et le nuage qu'elle servit à former, paraissant chassés par un petit frais de vent de nord-est, approchèrent de plus près quelques vaisseaux de l'armée, ce qui les mit à portée de tirer sur cette trombe plusieurs coups de canon à boulet, qui firent un très-bon effet, puisqu'ils interrompirent le cours de l'eau de la mer, qui s'élevait par un tournoiement rapide. Alors la trombe devint plus faible par le bas et bientôt après elle se sépara de sa base, et le bouillonnement disparut. L'agitation intestine paraissait, comme je viens de le dire, se faire de bas en haut avec régularité, et acheva, en se dissipant entièrement, de former le nuage qui couvrit tout l'horizon. Ensuite, le tonnerre, qui avait commencé à gronder, devint plus fort; la foudre tomba sur une vaisseau espagnol de l'escadre du général Cordova. Immédiatement après, l'air se refroidit sensiblement par l'abondance de la pluie qui tomba pendant plus d'une heure.

» La colonne de ce siphon fut toujours moins obscure que le nuage et beaucoup plus claire vers la fin. Ce phénomène dura environ trois quarts d'heure.

» Quant à la cause de ce phénomène, on pourrait croire que l'action de quelques feux souterrains, sortant rapidement du fond de la mer, occasione ces trombes et donne lieu à l'élévation de l'eau dans l'air ; mais ce phénomène me paraît trop fréquent pour oser l'attribuer à cette seule cause, plusieurs peuvent y concourir. » (*Jour. Phys.* floréal an VI, mai 1798 ; t. 46 (3) 346).

220. L'expression de M. Baussard, *ciel sans nuages*, veut dire seulement sans *nuages opaques ;* l'auteur ne voulait ni ne pouvait dire sans aucune vapeur dans l'atmosphère. Ne reconnaissant pour nuages que les masses de vapeurs opaques, il a dû dire que la trombe s'était formée en leur absence, il lui a de plus attribué tous les nuages qui se sont promptement formés après elle, comme étant un de ses produits ; malgré l'impossibilité d'admettre qu'une colonne de vapeur de quatre pieds en diamètre, puisse fournir, en quelques instans, toute la pluie qui tomba pendant une heure avec abondance, sur une grande étendue, après qu'il l'eut rompue avec le canon. L'interprétation de M. Baussard ne peut soutenir l'examen. La masse de vapeur existait avant la formation de la trombe, et elle existait puissamment chargée d'électricité, comme le prouve le tonnerre qui se fit entendre aussitôt que la colonne fut rompue et la foudre qui tomba sur le vaisseau espagnol. Ce fait de trombe sans nuages apparens n'est pas rare ; de même on voit presque toujours le ciel se couvrir lorsqu'il y a des décharges électriques entre l'atmosphère et le sol. La cause de cet effet est une des principales questions que nous traiterons dans la seconde série de ces recherches.

CAP. VERT, 7 SEPTEMBRE 1785.

221. (N° 29.) Mouvement giratoire.

Erdman Isert, dans son voyage en Guinée en 1783, vit une trombe le 7 septembre, étant près du Cap-Vert. Elle paraissait suspendue de la pointe du cap dans la mer et tournait comme une toupie de l'orient à l'occident. Il est fâcheux que cet auteur ait passé si légèrement sur cette observation ; il ne dit rien de plus et passe à autre chose, il semblerait par son expression que la trombe n'allait pas d'un nuage à la terre, mais de la pointe du Cap à la mer. Il manque, bien certainement dans cette indication, la description d'autres parties du météore que l'auteur a négligées, n'en comprenant pas toute l'importance. Dans une note précédente, l'auteur dit qu'il ne pleut en Guinée que par des orages. Le ciel est pur, dit-il, à l'exception d'un petit nuage noir, qui paraît à l'est ; ce nuage s'étend, il s'élève une tempête, l'éclair brille, le tonnerre gronde, la pluie tombe alors abondamment ; au bout d'une heure ou deux, le ciel a repris toute sa sérénité. (*Voy. en Guinée*, etc., par Erd. Isert ; trad. de l'allemand. 1793, p. 9 et 10).

MER ADRIATIQUE, 23 AOUT 1785.

222. (N° 30.) Nuage tourbillonnant ; éclairs, tonnerre ; plusieurs trombes ; cavité dans la mer sous le cône ; calme. Il attribue l'effet de la mer au souffle du vent qui sort de la colonne comme d'un tube.

La relation suivante est un extrait de celle que Spallanzani a donnée de ces trombes dans les *Mémoires de la Société d'Italie*, tom. 4, pag. 473 et suiv.

« Ayant levé l'ancre de Venise le soir du 22 août 1785, le jour suivant nous arrivâmes, à onze heures, en face des montagnes d'Istrie. Le vent, assez doux, soufflait de l'ouest, le ciel était couvert de nuages orageux qui marchaient vers l'est, et de temps en temps au nord-est se voyaient de vifs éclairs, suivis de coups de tonnerre, lesquels ne faisaient pas entendre ce roulement prolongé que le plus souvent on entend sur terre, mais ressemblaient à des coups de canon très-brefs; ce que j'ai observé d'autres fois, principalement quand on ne voit plus que le ciel et la mer. La face inférieure des nuages touchait les montagnes de l'Istrie, et par conséquent à vue d'œil elle ne semblait pas être à plus d'un mille d'élévation. Elle était partout uniforme, à l'exception d'une enflure qu'il y avait d'un côté; et là le nuage étant plus gros, paraissait plus noir. Outre le mouvement de marche vers l'est, commun au reste des nuages, cette tumeur en avait un en tourbillon; et où elle était, les éclairs brillaient et le tonnerre grondait plus fréquemment, sans qu'il parut d'indice de pluie. La tumeur du nuage correspondait perpendiculairement à un endroit de la mer, qui n'était pas distant de nous de plus de cinq milles. Au moment où j'avais les yeux fixés sur cette tumeur comme sur l'objet qui frappait le plus la vue, j'observai que vers son milieu elle s'allongea tout à coup en une espèce de cône renversé; d'autres cônes ne tardèrent pas à paraître de la même manière latéralement, lesquels ressemblaient infiniment, et en grand, à des stalactites pendantes de la voûte d'une caverne souterraine. Mais ce groupe de cônes ne tarda pas à disparaître; peu de temps après, il se forma un autre cône dans le même endroit, mais beaucoup plus considérable, lequel, s'allongeant rapidement et tombant d'aplomb jusqu'en bas, en très-peu de temps arriva sans interruption jusqu'à la mer, et en toucha la superficie avec son extrémité inférieure, nous pourrions dire avec son sommet, tandis que la base du cône se cachait dans ce gonflement des nuages. Lorsque le sommet toucha l'eau de la mer, celle-ci se souleva en un monticule qui persista tant que le cône renversé fut entier. Celui -ci était donc une vraie et complète trombe de mer, tandis que les cônes plus courts n'en étaient que d'imparfaites. . . . . .

La pointe de la trombe était distante de nous de trois milles et demi environ. Son diamètre apparent à l'endroit où elle touchait la mer ne paraissait pas outrepasser onze pieds ; mais, en montant, elle grandissait de manière à paraître au moins décuplée à l'endroit où elle touchait le nuage. La matière composant la trombe ne semblait pas différer de celle du nuage générateur, excepté qu'elle était plus transparente ; ainsi, dans les parties inférieures, on voyait au travers les corps placés derrière, c'est-à-dire la mer qui était au-delà. La trombe faisait un arc très-visible, convexe de notre côté et concave du côté opposé, et la concavité était produite par le vent qui continuait de souffler de l'ouest. Le point où la trombe touchait la mer ne correspondait pas verticalement à celui par lequel il touchait au nuage, mais il était beaucoup en-deçà. En regardant attentivement, on voyait ce grand arc se mouvoir progressivement de la cime au fond, de manière à s'approcher très-lentement de nous, quoique par sa direction il fût clair qu'il ne pouvait apporter aucun dommage au vaisseau, mais qu'il passerait de côté.

» Pendant que j'observais avec joie cet admirable phénomène, voilà que de la même grosseur du nuage, qui alors était très-noire, et ne cessait pas d'éclairer et de tonner, se détachent deux autres trombes, dont l'une plus volumineuse, l'autre moins que la première, lesquelles descendant avec une vélocité presque égale, joignirent la mer. Le temps de la descente fut d'un peu plus de trois minutes. Outre la courbure habituelle, je vis à leur cime ou base un mouvement en tourbillon, et je vis aussi avec plus de précision, à cause du plus grand rapprochement, les deux monticules d'eau subjacens à la pointe des trombes, qui se formèrent également aussitôt que celles-ci touchèrent la mer. Quoiqu'au premier abord j'eusse pris ce monticule pour une masse d'eau liquide, il n'en avait que l'apparence : c'était un voile d'eau qui se soulevait de quelques pieds au dessus du niveau de la mer, et qui, regardée avec une bonne lunette, me paraissait écumeuse. Or, ce voile s'étant déchiré en plusieurs parties, laissa voir très-clairement une cavité dans son intérieur, mais qui n'en occupait pas le milieu et qui pénétrait de plus de deux pieds dans la mer. Je pensai donc, non sans fondement, que c'était une puissance qui, agissant sur la mer de haut en bas, créait cette cavité, obligeant l'eau à monter latéralement ; et comme la cavité et le voile étaient placés sous la pointe des deux trombes, et les suivaient constamment dans leurs marches, je jugeai que cette puissance n'était autre qu'un courant d'air qui, se précipitant des nuages par la trombe, allait frapper l'eau avec impétuosité. La grande proximité des trombes me fit découvrir un autre phénomène, qui me confirma dans mon opinion, c'est qu'il partait de ces deux cavités un bruit confus, non interrompu, semblable à ceux que produisent les arbres quand ils sont violemment agités par le vent. Du reste, la mer n'avait aucune part à ce phénomène, sa superficie n'étant alors que légèrement agitée par un petit vent. Pendant que je contemplais ces deux trombes, la première avait disparu. Sa suppression se fit ainsi : l'arc dont elle était formée devint de plus en plus aigu, et, peu à peu, vers le milieu, il se fit un angle, puis elle se rompit en deux ; et à peine la rupture avait-elle eu lieu, que le monticule d'eau s'affaissa. Ces deux morceaux d'arc cependant ne cessèrent pas subitement d'exister ; ils se conservèrent visibles pendant onze minutes, puis ils s'éteignirent insensiblement, comme il arrive à un nuage qui se réduit à rien. Mais, pour revenir aux deux autres trombes, comme elles passèrent du côté du nord, le long du

flanc du vaisseau, à la distance d'un mille, je pus faire de
nouvelles observations plus exactes encore. La pointe de la
trombe la plus grande avait environ trois perches de diamètre, puis elle croissait rapidement à mesure qu'elle
montait. La matière de la trombe me paraissait parfaitement semblable à celle du nuage, et sa transparence permettait de voir que l'intérieur était entièrement vide. On
entendait de la manière la plus distincte le bruit de l'air
qui, tombant d'aplomb du haut de la trombe, frappait avec
force la mer, l'obligeait à se creuser, soulevant autour de
la cavité un voile écumeux haut de plusieurs pieds ; et la
superficie de la cavité bouillonnait, écumait et était emportée par un mouvement circulaire, tous effets dépendant
de l'impulsion de l'air. Des phénomènes semblables avaient
lieu dans la trombe plus petite.

» Pendant ce temps-là le nuage orageux était arrivé à
notre zénith, et sans donner une goutte d'eau ; il était sillonné d'éclairs accompagnés de coups de tonnerre très-
brusques. A l'endroit où se détachaient les trombes (et ce
fut toujours à la tumeur noire du nuage); à cet endroit,
dis-je, le nuage se mouvait avec une grande rapidité en
cercle, à la manière d'un dévidoir, et ce mouvement en
tourbillon se voyait encore plus clairement dans divers
points des trombes. La plus grande trombe dura vingt-sept
minutes, la plus petite dix-huit; et la durée eut été vraisemblablement plus longue si le vent, en les courbant
trop, ne les eût à la fin rompues dans la partie supérieure.

» Aussitôt que les colonnes furent rompues, les deux
portions de la mer qui étaient au dessous perdirent subitement leurs cavités, leurs voiles écumeux s'aplatirent et
redevinrent aussi calmes que le restant de la mer. Les arcs
rompus des trombes continuèrent pendant quelque temps
à se faire voir, la partie supérieure restant attachée aux
nuages, l'inférieure devenant le jouet du vent. . . . .

16

» Notons maintenant en peu de mots les principales conséquences qui dérivent immédiatement des observations précédentes : 1° Cette espèce de trombe ne soulève pas et n'attire pas dans son intérieur l'eau de la mer ; elle n'en verse pas non plus ; mais elle consiste dans un simple courant d'air , renfermé toujours dans un canal de matière analogue à celle du nuage, et qui du nuage se précipitant en bas , produit sur la superficie de l'eau les effets indiqués ; 2° ce courant paraît être produit , au moins à son origine , par des vents contraires qui se heurtent et qui provoquent uu abaissement giratoire de l'air à partir du nuage orageux , ce qui prouve que le nuage lui-même tourbillonne rapidement , ainsi que certaines parties de la trombe même ; 3° le canal vaporeux que j'appelle trombe est vraisemblablement engendré par ledit tourbillon d'air qui , entrant avec violence dans le nuage et gonflant la partie inférieure , la pénètre et descend , entouré par son enveloppe , tantôt jusqu'à la mer, tantôt s'arrêtant à des distances intermédiaires ; 4° la génération imparfaite des trombes , représentée par ces cônes renversés , qui finissent avant de toucher la mer, peut provenir ou de la cessation du courant d'air nécessaire à leur production , ou de ce que ce courant ne retrouve pas dans les trombes naissantes la résistance nécessaire pour pouvoir les allonger et les étendre jusqu'à la mer , indépendamment des autres empêchemens qui peuvent y concourir ; 5° toute la force de cette espèce de trombe consistant dans ce violent souffle d'air de haut en bas , peut être nuisible aux petits bâtimens , jusqu'à les enfoncer dans la mer par son impétuosité et à les remplir d'eau en vertu du voile écumeux qu'il soulève autour de lui; mais je ne pense pas qu'il pourrait causer grand dommage à de grands bâtimens tels que celui que nous montions. . . . .

» Je continuai mon voyage vers le Levant avec Baile

Zulian ; et lorsque j'arrivai à Corfou, j'appris qu'un mois auparavant on avait vu dans ce port un autre météore qui avait été fatal à un bâtiment. Je ne puis en donner qu'un indice, n'ayant obtenu des habitans qu'une relation tronquée et imparfaite. Il paraît qu'il avait toute l'apparence d'un ouragan. D'après ce qu'on me rapporta, il surgit tout à coup un violent tourbillon dans le port, lequel, en un moment, bouleversa l'eau de la mer et la souleva à une grande hauteur, en en formant un grand amas, et cet amas était affecté d'un mouvement giratoire rapide. Par malheur, il se trouva au dessous un bâtiment, lequel, après avoir obéi quelque peu au mouvement giratoire, fut détaché et enlevé en l'air ; puis, abandonné à son propre poids, il retomba et fit naufrage. . . . . »

223. Nos expériences donnent l'explication des phénomènes dont Spallanzani a fait la relation ; nous ne nous étonnons que d'une chose, c'est qu'un homme de son talent et d'une aussi grande instruction ait pu imaginer un *tube de vapeur* conduisant un vent impétueux qui ravage tout ce qu'il rencontre. Lors de la formation de la première trombe, on en voit d'abord plusieurs petites sortir du même nuage sans pouvoir se compléter, puis se résoudre en une seule qui vint rapidement rejoindre la mer. Ce fait prouve que l'électricité ne s'écoule pas rapidement à la surface d'un nuage ; plusieurs de ses parties, attirées par l'électricité contraire de la mer, baissaient pour s'y réunir, mais aucune n'avait assez de tension pour y arriver. Il a fallu un temps assez long pour que les particules inférieures aient reçu des autres portions assez d'électricité pour compléter la tension qui leur manquait.

EN MER, 24 MAI 1788.

224. (N° 31.) Aucun mouvement giratoire ; vapeur ascendante.

« Le 24 mai 1788, à quatre heures et demie après midi, on vit, dit Buchanan, une trombe en mer vers le sud-est. J'allai à une croisée et je trouvai qu'elle avait disparu ; mais un nuage épais, noir, pendait au dessus de la mer à l'endroit où on l'avait vue, à une élévation d'environ 20 degrés. Au-delà de ce nuage le ciel était chargé. Bientôt après, revenant à la croisée, j'observai un cône descendant de la nue. La concavité de ce cône, très-allongé, regardait le vent. Au même moment, oupr esque aussitôt que j'eus aperçu ce cône, je vis s'élever de la mer un brouillard épais, des sortes de nuages ; puis le cône allongé s'élança vers ces masses de vapeurs, qui s'élevèrent et se contractèrent dans leur diamètre.

» La trombe fut alors complètement formée, et son aspect fut comme il suit : Le nuage, d'où le cône descendait, avait un mouvement assez lent ; c'était peut-être là la cause de la courbure de la colonne nuageuse. Cette colonne, qui se terminait graduellement en pointe vers la partie inférieure, paraissait plus dense que le nuage d'où elle provenait, mais ne l'était pas plus que certains nuages que l'on voit quelquefois. Le brouillard qui s'élevait de la mer avait la même couleur que la colonne descendante, et il ressemblait à la fumée des machines à vapeur. Pendant tout ce temps, la surface de la mer, au dessous du cône, était dans une violente agitation et remplie de vagues blanches ; on entendit alors un bruit semblable à une immense chute d'eau. Depuis le moment de la formation du cône descendant jusqu'au moment où il toucha la masse de vapeur qui s'élevait de la mer, il se passa deux minutes. Ce cône allongé parut alors se retirer lui-même vers le

nuage d'où il était parti, et les vapeurs inférieures se reti-
rèrent graduellement vers la mer, tellement, qu'au bout de
trois minutes tout fut terminé ; le nuage supérieur si épais,
se dissipa entièrement en peu de temps. La distance de la
trombe au vaisseau était un peu plus d'un mille. Je ne l'ai
point observée avec une lunette, n'en ayant pas dans ce
moment.

» Relativement à la hauteur et à la durée de la trombe,
il y a beaucoup d'incertitude, parce que mon estimation ne
fut que conjecturale, aussi les autres témoins différèrent
beaucoup d'opinion sur ces points et sur d'autres. Quelques uns pensèrent que la trombe dura au moins dix minutes ; d'autres qu'elle n'était pas à un demi-mille ; d'autres que le nuage de vapeur ne s'éleva pas avant que le
cône ne fût descendu jusqu'à toucher la surface de la mer;
et quelques uns même pensèrent que ce n'était pas un
nuage qui s'élevait de la mer, mais une masse d'eau , et
que la trombe était une colonne d'eau tournant avec une
grande vélocité. J'ai peu de confiance dans ces dernières
opinions, sachant combien le commun des hommes est peu
propre à observer les phénomènes naturels, lorsque l'esprit est déjà prévenu par les préjugés et lorsque chacun
est occupé à quelque travail, comme les témoins de ce phénomène qui étaient occupés à la manœuvre pour éviter le
danger qui menaçait le vaisseau. Quant à moi, je suis certain que le nuage s'éleva de la mer et rencontra la colonne
descendante, et je regardai attentivement la trombe pour
voir si j'apercevrais un mouvement de rotation , mais ce
fut en vain.

» Nous étions, à midi, à 20° 45′ de latitude sud, et de ce
moment nous avançâmes peu. La longitude était de 20°
ouest de Greenwich. Pendant deux ou trois jours le temps
fut sans stabilité , le vent restait rarement deux heures du
même côté, soufflant tantôt avec violence et tantôt tombant

à plat. Parfois le ciel était clair, d'autres fois il pleuvait à verse. Nous eûmes souvent du tonnerre et des éclairs, principalement dans la soirée qui suivit la trombe. Au moment du phénomène, il ventait un peu au vaisseau du nord-ouest; mais vers la trombe, si nous pouvons en juger par le mouvement des nuages, il y avait une brise assez vive du sud-ouest; près du vaisseau, il pleuvait très-fort, mais cette ondée avait peu d'étendue ; le thermomètre, placé dans la chambre du pont, marquait 75° Fahr. (23° 89 cent.), mais à l'air il y avait 2 ou 3 degrés de moins. » (Buchanan. Edimb., *Ph. jour.*, t. 5 p. 275; *Ann. ch. ph.*, 19, 70.)

NICE, 6 JANVIER 1789.

225. (N° 32.) Les vapeurs élevées au dessus de la mer restent droites malgré un fort vent d'est; projection d'eau et de lambeaux de nuage de l'enveloppe inférieure; pas de mouvement giratoire; grèle et neige.

Nous allons donner un extrait des observations que M. Michaud fit sur les trombes qu'il vit à Nice, le 6 janvier et le 19 mars 1789, et qui ont été insérées dans les Mémoires de l'Académie des sciences de Turin, de 1788 et 1789, tome 9, page 3 de l'annexe, placé à la fin et destiné aux mémoires envoyés.

« ..... Le 6 janvier 1789, je vis, vers les huit heures du matin, un groupe immense de nuées, comme des tours amoncelées, qui, tenant du nord-est jusqu'au sud, s'élevaient vers le zénith en s'avançant vers l'ouest... Je prédis à mes deux fils aînés que nous pourrions bien découvrir quelques trombes dans la journée. En effet[1], sur les dix heures cinq minutes du matin, j'observai sur la mer et à la distance tout au plus d'une portée de mousquet de la plage, un espace rond de 10 à 12 toises de diamètre, où l'eau ne bouillait pas effectivement, mais où elle paraissait prête à bouillir (pl. 3, fig. 19) ; car il s'élevait tout autour, et quelquefois même intérieurement, des vapeurs en forme de brouillards, de 8 toises et plus de hauteur (a), sous l'aspect, mais infiniment plus en grand, de celles qui s'élèvent de la surface d'un vase d'eau qui commence à frémir. Je vis que c'était, si je puis m'exprimer ainsi, l'embryon d'un pied de trombe, poussé par le vent, tandis que les nuées n'étaient pas encore assez avancées pour pouvoir s'y unir par le corps d'une trombe ; il continua donc de s'avancer en obéissant au vent de l'est à l'ouest, *tenant, à ma grande surprise, ses vapeurs d'alentour élevées, comme des voiles,* nonobstant la force démesurée d'une pression qui le poussait au rivage ; mais lorsqu'il commença d'en être près, cet espace se resserra, les vapeurs se rapprochèrent, et au moment qu'elles touchèrent le rivage, elles furent tout à coup renversées par le vent, sous l'aspect d'une longue traînée de brouillard qui se dissipa bientôt (b).

»Vers onze heures cinquante minutes, une trombe magnifique parut. Des nuages avaient occupé non seulement la partie supérieure et méridionale de l'atmosphère, mais ils s'étaient portés vers l'ouest dans toute la partie que ma vue pouvait embrasser, avec cette circonstance toutefois qu'ils avaient laissé à découvert en dessous et vers le sud une partie en forme de segment de cercle, où l'on en voyait tout au plus dans le lointain extrême, quelques uns que le soleil dorait des couleurs de l'aurore.

»Le pied de cette trombe... était si ample, qu'un vaisseau de guerre de cent pièces de canon, ayant toutes ses voiles au vent, en aurait été enveloppé et même dépassé en hauteur et en longueur... Au lieu d'être tranquille comme au commencement, ce pied paraissait un véritable cratère de volcan, hormis qu'il ne jetait que des grands lambeaux de nuage et des jaillissemens d'eau de la mer, mais il les poussait par des jets paraboliques et du centre à la circonfé-

rence, et tout à l'entour avec tant d'impétuosité et de violence, que c'était très-évident pour nous qu'il devait régner
intérieurement et dans le bassin borné par l'enveloppe,
une effervescence inexprimable, quoique la trop grande
distance et l'opacité même de l'enveloppe nous empêchas-
sent de la voir aussi distinctement que nous avions vu le
bouillonnement de la trombe de 1780.

»Le diamètre de la trombe et celui de son pavillon étaient
grands à proportion : la couleur en était d'un indigo très-
foncé et du même ton que celui des nuées qui s'étendaient
de l'est à l'ouest. Il nous était impossible d'y voir l'ascension des vapeurs d'eau douce, mais l'observation de 1780
suppléait à ce défaut; d'ailleurs cette ascension se manifesta derechef d'une manière complète, ainsi qu'on le
verra bientôt.

» Pendant que nous observions ce météore, une grêle im-
pétueuse fondit sur nous..... ; elle n'était formée que de
gros flocons de neige que le vent avait arrondis dans leur
chute, et qui n'avaient ni la dureté ni la pesanteur de la
grêle ; en ayant ouvert quelques grains, j'y trouvai une
croute mince et compacte ; l'intérieur était presque vide, il
n'avait que de petits rayons du centre à la circonférence.

NICE, 6 JANVIER 1789.

226. (N° 33.) Trombe très-contournée ; neige à peine gelée.

La première trombe ayant disparu, M. Michaud en vit
une seconde peu différente de la première ; mais ce qui le
surprit beaucoup, c'est de voir, dans le lieu où avait été la
première, le pied d'une trombe, sans y voir la trombe attachée, lui qui croyait que le pied était toujours enfanté
par la trombe descendante et que ce n'était qu'une expansion de sa propre substance. Ce qui augmentait encore sa
surprise, c'est que ce pied était à peu près stationnaire,

tandis que les nues, les flots et les trombes précédentes
indiquaient une progression rapide de l'est à l'ouest. Peu
d'instans après il vit un mamelon qui s'allongea et vint ensuite se réunir au pied qu'il avait observé, et il vit les vapeurs s'élever tout le long de ce sac renversé. La figure
qu'il a donnée de cette trombe est excessivement contour-
née ; cette particularité nous a paru assez importante pour
nous engager à la reproduire (fig. 20). Il tomba encore de
la neige à peine gelée, qui fondait aussitôt qu'elle avait
touché terre.

NICE, 19 MARS 1789.

227. (N⁰ 34.) Espace libre au centre des vapeurs qui s'élèvent de la
mer ; tonnerre, neige.

Le 19 mars 1789, à onze heures cinquante minutes du
matin, M. Michaud vit encore deux trombes à la suite l'une
de l'autre ; les panaches des pieds ne se relevaient pas
comme dans les trombes précédentes, le circuit était plus
ouvert et laissait voir, au centre, un espace libre de vapeur, qu'il a indiqué dans une figure que j'ai reproduite
figure 2, planche 1. Il ne dit rien de cet espace ni de ce
qui s'y passait, probablement que l'éloignement de la
trombe était un obstacle à ce qu'il pût voir la dépression et
le mouvement giratoire de l'eau qui y existait indubitable-
ment.

La neige accompagna ces trombes, pendant la durée
desquelles on entendit cinq à six coups de tonnerre dans le
lointain.

Cet observateur exact assure que c'est de la vapeur et
non de l'eau de la mer qui s'élève dans les trombes, que
l'électricité y joue un très-grand rôle, et qu'il regrette ne
pouvoir faire des expériences qui viendraient représenter
chacune des parties du phénomène : il combat la théorie de

Mussenbroek, et soutient qu'elle ne pourrait aucunement rendre raison des trombes qu'il a vues.

Observation. Nous pensons qu'il est inutile de faire remarquer combien cette relation concorde avec ce que nous savons des influences d'électricité statique, et l'impossibilité d'expliquer ce phénomène avec d'autres forces que celles qui proviennent de l'électricité accumulée dans les nuages : il suffit de se rappeler les attractions électriques et le rôle que joue la conductibilité des corps en présence pour se rendre compte de toutes les phases du météore. Dans les dessins que M. Michaud a donnés de celles du 19 mars, on y voit un espace au centre, libre des vapeurs qui s'élèvent autour. Quoique l'auteur ne dise rien de cet espace qu'il a reproduit deux fois (voyez une de ces figures pl. 1, fig. 2), nous pensons qu'il est la représentation de la dépression de la mer, dont Constantin, Spallanzani, Noggerath, etc., ont parlé.

Il est un passage de cette relation qui nous a particulièrement frappé, c'est celui où il dit qu'il vit se former l'embryon d'un pied de trombe ; que les panaches se tenaient droits malgré le vent, qu'il n'y avait pas de nuages au dessus, dans son dessin il les représente au loin, et qu'enfin ce pied s'avançant vers la côte, elle s'inclina comme on le voit, dans la figure.

Puisque ce pied marchait vers la côte sans nuages apparens, qu'il se dissipa en s'inclinant vers le sol, il faut bien reconnaître que la cause de ce pied de trombe, de ce buisson, existait dans l'espace transparent ; que la cause qui fait naître ces panaches vaporeux sous l'influence des nuages opaques, peut exister dans les vapeurs transparentes. Cette déduction est forcée, ou il faudrait reconnaître que les mêmes effets ont des causes différentes, selon que la vapeur est opaque ou transparente. Nous ne pouvons admettre ces distinctions. Les preuves que nous avons ap-

portées dans la première partie ne peuvent laisser de doute
qu'il y a des quantités de vapeurs transparentes, massées
en nuages, qui produisent des effets analogues à ceux des
nuages opaques.

EN MER, 8 JANVIER 1789.

228. (N° 35.) Deux nuages superposés ; trombe ayant trois origines ;
cylindre bien défini.

M. Buchanan vit une autre trombe le 8 janvier 1789 à
huit heures et demie du matin. « Nous observâmes, dit-il,
un nuage épais, stationnaire sur la mer, s'étendant du
point où nous étions, ouest, vers le nord, à environ six
milles de distance ; il n'était pas très-épais et ressemblait à
un navire sans agrès. Au dessus de lui un nuage épais pendait à environ 30° au sud du premier nuage ; il tombait
une averse, une petite brise du sud souffla sur le vaisseau
plusieurs heures. Le capitaine observa le premier ce nuage,
de la chambre du conseil. Une portion du nuage s'abaissa
sous la forme d'un coude ; mais avant que je sois averti,
cette projection avait disparu, et il ne restait rien que les
nuages qui reposaient sur l'eau.

Une demi-heure après, je fus averti que la trombe re-
paraissait. Arrivé sur le pont, je vis le nuage et la pluie
comme auparavant ; dans ce moment une nouvelle trombe
s'était formée (fig. 24, pl. 4). La colonne descendante a
était cylindrique et légèrement pliée au nord par le vent :
l'extrémité inférieure était terminée en une pointe, à environ 300 pieds de la mer. L'extrémité supérieure, suspendue au nuage, était un peu plus étroite, et lui envoyait
deux branches d, d. Cette colonne ou trombe avait une
forme bien définie et paraissait avoir la même densité que
le nuage. En examinant cette trombe avec une lunette,
elle me parut creuse d'abord ; mais je vis bientôt que cette

apparence provenait de ce que le milieu paraissait plus clair que les bords, et que c'était un effet d'optique. De la surface de la mer, s'élevait un nuage conique *c*, d'une densité à peu près égale à celle de la colonne supérieure. Après dix minutes observées à une montre, la trombe et les deux nuages s'éclaircirent graduellement et disparurent ensuite entièrement. La pluie qui avait lieu au vent continua pendant tout ce temps et paraissait aussi dense que les nuages eux-mêmes. On n'entendit aucun bruit. Nous étions alors 3° 38' latitude sud et 135° 26' de longitude est de Greenwich. Le temps fut très-inconstant, comme cela a lieu dans ces latitudes; le thermomètre marquait 82° Fahr. (27° 78 cent.). Nous n'eûmes ni tonnerre ni éclairs ce jour-là. Le ciel était parsemé inégalement de nuages, et il y avait des grains fréquens. Il me sembla que nous étions à six milles de la trombe et que sa base était au-delà de notre horizon. Il se pourrait que je me trompasse de 5 à 6 degrés sur l'élévation du nuage, que j'estimai à 30°. (*Edinb. Phys. jour.*, t. 5, p. 275).

229. Cette trombe présente un fait fort remarquable et complétement inconciliable avec la théorie des tourbillons de vent comme cause de ce phénomène : ce sont les trois origines sortant de la nue et se réunissant au même cylindre. Jamais on ne pourra démontrer que trois tourbillons de vent viennent ainsi s'aboucher et se réunir à un seul, tandis que les attractions électriques, comme les courans, présentent à tout instant ce mode d'union. Nous ferons remarquer aussi qu'il y avait deux rangs de nuages superposés.

EE MER, 12 AVRIL 1789.

230. (N° 36.) Mer agitée sous le cône éloigné ; vent très-faible ; le cône descendant est bien limité ; pas de tonnerre.

Buchanan rapporte encore la description d'une autre trombe qu'il a vue le 12 avril 1789, étant dans le sud de la mer Atlantique. « A huit heures du matin, dit-il, j'observai la base d'une trombe d'eau et de la projection de vapeur qui sortait de la mer (fig. 22 *a*, pl. 3ᵉ). Elle était si près d'une rafale de pluie *b*, qu'elle en fut entourée avant que sa cime fût formée.

Elle marchait sud-ouest du vaisseau ; bientôt après, l'officier étant sur le pont observa un colonne descendant du nuage jusqu'à mi-chemin de la mer. A neuf heures, montant sur le pont, je fus instruit par cet officier qu'un cône ascendant avait eu lieu dans cette place, et qu'après une ou deux minutes il s'était affaissé. Regardant alors, je vis un cône descendant d'un nuage supérieur, assez élevé et très-limité, descendant à moitié chemin de la nue à la mer ; Il était incliné dans la direction de l'est à l'ouest. Lorsque je l'examinai, le centre parut plus clair que les côtés, ce qui provenait probablement de sa forme cylindricale. Au dessous de son extrémité inférieure, l'eau de la mer était violemment agitée comme en *b*, et blanche comme l'eau du fond d'une cataracte. De cet endroit, s'élevait un nuage de vapeur ou brouillard *c*, mais qui resta beaucoup plus bas que tous ceux que j'avais vus. On n'entendit aucun bruit. Après avoir duré deux ou trois minutes, le cône s'était peu à peu éclairci, et se retira vers le nuage, où il devint si transparent qu'il ne fut plus possible de l'observer. Malgré cette rétrogradation, l'eau de la mer resta encore agitée une minute au moins ; l'atmosphère était étouffante. Le ciel était parsemé d'épais nuages, qui se résolvaient parfois en rafales de pluies.

Il n'y eut ni tonnerre ni éclairs cette journée-là. Près du vaisseau, le vent était nord-est, mais très-faible, le thermomètre donnait 84° Fahr. (28° 89 cent). La distance à la trombe fut estimée à trois milles, parce que nous vîmes l'eau au-delà de la base. La hauteur du nuage d'où descendait la trombe était à environ 25°; entre ce nuage et l'horizon, le ciel était noir et très-couvert. »

LAC LÉMAN, 1ᵉʳ NOVEMBRE 1793.

231. (N° 37.) Il neigeait de chaque côté de la trombe ; le lac paraissait creusé au dessous du cône ; la colonne était très-nette ; pas de tonnerre.

La trombe dont il est question dans cet extrait a été observée par M. Wild, le 1ᵉʳ novembre 1793, à huit heures trente-cinq minutes du matin, sur le lac Léman.

Cette trombe parut à l'orient du village du *Meillerie*, vers le milieu du lac ; le ciel était fort inégalement nuageux ; il neigeait même au dessus du *Boveret* et sur les hauteurs d'*Evian*, c'est-à-dire à droite et à gauche de la trombe. Vis-à-vis de l'observateur, des nuages fort noirs ceignaient le milieu des montagnes ; c'est de ceux-ci que descendait une colonne d'un gris fort noir, très-épaisse et telle qu'on l'aurait crue solide ; elle était très-nette et parfaitement isolée, et ses bords tranchés sur la longueur. Le bas de la colonne était très-transparent et à peine visible ; il ressemblait plutôt à une vapeur montante et presque dissoute. L'eau écumante du lac jaillissait à une hauteur considérable, que M. Wild estima à plus de cent pieds : c'était la partie la plus belle du spectacle ; la surface du lac paraissait creusée en dessous ; mais ceci pouvait être une illusion. L'étendue de cette masse jaillissante était d'environ un degré de l'horizon.

M. Wild étant à environ une lieue de la trombe, il estima qu'ayant égard à cette distance , la hauteur réelle de la trombe devait être de 2,000 pieds de France , et son diamètre de 315 pieds.

Il n'avait pas vu l'origine de cette trombe ; elle ne dura que trois minutes depuis le moment qu'il l'avait aperçue ; elle s'évanouit en commençant par la partie supérieure , et avec une telle rapidité , que l'œil avait peine à la suivre ; les derniers restes de ses vapeurs se voyaient auprès de l'eau.

Le baromètre était à 26 pouces 7 14/16, 5 lignes au dessous de la hauteur moyenne ; le thermomètre + 5 1/2 R. (6° 9 centigrades.)

M. Pictet ajoute : la saison , la température , l'état non électrique de l'air concourent à rendre ce phénomène plus extraordinaire ; car la plupart des auteurs modernes , entre autres Beccaria , Wilcke , Franklin , Priestley , regardent la trombe comme un phénomène électrique ; mais dans ce cas l'électricité ne semble pas y avoir contribué. (*Jour. Phys.*, v. 44 , 39 , ann. 1794.)

232. M. Wild , ne pouvant s'expliquer la dépression de l'eau , préfère en accuser une illusion d'optique. Nous savons maintenant qu'une dépression peut avoir lieu et pourquoi elle a lieu. (Voy. chap. 11.) La remarque de M. Pictet, que l'air était peu électrique , ne peut avoir de valeur, puisque nos électromètres ne marquent que la différence qu'il y a entre la pointe atmosphérique et le reste de l'instrument. Quelle que soit la tension électrique de la masse d'air dans laquelle est plongé l'instrument , il restera muet si la pointe est électrisée au même degré de tension que le reste de l'appareil ; il faut qu'il y ait une différence entre ces extrémités pour que les feuilles divergent , et encore elles n'indiquent que la différence de tension de ces extrémités et non la tension absolue.

ILE DE TÉNÉRIFFE , 22 NOVEMBRE 1796.

233. (N° 38.) Pas de mouvement giratoire ; l'eau s'élève avec régularité.

Le 22 novembre 1796, M. Baussard observa une trombe dans la partie orientale de l'île de Ténériffe. Elle n'offrit rien de remarquable ; il n'y vit qu'une agitation confuse dans l'intérieur et un bouillonnement à sa base. La partie centrale étant plus transparente , il vit l'eau s'élever avec régularité et avec rapidité , et le nuage s'accroître beaucoup.

Une seconde trombe , semblable à la première , se forma et ne dura que 15 à 20 minutes. (*Jour. Ph.*, t. 46, p. 348, an 6 , mai 1798.)

MER DE FINLANDE , 5 AOUT 1799.

234. (N° 39.) Calme complet ; deux trombes à la fois ; deux mouvemens en spirale ; nuages parasites dansant, traverse le bâtiment ; quelques grosses gouttes : odeur de soufre et de nitre ; mer creusée sous la colonne ; cinq autres trombes; eau et poissons d'un étang enlevés par une autre trombe.

« Vers la fin de juillet 1796 , les vents avaient été très-inconstans sur la mer Baltique et s'étaient continués jusqu'au 5 août ; le vent était alors N.-O., lorsque, vers midi, il y eut un calme complet sur la mer de Finlande , où le professeur Wolke était alors. Une masse de nuages parut dans l'après-midi vers le N.-O., et s'avançait vers le bâtiment, lorque tout à coup on vit deux cônes s'allonger et s'unir aux projections aqueuses et fuligineuses qui s'élevaient de la mer. Le pilote n'avait point encore vu ce météore sur la Baltique, où il est très-rare en effet. Une des deux trombes s'avança en ligne droite vers le navire , et ce

ne fut que lorsqu'elle en fut à cent pieds environ , qu'on
sentit quelques bouffées de vent qui en provenaient. Deux
mouvemens de progression se voyaient dans cette trombe ;
des gouttes d'eau paraissaient tomber dans l'intérieur en
suivant une ligne en spirale , tandis que d'autres projections
d'eau montaient à l'extérieur. Le buisson ou charmille inférieure était formée d'eau projetée à douze ou seize pieds
de haut , au dessus de laquelle on voyait de petits nuages
de vapeur danser, allant de la colonne au buisson. Cette
trombe , qui faisait un grand bruit , toucha le bâtiment à
l'arrière et le traversa de l'arrière en avant ; elle ne laissa
tomber que quelques gouttes d'eau grosses comme des ce-
rises, et fit sentir l'odeur de soufre et de nitre. L'auteur de
cette relation put donc voir et bien juger les parties qui la
constituaient ; il vit que l'extrémité de la colonne répondait
à une excavation faite dans la mer, et il estima que le
buisson avait 130 pieds de diamètre et la colonne 25. Il
observa aussi qu'au moment de la traversée du bâtiment,
le buisson diminua de volume et les nues parasites cessèrent leurs danses. La forme de la colonne était régulière et
plus claire au centre que sur les côtés. Il vit bientôt après
cinq autres trombes au loin qui se dissipèrent bientôt.

» Dans ce même bâtiment il y avait un passager nommé
K......, qui dit en avoir vu une à Repsholt qui enleva toute
l'eau d'un étang , ainsi que le poisson qu'il contenait, et les
transporta à quelque distance de là. » (Extrait d'une rela-
du Pr. Wolke , *Ann. de Gilbert* , t. 10 , 482.)

MISSISSIPI , 1800.

235. (N° 40.) **La trombe fait un angle considérable avec l'horizon.**

« Je n'ai rien observé, dit M. Dunbar, qui tendît à confirmer l'hypothèse du célèbre Franklin, qui supposait qu'il

existait, au centre d'un tourbillon ou d'une trombe, un véritable vide, capable de faire élever l'eau par la pression atmosphérique jusqu'à une trentaine de pieds. Il n'est point prouvé que ces deux phénomènes soient de la même espèce. Les tourbillons ont toujours lieu dans une direction perpendiculaire à l'horizon, et ils ne sont, à ce que je crois, jamais stationnaires. Un de mes amis, homme très-intelligent, a vu une fois ce qu'il supposait être une trombe, descendre d'un nuage bas jusque dans le Mississipi. La colonne faisait un angle considérable avec la verticale, et son extrémité inférieure demeura fixée au même endroit pendant toute la durée du phénomène. Le mouvement très-lent du nuage semblait allonger la trombe, de manière qu'elle se sépara enfin en deux parties ; la portion inférieure, qui était de beaucoup plus courte, retomba dans le fleuve ; l'autre remonta lentement, et rentra finalement dans le nuage. » (Remarques gén. sur les vents, etc., faites à La Forêt, 4 milles à l'est du fleuve Mississipi, en 1800, etc., par Dunbar. *Bibl. brit.*, 38,101.)

MER ATLANTIQUE, NON LOIN DE LA RIVIÈRE DE GAMBY, 2 SEPTEMBRE 1804.

236. (N° 41.) Trombe de jour et de nuit qui dura quatorze heures ; colonne lumineuse dans toute son épaisseur ; calme complet avant sa formation ; ciel excessivement couvert ; tempête affreuse pendant son existence ; jolie brise d'occident ensuite.

Je dois au docteur Leymerie la relation d'une trombe qu'il a vue, le 2 septembre 1804, étant à bord du cutter *le Vautour*. Ce bâtiment voyageait en lettres de marque et venait de Caïenne, se dirigeant vers les côtes d'Afrique ; il n'était plus éloigné de la rivière de Gamby, lorsque ce météore se forma. Avant la formation de la trombe, il régnait un calme plat, les journées précédentes avaient été très-chaudes, et, depuis le matin, le ciel s'était couvert de nuages épais et nombreux. Le cutter poursuivait un négrier anglais, lorsque, tout à coup, on vit s'élever de la mer une colonne d'*eau* de cent mètres environ, qui alla se joindre à une colonne de vapeur qui descendait de la nue. C'est à cet instant que le calme cessa et que la tempête commença à sévir avec violence. Nous avons conservé l'expression de *colonne d'eau* du docteur Leymerie, quoique nous sommes persuadé que ce n'était pas de l'eau à l'état liquide qui la formait, mais à l'état de vapeur très-dense, comme on l'a constaté un grand nombre de fois. Cette colonne était lumineuse dans toute son épaisseur ; elle avait une apparence phosphorescente et un peu jaunâtre ou fauve. La mer était elle-même, cette journée-là, resplendissante de lumière, et le vaisseau laissait derrière lui un long sillage de feu. Cette trombe, ainsi que la tempête qui l'accompagna, dura quatorze heures et causa de nombreux naufrages dans ces parages. Elle ne se termina que vers les quatre heures du matin de la journée suivante : ainsi elle avait commencé vers les deux heures de l'après-midi et avait duré une grande partie de la nuit.

Observation. Je pense que l'état lumineux du cône trombique serait souvent observé, si ce météore se reproduisait plus fréquemment la nuit. D'après les faits antérieurs, les colonnes ascendantes étant formées de vapeur et non d'eau liquide, la cause de la phosphorescence des eaux de la mer n'existe plus dans la colonne ; la lumière dont elle est imprégnée, ne peut venir alors que des décharges infinies qui constituent l'écoulement électrique, et non de la véritable phosphorescence.

EN MER, 6 SEPTEMBRE 1814.

237. (Nº 42.) Mouvement en spirale ; eau ascendante ; marche en sens
contraire du vent ; séparée par un boulet de canon , les deux bouts
flottèrent un instant incertains , puis ils se réunirent ; l'eau qui
tomba sur le bâtiment était douce.

Le titre de la relation du capitaine Napier est : *Observations on water-spouts, by hon. cap. Napier*, parce qu'il ne s'est
pas astreint à la seule description du phénomène, mais
qu'il y a ajouté des observations théoriques. La lettre, contenant cette relation est datée de Thirlestane, du 17 juillet 1821, et adressée au docteur Brewster, qui l'a insérée
dans le sixième numéro de son journal. Edimb., *Phil.
journ.*, 6, 95.

Le 6 septembre 1814, le capitaine Napier, commandant
le vaisseau *Erne*, aperçut une trombe à la distance de trois
encâblures ; le vent soufflait successivement dans des directions variables comprises entre l'ouest-nord-ouest et le
nord-nord-est ; la latitude était 30° 47′ nord, et la longitude rapportée à Greenwich, 62° 40′.

La trombe, au moment de sa première apparition, semblait avoir le diamètre d'une barrique ; sa forme était cylindrique, et l'eau de la mer s'y élevait avec rapidité ; le
vent l'entraînait vers le sud. Parvenue à la distance d'un
mille du bâtiment, elle s'arrêta pendant plusieurs minutes.
La mer, à sa base, parut dans ce moment en ébullition et
formait beaucoup d'écume. Des quantités considérables
d'eau étaient transportées jusqu'aux nuages : une espèce
de sifflement s'entendait. La trombe en masse semblait avoir
un mouvement en spirale fort rapide ; mais elle se courbait
tantôt dans un sens et tantôt dans l'autre, suivant qu'elle
était plus ou moins directement frappée par les vents variables, qui, alors, et en peu de minutes, soufflaient successivement de tous les points du compas.

Lorsque la trombe commença de nouveau à marcher, sa course était dirigée du sud au nord, c'est-à-dire en sens contraire du vent qui soufflait. Comme ce mouvement l'amenait directement sur le bâtiment, le capitaine Napier eut recours à l'expédient recommandé par tous les marins, c'est-à-dire qu'il fit tirer plusieurs coups de canon sur le météore. Un boulet l'ayant traversé à une distance de la base égale au tiers de la hauteur totale, la trombe parut coupée horizontalement en deux parties, et chacun des segmens flotta çà et là incertain, comme agité successivement par des vents opposés. Au bout d'une minute, les deux parties se réunirent pour quelques instans; le phénomène se dissipa ensuite tout-à-fait, et l'immense nuage noir qui lui succéda laissa tomber un torrent de pluie.

Quand la trombe fut séparée en deux par le boulet, sa distance au bâtiment n'était pas tout-à-fait d'un demi-mille. La base, en appelant ainsi la surface de la mer qui paraissait bouillonner, avait 300 pieds de diamètre. Le col de la trombe, c'est-à-dire la section que formait le tuyau ascendant dans le nuage, dont une grande partie du ciel était couverte, se trouvait, au même moment, d'après les mesures de M. Napier, à 40° de hauteur angulaire.

En adoptant 2050 pieds ou un peu plus d'un tiers de mille, pour la distance horizontale du point observé au bâtiment, on trouve que la hauteur perpendiculaire dè la trombe ou la longueur du tuyau ascendant comprise entre la mer et le nuage, était de 1720 pieds. Cette détermination est importante, puisqu'elle prouve que l'eau ne s'élève pas dans le tube intérieur par le seul effet de la pression de l'air.

Il n'y eut, pendant toute la durée du phénomène, ni éclairs ni tonnerre. L'eau qui tomba des nuages sur le bâtiment était douce. Peu de temps avant la disparition complète de la grande trombe, on en aperçut deux autres plus petites vers le sud ; mais elles s'évanouirent presque aussitôt.

Les trombes décrites par M. Maxwell commencèrent dans des nuages dont la surface s'abaissa en forme de cône avant que l'eau parût agitée au dessous. (Edimb., *Phil. journ.* 5, 39.)

Celle qui fait l'objet du présent article eut son origine sur la mer même, et parcourut un grand espace vers le sud avant d'atteindre les nuages, à l'extension desquels elle contribua. Comme l'eau recueillie sur le bâtiment *Erne* était parfaitement douce au goût, il paraît naturel de supposer que l'eau de la mer, soulevée jusqu'aux nuages par la trombe, n'entrait que pour une très-petite quantité dans la pluie qui suivit la disparition de la colonne ascendante.

MER DES INDES , 26 FÉVRIER 1817.

238. (N° 43.) Plusieurs trombes ; calme ; quelques bourrasques.

Les trombes que le lieutenant-colonel Johnson a vues le 26 février 1817, en revenant de l'Inde en Angleterre, n'offrent rien de remarquable. Le temps avait été calme et le ciel était couvert de nuages ; seulement il y avait eu quelques bourrasques venant de différens côtés et même de côtés opposés. « D'après les circonstances, dit-il, qui accompagnèrent leur origine, leurs progrès et leur fin, je suis porté à croire qu'on doit les attribuer à des causes électriques semblables à celles qui occasionent sur terre les tourbillons qu'on remarque souvent dans l'Inde, dans les intervalles de calme et de repos qui séparent la brise de mer de celle de terre et dont les effets sont à peu près les mêmes. Leur forme de colonne est due, selon moi, à un brouillard épais, à une vapeur aqueuse, dont la chute ne pourrait faire éprouver à un navire d'autre dommage que celui qu'un tel corps pourrait causer lui-même, en dérangeant le courant du fluide électrique. »

Le reste n'est que la description de la forme et de la

marche ordinaire à ce météore. (*Voyage de l'Inde en Angleterre par la Perse*, etc., page 12, traduction française de 1819.)

OCÉAN ATLANTIQUE, MAI 1820.

239. (N° 44.) Sept trombes à la fois ; le bas d'une trombe s'écarte du vaisseau ; mouvement giratoire ; feu, tonnerre, eau douce.

« En mai 1820, dans un passage de la Havane à Norfolk, le vent faiblit, et un temps pesant et chaud vint rendre le calme qui suivit plus pénible pour nous. Un matelot signala une trombe, et, arrivé sur le pont, j'en vis une seconde et une troisième se former, et jusqu'à sept à la fois à diverses distances du vaisseau.

» L'atmosphère était remplie de nuages bas, de couleur cendrée ; les plus sombres étaient inférieurs aux autres, et nous voyions les trombes se former chacune de l'un de ces derniers. On voyait une petite portion du nuage descendre graduellement sous forme d'un cône renversé, jusqu'à ce qu'il arrivât à la surface de l'eau. Souvent le cône s'arrêtait dans sa descente, restait stationnaire et remontait se perdre dans les nuages. Tout à coup nous observâmes que la trombe la plus voisine paraissait s'avancer lentement sur le vaisseau. Le capitaine fit tirer plusieurs coups de fusil pour la dissiper, mais sans effet. J'eus l'ordre de charger un canon de 32, et, ayant visé à la base de la trombe, le boulet la partagea en deux, faisant jaillir l'eau des deux côtés, sans rien changer pourtant au phénomène. Le dense et épais nuage qui formait la trombe était immédiatement au dessus de nos têtes, à la hauteur, à ce que je puis juger, de 3 ou 400 pieds. A la distance de 200 pieds du vaisseau, le tube de la trombe semblait descendre perpendiculairement du nuage auquel il était attaché ; mais, à mesure qu'elle avançait, le nuage paraissait seul se mouvoir régulièrement, tandis que la partie inférieure du tube, comme si elle était repoussée par le vaisseau, divergea au sud-ouest et passa à environ 60 pieds de la poupe (1).

Autour de la base de la trombe, la mer était très-agitée, et, à quelques pieds au dessus, un mouvement giratoire était très-visible, tendant en haut et accompagné d'un bruit semblable à celui de la vapeur d'eau sortant par une étroite issue. Le tube avait 4 ou 5 pieds de diamètre et paraissait bien défini ; sa couleur était légère et vaporeuse, mais il paraissait plus foncé à une plus grande distance ; sa forme était celle d'une trompette, l'extrémité tenue en bas et s'élargissant soudainement là où il s'unissait au nuage. A la hauteur de 20 à 30 pieds au dessus de l'eau, beaucoup d'oiseaux de mer voltigeaient à l'entour, évidemment cherchant leur nourriture ; ils s'élançaient vers le tube et se retournaient brusquement. En même temps, le nuage supérieur, devenu plus dense et plus étendu, commença à donner des signes lumineux d'électricité. La trombe, qui était restée près de vingt minutes autour du vaisseau, devint plus mince à sa partie inférieure, puis s'éleva graduellement et se perdit dans le nuage. Quelques violens coups de tonnerre se firent entendre près du vaisseau, et la pluie tomba en larges gouttes. Les matelots, persuadés que l'eau de la mer était montée aux nuages, goûtèrent de cette pluie et la trouvèrent, à leur grande surprise, parfaitement douce.

» L'auteur croit voir, d'après ces faits, la cause probable des trombes dans la supposition de Franklin, qui admet qu'elles sont produites par un courant d'air chaud s'élevant de la surface et laissant graduellement condenser

---

(1) Cette répulsion est un fait fort remarquable, qui prouve que le vaisseau et le bas de la trombe étaient électrisés de la même manière par l'influence du nuage supérieur. (Voy. §. 171.)

l'humidité dont il est imprégné, à mesure qu'il pénètre dans un air plus froid, ce qui fait qu'elles commencent à être visibles dans leur partie supérieure. La condensation de la vapeur suffirait d'ailleurs pour expliquer aisément, selon nous, les phénomènes électriques que les trombes marines semblent toujours présenter, et qui se retrouvent avec une si grande énergie dans les éruptions volcaniques, lorsque le volcan vomit des torrens de vapeur d'eau. » (Par le lieutenant Ogden. *Amer. journ. of sc.*, january 1836, t. 29, 254; *Bibl. un.*, 1836, vol. 3, 159.)

EN MER.

240. (N° 45.) Vapeur montante dans l'intérieur.

La relation de Maxwell est rapportée dans la première partie, § 42.

CAP BLANC-NEZ, 1er SEPTEMBRE 1822.

241. (N° 46.) Nuages superposés ; espace vide entre l'extrémité du cône et la mer ; pas de mouvement giratoire ; gerbe de sable ; forme régulière.

« Le dimanche 1er septembre 1822, vers sept heures du matin, j'ai aperçu, dit l'auteur de cette relation, une trombe au cap Blanc-Nez, entre Boulogne et Calais. Je vis d'abord un petit nuage allongé qui, par sa base, touchait aux gros nuages dont le ciel était couvert çà et là ; son extrémité inférieure se terminait en pointe très-aiguë : le plus souvent il avait la forme d'un cône renversé, vertical et parfaitement régulier ; quelquefois, au contraire, il offrait des inflexions très-apparentes et qui changeaient presque instantanément de grandeur et de place, comme si toute la la masse vésiculaire n'eût pas obéi avec la même facilité à l'impulsion du vent d'ouest, qui soufflait alors avec assez de force. Les monticules de sable dont le rivage est bordé, près de Sandgate, me cachaient la partie de la mer qui correspondait verticalement au nuage ; mais on apercevait distinctement, au dessus des dunes, l'extrémité d'une gerbe blanchâtre ascendante, formée, sans aucun doute, d'une multitude de molécules d'eau soulevées par la trombe, et présentant l'aspect des brouillards qui se forment au pied des grandes cascades. Lorsque le vent eut amené la trombe sur la plage, une grande gerbe de sable succéda à la gerbe liquide dont je viens de parler. Bientôt après, le phénomène disparut tout-à-fait, et il tomba une forte averse. Des ouvriers, qui m'avaient précédé sur les hauteurs du cap Blanc-Nez, aperçurent un bouillonnement très-intense dans la partie de la mer où se formait le brouillard ascendant.

» Une seule circonstance peut m'excuser d'avoir rapporté avec ce détail une observation si incomplète, c'est la remarque que j'ai eu l'occasion de faire à une distance assez petite de la trombe, qu'*il n'existait absolument rien de visible* entre le nuage conique et l'eau ou le sable soulevés. » (*Ann. ch. ph.*, 21, 409. Ann. 1822.)

242. Les nuages étaient superposés et la trombe était dépendante d'un nuage inférieur : cette disposition est, comme l'on sait, favorable à la formation de ce météore. L'auteur ne parle aucunement de mouvement giratoire, quoiqu'il ait vu la trombe de très-près, lorsqu'elle a quitté la mer pour entrer sur la plage. Le contraire même ressort des expressions dont il s'est servi, lorsqu'il dit avoir vu *une grande gerbe de sable succéder* à la gerbe liquide. Si le cône inférieur, soit d'eau, soit de sable, eût eu un mouvement de rotation, l'auteur n'eût certainement pas employé le mot gerbe. Cette relation atteste qu'il n'y avait pas continuité entre le cône supérieur et l'eau ou le sable soulevés. Il n'y avait pas de tourbillon, et il y avait soulèvement ; il n'y a pas alors d'autre interprétation possible que celle de l'at-

traction électrique. Nous ferons remarquer également la phrase qui commence par : *son extrémité inférieure*, et finit par : *à l'impulsion du vent*. L'auteur ne sait comment se rendre compte d'un changement de place et de forme qui ne coïncidait pas avec le vent ; et, en effet, ces changemens sont tout-à-fait contraires aux produits des vents, tandis qu'ils sont des effets directs des attractions électriques, variant de lieux suivant la saturation ou la conductibilité des corps.

ROSENEATH, 18 SEPTEMBRE 1822.

243. (No 47.) Calme tout autour ; violente rotation sous la trombe et dans les nues.

Le 18 septembre 1822, une trombe se forma au dessus de *Roseneath*, dans le Dunbartonshire. Le temps était presque calme lorsqu'on aperçut un épais nuage noir, doué d'un violent mouvement de rotation. La mer, au dessous, parut sur-le-champ très-agitée ; l'écume s'éleva à une grande hauteur. Le météore, en passant près d'une maison, entraîna tous les objets détachés qu'elle rencontra ; une pelle de fer, entre autres, placée à la porte de la cuisine, fut enlevée jusqu'à 20 pieds de hauteur, et jetée dans la mer, à la distance de plus de cent *yards*. Les branches de plusieurs arbres furent rompues ; une chaloupe, qui reposait sur le sable, attachée à un arbre, après avoir été soulevée et fait en l'air quelques révolutions sur elle-même, tomba, et dans sa chute se brisa en partie. Un cutter, dans le port, tourna aussi plusieurs fois, mais sans quitter le liquide ; un sloop chassa sur ses ancres. La trombe disparut après avoir parcouru, tantôt sur la mer et tantôt sur la terre, un espace d'environ deux milles. La partie de la mer que le météore agitait durant sa marche, était d'un acre environ : au-delà le liquide paraissait uni comme un miroir. (*Ann. chim. et phys.* Ann. 1822, t. 21, p. 410 ; et Edimb. *Phil. journ.*, t. 7, p. 331, *Lettre de James Smith.*)

Observation. La seule remarque que je ferai, c'est que l'air environnant était dans un calme plat, quoique la trombe eût un mouvement giratoire considérable.

EN MER, 19 MARS 1823.

244. (N° 49.) Calme complet ; eau montante ; cavité formée dans l'eau.

Un voyageur parti de New-York, au mois de février, pour Buenos-Ayres, donne la description suivante d'une trombe d'eau qu'il a vue :

« Le 19 mars dernier, nous trouvant par les 4° de latitude nord, et étant à dîner, nous fûmes alarmés par le cri de *trombe d'eau !* Nous étions en calme complet, et l'on n'entendait que le bruit terrible de cette prodigieuse colonne d'eau qui montait vers le gros nuage sombre qui se trouvait directement au dessus de sa base. Elle approchait de nous avec une grande rapidité, et nous menaçait d'une destruction certaine, lorsque des coups de fusil tirés en l'air rompirent subitement la colonne au dessous de son centre ; alors la partie inférieure retomba *dans la cavité* qu'elle avait formée en se levant, tandis que l'autre moitié continuait de monter vers les nuages. On suppose qu'elle était éloignée d'un quart de mille et de cinquante pieds de diamètre. » (*Bibli. univ.*, t. 24, p. 136, année 1823 ; *Ann. ch. ph.* 1823, 24, 437.)

CÔTE DE LA FLORIDE , 5 AVRIL 1825.

245. (N° 49.) Cône bien terminé; l'extrémité ne touche pas l'eau ;
convexité du côté du vent ; mouvement ondulatoire dans l'intérieur
de la colonne , où l'on voit une progression ascensionnelle ; pas de
tonnerre pendant la durée ; lors de la rupture, les parties en regard
étaient dentelées ; seconde trombe ; elle disparaît ; les nuages se sont
grossis ; fort coup de tonnerre ; un calme complet succède.

« La trombe , objet de cet article , se montra sur la côte
de Floride le 5 avril 1826. Un instant avant son apparition,
il n'y avait dans tout l'hémisphère visible qu'un seul nuage
noir dirigé de l'est à l'ouest. Ses bords , singulièrement
tranchés, étaient parallèles à l'horizon et élevés de 25 à
30°. Partout ailleurs une légère couche de vapeurs couvrait le ciel. Le vent venait de terre ; le thermomètre marquait $+$ 22°, 2 centigrades.

» Tout à coup un petit cône noir, et parfaitement bien
terminé , parut descendre verticalement de la face inférieure du nuage , la pointe en bas. Au même moment, la
mer sous le cône commença à se soulever en écume : on
aurait dit qu'elle se brisait sur des rochers. On remarquait
que le nuage devenait plus noir près du cône , et que les
vapeurs, accourant de toutes parts , se condensaient en ce
point. Après deux ou trois minutes , le cône acquit subitement le double de la longueur qu'il avait eue jusque-là , et
dès ce moment l'eau de la mer monta plus haut.

» Après quelques minutes, le sommet disparut tout à
coup , et laissa un cône tronqué duquel on voyait des filamens s'allonger et se raccourcir successivement. Trois minutes après, on vit le cône, dans l'espace de deux secondes,
descendre presque jusqu'à toucher la mer, que toutefois il
n'atteignit jamais complétement. Tous ces changemens furent instantanés , excepté la descente du cône , qui fut

progressive. La colonne suspendue au nuage ressemblait alors à un cylindre tant soit peu courbé ; sa convexité était tournée du côté d'où le vent venait. Cette colonne parut creuse et ses bords étaient plus obscurs que le centre ; on vit distinctement dans son milieu un mouvement ondulatoire ascendant , et les matelots s'écrièrent que l'eau montait dans la trombe. Cette apparence dura quinze minutes sans changement , puis la colonne s'affaiblit. La portion inférieure disparut la première , et laissa apercevoir des *cirri*, comme nous l'avons vu lorsque le sommet se tronqua tout à coup. Les portions du cône disparurent les unes après les autres , et la mer resta agitée jusqu'à la disparition entière de la trombe.

» Nous avons vu comment elle se forma ; disons maintenant qu'avant de disparaître , elle commença par s'affaiblir un peu (began to fade) dans toute sa longueur ; qu'ensuite la partie la plus basse s'évanouit soudainement ; que ce qui en restait était dentelé inférieurement, et que ce fut ainsi par sections que la destruction entière s'opéra. M. Lincoln croit avoir remarqué que le mouvement ondulatoire interne dont j'ai parlé devenait graduellement plus distinct et plus lent. Avant la disparition complète , le vent s'était considérablement renforcé ; et le nuage, en s'étendant, avait couvert une grande partie du ciel. Une nouvelle trombe se forma , présenta exactement les mêmes apparences, et disparut. Le vent acquit bientôt plus de force , les nuages devinrent plus obscurs ; ils s'étendirent dans tous les sens , et couvrirent bientôt le firmament tout entier ; alors il y eut un éclair extrêmement vif, suivi d'un horrible coup de tonnerre. En un instant l'atmosphère fut complétement calme ; les voiles frappaient sur les mâts ; on ne sentit plus un souffle de vent , et la pluie commença à tomber par torrens. » (Lincoln , *the American journal* , juin 1828, t. 14, p. 475 ; *Annal. chim. et phy.*, t. 39 , p. 431.)

ILE CLERMONT-TONNERRE , JANVIER 1826.

246. (Nᵒ 50.) Elle était accompagnée d'éclairs et de tonnerre ; mouvement en spirale ; boule de feu tombant dans la mer ; triple trombe d'un même nuage ; elles se réunissent en une , puis se redivisent.

La relation de cette trombe fait partie du texte de la première partie , chap. 18 , § 159.

LAC DE GENÈVE , 11 AOUT 1827.

247. (Nᵒ 51.) Pas de rotation ; ondulations.

Le 11 août 1827, à six heures cinquante-deux minutes du soir, le Pʳ. Mercanton aperçut une trombe sur le lac de Genève , près de Saint-Gingolph. Le ciel était couvert de nuages orageux d'un gris foncé , qui marchaient avec vitesse du N.-O. au S.-E. Tout à coup il se détacha des nuages situés près de Saint-Gingolph , une colonne verticale de forme conique ; elle avait 10 à 12 pieds de diamètre , et employa environ 2 minutes à parcourir les 2,000 pieds qui la séparaient du lac. Cet allongement s'est fait par un mouvement oscillatoire. Quand elle l'atteignit , l'eau s'agita vivement ; ses bouillons écumeux s'élevaient à une hauteur de 50 pieds ; elle n'employa que huit minutes à atteindre l'embouchure du Rhône. Dans sa marche rapide , la colonne présentait les ondulations d'un ruban qui serait soumis à l'action d'un fort courant d'air. Des pêcheurs près desquels la trombe passa dirent qu'elle faisait un bruit semblable à celui qu'occasionent les roues d'un bateau à vapeur tournant avec rapidité. Un paysan vit que l'eau était aspirée. (*Bibli. un.*, 36, p. 142 ; *An. ch. ph.*, 36, ann. 1827, p. 415.)

LAC DE NEUCHATEL , 9 JUIN 1830.

248. (Nᵒ 52.) Pas de mouvement giratoire ; eau montante ; nuage qui augmente, torrent de pluie après.

Cette trombe a été vue le 9 juin 1830, à neuf heures du

matin ; le temps était humide et le thermomètre ne marquait que 17° 5 cent.

D'un nuage immobile et noir, élevé d'environ 80 pieds, descendait perpendiculairement une colonne cylindrique de couleur gris-foncé, qui aboutissait à la surface du lac. On remarquait à la base et au sommet de cette colonne une grande agitation ; on entendait un bruit sourd et on voyait les eaux du lac monter rapidement par cette espèce de syphon jusqu'au nuage, qui blanchissait à mesure qu'il recevait les eaux. Après sept à huit minutes, un vent du nord-est poussa la colonne, qui se courba par son milieu, toujours en pompant l'eau ; enfin elle se rompit. A l'instant le nuage supérieur, agité et comprimé par le vent, creva et laissa tomber une pluie qui paraissait un déluge. Ce phénomène ne fut précédé ni suivi d'aucun éclair, d'aucune détonation. On n'a point observé de mouvement de rotation dans la colonne ; elle était verticale et immobile. (*Bibl. un.*, juin 1830, t. 44, p. 218 ; *Ann. ch. ph.*, 45, 424.

CANAL DE BOHAMA, 15 JUILLET 1832.

249. (N° 53.) Vent faible ; trombe descendante ; pas de mouvement giratoire apparent ; dans une seconde trombe, du tonnerre et des éclairs.

On trouve, dans l'*Écho du monde savant*, t. 1, p. 176, la relation suivante de M. Th. Page. (Voy. aussi *Elém. de géogr. ph. et de mét.*, de M. Lecoq, p. 462. Ed., 1836.)

« Le 30 juillet 1832, je me trouvais dans le nouveau canal de Bohama, gouvernant pour débarquer dans l'océan Atlantique. L'horizon était pur ; mais au dessus de nos têtes flottaient quelques nuages ; la brise, très-faible et très-variable à la surface de la mer, gonflait par intervalles nos voiles hautes. Il était quatre heures du soir. Près de nous,

et à 30° environ au dessus de l'horizon, un nuage noir,
étendu en bandeau, s'arrêta comme retenu en équilibre
par deux forces opposées à peu près égales. Quelques instans après, il se gonfla en deux endroits, sous la forme de
mamelles de chèvre ; puis l'extrémité de l'une d'elles s'allongea en mamelon cylindrique ; il descendit lentement jusqu'à 8 ou 10 degrés au dessus de la surface de la mer.
Toute la partie cylindrique ressemblait assez à une trompe
d'éléphant, et de son extrémité inférieure, terminée par
un orifice rétréci, s'échappaient des rayons qui formaient
un cône dont le sommet était à la trombe et la base à la
surface de l'eau. La lumière du soleil, en se reflétant sur
ce cône, montrait assez que c'étaient des jets d'eau qui s'é-
chappaient de la trombe ; et, à la base, la mer était agitée
et clapoteuse, comme lorsque sa surface est battue par une
forte ondée. Jusqu'au moment où l'eau commença à tomber en gerbe, la couleur de la trombe s'était de plus en
plus assombrie jusqu'au gris très-noir ; mais à mesure que
la pluie s'écoula, elle reprit une teinte plus claire ; la base
du petit cône diminua de largeur ; bientôt celui-ci fut réduit à son axe, et disparut, quoique la mer restât quelques
instans encore comme soulevée par un tourbillon de vent.
Enfin le cylindre s'échancra, se déforma dans toute sa longueur, et s'évanouit en rentrant dans le nuage à peu près
par les divers degrés de sa formation. Quand cette première trombe eut disparu, la seconde se forma de la même
manière, et présenta la même série de phénomènes, mais
avec une moindre intensité.

» Il me paraît facile de rendre raison de toutes ces circonstances. On sait que des causes accidentelles produisent
souvent dans l'atmosphère des condensations ou dilatations
partielles qui occasionent des tourbillons de vent. Une
masse d'air comprimée dans le nuage aura condensé une
partie des vésicules vaporeuses, et, tendant à s'échapper

par l'effet de son élasticité, aura tendu les parois qui l'emprisonnaient La vapeur condensée tombe au fond du nuage par son propre poids. La paroi, pressée plus fortement en ce point, se distend, s'allonge, crève, et l'air tourbillonnant s'échappe en lançant de tous les côtés la pluie, suivant une surface conique. L'eau écoulée, les parois du nuage se resserrent, et l'air, comprimé de nouveau, va chercher une autre issue dans la seconde trombe jusqu'à ce qu'il soit dissipé. Cette explication me paraît résulter si naturellement de l'aspect du phénomène, que je ne crois pas avoir besoin de nouvelles preuves pour démontrer que la trombe a ici quelque analogie avec une pompe foulante, en produisant un jet d'eau que le tournoiement de l'air intérieur éparpille en cône.

» J'ai rencontré dans la Méditerranée, et surtout entre les tropiques, des trombes chargées d'électricité, et lançant des éclairs ; quelquefois la foudre les sillonnait dans toute leur hauteur, et serpentait jusqu'à la mer. »

Observation. Nous renvoyons à la première partie. Nous dirons seulement ici que l'auteur enveloppe les nuages d'un tissu élastique ; qu'avant tout il faudrait prouver que les parois d'un nuage sont solides et résistantes.

MER D'IONIE, 29 OCTOBRE ET 1er NOVEMBRE 1832.

250. (N° 54.) Le 29 octobre, quatre trombes à la fois ; eau ascendante. 1er novembre, temps couvert de gros nuages très-bas ; nuages traversant les mâts, puis la trombe traverse la polacre et la fait tourner ; mouvement de haut en bas ; le bâtiment, tantôt soulevé, tantôt enfoncé, puis ce fut la proue qui fut soulevée et la poupe enfoncée ; très-grande secousse lorsque la trombe quitta le bâtiment.

Dans le 3e volume, page 544, de ses *Institutions physico-chimiques*, le père Pianciani rapporte la relation d'une trombe qu'il a reçue d'un témoin oculaire. « Nous étions, dit l'auteur, au milieu de la mer d'Ionie, en face le golfe de Sydra. Quelques jours auparavant, nous avions vu diverses trombes se former autour de nous tandis que nous nous trouvions dans les eaux de Tunis ; le 29 octobre, entre autres, au milieu du jour, tandis que nous étions à six milles de l'île de Malte, à l'ouest de la petite île de Gozo, nous vîmes descendre autour de nous, à peu de distance, 4 trombes, qui durèrent quelques heures, aspirant l'eau qui montait vers le ciel. Après ce prélude effrayant, le 1er novembre, au lieu d'en voir de loin, nous en eûmes une absolument sur nous. Les passagers étaient tous malades à cause d'une bourrasque que nous avions essuyée peu auparavant.

» Le vent était est-nord-est, contraire à notre marche. La mer était profondément agitée, le ciel était couvert de nuages noirs et épais, très-bas, qui, à cette heure avancée de la journée, faisaient une nuit complète avant le temps. Tout à coup le vent changea et devint nord-est ; on vira de bord au nord ; toutes les voiles furent amenées, excepté les quatre grandes. Le vent changea de nouveau. Le capitaine fit de nouveau virer de bord à l'est, et le vent changea encore. Ces changemens provenaient de ce que nous approchions de l'endroit où se disposait la trombe. En un instant nous fûmes surpris par des nuages denses qui passèrent entre les voiles et les mâts. C'était le commencement et l'arrivée de la trombe. Les voiles furent amenées de suite autant qu'on put. Mais voilà que la trombe arrive au dessus de nous ; elle s'unit à la mer, et fait tourner la pauvre polacre comme un sabot. La proue regarda en un moment les 32 points de la rose des vents. On sentit ensuite comme un tremblement de haut en bas. Tantôt le vent pressait le navire contre la mer, tantôt il l'enlevait, du moins autant que le permettait son poids. Le vent, après avoir tourné continuellement le bâtiment, se mit à le presser ferme sur sa carène et sur la mer. Ensuite nous senti-

mes que le vaisseau était soulevé en prouc et pressé **en**
poupe...... C'est ainsi que nous restâmes immobiles, tout
tremblans et priant pendant toute la durée de la trombe,
en en attendant la fin comme quelqu'un qui, du fond d'un
puits, en regarde le haut. Le choc cessa enfin, ainsi que la
violence du vent à l'improviste, et la trombe nous laissa
tranquilles après une secousse terrible d'adieu... La trombe
s'éloigna ensuite, mais toute la nuit nous eûmes une mer
grosse et des vents variables et durs. »

LAC DE GENÈVE, 3 DÉCEMBRE 1832.

151. (N° 55.) Trombe sans nuages ; mouvement de giration.

Le docteur Mayor, en regardant par hasard à travers la
fenêtre de sa chambre, vit, sur le lac de Genève, une colonne d'eau verticale d'au moins 60 à 80 pieds de hauteur,
ayant plusieurs pieds de diamètre, plus large à la base
qu'au sommet, présentant une couleur grise et paraissant
animée d'un mouvement giratoire. Cette colonne reposait
sur le lac par sa partie inférieure, tandis que vers le haut
elle était courbée en arc ; elle s'est soutenue pendant près
de deux minutes, sans avoir sensiblement changé de place,
ensuite elle s'est affaissée petit à petit de haut en bas, en
se répandant en pluie. A cette époque, un vent assez fort,
qui soufflait du sud-ouest, sillonnait la surface du lac : le
ciel était uniformément voilé par des vapeurs brumeuses
qui occupaient les régions élevées, et il n'y avait plus de
nuages proprement dits sur l'horizon.

M. Wartmann, qui rapporte cette observation de
M. Mayor, fait observer que ce dernier n'a pas vu le commencement de ce météore ; que le haut de la colonne n'avait
pas de communication avec les nuages, dont on ne voyait
aucune trace. Ne sachant à quoi l'attribuer, il suppose que

son origine vient d'un courant ou un tourbillon d'une excessive intensité. (*Bibl. un.*, 51, 321. Année 1832, (3).)

MÉDITERRANÉE, CÔTES D'AFRIQUE, DANS L'ÉTÉ DE 1832 ou 1333.

252. (N° 56.) Calme parfait; temps lourd, nuages isolés de petites dimensions, ayant la forme pyramidale; un de ces nuages s'abaisse en trombe; la mer s'agite au dessous; autour de cette portion agitée la mer reste calme; pas de tourbillonnement; plusieurs trombes.

« Ayant eu l'occasion, dit M. de Tessan, d'observer la formation et le développement de plusieurs trombes marines, je crois devoir en faire connaître les circonstances ainsi que l'explication que la vue du phénomène m'a suggérée, afin d'engager par-là les marins à l'observer plus en détail et à fournir ainsi aux physiciens les moyens d'en donner la vraie théorie.

» C'était un jour d'été, dans l'après-midi, nous étions à cinq lieues environ de la côte d'Alger; le temps était lourd, orageux, mais sans éclairs ni tonnerre; l'air et la mer étaient dans un calme parfait; des nuages isolés, de petite dimension, de forme légèrement pyramidale, occupaient la partie sud-ouest du ciel; les bords supérieurs en étaient arrondis, floconneux, brillans, le corps était gris et les bords inférieurs plans et horizontaux, présentaient une teinte grise plus foncée; de plus petits nuages étaient intercalés entre ces nuages principaux, et tous ensemble avaient un mouvement de translation très-lent vers le nordest : j'ai estimé leur hauteur à moins de 400 mètres. Le ciel était d'un beau bleu, et l'on ne voyait aucune trace de vapeur dans les régions plus élevées de l'atmosphère.

» Quand le phénomène a commencé à devenir plus apparent, on a vu la partie inférieure de l'un des nuages principaux se former en protubérance vers le bas. Cette protubérance s'est ensuite allongée, et lorsque son extrémité inférieure est parvenue aux quatre cinquièmes de la distance du nuage à la mer, on a vu la surface de l'eau bleuir dans le prolongement de la trombe. L'allongement continuant, on a vu distinctement un léger clapotis se manifester et s'accroître en étendue et en intensité, à mesure que l'extrémité inférieure de la trombe se rapprochait de la mer. J'ai estimé à moins de deux milles la distance du pied de la trombe au bâtiment. Le diamètre de la colonne pouvait avoir de 15 à 20 mètres vers le bas, et celui de la partie de la mer, bleuie par le clapotis, était environ cinq à six fois plus grand. A une distance plus considérable du pied de la trombe, la mer est restée dans un calme parfait. La trombe avait sensiblement le même diamètre sur toute sa longueur ; elle se joignait au nuage par un évasement rapide en forme d'entonnoir ; mais du côté de la mer, on ne distinguait pas très-bien comment elle se terminait. Elle était d'abord sensiblement verticale, elle s'est ensuite inclinée peu à peu dans la direction du nord-est, et a fini par acquérir une inclinaison de 50 à 60 degrés. On n'a aperçu aucun mouvement ni d'ascension, ni de descente, ni de tourbillonnement dans l'intérieur de la trombe. Elle est restée assez long-temps en contact apparent avec la mer, et a commencé à disparaître par le bas. La partie supérieure est restée long-temps encore suspendue au nuage, en conservant l'inclinaison de la trombe.

Il s'est formé des trombes semblables sous divers nuages, en sorte que plusieurs ont existé à la fois. Quelques unes ont commencé à se former et n'ont pas achevé, du moins elles n'ont pas paru se prolonger jusqu'à la mer. Le même nuage, quoique conservant les mêmes apparences qu'auparavant, n'a pas offert une seconde fois le phénomène des trombes.

Leur succession durait depuis plus d'une heure, quand

une légère brise s'est élevée, et a permis au bâtiment de faire route, ce qui a mis fin à l'observation, et peut-être aussi à la production du phénomène.

» Le calme plat et parfait de l'air et de la mer pendant toute la durée de l'observation, la lenteur avec laquelle la trombe s'est produite et a disparu, la forme à peu près rectiligne, mais sans roideur, qu'elle a conservée pendant tout le temps de son existence, l'immobilité de son pied, pendant que sa partie supérieure suivait le mouvement lent du nuage vers le nord-est, le peu d'étendue de la mer bleuie par le clapotis : tout cela, dis-je, ne permet pas à celui qui en a été témoin de douter que le vent ne soit entièrement étranger à la production de ce singulier phénomène. Il faut nécessairement chercher ailleurs l'explication de cette espèce de trombes marines, et voici celle que leur vue m'a suggérée :

» L'absence d'éclairs et de tonnerre, et l'origine commune de tous ces nuages évidemment orageux, portent à croire qu'ils étaient tous chargés de la même électricité. La surface de la mer devait donc être chargée de l'électricité opposée, tendant à se combiner avec celle du nuage; mais l'air étant un très-mauvais conducteur, et les deux corps électrisés étant terminés par des surfaces planes, la neutralisation n'a pu avoir lieu. Il en est donc résulté une attraction apparente entre la mer et le nuage, et comme celui-ci n'était retenu dans sa position que par l'effet de sa légèreté spécifique et l'action du courant d'air chaud ascendant, il devait céder plus facilement à l'attraction que la mer, qui aurait eu à vaincre toute l'action de la pesanteur sur une matière aussi dense que l'eau. Si le nuage eût été un corps solide, il se serait donc abaissé tout entier vers la mer ; mais, comme il pouvait se déformer, et qu'il était impossible que toutes ses parties éprouvassent exactement la même attraction ou la même résistance, l'une d'elles a dû céder plus facilement que les autres. De là, la protubérance formée sous le nuage. L'action attractive de la mer ayant continué à s'exercer, la protubérance a dû s'allonger indéfiniment, jusqu'à ce que, par son intermédiaire, la neutralisation des deux extrémités se soit effectuée. Mais comme la protubérance éprouvait une résistance de plus en plus grande à s'allonger vers le bas, son action sur l'eau de la mer a dû produire un petit soulèvement dans celle-ci, et si alors une neutralisation partielle a eu lieu, l'eau soulevée a dû retomber. De là le commencement du clapotis. La protubérance s'étant de nouveau chargée d'électricité, le même effet aura dû se reproduire. De là l'accroissement du clapotis.

» L'écoulement de l'électricité étant favorisé par cette agitation de l'eau, on voit pourquoi le pied de la trombe s'est fixé au point où cette agitation a commencé, quoique le nuage se déplaçât par suite de son mouvement lent de translation.

» La neutralisation des deux électricités n'a pu avoir lieu instantanément, à cause de l'imparfaite conductibilité du nuage et de la trombe. De là l'existence assez prolongée de celle-ci.

» Le nuage ayant, au bout d'un temps plus ou moins long, perdu toute son électricité, peut-être même s'étant chargé d'électricité de nom contraire, la trombe a dû se rompre par l'effet de sa légèreté spécifique, par l'action du courant d'air chaud ascendant et de l'évaporation ; et comme ces causes décroissent d'intensité avec la hauteur et sont nulles dans le voisinage du nuage, on voit pourquoi la partie supérieure persistait long-temps encore après la rupture de la trombe.

» Le nuage n'ayant plus d'électricité de nom contraire à celle de la mer, on conçoit pourquoi il n'a pas donné lieu une seconde fois au même phénomène.

» Le calme plat de l'air et de la mer devait nécessairement faciliter la production des trombes ; ce qui expliquerait leur grand nombre et leur existence même, quoique les nuages fussent de petite dimension.

» La récomposition des deux électricités a dû produire de la chaleur et quelques actions chimiques. Serait-ce à ces deux causes, rendues infiniment plus puissantes par le volume du nuage et par sa charge électrique, qu'il faudrait attribuer les effets extraordinaires observés par quelques navigateurs dans la production de certaines trombes ?

» Quoique les principales circonstances qu'ont présentées les trombes qu'il m'a été donné d'observer se trouvent expliquées d'une manière assez plausible par l'hypothèse qu'elles sont dues à l'électricité, on ne peut cependant regarder cela que comme une conjecture probable, jusqu'à ce que des observations plus précises et plus détaillées soient venues constater l'action réelle de l'électricité dans la production de ce phénomène. » (Note de M. de Tessan, à la suite de la *Description nautique des côtes de l'Algérie* par M. A. Bérard, pag. 224.)

CÔTES D'ESPAGNE.

253. (N° 57.) Ciel sans nuages ; sept trombes s'élevant de la mer.

Voyez chapitre 18 , § 160.

PRÈS DOUVRES, 23 OCTOBRE 1836.

254. (N° 58.) Plusieurs trombes à la fois ; mouvement oscillatoire ; éclairs entre les nuages.

On a vu, le dimanche 23 octobre 1836, vers onze heures du matin, plusieurs trombes marines près des Dunes de Douvres ; elles allaient avec rapidité dans la direction du sud : l'une des colonnes d'eau, quoique vue à une distance de plusieurs milles , paraissait de fort grande dimension et s'élevait majestueusement dans les nuages , offrant un élargissement remarquable à sa partie supérieure. L'impulsion du vent lui donnait un mouvement oscillatoire, et, en la faisant glisser sur les vagues , donnait à ces dernières l'apparence d'une chaudière bouillante. Des éclairs brillaient de temps à autre au milieu des nuages , et ne laissaient pas douter que le fluide électrique, combiné avec le vent, est la principale cause de ce phénomène. (*Écho du Monde savant* , 1836 , n° 45 (181).

FIOUL , 15 JUIN 1839.

255. (N° 59.) Nuage surbaissé d'où descend un chevelu de vapeur jusqu'à la mer ; au dessous de ce chevelu , elle est agitée.

Voyez § 161.

BAIE DE KILLINEY , FIN DE JUILLET 1839.

256. (N° 60.) Double trombe, dont une des branches se transforma en trois filets d'eau.

Le Dr Dickinson fit à l'Académie irlandaise la relation d'une trombe singulière qu'il avait vue vers la fin de juillet 1839, près la baie de Killiney, à dix heures du matin ; elle n'était qu'à un quart de mille de la côte et avait l'apparence d'un siphon, c'est-à-dire qu'elle était double, qu'elle avait deux cônes réunis par un arc élevé à une très-grande hauteur. Une des branches de ce siphon descendit jusqu'à la mer et y projeta, suivant l'auteur, une grande quantité d'eau. Cette même branche se rompit enfin et se transforma en trois projections d'eau, dont deux provenaient de l'arc supérieur du siphon. Ces filets d'eau s'amincirent peu à peu, et finirent par disparaître ; la longueur resta la même tant qu'on les vit ; au dessous, la mer était fortement agitée. (*Athenæum*, 14 mars 1840, n° 646, p. 217.)

Observation. Cette relation laisse beaucoup à désirer ; l'auteur ne dit pas que l'arc qui unissait les deux branches du siphon fît partie des nuages supérieurs. Nous devions citer cette trombe, parce qu'elle est double, et principalement parce qu'une des branches s'est transformée en trois filets d'eau, ce qui rapproche cette terminaison du chevelu des nuages surbaissés du Fioul cité § 161. L'auteur ne dit pas qu'il voyait réellement l'eau tomber ; ce n'est que la force du clapotis qui lui faisait soupçonner la chute d'une grande quantité d'eau. Nous savons maintenant que cette agitation de la mer reconnaît une autre cause. Il ne mentionne ni vent ni mouvement giratoire.

DIVERSES TROMBES.

1re. Eau enlevée à 20 mètres. 2° Calme ; mouvement longitudinal ; pas de giration. 3° Plusieurs trombes à la fois, dont une forme un anneau ; aucune n'indique de giration ; cylindre bien défini ; écume montant en spirale.

257. Sous ce numéro, nous réunissons les trombes qui n'ont pas assez de détails pour mériter des articles particuliers.

(N° 61.) Trombes du 29 août 1747, près de Livourne, vues par le P. Beccaria ; un marin en compta dix-huit. La mer était dans le calme le plus complet. (*Dell' Elettricismo artificiale e naturale*. Turin, 1753, in-4°.)

(N° 62.) Harlem, 14 juin 1754. Sigaud de Lafond ne mentionne de cette trombe que l'élévation de l'eau à 20 mètres environ, puis elle retomba. (*Dict. physique*.)

(N° 63) Trombe de Abbotshall du 2 juillet 1788. Cylindre bien défini, gros comme un câble d'abord, puis il grossit au point de devenir gros comme un vaisseau (Relation de Gavin Inglis, *Phil. mag.*, 52, 216. (§ 375.)

(N° 64.) Nice, an 4. Trombe vue par M. Lambert; il y avait un calme complet et un mouvement longitudinal dans ce cône; donc il n'y avait pas de mouvement giratoire. (*Mag. encyc.*, t. 6 . 461.)

(N° 65.) Près du canal Siao, le 11 décembre 1816, latitude nord 4°, longitude 129° est. Le capitaine Th. Lynn vit une projection d'écume en spirale répondant à une colonne descendante des nuages. (*Phil. mag.*, 1818, t. 51, p. 313.)

(N° 66.) Mer de Sicile, 27 juin 1827. Sept trombes à la fois; la 4ᵉ fait un tour de spire; la 6ᵉ n'est qu'une averse restreinte. Aucune n'indique de mouvemens giratoires. Il n'y a qu'une lithographie d'Engelmann de cette trombe, sans autre description que l'inscription placée au bas par M. Mazzara, qui l'a vue et en a fait le dessin.

CHAPITRE II.

RELATION DES TROMBES DE TERRE.

ITALIE, 22 OU 24 AOUT 1456.

258. (N° 1.) Trombe de nuit; nues parasites montant et descendant, tantôt directement, et tantôt tourbillonnant sur elles-mêmes; décharges électriques entre ces nuages; grande perturbation de l'air dans son voisinage; objets enlevés et transportés sans être renversés, etc. Effets bien évidens d'électricité statique.

La trombe qui a traversé l'Italie, la nuit du 24 août 1456, suivant Machiavel (*Histoire de Florence*, liv. 6), ou le 22, suivant Ammirati, dans le 23ᵉ livre de son Histoire florentine, a été décrite par ces auteurs et par Ruccolaï, et reproduite par Boschovich dans sa relation de celle de Rome. En voici un extrait.

Un peu avant le jour, des nuages noirs et épais, partis de la mer Adriatique, au-delà de Lucardo, du côté d'Ancône, s'abaissèrent jusqu'à 20 brasses du sol, auquel ils communiquèrent par un *Tourbillon*. Ils se dirigèrent vers San – Cassiano, traversèrent l'Arno, à peu de distance de Settigano, et continuant leur marche à travers l'Italie, ils allèrent se perdre dans la Méditerranée. On voyait entre ces nuages des combats intérieurs et le long du cône descendant, de petits nuages parasites qui montaient et descendaient directement et parfois tourbillonnaient sur eux-mêmes avec une grande rapidité ; il en sortait aussi des feux fréquens et des flammes très-brillantes dans les luttes que ces nues soutenaient les unes contre les autres. Des vents furieux sortaient de ce tourbillon et soufflaient dans toutes les directions ; un bruit épouvantable l'accompagnait. Les ravages de cette trombe furent considérables ; elle renversa comme d'habitude les maisons et arracha ou rompit les arbres. Parmi ces dégâts, on remarqua les suivans, comme ayant un caractère tout particulier. Ammirati fait observer qu'elle n'abattit pas toujours les maisons entières, comme le fait ordinairement le vent, mais que, dans certains endroits, ses effets furent limités d'une manière très-singulière : ainsi, la maison d'un laboureur fut divisée en deux portions de haut en bas, une de huit brasses et l'autre de quinze, et le tout transporté à vingt brasses sans laisser une seule brique sur le sol. Une muraille fut renversée, une moitié vers le midi et l'autre moitié vers le nord. (Voy. pag. 169.) Un paysan avait dans sa maison plusieurs boisseaux de grains, ce grain fut emporté tout entier par une fenêtre grillée, sans que la maison eût le moindre dommage ; ailleurs, un panier plein de grain fut emporté et déposé dans un champ sans qu'il en tombât la moindre portion. Les toits des temples de Saint-Martin à Bagnuolo et de Sainte-Marie-de-la-Paix furent transportés tout entiers à un mille de là. Un muletier et ses mulets furent enlevés et transportés dans un champ voisin, le muletier fut trouvé mort.

Observation. On voit dans cette relation tous les effets bien connus des influences électriques. Le nom de *Tourbillon*, donné au météore, n'a pas la signification d'un mouvement giratoire exécuté par toute la colonne ; car les effets produits et la relation même indiquent suffisamment qu'il n'y avait pas de mouvement de rotation dans ces transports d'objets ; ce mot est seulement le synonyme de *tempête* et *tourmente*.

REIMS, 10 AOUT 1680.

259. (N° 2.) La trombe s'est formée lorsqu'il n'y avait que de petits nuages rares, élevés et transparens : elle apparaît comme une grande pyramide de feu, au dessus de laquelle s'élève une colonne jusqu'à la nue ; la base de la trombe était sur la terre ; il n'y eut aucune pluie.

L'abbé Richard, dans son *Histoire naturelle de l'air et des météores*, tome 6, page 505, dit que les anciens n'ont pas distingué les météores des trombes et des siphons des autres perturbations atmosphériques, ce qui est une erreur d'après les preuves que j'en ai apportées dans la première partie, chapitre 5. Il se trompe aussi en disant que la première trombe de terre est celle de Reims, du 10 août 1680.

« Il paraît, dit-il, que les premières trombes de terre que l'on ait observées, sont celles dont il est fait mention dans un petit ouvrage qui parut à la fin du siècle dernier, sous le titre de *Conjectures physiques sur deux colonnes de nues.*

« La première fut remarquée auprès de Reims, le

10 août 1680. L'observateur intelligent qui la vit en parle ainsi : Il était cinq heures et demie du soir, lorsqu'il se mit à la fenêtre d'une maison, située sur les hauteurs voisines de Reims, dont la vue s'étend sur l'horizon, à plus de 12 lieues. Le ciel n'était chargé que de petits nuages rares, assez élevés, et qui n'ôtaient rien à l'éclat des rayons du soleil. Il aperçut alors, à une lieue de distance, une espèce de grande fournaise d'où sortait une pyramide de feu de couleur orangée. Il s'élevait du haut une colonne perpendiculaire à l'horizon, qui, diminuant insensiblement de grosseur, s'étendait jusqu'au nuage vertical à la pyramide, où l'on remarquait une espèce d'architrave par laquelle la colonne se rejoignait au nuage, ou plutôt il semblait que c'était une partie du nuage qui s'était abaissée sous cette forme et s'unissait à la colonne. Les flammes de la pyramide paraissaient mêlées de beaucoup de fumée, et cependant elles étaient assez brillantes. L'éclat de la colonne était plus vif que celui de la pyramide, et sa couleur était la même que celle d'un nuage d'un bleu clair qui devenait blanc, ou tout-à-fait lumineux par ses bords; toute cette partie était pleinement éclairée par le soleil et fort brillante. A cette distance, le diamètre de la colonne à sa base ne paraissait pas avoir plus de 2 pieds. Toute cette masse était emportée du nord au midi, et dans une demi-heure parcourut un espace de 3 lieues, après quoi il s'éleva un tourbillon dans lequel tout disparut. Dans cette route, la pyramide paraissait tantôt plus épaisse, tantôt moins, quelquefois même on la perdait de vue.

Le lendemain, l'observateur se transporta dans les endroits que le météore avait traversés; il apprit des témoins que le diamètre de la colonne était d'environ 6 pieds, qu'elle avait produit un ouragan impétueux dont le mouvement de tourbillon était annoncé par son bruit horrible, et la violence avec laquelle il attaquait tous les corps......

» L'auteur décrit ensuite les dégâts ordinaires de ce météore, les toits enlevés et les gerbes portées au loin.........
Puis il ajoute : « Sa base avait une largeur de 100 pieds,
dans laquelle les terres nouvellement labourées étaient
battues, unies comme si l'on eût passé le cylindre...... il
ne tomba pas une goutte de pluie, et le météore était absolument sec.

Observation. Cette trombe présenta plusieurs faits intéressans ; 1° la petitesse et la transparence des nuages ; 2° la
pyramide du feu mêlé de *fumée* ; 3₀ la colonne brillante qui
la surmontait et qui allait en diminuant : le tout était accompagné d'un très-grand bruit ; 4° enfin il ne tomba aucune
goutte de pluie. Ce météore est un exemple de la quantité
immense d'électricité que peut contenir l'atmosphère peu
chargée de vapeurs. La pyramide était toute formée des
échanges lumineux des électricités contraires ; il n'y avait
que la quantité de vapeur strictement nécessaire à cet
écoulement étincelant. C'est l'électricité terrestre qui s'est
élevée, avec les vapeurs inférieures pour neutraliser l'électricité supérieure. Aussi la trombe avait-elle sa base en
bas et sa pointe en haut. »

VÉRONE, 29 JUILLET 1686.

260. (N° 3.) Trombe énorme variant avec les localités ; éclairs ; nuages
tournant sur eux-mêmes et séparés par des raies de feu ; bruit
rauque ; odeur de soufre ; explosion ; fruits et herbes desséchés ;
hommes enlevés ; arbres et créneaux couchés vers un centre ; six
trous dans un plancher ; salles dépavées.

Dans sa dissertation sur la trombe de Rome, le P. Boschovich a donné une relation assez détaillée de celle qui a
ravagé Vérone le 29 juillet 1686. Il a tiré ses renseignemens
d'une relation de Francisco Spoleti, qui avait visité les
lieux immédiatement, et de quelques indications de Mon-

tanari. Spoleti dit que cette trombe prit naissance vers cinq
heures du soir (la 24ᵉ heure italienne), à Terrazzo, ville
située au dessus de Vérone, peu loin de l'Adige, et qu'elle
marcha jusqu'à Dolo, dans un espace de quarante milles
en ligne droite, en moins d'une heure. Montanari porte
son trajet à soixante milles, ayant appris qu'elle avait pris
réellement naissance près d'une ferme du duc de Mantoue,
nommée Ponte-Molino, où elle ne fut pas moins dévastatrice qu'à Terrazzo.

La grosseur de cette trombe et sa forme varièrent beaucoup ; dans certains endroits, elle avait un demi-mille de
diamètre, et dans d'autres un quart seulement. Elle était
enveloppée dans un nuage tellement noir et dense, qu'on la
perdait souvent de vue ; mais, de temps en temps, elle
paraissait se déchirer et lançait de soudains et pâles éclairs.
On voyait dans son intérieur de petits nuages blancs tourner
d'une manière continue, et qui étaient séparés les uns des
autres par de grandes raies de feu. A une certaine hauteur,
les vapeurs paraissaient moins épaisses et moins souvent
traversées par les éclairs ; mais l'air qui les entourait paraissait couleur de feu. Cette trombe faisait entendre un
bruit rauque, accompagné d'un vent léger, empreint d'o-
deur de soufre.

A Terrazzo, elle était tout en feu, et elle incendia beaucoup d'habitations et d'arbres. La relation contient un fait
fort précieux pour nous au milieu de l'intérêt général de
cette trombe. Un nuage fort noir heurta des maisons ; il y
eut sur-le-champ plusieurs explosions qui se manifestèrent
par de larges lames de feu et par un bruit éclatant ; c'est-
à-dire qu'il y avait des décharges électriques en s'approchant d'un conducteur. A Urbana, distante de Terrazzo de
trois milles, la puissance mécanique causa plus de désastres que le feu, tandis qu'à Rivadolmo, située à six milles
de Terrazzo, conséquemment à trois milles d'Urbana, ce

fut le feu qui causa plus de malheurs. Montanari dit que cette puissance ignée persista jusque dans le Padouan, où elle consuma beaucoup de meubles et de fourrages.

Le raisin et les fruits près desquels la trombe passa furent tellement desséchés et brûlés, quoique les arbres n'eussent point été entièrement arrachés, qu'ils paraissaient avoir été cuits dans un four ; ils avaient en outre une odeur de soufre. Les herbes elles-mêmes étaient desséchées et comme brûlées.

Les effets autres que ceux du feu ne furent pas moins grands ; les plus gros arbres furent déracinés, les murailles renversées ; des poutres, des hommes, des animaux enlevés et portés à un ou deux milles.

A Este, dit Spoleti, quatre hommes ont été transportés à plus d'un mille ; de ces quatre hommes, trois furent tués et le quatrième revint à lui, après un évanouissement de deux heures. Beaucoup d'autres hommes et femmes furent ainsi transportés au loin et gravement blessés par le choc de leur projection contre les arbres et les maisons. A Urbana, un petit enfant de cinq ans fut enlevé sous les yeux de sa mère et fut retrouvé sous des ruines aux environs de la ville.

Spoleti dit aussi que des murs parallèles furent renversés l'un vers l'autre, que des arbres arrachés furent renversés toutes les têtes vers un centre commun, effet que nous avons retrouvé dans le parc de Châtenay. (Voy. la relation, § 178.) Il ajoute que dans beaucoup d'endroits il y avait des tours rondes dont les crénaux furent renversés vers le centre.

Montanari cite un jeune paysan qui, étant dehors de sa maison, fut enlevé et porté vers la porte d'entrée qui était fermée. Heureusement elle s'ouvrit au même instant, et il fut ainsi transporté jusqu'au dessous d'un lit placé dans le coin de la chambre, sans être blessé. Beaucoup de robes renfermées dans cette pièce furent enlevées. Il dit qu'en passant sur le fleuve Tartaro, la trombe enleva un petit bateau chargé de 60 sacs de riz, le porta à 500 perches et le jeta dans une plaine, brisé en quatre morceaux. A Ponte-Molino, elle renversa des maisons, enleva tout sur son passage et fut accompagnée de plusieurs bizarreries dans ses choix. Ainsi la maison et le pigeonnier furent renversés, tandis que la cantine et le grenier contigus furent ménagés; seulement, elle fit six trous dans le plancher du grenier, chacun assez grand pour qu'un homme put y passer facilement. Le toit fut aussi percé de trous, par où s'échappèrent les pailles et les grains que contenait ce grenier, et qui allèrent se perdre à plus d'un mille.

On remarqua aussi dans plusieurs villes du Padouan que les pavés des salles furent enlevés et les toits percés, et que la couverture en plomb du palais du seigneur Salvatici fut enlevée et transportée à un demi-mille.

Enfin Montanari termine par le trait suivant : « La trombe détruisit une papeterie à Battaglia, et en enleva tous les papiers qu'elle alla deverser dans les lagunes de Venise, distantes de plus de vingt milles de cet endroit; singulier événement qui à tant d'autres pluies prodigieuses racontées par Tite-Live, aurait joint une pluie de feuilles de papier blanc. Que de mystérieuses interprétations auraient été données par les aruspices si vénérés dans cette superstitieuse république ! »

EN BRIE, 15 AOUT 1687.

261. (N° 4.) Orage ; la foudre tomba sur un taillis et fut suivie d'une colonne trombique ; forme unie, mais inégale ; mouvement vif de giration.

« En 1687, le 15 août, à quatre heures environ après midi, à la suite d'un bruit de tonnerre, qui avait duré environ une heure, la foudre tomba avec un fracas horrible en Brie, sur un bois taillis, au dessus duquel parut aussitôt une colonne, de la couleur des nuées les plus épaisses. Elle s'étendait d'une de ces nuées jusqu'à la terre ; elle était unie mais de grosseur inégale : sa circonférence par le haut paraissait être d'environ 50 pieds et par le bas de huit ; elle tournait rapidement sur son axe, et sa matière semblait être la même que celle de la nuée d'où elle sortait. Elle se montra dans le même état pendant un demiquart d'heure, après quoi le mouvement du tourbillon s'affaiblissant par degrés, la colonne se raccourcissant par le bas, s'élargit par le haut, parut remonter et peu après elle se réunit à la nue qui était au-dessus, dans laquelle elle se confondit. L'air était obscurci de tous côtés par des nuages épais, cependant il ne plut point pendant tout ce jour. » (L'abbé Richard, *Hist. natur. de l'air et des météores*, tome 6, p. 528. Edit. de 1770.)

Observation. Cette trombe est remarquable par son origine ; c'est à la suite d'une forte décharge électrique qu'elle s'est formée. Indépendamment de la tension électrique des particules de vapeurs, le nuage comme corps avait une quantité considérable d'électricité libre qui s'est neutralisée par une décharge et le reste par écoulement.

HATFIELD, 15 AOUT 1687.

262. (N° 5.) Mouvement giratoire très-rapide ; eau montante.

Trombe du 15 août 1687, observée par M. Abraham de la Pryme, à Hatfield dans le Yorkshire. (*Phil. Trans.* ann. 1702, p. 1248, n° 281.)

« Le 15 août 1687, la saison avait été sèche et l'air était chaud, le temps couvert, le vent assez fort et soufflant de tous les côtés, amena bientôt un grand nombre de nuages ; les vents divers produisirent des tourbillons, des girations

parmi les nuages dont le centre descendit sous la forme
d'un tuyau noir ou épais qu'on appelle *spout*, dans lequel
je vis parfaitement un mouvement en spirale. Cette trombe
s'avança lentement sur un plant de jeunes arbres qu'elle
tordit comme des brins d'osier, etc. » Après avoir fait la
description des ravages de cette trombe, l'auteur ajoute :
« Arrivé à 300 yards (1) de moi, je vis que ce grand phénomène n'avait pas d'autre cause qu'un mouvement giratoire
des nuages produit par les vents contraires, qui se ren-
contraient au centre, et je vis l'eau qui montait au centre
de la colonne. »

(*Voyez* la description de la trombe n° 7, du même auteur, et les observations que nous avons mises à la suite.)

TOPSHAM, 7 AOUT 1694.

263. (N° 6.) Pommier transporté contre le vent ; eau rejaillissante ;
mouvement giratoire ; forme en portion de cercle.

M. Zachary Mayne, dans une lettre, imprimée dans les
Trans. ph., vol. 19, p. 28., écrite en 1694, dit que le météore appelée *trombe* par les Français, a été ainsi nommé,
probablement à cause de sa forme et de son bruit, qui
rappelle la toupie d'Allemagne.

La trombe qu'il vit, s'éleva vers les 9 à 10 heures du
matin, le 7 août 1694 ; c'était à la mer basse, mais il ne
put savoir si le canal était tout-à-fait à sec. De la partie
inférieure qui reposait dans le canal, l'eau paraissait jaillir
et voltiger çà et là, comme si elle eût eu le désir de fuir :
as though 'twould fain make its escape from it. Il faisait
un peu de vent O.-N.-O., mais il était moins violent qu'auparavant : lorsque la trombe commença à se mouvoir, elle

---

(1) Le yard vaut 0^m 94438348.

s'avança avec lui comme une fumée noire. Un fort pommier fut enlevé et transporté en sens contraire de la marche de la trombe et du vent ; cette marche en arrière lui fait dire qu'il fallait qu'il y eût un double mouvement dans la trombe, l'un *externe*, voulant dire probablement la marche dans le sens du vent, et l'autre interne et circulaire, comme un volant de tournebroche.

Le reste de la description est relatif aux dégâts que la trombe a produits. La figure qu'il en donne ne paraît pas une trombe droite, qui va du sol aux nuages, mais elle paraît former un demi-cercle dont on ne voit que les deux tiers ; elle se rapproche de celle observée le 21 septembre 1760, à Oxford. (*Voyez* plus bas, § 282.)

HATFIELD, 21 JUIN 1702.

264. (N° 7.) Pas de vent; giration; eau montante.

Le 21 juin 1702, deux heures après midi, M. de la Pryme (*Ph. Trans.*, 1702, page 1331) vit une trombe à Hatfield, qu'il attribua aux vents contraires, parce qu'il vit les nuages tournoyer en s'amoncelant. Il y avait peu de vent à fleur de terre, mais il jugea qu'il en faisait dans la région supérieure, en voyant les nuages s'agiter beaucoup et se placer en rond ; il entendit aussi un bruit semblable à celui d'un moulin. Un long tube descendit du centre des nues agrégées ; il avait un mouvement rapide en spirale qui lui donnait l'apparence d'une vis d'Archimède, au milieu de laquelle l'eau montait. La suite de la relation concerne les dégâts que cette trombe a produits, dégâts qui se retrouvent partout.

M. de la Pryme attribue la trombe n° 5, au vent qui soufflait de toutes parts ; dans la seconde, comme le vent était calme, il en suppose dans les régions supérieures, par cela seul qu'il voit les nuages s'amonceler. De son temps, on ne savait pas qu'il y eût des nuages électriques, que les nuages sont orageux, en vertu de l'électricité qu'ils contiennent, que la foudre n'est qu'une puissante décharge d'électricité ; la science de l'électricité était tout entière à naître, il n'en existait encore que le jeu de quelques attractions de duvets légers, et on était loin de se douter de leur puissance entre les nues suspendues à de grandes distances : il ne faut donc pas s'étonner des efforts qu'il fait pour trouver la cause de ce météore dans les vents contraires.

PRÈS D'EMOTT-MORE, DANS LE LANCASHIRE, 3 JUIN 1718.

265. (Nº 8.) Immense quantité d'eau tombée dans un lieu très-restreint ; les terres furent soulevées et placées de chaque côté du canal formé ; aucun signe igné.

Le Dr Richardson a fait la courte relation d'une immense averse qui est tombée près d'Emott-More, dans le Lancashire, le 3 juin 1718 ; il dit n'avoir lu dans aucune relation la chute d'une aussi prodigieuse masse d'eau dans un temps aussi court.

« Vers les dix heures du matin, plusieurs personnes travaillaient dans les champs près de cette localité, lorsqu'elles furent effrayées par un bruit inaccoutumé dans l'air ; terrifiées de ce qu'elles entendaient, elles prirent en fuyant le chemin de leurs habitations qui étaient à environ un mille de là ; mais à leur grande surprise, elles furent arrêtées par un petit ruisseau qui était sur leur route et dont le filet d'eau était changé en un courant de 6 pieds de profondeur et qui avait submergé le pont.

» Aucune pluie n'était tombé à Emott-More à ce moment ; il n'y eut qu'un brouillard comme il arrive souvent sur ces hautes montagnes en été. A l'endroit même où cette masse d'eau tomba, il y avait une grande obscurité et on n'y vit aucun éclair, ni on n'entendit aucun coup de tonnerre. Les prairies furent inondées complétement, quoiqu'il fît une très-belle journée. Dans l'endroit où l'eau était tombée, la terre avait été enlevée jusqu'au roc, ce qui formait un creux de 7 pieds et à la suite un golfe profond avait été creusé l'espace d'un demi mille. Un vaste amas de terre fut jeté de chaque côté de ce canal, quelques portions avaient 20 pieds de haut sur 6 à 7 de large. Il y eut à peu près 10 acres de terre de détruits par ce déluge d'eau ; la première cavité qui fut faite n'offrait aucun signe qui pût faire soupçonner que l'eau fût sortie de la terre, le fond présentait la roche sans aucune issue. Je ne dois pas omettre que la terre végétale de chaque côté du golfe fut tellement ébranlée, qu'il y avait de larges crevasses à 30 pieds de distance. (*Phil. Trans.*, année 1719, vol. 30, p. 1097).

BOCANBREY, 30 MAI 1725.

266. (N° 9.) Trombe terminée inférieurement par un tourbillon de feu ; mouvement attractif et répulsif des vapeurs qui s'élevaient ; vent faible ; actions électriques incontestables ; rotation plus grande en bas ; elle forme un anneau, comme celle de Mazzara.

M. de Jussieu a rapporté le fait suivant, vu et décrit par M. de Bocanbrey, près de sa propriété de Bocanbrey en Normandie, le mercredi 30 mai 1725. Il fit le matin un grand brouillard ; quand il fut passé, il s'éleva sur le midi plusieurs orages avec quelques coups de tonnerre. Entre trois et quatre heures, il y eut des coups de soleil très-brûlans. A quatre heures trois quarts, on entendit un bruit confus, qui, augmentant toujours, attira l'attention de M. de Bocanbrey. Il fut fort surpris d'entendre ce bruit comme roulant sur la terre ; au bout d'un quart d'heure, il semblait que ce fût celui d'un carrosse qui allait sur le pavé, par secousses et à reprises. Il jugea que la cause du bruit était à plus de 300 toises de lui à l'est, et qu'elle s'avançait du nord au sud et très-lentement, puisqu'il fut trois quarts d'heure à écouter toujours sans rien voir. Enfin il en vit la cause ; c'était comme un tourbillon de feu roulant sur la terre, avec un bruit effrayant. Il en sortait une espèce de fumée rousse, plus claire dans son milieu, qui s'éclaicissait à mesure qu'elle s'élevait : la colonne qu'elle formait pouvait avoir 1 pied 1/2 de large, et montait en bouillonnant d'une rapidité incroyable, jusqu'à une nuée noire, qui était au dessus ; lorsqu'elle la touchait, elle se débattait en tourbillonnant comme de la fumée qui trouve en son chemin de l'opposition. Cette traînée de vapeur n'était pas toujours égale, elle diminuait de temps en temps, et alors le bruit diminuait en proportion, mais un moment après elle augmentait, et le bruit avec elle. Elle ne montait pas toujours directement, mais quelquefois elle se courbait comme si elle eût obéi au vent, qui cependant était très-faible ; elle ondoyait et faisait même des retours entiers, comme un cor de chasse ; sa rapidité était beaucoup plus grande en bas qu'en haut, mais toujours égale dans son total. Lorsque ce spectacle se fut éloigné de l'observateur, d'un quart de lieue environ, on entendit au nord-nord-est un grand coup de tonnerre qu'une très-grosse pluie accompagnait. On cessa de voir ce phénomène et tout bruit cessa ; il n'en resta de trace dans aucun endroit. (Extrait de l'*Histoire, Acad. roy. des sciences*, année 1725, p. 5.)

Observation. Il est impossible de méconnaître les forces électriques comme cause dans toutes les parties de ce phénomène. Il n'en est pas une qui ne s'y rattache complétement et ne s'éloigne de toute autre cause.

MOKLINTA, 27 SEPTEMBRE 1725.

267. (N° 10.) Vapeur divisée en globes tournant sur eux-mêmes ; projection de charpente contre le vent ; eau d'un lac élevée comme un mur ; odeur désagréable ; nuage qui s'abaisse vers un marais.

Trombe du 27 septembre 1725, qui parut à Moklinta, paroisse de la West-Manie, décrite par Er. Kalsenius. (*Acta litterar. Sueciæ, Upsaliæ publicata*, ann. 1725, vol. 2 pag. 106.)

» Dans la matinée du 27 septembre 1725, il y eut quelques ondées ; mais dès avant midi, la pluie avait cessé. Vers les deux heures de relevée, je montai sur une petite colline sabloneuse, près de la maison, et de là je vis s'amonceler les nuages dispersés. Il me semblait aussi entendre un bruissement obscur provenant de loin et tout-à-fait inaccoutumé. Le vent soufflait légèrement de l'ouest. Ne soupçonnant rien de particulier de cette circonstance, je repris le chemin du logis. A peine avais-je fait quelques pas, que j'entendis un grand bruit, comme celui d'un fleuve impétueux ; regardant quelle en pouvait être la cause, je vis s'avancer vers moi, du côté de l'occident, une sorte de fumée, divisée en différens globes, mus chacun d'un mouvement de rotation. L'eau qui en provenait ne tombait pas en gouttes de pluie, mais coulait comme si on l'eût versée d'un vase. Etonné de ce que je voyais, incertain de ce que c'était, je rentrai et me mis à la fenêtre pour continuer mon observation. A cet instant, je vis enlever le toit d'un grenier, comme si on l'eût fait avec la main ; et les pièces de bois les plus fortes, placées pour le consolider, enlevées comme des plumes, toutes surchargées de l'eau qui tombait à torrent. La porte cochère, nouvellement construite, avec son toit, les gros poteaux en sapin fortement attachés, ainsi que la charpente contiguë, furent rompus et projetés en sens inverse du vent, ce qu'on ne peut trop faire remarquer. Une cheminée bien bâtie fut renversée et les briques dispersées tout autour. L'atmosphère fut remplie d'écorce, de planches, et de tout ce qui n'avait pu résister à la force de la tempête. Aussitôt qu'elle fut un peu abaissée, je sortis pour reconnaître tout le dégât qu'elle avait fait, lorsque je fus abordé par une des servantes de la maison qui avait été envoyée en commission. Elle me dit que lorsqu'elle se présenta à la porte pour entrer, à cette porte qui avait été renversée, le tourbillon la saisit, l'enleva dans les airs, et la porta à 15 ou 20 brasses de là et la déposa sur un tertre, où elle eut beaucoup de peine à résister à la violence du vent, quoiqu'elle tînt embrassée une grosse pierre.

» Toutes les haies que le tourbillon rencontra, sur une largeur de 40 à 50 brasses, furent brisées et dispersées au loin. De fortes membrures neuves, non seulement furent transportées à deux jets de pierre, mais encore elles furent fendues comme avec la hache et brisées dans plus d'un endroit, et enfin enfoncées au pied du monticule.

» Je recherchai ensuite soigneusement dans quel lieu le tourbillon avait commencé; les réponses furent très-divergentes. Cependant, il résulta de l'ensemble des informations, qu'on vit s'élever une fumée épaisse sur une langue de terre à un huitième de mille à l'ouest d'un lac, et que bientôt après, le tourbillon s'étant projeté sur le lac, il éleva dans l'air une grande masse d'eau qui était droite comme un mur, telle que la Bible le rapporte du Jourdain; sans nul doute les eaux dont le village fut inondé provenaient de ce lac. La trombe ne fit pas moins de dégâts dans la partie orientale. Une forêt qui se trouva sur sa route fut détruite pour la plus grande partie. Je ne dois pas omettre qu'on vit préalablement une nuée ou fumée dense, qui répandait une odeur désagréable, et qui s'abaissa bientôt sur le marais. Après le passage du tourbillon, la pluie recommença de nouveau et continua tout le jour suivant.

CAPESTAN, 21 AOUT 1727.

268. (N° 11.) Calme aux environs ; une seconde trombe se réunit à la première ; tonnerre avant, grêle après.

Le 21 août 1727, à cinq heures et un quart du soir, on vit à Capestan, près Béziers, une colonne assez noire qui descendait de la nue jusqu'à terre, et diminuait toujours de largeur en s'approchant de la terre, où elle se terminait en pointe. L'air était calme à Béziers, et on y avait entendu auparavant quelques coups de tonnerre. A Capestan, le vent fut violent, le ciel s'obscurcit d'une manière extraordinaire. La colonne d'eau était d'une couleur cendrée et obéissait au vent, qui soufflait de l'ouest. Elle arracha quantité de rejetons d'olivier, etc. Il parut une autre colonne de la même figure ; mais elle se joignit bientôt à la première, et après que le tout eut disparu, il tomba une grande quantité de pluie et de grêle. (*Mém. ac. sc.* Paris, année 1727, hist. 41.)

MONTPELLIER, 2 NOVEMBRE 1729.

269. (N° 12.) Tourbillon ; colonne de feu au centre ; odeur de soufre.

Le 2 novembre 1729, vers les huit heures du matin, on aperçut à Montpellier, du côté du sud-est, d'où le vent soufflait, une petite nue fort obscure et fort élevée, qui n'avait pas de figure déterminée, et qui s'avançait à bruit sourd vers la ville. Cette nue s'abaissa vers la terre, et, à mesure qu'elle s'en approchait, le bruit qu'elle faisait augmentait considérablement, et devint si terrible que les témoins dirent que des trains d'artillerie roulant sur le pavé n'en pouvaient donner qu'une faible idée. Cette nue s'a-

baissa jusqu'à la terre, et M. Serres, président de la Cour
des comptes, et M. Serane, docteur en médecine, qui ob-
servaient le météore, dirent qu'ils ont aperçu une lumière
semblable à celle d'une fumée qui s'élève d'un grand feu,
et qu'après le passage de la nuée, ils avaient senti une
odeur de soufre pareille à celle que produit la foudre.
D'autres témoins, qui confirmèrent ces faits, ajoutèrent
qu'ils avaient vu très-positivement une sorte de chevron de
feu au milieu de la noirceur de la nuée.

Cette nuée avait un mouvement très-rapide, et formait
autour d'elle un tourbillon qui s'étendait à 50 toises à la
ronde, et dont l'activité était prodigieuse. Après avoir fait
ses ravages ordinaires, ce météore alla se perdre dans la
campagne du côté du nord, ayant parcouru une petite
demi-lieue en longueur, sur une largeur d'environ cent
toises. Après qu'il se fut dissipé, il survint une grosse pluie
d'orage sans éclairs et sans tonnerre.

M. de Monferrier regarda ce météore comme un tourbillon de vent et de nuée, ayant quelque analogie avec les
trombes; il en chercha l'explication dans les vents contraires; il dit que ce groupe de nuées ne paraissait pas avoir
plus de trois toises de largeur; mais ayant acquis, dit-il,
un mouvement de tourbillon très-rapide, il força l'air qui
l'euvironnait à suivre le même mouvement, et le tout ensemble forma cet ourbillon de 100 toises de largeur.

M. Gauteron regarda ce météore comme une trombe de
terre; l'odeur du soufre, dit-il, et la lumière rougeâtre ou
le chevron de feu prouvent incontestablement que la cause
ne devait pas être fort différente de celle qui produit les
éclairs, le tonnerre et les autres météores enflammés.

M. Guettard, sécrétaire de l'Académie, partageant l'o-
pinion de M. Gauteron, entra dans quelques détails sur
l'inflammation des vapeurs de soufre et de bitume par le
feu électrique, sur les vents que produisent ces divers

phénomènes, et l'eau de la mer qu'ils enlèvent en colonne, etc., etc. (*Hist. de la Soc. roy. des sc. Montpellier*, t. II, pag. 24.)

ANCÔNE, UNE DES NUITS DE L'AUTOMNE DE 1733.

270. (N° 43.) Trombe de nuit; vaisseau enlevé et brisé; lames de plomb enlevées et transportées au loin.

Louis Wanvitelli, résidant à Ancône, fut témoin de la trombe qui ravagea cette ville dans une nuit de l'automne de 1733. Lorsqu'il apprit que le P. Boschovich s'occupait de la relation de celle qui avait dévasté Rome la nuit du 11 au 12 juin 1749, il lui envoya quelques détails sur celle dont il faillit être victime. Cette trombe ayant eu lieu la nuit, il ne put en connaître les diverses particularités, et il ne s'étendit que sur le détail des malheurs particuliers et des dégâts qu'elle occasiona.

« Ce *tourbillon*, dit le P. Boschovich, fit, dans une longue bande du pays, ses ravages habituels; il déracina les arbres, il enleva des toits, il renversa des murs : mais, dans Ancône, sa fureur fut si violente, que les traces qu'il y laissa passent toute croyance. Un seul fait suffira pour en donner une idée. Dans une maison au-delà du mur qui entoure le port, et du chemin attenant, habitait le célèbre Louis Wanvitelli, qui avait la mission de surveiller les grandes constructions que faisait élever la munificence de Clément XII. C'est lui qui m'a transmis toutes les particularités de cet événement. Le mât d'un gros bâtiment fut lancé avec une telle force contre cette maison, qu'un bon mur en briques, épais d'au moins quatre palmes, fut percé, comme s'il avait été chassé par un très-fort bélier; il entra dans la maison de trois palmes et y resta implanté. De plus, ce trou était à soixante palmes au dessus du niveau de la mer; il était oblique de haut en bas, ce qui indique que le mât le frappa dans cette direction. Le bâtiment fut brisé en mille morceaux, un seul des marins fut sauvé par le plus grand des hasards. Tenant ce mât fortement embrassé, il fut enlevé avec lui, et lorsque celui-ci vint s'implanter dans le mur de la maison; il fut lancé à terre par le choc, ainsi que la girouette qui était à l'extrémité. Il tomba dans le chemin tout froissé, mais sans blessures graves..... En passant au dessus ou dans le voisinage de Lorette, ce *tourbillon* roula, comme des feuilles de papier, un grand nombre de lames de plomb qui la couvraient et les emporta à de grandes distances. » (Boschovich, *Dissertazione sopra il Turbine*, etc. 1749, 2ᵉ partie, § 50.)

HOLKAM, AOUT 1741.

271. (N° 14.) Calme, feu, ciel sans nuages; tous les signes d'un écoulement électrique par une suite de décharges.

Relation d'un météore vu près de Holkam, dans le Norfolk, dans le mois d'août 1741, communiquée à la Société royale par Th. Lovell, le 4 novembre 1742. (*P. Trans.*, v. 42, 183.)

Th. Savory, John Walker et d'autres laboureurs de L. Lovell, étant à leurs charrues, vers le milieu d'août 1741, pendant une belle journée, sur les dix heures du matin, ils virent sur une bruyère, à un quart de mille d'eux, un sorte de tourbillon qui s'avançait graduellement en ligne directe de l'est à l'ouest. Il passa à travers le champ qu'ils labouraient; il arracha le chaume de ce champ et l'herbe dans une longueur de deux milles et une largeur de trente yards. Lorsqu'il arriva à un enclos au sommet d'un monticule, nommé clos Ferrybush, Ph. Henning et autres personnes, butant des navets, virent ce météore comme un grand éclair ou une boule de feu. Ayant vu que ce tourbillon entrait dans le clos , Rob. May alla à son cottage près de la route , au bout du parc , à environ 200 mètres au dessous du clos ; un de ses enfans , âgé de six ans, qui jouait à la porte , s'écria : *le clos Ferrybush est en feu!* Le père sortit pour voir ce que disait l'enfant ; il ne vit plus de feu , mais une fumée terrible , et il entendit un bruit comme si le feu consumait une grange. Il vit ensuite le météore s'approcher en continuant de faire un très-grand bruit, comme celui d'un feu violent, ou de chariots courant sur des routes pierreuses ; il traversa son habitation, arracha les pierres de la route et un rang de pieux, déplaça des poteaux et porta à 40 yards un plat d'étain, qui était à l'extérieur de la fenêtre. Un couvercle en bois très-épais , de 4 pieds carrés , fut transporté plus loin encore et brisé en pièces, le gravier et les cailloux volaient comme des plumes....... Mais ce qui est remarquable , et ce qu'on ne vit que dans ce lieu, c'est que le temps était clair et beau et qu'il n'y avait aucun signe d'orage ni de tourmente. Un quart d'heure après, Ph. Henning , et deux de ses camarades, qui travaillaient à deux furlongs (402ᵐ) de là , vinrent trouver R. May, et lui dirent qu'ils étaient contents de le voir ; car ils craignaient que lui , sa famille et sa maison ne fussent entièrement brûlés , ayant vu le feu marcher vers ce lieu et ayant entendu un grand bruit comme si la maison avait croulé. R. May avait senti une très-forte odeur de soufre avant et après le passage du météore, et il avait entendu un grand bruit long-temps après avoir vu la fumée , et avant qu'il vît le tourbillon de vent , parce qu'une haie lui interceptait la vue. Ce météore marchait si lentement , qu'il mit près de dix minutes pour venir du clos à sa maison.

Observation. On retrouve dans cette trombe un effet semblable à un de ceux qui accompagnèrent la trombe de Châtenay, § 178 , c'est que les personnes éloignées virent

le météore tout en feu, tandis que les personnes placées
au milieu ne s'en aperçurent pas.

DANS LE HUNTINGTONSHIRE, 8 SEPTEMBRE 1741.

272. (Nº 15.) Mouvement de rotation ; calme avant et après.

Ouragan du 8 septembre 1741, qui dévasta le Hunting-
tonshire, relation de Step. Fuller. Ph. Tr., vol. 41, ann. 1741,
pag. 851. (Par extrait.)

Jusque vers les onze heures et demie du matin du 8 septembre, il était tombé plusisurs fortes ondées : à cette
heure le temps s'éclaircit vers le sud et l'on s'attendait à une
belle après-midi. Peu d'instans après, on vit venir un orage
du S.-O., qui paraissait élevé de moins de 30 mètres au
dessus du sol et qui entraînait avec lui un brouillard qui
tournait sur lui-même le long des nuages avec une incroyable vitesse. Cet orage s'avançait, autant qu'on en put juger,
d'un mille et demi en trente secondes. Il commença à douze
heures et dura tréize minutes, dont huit avec la plus
grande violence. L'ouragan attaqua une maison dont il fit
tomber les tuiles du côté du vent et abattit les statues et la
balustrade de la terrasse. Deux hommes qui étaient dehors
au moment de l'ouragan, dirent qu'une demi-minute avant
la tempête, ils entendaient un bruit semblable à celui du
tonnerre continu, mais augmentant d'intensité. Pendant le
désastre, on n'entendit ni tonnerre, ni on ne vit d'éclairs.
A cette violence succéda un calme parfait comme si rien ne
venait de se passer.

273. Il est évident que cet ouragan est une trombe ordinaire : le brouillard roulant autour du nuage orageux,
élevé de moins de 30 mètres, était le conducteur humide
qui complétait la communication. Aussi l'auteur dit-il que,
pendant le passage de l'ouragan, on n'entendit pas le ton-

nerre, ni on ne vit pas d'éclairs. D'après l'expression de l'auteur, nous soupçonnons que le brouillard tournait autour d'un axe horizontal et non vertical.

MIRABAUX, VILLAGE A 12 KILOMÈT. DE LA VILLE D'AIX, 17 JUIN VERS 1745.

274. (N° 16.) La trombe paraît en feu ; elle change de forme, elle se divise en trois colonnes , puis ces colonnes se réunissent en une; mouvement de va-et-vient ; marche lente ; effet d'électricité statique évident sur les arbres et sur un enfant qu'elle fit danser ; petit trou fait dans un gros mur, etc.

L'extrait suivant est tiré de la relation que le Père Boschovich a donnée de cette trombe, dans sa Dissertation sur celle de Rome.

Le 17 juin ,..... à quatre heures après midi , il y eut une tempête qui fut suivie d'un grand coup de tonnerre. A cet instant , on vit à l'horizon une sorte de grande pyramide , composée de feu et de fumée et offrant diverses couleurs. Son sommet touchait aux nuages et sa base couvrait un espace d'environ 80 mètres. Elle changea plusieurs fois de forme , elle était tantôt cylindrique , tantôt en cône aminci ; elle se divisa une fois en trois colonnes différentes , qui ensuite se réunirent en une seule (1). On voyait dans son milieu une espèce de noyau (*nucho*), qui tantôt montait, tantôt descendait avec impétuosité. Elle s'avançait très-lentement, et parcourut conséquemment fort peu de pays ; elle ne fit que 3000 mètres en une heure et demie. Les nuages qui s'avançaient au dessus d'elle retardaient encore sa marche , et la soulevant à quelques décamètres

---

(1) On trouve un pareil effet dans celle de janvier 1826, observée par le cap. Beechey, § 159.

de terre , ils s'incorporaient avec elle et y restaient absorbés. Elle arracha et déchira les plus gros arbres comme toutes les autres trombes , mais comme elle allait très–lentement, on put observer son action à loisir et on vit que les arbres très-voisins de la trombe étaient aussi bien lacérés que ceux qu'elle embrassait directement. On vit aussi que cette puissante colonne s'approchant d'eux à la distance de 24 à 30 mètres , ils oscillaient d'abord , puis ils paraissaient se débattre, enfin ils tombaient , ou brisés ou déracinés. Une maison habitée par de pauvres paysans eut le malheur d'être sur la route de ce météore ; dix personnes y étaient renfermées , regardant de temps en temps par une fenêtre avec anxiété, en voyant approcher le danger. Aussitôt que la trombe l'atteignit , toute la maison trembla , des ouvertures se firent dans les murs , le toit vola en l'air de telle manière , qu'on en retrouva les débris aux environs. Un petit enfant qui avait couru pour aller fermer la fenêtre , sautilla malgré lui , au milieu de la chambre (*fù balzato in mezzo alla stanza*), comme un pantin électrique. Dans la chambre contiguë , il se fit au plancher plusieurs trous , et on en remarqua un fort petit, large de trois doigts environ , dans l'âtre d'une cheminée. Le Père Boschovich dit que ce petit trou fut fait par la *bourrasque de vent* qui enleva un tison et le jeta dans un coin de la chambre. On voit que l'impossibilité physique du fait n'a point arrêté ce savant jésuite, et qu'il a pris pour la cause, la circonstance accidentelle qui accompagnait le météore. Le toit de la maison ayant été enlevé , le foin qui remplissait le grenier n'était plus abrité ; quoi qu'il en soit, il ne fut point atteint, ni embrasé par la vapeur ardente de la trombe ; tandis que les chandelles allumées que ces gens tenaient à la main en récitant leurs prières , furent tordues et presque fondues par les flammes qui en provenaient. Les bestiaux se sauvèrent et furent ainsi préservés ; mais cinquante poules disparurent sans qu'on pût en rien retrouver.

AREZZO OU QUARANTA, PETIT BOURG A 6 KILOMÈTRES D'AREZZO, 21 MAI 1748.

275. (N° 17.) Feu manifeste dans le cône et dans une partie des nuages ; terres attirées sur sa route ; deux hommes enlevés et transportés sans blessures.

« Un de nos Pères, dit le père Boschovich, me donna de suite connaissance de la trombe d'Arezzo, en y joignant un dessin, dans lequel se trouvaient trois des diverses figures dans lesquelles elle s'était transformée. Il y avait au sommet de toutes ces figures un groupe de nuages de couleur blanchâtre, de l'extrémité desquels sortaient latéralement deux colonnes de fumée. Une sorte de cône renversé descendait de ce groupe, et de la partie inférieure du cône s'étendait vers la terre, de temps en temps, une longue queue, ou une sorte de tuyau mince et grêle, qui, dans la deuxième figure, se terminait par un plus gros cylindre, et qui, dans la troisième, à la fin de la trombe, s'éteignit totalement. Dans la deuxième figure, le cylindre avait des bandes couleur de sang et jaune roussâtre, ce qui, dans mon opinion, était la couleur d'un feu faible, vu de jour : mais dans la troisième, on voit plus manifestement le feu même dans un globe ardent, placé au milieu du grand groupe de nuages.

« Dans les endroits où passa cette trombe, sa queue traça dans les champs de blé, un chemin si parfaitement droit, qu'il semblait fait par des moissonneurs. Non seulement, elle a ravagé le blé, mais encore elle a amassé dans cet endroit une quantité de terre et de sable presque jusqu'à la hauteur d'un homme.

» Dans un endroit appelé Faltona, elle déracina en ligne

droite quatre cents châtaigniers et les transporta très-loin.
Deux jeunes bergers qui s'étaient réfugiés sous un de ces
arbres furent emportés avec lui à la hauteur d'un coup de
pistolet et renversés à terre, sans lésion grave : ailleurs
quatre oies furent enlevées, et une d'elles alla tomber sur
la tête d'un cavalier qui disait l'office. »

Le reste de la relation ne contient que des faits communs à toutes les trombes. (Extrait de la deuxième partie
de la Dissertation sur la trombe de Rome du Père Boschovich.)

ROME, NUIT DU 11 AU 12 JUIN 1749.

276. (N° 48.) Éclairs, tonnerre ; odeur de soufre ; flammes ; feuilles
d'arbres roussies et flétries : carrelage et planchers soulevés ; murs
percés, d'autres renversés en sens contraire au vent ; lampe prome-
née autour d'une chambre sans être éteinte, etc.

La trombe qui ravagea une partie de Rome, dans la nuit
11 au 12 juin 1749, a été décrite fort au long par le Père
Boschovich, dans une Dissertation imprimée à Rome la
même année. Nous ne pouvons reproduire cette longue relation, toute remplie des détails des ravages qu'elle a faits
dans chaque habitation ; nous ne devons pas compter les
arbres abattus, ni les toits enlevés, ni les portes enfoncées :
ce serait un hors-d'œuvre sans intérêt actuel. Nous en ex-
trairons seulement les faits qui peuvent nous aider dans la
recherche des causes de ce phénomène ; les autres faits
n'étant que des réduplications de ceux que nous citerons.

Le vent du sud-ouest régnait depuis quelque temps, et
déjà il avait amené plusieurs orages violens au dessus de
la campagne de Rome, lorsqu'un ouragan terrible, accompagné d'éclairs et de tonnerre, vint annoncer le météore
désastreux qui devait bientôt le suivre. La trombe fut

aperçue vers les 2 heures 1/2 du matin (1) ; elle parut, comme la plupart des trombes, être une dépendance d'un nuage surbaissé, d'où sortaient de nombreux éclairs et d'où le tonnerre se faisait entendre. Ce météore, que le savant jésuite nomme un *Tourbillon*, vint de la mer ; et, passant par Ostie, il entra dans Rome entre les portes de Saint-Sébastien et de Saint-Paul ; il traversa en ligne droite, et il en sortit entre les portes Pie et San-Laurenzo. Un vent violent le précédait ; un bruit rauque, saccadé, se faisait entendre ; à son approche, les maisons paraissaient ébranlées, même celles du voisinage sur lesquelles le météore ne passait pas. Après son passage, on sentait une espèce d'ondulation plus ou moins violente, et tout rentrait dans un calme complet.

Les dégâts d'un tel météore passant sur une ville, peuvent être prévus en partie ; les toitures enlevées, les cheminées renversées ; des portes et des fenêtres rompues, des arbres arrachés ; tous les désastres communs aux trombes, ne furent pas ménagés à cette portion de la ville qu'il traversa. Ce que nous n'omettrons pas, c'est qu'il fit sauter le carrelage de certaines maisons, aussi bien que les planchers et qu'il perça de gros murs. Les maisons très-élevées souffrirent plus que les basses, on remarqua même que les maisons basses, situées près des édifices élevés, furent tout-à-fait ménagées. Une partie des briques du chaperon d'un mur furent enlevées, mais une autre portion fut seulement soulevée et laissée en place, comme si cela eût été fait avec soin par un maçon. Des murs sont tombés les uns dans un sens, les autres en sens contraire ; il

____

(1) Il dit à **6 3/4**, mais on sait qu'à Rome on compta long-temps l'heure du coucher du soleil, et qu'il y a encore des horloges disposées pour cette manière de l'indiquer. Le 18 juin, le soleil se couche à Rome vers 7 heures 3/4, ce qui renvoie à 2 heures 1/2 du matin.

en fut de même des arbres , qui furent renversés en différens sens. Le P. Boschovich, voulant rapporter tous les
effets de la tombe au vent , est obligé de faire une foule de
suppositions pour en rendre compte : ainsi , si un mur ou
un arbre est tombé contre le sens de la marche du météore, c'est que le mur ou l'arbre a été pris latéralement,
c'est qu'il y a eu une cause qui a ainsi *détourné* le vent.
Lorsque le long d'un mur ou d'un jardin , il y a des espaces
conservés intacts , c'est que le vent se sera divisé , qu'il
aura sauté par dessus ces endroits. L'odeur de soufre se
fit sentir presque partout ; les vignes eurent leurs feuilles
roussies et flétries. Quatre murs parallèles , divisant des
jardins , se trouvèrent sur la route de la trombe ; les deux
murs du milieu , sur lesquels la trombe passa directement,
n'eurent rien , tandis que les deux murs extrêmes furent
renversés l'un vers l'autre , c'est-à-dire chacun vers le mur
intérieur près de lui. Un effet analogue arriva au palais du
duc de Caserte.

Une femme demeurant dans une chambre , à l'étage supérieur de la maison, avait placé sa lampe sur le plancher et
s'était mise en prière ; au moment du passage de la trombe,
le tourbillon , dit le P. Boschovich , enleva la lampe , la fit
tourner rapidement sur elle-même , en projeta l'huile , la
promena tout autour de la chambre sans l'éteindre. Voilà ,
il faut l'avouer , un tourbillon de vent qui renverse les
maisons et arrache les arbres , bien courtois , de promener
ainsi la lampe de cette femme, sans l'éteindre ; aussi le
P. Boschovich est-il disposé à croire qu'il n'en a pas été
ainsi : il aime mieux douter d'un fait bien affirmé que de sa
théorie. Cette femme dit aussi qu'une grande lumière éclaira
toute la chambre et une odeur de soufre brûlé se fit sentir
partout.

Dans l'appartement au dessous, il y eut un autre effet
fort remarquable : il y avait des doubles fenêtres. Celles

de l'intérieur eurent plus de carreaux cassés que celles de l'extérieur et les carreaux cassés des deux croisées fermant la même baie, n'étaient pas en face les uns des autres. Des flammes parurent aussi dans cet appartement. Les carreaux du pavage d'une chambre se soulevèrent et le mortier était comme fouillé. Les clous tenant les tableaux furent arrachés et toute la façade du bâtiment s'inclina dans le sens de la marche de la trombe.

Dans un autre endroit un trou fut fait à un plancher, sans que rien tombât dessus : dans un grenier où il y avait du blé au milieu, tous les carreaux du plancher qui n'étaient pas recouverts de blé furent enlevés et mêlés, tandis qu'aucun de ceux recouverts par le blé ne fut arraché.

Observation. Quelle que soit la diversité de ces effets, l'impossibilité de comprendre comment du vent peut arracher les carreaux, percer des trous limités dans des murs et des planchers, le P. Boschovich n'en dit pas moins que c'est un tourbillon de vent ; et renouvelant le système des anciens. C'est, dit-il, un typhon qui s'est changé en prester; c'est-à-dire un tourbillon de vent qui s'est animé dans sa marche jusqu'à vomir la foudre !!

RUTLAND, 15 SEPTEMBRE 1749.

277. (N° 19.) Calme avant ; double trombe ; éclairs ou dards de feu ; eau d'une rivière enlevée ; mouvement en tourbillon sous le cône ; la trombe s'avance plus rapidement que le vent ; calme après.

« Le 15 septembre 1749, un météore remarquable a été vu dans le *Rutland ;* je le crois de la même nature que les trombes de mer ; il y a de l'analogie avec ce qu'on a dit des deux météores vus à Hatfield dans le Yorkshire. (*Ph. Tr. ;* n° 281, p. 1248, et n° 284, p. 1331.)

» La journée était calme, chaude et le ciel nuageux, avec des alternatives de rayons de soleil et d'ondées. Le baromètre était bas et descendait, le vent était sud et faible. La colonne ou cône de nuage, parut entre cinq et six heures du soir; à huit heures il y eut une pluie accompagnée de tonnerre et il y eut des tourmentes de vents qui causèrent quelques dégâts où elles passèrent; puis le temps s'éclaircit avec une brise fraîche du N.-O.

» Les premières indications que je reçus furent de *Seaton*. Une grande fumée s'éleva sur, ou près de *Gretton*, dans le Northamptonshire, avec des apparences de feu, soit comme des éclairs, comme le dit un meunier ou comme des dards brillans lancés vers la terre et plusieurs fois répétés, comme d'autres témoins l'ont rapporté. Mais quelqu'un qui vit ce phénomène m'a dit qu'il ne pensait pas que ce fût réellement du feu, mais que c'étaient des apparences produites par des interruptions, par des éclaircies entre les nuages noirs. Quoi qu'il en soit, arrivé au bas de la colline, le météore aspira l'eau de la rivière *Welland* et traversa le champ *Seaton*, où il enleva des meules de chaume. Je le vis passer de *Pilton* sur la seigneurie de *Lyndon*, comme un nuage noir et enfumé avec des éclaircies, ayant un grand mouvement giratoire, et faisant un bruit comme celui d'un vent lointain ou d'un troupeau de mouton galoppant sur un terrrain sec et dur; il était divisé en deux parties pendant tout l'espace qu'il parcourut et quoiqu'il ne fit pas de vent, il allait rapidement du sud par ouest au nord par est. Comme il était à un mille est de moi, je vis des pailles qui en tombaient et une portion ayant la forme d'un cône de pluie renversé, touchait la terre; quelques personnes qui étaient à traire, dirent qu'à l'approche du météore elles furent entourées d'un brouillard humide, épais, tourbillonnant et se divisant; que lorsqu'il fut passé, un fort vent se fit sentir pendant un temps très-court, quoiqu'il était calme avant et qu'il le fût après. Il passa ensuite entre *Edithweston* et *Hambleton*, mais je n'en appris rien de plus. (Th. Barker. *Phil. Trans.* 46, p. 248. ann. 1749.)

MIRABEAU, BOURG EN BOURGOGNE, JUILLET VERS 1756.

278. (N° 20.) Tonnerre, grêle ; eau d'une rivière transportée à 60
pas ; hommes enlevés et déposés sans accident.

Une nuée extrêmement épaisse et fort basse, poussée
par un vent du nord, couvrit la surface du sol sur lequel
est placé le bourg de Mirabeau... Différens tourbillons se
formèrent en même temps dans cette masse noire chargée
de vapeurs épaisses ; il en sortit de la grêle, le tonnerre s'y
fit entendre ; les arbres et les haies furent arrachés : l'eau
de la petite rivière de Mirabeau fut transportée à plus de
60 pas de son lit, qui resta à sec pendant ce temps ; deux
hommes qui se trouvèrent enveloppés par un des tourbillons, furent portés assez loin sans qu'il leur arrivât rien de
fâcheux... Un jeune pâtre fut enlevé plus haut et rejeté au
bord de la rivière sans que sa chute fût violente ; le tourbillon qui l'avait emporté le posa à l'endroit où il cessa d'a-
gir... toute la fureur du météore se dissipa dans une étendue d'une lieue de longueur, une demi-lieue de large.
L'abbé Richard dit qu'il y avait des nuages plus élevés qui
allaient dans une direction contraire et qui ne se mêlaient
aucunement avec les nuages orageux des tourbillons. Le
pays où ce météore se produisit était très-marécageux et
humide. (L'abbé Richard, *Hist. nat. de l'air et des météores*,
t. 6, § 525.)

MALTE, 29 OCTOBRE 1757.

279. (N° 21.) La nuit ; action très-limitée ; dalles soulevées ; canons
retournés et rapprochés par les culasses ; tonnerre, odeur de soufre.

Cette relation de M. Chabert est placé dans le texte,
chap. 18, § 156.

PRÈS ROSTOCK , 20 JUILLET 1758.

280. (N° 22.) Calme complet ; trombe de poussière ; décharge électrique entre des nuages chargés d'électricités différentes et le cône
de poussière ; aussitôt tout disparaît.

Wilcke considéra les trombes comme de vastes cônes
électriques qui s'élèvent entre les nuages fortement électrisés et la mer ou la terre ; et il rapporte un phénomène
remarquable qu'il eût occasion d'observer, et qui le confirma dans son opinion. Le 20 juillet 1758, à 3 heures de
l'après-midi, il observa une grande quantité de poussière
qui s'éleva de terre, couvrit un champ voisin et une partie
de la ville dans laquelle il était. Il ne faisait pas de vent et
la poussière s'avança doucement vers l'est, où parut un
gros nuage noir, lequel étant arrivé à son zénith, électrisa
son appareil *positivement* à un degré qu'il n'avait jamais
obtenu par l'électricité naturelle. Ce nuage ayant dépassé
le zénith, marcha graduellement vers l'ouest et la poussière le suivit, continuant de s'élever de plus en plus jusqu'à ce qu'elle forma un pilier épais en forme de pain de
sucre, et parut enfin se mettre en contact avec lui. A quelque distance de ce nuage, il en parut un autre sur la même
route, traînant une longue traînée de petits nuages, marchant plus vite que le précédent. Ces nuages électrisèrent
son appareil *négativement*, et lorsqu'ils arrivèrent près du
nuage positif, un éclair en partit et fut lancé à travers le
nuage de poussière, le nuage positif, le gros nuage négatif, et, aussi loin que l'œil pouvait suivre toute la traînée
de petits nuages négatifs. Aussitôt après cette décharge,
les nuages s'étendirent, beaucoup furent résous en pluie et
le cône de poussière disparut. L'ensemble du phénomène
ne dura pas plus d'une demi-heure. (*Remarques sur les lettres de Franklin*, par Wilcke, p. 348, et *Hist. de l'élect.*
de Priestley, période 10, section 12. London, 1769.

Observation. Cette relation de Wilcke est une des plus importantes que j'aie recueillies ; je regrette n'avoir pas consulté l'original que je n'ai pu me procurer. C'est dans l'Histoire de Priestley en anglais que je l'ai prise, et non dans la traduction française où ce passage est omis, ainsi que beaucoup d'autres. Cette relation indique de la manière la plus évidente, que le tourbillon de poussière n'était qu'un effet de l'électricité statique des nuages, que cette poussière était elle-même chargée d'une électricité contraire, et que tout retomba dans le calme aussitôt que la décharge électrique eut rétabli l'équilibre. Le cône de poussière s'éleva sous une partie du ciel encore sans nuages, il marcha à l'est vers un gros nuage noir, puis s'étendit et le suivit vers l'ouest. Ainsi ce fait vient confirmer, que la vapeur transparente agit comme la vapeur opaque, qu'elle était fortement électrisée, et liée au nuage opaque, qu'elle n'en différait que par sa transparence. Il vient prouver aussi que tous les petits tourbillons qui s'élèvent au milieu des plaines pendant un temps chaud et calme, ne sont que des conducteurs électriques entre le sol et des portions de l'atmosphère. Formés de corps isolés, ils ne déchargent l'air de son électricité que par une suite d'attractions et de répulsions, comme le font les poussières des expériences du chapitre 9. Je ne citerai qu'un fait de ce genre pour prouver l'impossibilité d'admettre le vent pour cause de ce phénomène.

Le 19 avril 1840, M. L. Breguet et moi, nous partîmes de Paris, vers les 11 heures 1/2 du matin, pour Champcueil, à 6 myriamètres de cette ville. Le temps était chaud et calme, le ciel assez pur n'offrait que quelques *strati* qui disparurent dans la journée. Nous vîmes le long de la route beaucoup de ces petits tourbillons qui s'élevaient sans que l'on sentît un souffle de vent et qui changeaient souvent de vitesse et de direction dans leur marche. Dans un espace qui n'avait pas plus de deux mètres de côté, quatre petits tourbillons se formèrent à un mètre et demi de distance l'un de l'autre et formèrent un carré ; ces quatre tourbillons, tout en conservant leur iudividua-lité, formèrent un plus gros tourbillon, en prenant un mouvement d'ensemble comme autour d'un axe placé au centre. Ainsi, dans un carré de deux mètres, il y avait cinq directions de giration. Je ne pense pas que personne voulût chercher dans le vent la cause des mouvemens divers qui étaient exécutés dans un carré de deux mètres.

J'ai connu trop tard l'observation de Wilcke pour en faire usage dans le texte et pour en indiquer les consé-quences dans le résumé du chapitre 19. Mais le lecteur qui nous aura suivi avec quelque attention pourra y suppléer facilement.

LEICESTER, 10 JUILLET 1760.

281. (N° 23.) Orage transformé en trombe ; les nuages attirés l'un vers l'autre s'entrechoquent et tournent sur eux-mêmes ; arbre transporté en sens contraire du vent ; sillon tracé sur le sol ; l'in-tensité redouble par la rencontre d'une mare ; pierres enchâssées enlevées.

A Leicester, dans la Nouvelle-Angleterre, la matinée du 10 juillet 1760 avait été chaude ; des nuages parurent après midi, vers les cinq heures il tomba de l'eau et on en-tendit un coup de tonnerre. Le ciel avait un aspect extra-ordinaire, les nuages marchant les uns sud-ouest, les au-tres nord-est, se précipitèrent les uns vers les autres rapi-dement et s'imprimèrent un mouvement circulaire, accom-pagné d'un très-grand bruit. Ce tourbillon marcha du sud-ouest au nord-est, renversa des arbres, en arracha d'autres, les projeta dans tous les sens, un d'entre eux fut porté en sens contraire du vent, un autre fut dépouillé du côté du sud, depuis le haut jusqu'en bas ; des sillons indiquaient son passage sur le sol. Au pied de la colline est un bas-fond marécageux abrité du vent ; il était à croire qu'il serait ménagé , puisque le vent ne pouvait y pénétrer que difficilement ; on vit cependant du haut de la colline que sa furie y parut augmenter considérablement. Des pierres de 150 livres enchâssées dans le sol furent soulevées et portées à quelques pieds ; il fit encore un grand nombre de dégâts que nous passons sous silence. (J. Winthrop. *Phil. Trans.*, 1761, vol. 52, 9.)

Observation. L'auteur appelle ce météore un *tourbillon*, parce qu'il a vu quelques mouvemens de rotation dans les nues qni s'entrechoquaient lors de sa formation, et par l'habitude de nommer *tourbillon* toutes les tourmentes sans direction stable. Dans la suite de la relation , il ne dit pas un mot de cette espèce de mouvement, et l'augmentation d'intensité du météore au fond d'un ravin bien abrité , prouve qu'un mouvement rotatoire, produit par la rencontre des vents, n'était pas la cause du phénomène.

OXFORD , 21 SEPTEMBRE 1760.

282. (N° 24.) Trombe en demi-cercle ; pas de nuages attenant à la trombe.

La relation de ce météore a été faite par J. Swinton et insérée dans les Transactions philosophiques de 1764 , vol. 52, p. 99.

« Le 21 septembre 1760, à six heures quarante minutes, on vit à Oxford un nuage noir comme un pilier ou une colonne d'une fumée très-noire et très-épaisse et perpendiculaire à l'horizon au nord-ouest, s'avançant graduellement vers le zénith et ensuite s'étendant également de l'autre côté du ciel. Il avait d'abord plusieurs degrés de largeur, mais croissant de plus en plus, en s'approchant du zénith qu'il traversa ; il coupa l'hémisphère en deux portions de la manière la plus extraordinaire. A sept heures, cet arc étonnant formait presque un demi-cercle (planche 3, fig. 19), et avait quelque ressemblance avec l'arc-en-ciel, mais non par les couleurs.

» La partie inférieure était très-noire, les parties supérieures étaient plutôt vaporeuses et blanches. Le bord extérieur de cet arc, ainsi que le sommet, étaient d'une couleur pâle qui ne lui donnait pas une apparence désagréable. Les bords étaient dans le premier moment assez bien définis, mais ensuite ils devinrent rugueux et irréguliers, cet arc se déplaçait et marchait avec le vent. La lune qui avait été obscurcie assez long-temps par une brume épaisse, mais sans disparaître, fut enfin cachée tout-à-fait par l'arc lorsqu'il la traversa. La zône près l'horizon au nord, voisine du météore, étaient alternée par des nuages sombres, qui tous étaient distincts du météore même. Il devint de plus en plus pâle jusqu'à ce qu'il disparut entièrement ; vers sept heures 25 minutes, il ne restait plus vestige du phénomène.

» Ce phénomène est-il une trombe d'eau, ou mieux en avait-il l'apparence, quoiqu'on ne vît pas la colonne ou cône nuageux (*spout*)? c'est ce que personne ne pourra contester, pour le peu qu'on soit versé dans l'histoire des phénomènes naturels. La relation précédente l'indique suffisamment ; le temps fut doux, même chaud pendant toute la journée ; le vent resta O.-S.-O., sans dépasser la force d'une brise moyenne. On ne pourrait peut-être trouver la relation d'un pareil phénomène. Aussi je citerai le docteur Nève, qui l'a vu de Middleton-Stoney, à 12 milles de là et d'autres personnes qui l'ont vu à Sandford, au nord-ouest de ce village, d'après ce qu'a rapporté S. Wilmot. (Voyez plus haut, § 263.)

Observation. C'est en traitant des autres météores que

nous reviendrons sur la cause qui peut donner ainsi aux trombes des formes inaccoutumées.

ARCACHON, 14 MARS 1774.

283. Feu, foudre, odeur de soufre, grêle; herbes roussies; nuages parasites montant en lignes droites; pas de mouvement giratoire extérieur; quelquefois un mouvement giratoire intérieur; elle se divise en trois parties, etc.

Trombe observée à dix lieues de Bordeaux, dans le voisinage du bassin d'Arcachon, par M. Butet, curé de Gujan. (*Jour. Phys. Roz.*, 7, 334.)

« Le 14 mars 1774, la matinée ayant été très-belle, le soleil fort chaud et le vent au nord, nous aperçûmes vers le sud, à une heure après midi, un nuage d'un rouge foncé, qui s'augmenta assez pour nous cacher entièrement le soleil, et qui, parvenu à notre zénith, nous jeta pour ainsi dire dans l'obscurité. Vers les trois heures, ce nuage s'ouvrit à l'est, il en sortit une colonne de deux pouces de diamètre, de la même matière et de la même couleur que paraissait être le nuage. Elle descendit jusque sur les marais de Certes; sa chute fit élever l'eau et la terre à deux toises de hauteur qui retombaient ensuite en cascade autour de la colonne, fig. 24, *a*, pl. 3. Il paraissait, dit-il, que le tour de la colonne pressait la terre, et que le centre l'attirait. Cette colonne s'accrut sensiblement au point que la base remplissait l'espace d'une toise et demie; son milieu, de 2 toises et demie, se perdant en cône obtus, dans le nuage d'où elle sortait, par une courbe de deux pieds de diamètre, montrant en tout une hauteur de 18 à 20 toises; il en sortait de temps en temps de petits nuages, sous la forme d'animaux quadrupèdes *b*, qui, s'y réunissant bientôt, nous paraissaient grimper jusqu'à ce que nous les perdions de vue dans l'obscurité. Le vent passa au sud jusqu'à cinq heures et demie qu'il devint N.-O. L'agitation intérieure de la colonne paraissait se faire de bas en haut, comme une fumée épaisse qui sortirait d'un tas de bois vert et qui s'élèverait en se repliant sur elle-même par un mouvement violent de rotation continuel et égal. On vit de Certes sortir de temps en temps du feu de la colonne qui était précédée, sur une étendue de cent pas, de fumée et d'un grand vent qui en sortait et qui était accompagné d'une odeur de soufre insupportable. Partout où la trombe passa, les fromens, les seigles et les arbres furent roussis. Pendant la marche du météore, la foudre et la grêle sortirent d'un nuage voisin au sud de la colonne.

» Cette colonne quitta la terre, et porta sa base dans le bassin d'Arcachon. On aperçut trois autres petites colonnes vers le nord, à 6 pieds de distance l'une de l'autre; elles ne descendirent qu'à 10 ou 12 pieds, et parurent remonter dans le nuage quelques momens après. Une forte explosion annonça la chute de la foudre, qui tomba effectivement à une demi-lieue au sud de la colonne, sur un des parcs à brebis de M. de Ruat, vis-à-vis le château de ce seigneur : ce parc fut bientôt réduit en cendres. Il succéda à ce coup de tonnerre une grêle sèche de la grosseur d'une noix. La paroisse de Teich et une partie de celle de Gujan en furent accablées pendant vingt-sept minutes. Ce phénomène nous a occupés plus de trois quarts d'heure. On avait entendu, vers le nord, avant l'orage, un bruit souterrain qui dura quatre minutes. Lorsque la trombe se termina, elle se divisa en trois parties réunies par le haut, qui semblaient se croiser en spirales : le milieu disparut le premier, le bas ensuite, enfin le haut rentra dans le nuage. L'air fut très-froid après que la colonne eut disparu, et il tomba une grande quantité de pluie. »

Observation. La forme de cette trombe diffère de celle de la plupart des autres trombes, en ce qu'elle est plus grosse du bas que du haut. Dans les figures qui accompagnent la relation de Stuart (*Ph. Tr.* 1702, vol. 23, p. 1077), il y en a une dont la moitié inférieure ressemble à celle d'Arcachon; seulement, dans cette dernière, le nuage n'est point aussi descendu que dans celle indiquée par Stuart. Mussenbrock en figure une également à deux cônes se tenant par la pointe (1). Celle que M. Élie de Beaumont a vue, et dont il nous a donné la relation, était formée également de deux cônes joints par les sommets. (Voy. plus bas, n° 46.)

Le curé Butet dit dans ses *Réponses* que l'eau et la terre, soulevées à la hauteur de 2 toises, retombaient en cascade autour de la colonne; il paraissait, dit-il, que le tour de la colonne pressait la terre, et que le centre l'attirait. On voyait des petits nuages à gauche et à droite grimper le long de la colonne, y monter en ligne droite avec beaucoup de vivacité, s'en détacher de quelques pouces pour s'y rejoindre aussitôt, à peu près comme la fumée d'une bougie éteinte s'approche de la flamme d'une bougie allumée. Nous engageons à lire la relation entière de cette trombe, qui est remplie de faits curieux, et dont ce qui précède n'est qu'un extrait.

EU, 16 JUILLET 1775.

284. (N° 26.) Vent inférieur E.-S.-E.; vent supérieur O.-N.-O.; orage marchant du N.-O. au S.-E.; des nuages s'en détachent et rétrogradent de l'E. à l'O., où ils s'accumulent près de la mer; sillons; effets d'électricité statique; quelques tourbillons, etc.

La relation de cette trombe est de l'abbé Rozier, du moins nous le croyons, puisqu'il parle à la première personne, et qu'elle est sans signature. (Voyez son journal, tome 7, page 70. Année 1776.)

Après avoir rapporté l'état des jours précédens qui

---

(1) *Cours de phys.*, § 2382.

avaient été très-orageux, il commence la description de l'état
atmosphérique du 16 juillet. « Le dimanche 16, à six heures du matin, le thermomètre marquait 17 degrés 1/4 R.;
l'air était chargé de vapeurs, et le ciel couvert de nuages.
Vers les sept heures, le soleil parut cependant. Le vent
soufflait de l'est-sud-est, dans la région inférieure comme
l'indiquaient les girouettes peu élevées. Les nuages se croisaient alors, et les deux coqs des plus hauts clochers indiquaient un vent ouest-nord-ouest. Le baromètre était à 28
pouces 5 lignes au soleil levant. Puis il tomba vers les sept
heures à 28 pouces 2 lignes 1/2.

» Vers les huit heures, un nuage épais dans la région de
l'ouest, fit craindre un orage prochain. Il en survint un en
effet à deux lieues de la ville, à l'ouest, dans la vallée
d'Yères. La pluie tomba en abondance.... et il n'y eut ni
éclairs ni tonnerre. Cet orage marcha du nord-ouest au
sud-est vers une forêt voisine, et donna beaucoup de
pluie.

» Au départ de l'orage, pour gagner la forêt, plusieurs
nuages s'étant détachés de la nuée principale, rétrogradè-
de l'est à l'ouest, en se rapprochant de la mer qui n'est
qu'à deux lieues de Sept-Meulle. Ces nuages rassemblés,
formèrent un groupe épais qui sembla d'abord immobile à
l'ouest de la vallée d'Yères; il en sortit un vent impétueux,
mais de courte durée, qui renversa les piles de fagots au
bois de Saint-Aignan, situé sur la côte, vers l'ouest. A
huit heures, le nuage s'éleva tout à coup bien au dessus
de la vallée, dans laquelle, jusqu'alors, il avait paru concentré, détermina sa marche du nord-ouest au sud-ouest,
au gré du vent qui soufflait alors le plus fort, tourbillonna
quelques instans sur un village de la plaine, appelé le Mesnilreaum, à un quart de lieue à l'est de la vallée d'Yères,
produisit de la petite grêle dans la partie ouest du village,
et s'avança lentement, dans la plaine, l'espace d'une lieue,

sans se faire autrement remarquer que par une grande obscurité, accompagnée d'un bruit sourd et très-fort, que l'on entendait dans les airs.

» Après avoir parcouru l'espace d'une lieue, depuis le Mesnilreaum, jusqu'au bout, est, de la plaine dite de Saint-Remi, élevée de 110 toises au dessus du niveau de la mer, à son extrémité nord-ouest qui confine à Criel, mais au plus de 70, dans l'endroit dont je vais parler, parce que le terrein de l'ouest à l'est, baisse sensiblement; le nuage rencontra dans sa marche un vallon, sur la pente duquel est un bois taillis fort étroit, nommé le bois du Frêne. Il parut alors s'abaisser plus qu'auparavant sur la terre ; son mouvement s'accrut ; sa marche devint plus rapide, et le bruit bien plus éclatant.

» A cinq cents pas plus loin, à l'est, on trouve un joli côteau, planté d'un petit bois taillis, qui sert comme d'avenue à une maison de plaisance, nommée le Triolet ; cette maison, située sur la hauteur à l'opposite du bois du Frêne, en est séparée par son bois et par un vallon fort étroit, profond de 12 toises environ, qui s'enfonce entre les deux bois. Vers les huit heures trois quarts, les domestiques de cette maison, entendant dans l'air un bruit sourd qui semblait venir de l'ouest, montèrent à des échelles pour pouvoir, de la cour, découvrir par dessus les bois, la cause qui produisait le bruit, et ce qui se passait dans l'air au-delà du vallon ; bientôt ils aperçurent une fumée épaisse qui s'élevait du bois du Frêne ; la colonne fuligineuse, le traversant obliquement avèc un horrible fracas, vint droit au poste qu'ils occupaient, après avoir quelques instans paru errer dans le vallon.

» Ce phénomène, déjà frappant pour des hommes sans expérience, devint pour eux bien plus terrible, par un bruit des plus éclatans qui leur semblait partir des airs. Ce bruit, à leur rapport, ressemblait à celui qu'occasionerait dans sa marche la plus accélérée , une voiture chargée de planches, en roulant sur une pente escarpée et pierreuse.

» La base de la trombe, qui n'occupait au plus, en traversant le bois du Frêne qu'un espace de 2 ou 3 toises, s'élargit trois fois davantage, en s'enfonçant dans le vallon; quelques voyageurs, qui le traversaient alors, en furent fort effrayés; cependant, ils n'en reçurent aucun mal, quoiqu'ils en fussent assez près : bientôt la colonne ambulante traversa le vallon, en agitant les pierres sur la surface de la terre, cotoya vers l'orient le bois du Triolet, gagna le bout de la maison , où un domestique imprudent reconnut, un peu tard, s'être trop avancé pour la considérer, puisque, redoublant de vitesse, elle le devança dans sa course, au point qu'en se sauvant, il ne s'en vit plus séparé que par un gros pommier planté au bord des champs. La trombe, agitant le pommier, lui fit craindre, non sans raison, d'être enveloppé dans sa chute; mais, se relevant tout à coup, il en fut quitte pour en être fortement agité, et sentir la terre trembler sous ses pieds. Le météore en s'éloignant sembla redoubler de vitesse, et par un tournoiement rapide, passant sur un fossé nouvellement creusé, le combla de terre et de pierres, et marqua son passage sur une terre labourée par des espèces de sillons tels que ceux qu'aurait fait la herse ; de là, suivant la pente du terrain, bientôt il dirigea sa marche à travers une pièce de blé de 300 à 400 acres ; dix témoins croyaient voir alors la paille s'enflammer, vu l'épaisse fumée qui semblait s'élever de terre partout sur son passage. Quelle surprise pour les témoins, en parcourant la pièce de grain quelques instans après, de n'y trouver aucun dommage, que la paille tant soit peu mêlée, sans être rompue ni couchée!

» . . . . . La nuée fut à peine arrivée, à l'ouest, à l'extrémité du village, dit de Saint-Pierre-en-Val, situé dans un vallon très-large, que le bruit dans l'air augmenta au dessus de deux maisons qui semblaient fumer de toutes parts et prêtes à crouler . . . . . Ceux qui les habitaient en furent quittes pour une grande peur . . . . ainsi que vingt autres personnes qui traversaient le chemin entre ces deux maisons. . . . . . Il tomba tout à coup un peu de grêle de petite dimension.

» Cette trombe continua encore sa marche à travers des enclos et un bois, sans présenter d'autres particularités que la destruction d'un grand nombre d'arbres et du bruit qui paraissait redoubler parfois. A neuf heures un quart on n'entendit plus rien; à dix heures, les nuages se dissipèrent, et le temps fut très-beau tout le reste de la journée.

» Est-ce bien une trombe terrestre? se demande l'auteur de la relation. . . . Je n'entreprendrai pas, dit-il, de raisonner sur les causes qui ont mis tant de variété dans les effets du météore dont je donne la description. Pourquoi dans l'air, tantôt plus, tantôt moins de bruit? Pourquoi ces variations d'abaissement, d'élévation, de retardement de vitesse dans la marche de la colonne? Pourquoi des pierres enlevées à 2 ou 3 pieds de hauteur, des terres remuées et transportées, tandis que les grains exposés au même événement n'ont été nullement endommagés, ni altérés, etc.? »

Observation. Si l'auteur avait eu ce doute avant d'écrire sa relation, il n'aurait pas commencé son article par une explication des trombes fondée sur la rencontre des vents opposés, qui pressent les nues latéralement et les forcent alors de s'étendre en longueur verticale et d'arriver ainsi jusqu'à la terre; hypothèse d'autant plus erronée, que la relation constate le contraire, puisque ces vents prétendus auraient enlevé les corps pesans et respecté les pailles légères et les hommes, et que ces derniers sentaient à peine un frémissement, qui n'eut aucune suite fâcheuse.

DIJON, 20 JUILLET 1779.

285. (N° 27.) Un bruit comme un coup de tonnerre au moment de la formation ; la colonne se forme des vapeurs qui s'élèvent des prés voisins ; eau d'un étang aspirée ; les rayons du soleil lui donnant les couleurs de l'arc en-ciel ; c'étaient bien des gouttes d'eau qui étaient enlevées, et non de la simple vapeur ; d'abord il n'y avait pas de mouvement de rotation ; un choc contre un rocher le lui donna ; la trombe marchait presque en sens inverse du vent.

La relation de cette trombe faite par M. Maret, est intercalée dans le texte, chapitre 18, § 157.

CARCASSONE, 3 NOVEMBRE 1780.

286. (N° 28.) Extrémité inférieure ondoyante ; jets de sable ; pavé enlevé ; chambre décarrelée au centre sans déranger les porcelaines placées autour ; pas de mouvement giratoire ; pas de pluie près de la trombe, mais averse à l'autre bout des nuages.

Cette relation de M. Lespinasse fait partie du texte, chapitre 6, § 52.

ESCALE, 15 JUIN 1785.

287. (N° 29.) Air calme au commencement ; grêle, foudre, tonnerre ; toutes les attractions et les répulsions de l'électricité statique ; allée et venue en sens contraires.

« Escale est situé à quatre lieues de Narbonne, lat. 43°, 11. 13, long. 40' du méridien de Paris, son élévation au dessus du niveau de la mer est de 60 pieds.

» La nuit qui précéda ce terrible météore fut très-belle, l'aurore parut brillante, et le lever du soleil ne fut obscurci par aucun nuage. L'air était calme et pur ; le ciel semblait annoncer le plus beau jour. A six heures et demie du matin la chaleur devint très-piquante ; elle augmenta jusque vers les sept heures, qu'elle fut excessive ; alors parut vers le côté de l'ouest un petit nuage d'un caractère sinistre ; il grossit peu à peu. A mesure qu'il prenait de la consistance et qu'il se développait, sa teinte était plus brune et plus foncée ; enfin, il s'étendit au point, que dans l'espace d'une heure, il couvrit tout l'horizon ; le soleil disparut et le temps resta obscur et nébuleux. Le thermomètre marquait 29° R., et le baromètre 27 p. 4', par un vent d'ouest très-faible. Tel fut l'état de l'asmosphère jusqu'à deux heures après midi.

» A cette époque se forma du côté de l'ouest une espèce de colonne fumeuse, bruyante et d'une hauteur énorme. Cette colonne, d'abord immobile, s'ébranle et s'avance vers le territoire d'Escale ; mais, le vent ne la poussant pas directement vers ce lieu, elle passe entre la terre d'Escale et Montbrun. Dans sa marche elle enlève la terre et le gravier, déracine les arbres et ravage tout ce qu'elle trouve sur sa route ; l'activité de son tourbillon (1) s'étendit jusqu'à Escale. Les laboureurs qui étaient aux champs eurent à peine le temps de se mettre à couvert de l'impétuosité du vent ; la violence de l'ouragan mit en danger quelques autres qui vannaient dans l'aire, d'être en même temps aveuglés et suffoqués par la poussière : il ne se garantirent qu'en se couchant la face tournée contre terre. La graine qu'ils vannaient fut dispersée par le vent et perdue. Cette tempête dura l'espace de cinq minutes. Ces paysans, la voyant un peu calmée, se levèrent en se félicitant d'avoir échappé au danger ; mais ils s'aperçurent

---

(1) Cette expression n'est employée dans cette phrase que pour exprimer l'ensemble des actions du vent et non un mouvement giratoire, qui n'est indiqué nulle part dans la relation.

bientôt que la trombe s'était arrêtée à une lieue et demie de distance près du village de Paraza. Parvenue à cette hauteur, le vent d'est qui soufllait dans cette partie, avait arrêté les progrès de sa marche. Elle parut stationnaire pendant cinq minutes; elle lutta inutilement contre cet obstacle; elle céda et revint sur ses pas. Obligée de rétrograder, elle en parut plus furieuse. Le bruit qu'elle faisait ressemblait au roulement continuel du tonnerre ou au mugissement de la mer en courroux. A mesure qu'elle approchait, le bruit était plus effrayant. Elle fondit enfin sur Escale; son explosion fut terrible. Un ouragan plus fort que le premier fut accompagné d'une quantité de grêle épouvantable. Pendant la chute de cette grêle le tonnerre gronda sans cesse; l'air fut continuellement embrasé, et la foudre tomba plusieurs fois avec fracas sur le village et les environs. A la grêle qui dura douze minutes succéda une pluie si abondante que, les fossés ne pouvant la contenir, la campagne fut entièrement inondée; elle dura trois quarts d'heure et termina cette scène désastreuse, pendant laquelle le thermomètre monta à 32° R., et le baromètre à 28 p. 1 l. par un vent d'est très-violent. . . . . Après que ce météore eut disparu, le thermomètre baissa à 27 et le baromètre monta à 28 p. 2 l. »

Mémoires de l'Acad. de Toulouse, t. 3, p. 114.

MARLIAC, 13 JUIN 1787.

288. (N° 30.) Calme, étincelles; disque enflammé d'où sortent des serpentaux; coup de tonnerre au moment de la séparation; plantes desséchées et d'autres brûlées.

« Ce météore parut aux lieux de Marliac et de Justiniac, le 13 juin 1787, entre deux et trois heures de l'après-midi. Ces deux paroisses sont situées dans un pays montueux, coupé de vallons et de collines, à environ quatre lieues

E.-S.-E. de la ville de Rieux , et dans son diocèse. Le petit ruisseau de la Jade coule dans le vallon qui est au dessous de Marliac vers le N.-N.-E., et c'est à sa source et presque à l'endroit où commence ce vallon que se forma le météore.

» Vers les deux heures de l'après-midi , une partie de la paroisse de Marliac et de celle de Justiniac fut couverte d'une nuée basse, qui tomba en une grande quantité d'eau , dans l'espace de sept à huit minutes.

» L'atmosphère ayant ensuite reparu dans un état calme, on aperçut dans un bas-fond, à 700 toises à l'O. de Justiniac et à 900 sud de Marliac , une fumée épaisse qui sortait de la terre , et qui s'éleva insensiblement et perpendiculairement en forme de colonne, à la hauteur d'environ 20 toises. Bientôt après , un coup de vent d'O. enleva cette vapeur fumeuse , et la dirigea vers l'E. Elle parcourut dans cet état une centaine de toises assez lentement et sans aucun signe sensible de feu. Son élévation au dessus de la surface du terrain fut estimée à 10 toises ; et l'on remarqua que l'inégalité du sol lui donnait un mouvement d'ascension.

» Parvenue à une petite hauteur , à 600 toises E.-N.-E. du lieu de son départ et à 400 S. 1/4 S.-E. de Marliac, cette vapeur fumeuse s'abaissa , et rapprochant ses extrémités du centre, elle prit une forme ronde , et continua de planer lentement , mais à la distance de deux toises seulement de la surface de la terre.

» Là , ce météore parut stationnaire, et changea de couleur. Le centre devint d'un bleu mêlé de pourpre, d'où l'on voyait très-distinctement partir des étincelles. Ses extrémités étaient d'un gris pommelé tirant sur le noir. On évalua la surface apparente à 10 toises, tant en hauteur qu'en largeur.

» Environ deux minutes après , cette couleur bleue et pourprée du centre, se métamorphosa tout à coup en un disque enflammé de 5 pieds de diamètre (on la comparait à une roue de charrette). Alors il rétrograda en bondissant, et tournoyant sur lui-même, il lançait des feux en forme de serpentaux, dont les uns étaient dirigés dans les airs et les autres vers la terre. On entendait en même temps un bruit sourd, semblable à celui du tonnerre peu éloigné.

» Ce météore, ou espèce de trombe de terre, s'arrêta encore un moment sur le bord du ruisseau de la Jade, à 500 toises N.-N.-E. du lieu de son départ, avec une diminution très-sensible dans son foyer : puis, retournant de nouveau sur ses pas, l'espace de 30 toises, il se dissipa par un éclat de tonnerre et un coup de vent qui cassa les branches de quelques pruniers et enleva un tas considérable de fagots qu'il dispersa fort au loin. »

»Ainsi se termina ce phénomène, sans occasioner de grands dommages. Un espace de terrain de 8 à 10 toises fut plus ou moins desséché, en raison de l'inégalité de ses mouvemens et de sa proximité de la terre, lors de son passage. Mais il brûla quelques pâturages, et particulièrement un champ de fèves. On y apercevait, quinze jours après encore, des traces d'incendie.

» La frayeur et l'épouvante des paysans furent générales ; quelques uns croyaient voir des animaux menaçans dans ce corps enflammé.

» Au reste, cette espèce de trombe fut locale : l'espace qu'elle parcourut, et celui où tomba la pluie qui la précéda, n'excédèrent pas une demi-lieue de circonférence. » (L'abbé d'Arbas, *Mém. de l'Acad. de Toulouse*, t. 4, 77.)

MERLERAULT, JUIN 1791.

289. (N° 31.) Trombe bien limitée et transparente au milieu ; vapeurs ascendantes par un mouvement en spirale, intermittent ; vent tourbillonnant sous la trombe ; tonnerre après sa disparition.

Je dois à l'obligeance de M. Biot la relation de cette

trombe, qui lui a été remise par M. Egasse, secrétaire de la mairie de l'Aigle ; en voici l'extrait :

Dans le mois de juin 1791, M. Egasse, étant à Godisson vit un météore qui partait d'un nuage très-noir et descendait jusqu'à terre où il se terminait en pointe. Ce cône était noir comme le nuage dont il provenait, mais vers l'extrémité inférieure il était moins obscur. Sa forme bien limitée parut être unique d'abord, mais au bout de cinq à six minutes, cette même trombe lui parut partagée en deux portions régulières et placées l'une à côté de l'autre, séparées par un petit intervalle, et enfin il vit une fumée noire et très-agitée entre les deux portions de la trombe qui s'éleva de la terre par un mouvement en spirale qui allait de l'est à l'ouest. Ce mouvement s'arrêtait quelquefois et il se produisait une sorte d'engorgement qui se dissipait un instant après. Cette ascension de vapeur dura trois à quatre minutes, puis le météore remonta dans le nuage. Sept à huit minutes après que la trombe fut remontée, le tonnerre se fit entendre et les éclairs furent très-vifs.

Ce météore avait traversé les terres voisines de Montiaux, village situé à trois quarts de lieue de la ferme où était M. Egasse ; il alla s'informer des effets de cette trombe, et apprit que ce météore était accompagné d'un vent violent qui enleva deux moutons et le chapeau d'un berger en les faisant tourbillonner.

Observation. Cette trombe ne présenterait rien de particulier, si l'auteur n'avait pas dit qu'elle se fut dédoublée. Une illusion d'optique a bien certainement induit en erreur l'auteur de cette relation, ce dédoublement apparent était produit par la transparence de la colonne comme celle de Stuart(§ 195) et de beaucoup d'autres.

Les deux bords obscurs lui ont fait croire qu'il y avait deux trombes placées l'une près de l'autre et entre les-

quelles les vapeurs montaient ; si elle se fut divisée comme
celle de Beechey (§ 159) il n'y aurait pas eu cette régularité linéaire que l'auteur a mise dans son dessin.

AU PÉROU, VERS 1802.

290. (N° 32). Trombe de sable ; calme parfait.

M. de Humboldt dit que dans les steppes de l'Amérique
méridionale la plaine offre quelquefois un spectacle extraordinaire. « Pareil à une vapeur, dit ce savant, le sable
» s'élève au milieu d'un tourbillon raréfié et, peut-être,
» chargé d'électricité, tel qu'une nuée en forme d'enton-
» noir, dont la pointe glisse sur la terre et semblable à la
» trombe bruyante, redoutée du navigateur expérimenté.
» En Europe, dans les chemins, nous voyons quelque
» chose qui approche du phénomène singulier de ces trom-
» bes de sable ; mais elles sont particulièrement observées
» dans le désert sablonneux au Pérou, entre Coquimbo et
» Ancotape. Ce qui est digne de remarque, c'est que ces
» courans d'air partiels qui se heurtent, ne se font sentir
» que lorsque l'atmosphère est entièrement calme. Par con-
» séquent, l'océan aérien est semblable à la mer, où des
» filets de courant, qui entraînent l'eau en clapotant, ne
» sont sensibles que par calme plat. »

Ce savant ajoute que dans la savane d'Apuré, le thermomètre s'élevait de 27 à 29₀ Réaumur, aussitôt que le
vent chaud du désert commençait à souffler, et qu'au milieu du nuage de poussière, la température était pendant
quelques minutes à 35° (*Tableaux de la nature*, tome Ier,
p. 43 et 177).

VIGUZZOLO, PRÈS TORTONE, 30 JUILLET 1804 (11 THER. 12).

291. (N° 33.) Mouvement giratoire ; eau d'un torrent enlevée tout
entière.

Madame Garimberti-Leardi a fait la relation de ce météore, dont M. Vassalli-Eandi a fait le rapport à l'Académie des sciences de Turin, le 24 juin 1806, et dont voici
l'extrait :

» Ce météore s'est annoncé par un bruit dans l'air, analogue à celui de la grêle ; on a vu ensuite un tourbillon de
poussière, d'environ dix mètres d'élévation, décrire une
ligne courbe, traverser deux fois le torrent de Grue, en
emporter toute l'eau qui se trouvait dans les cavités de son
lit, parcourir un espace de trente-six hectomètres ; déra-
cinant, rompant les arbres, couvrant de boue les plantes
de maïs arrachées et dispersées, jetant les noix comme une
fronde, et finir par un sifflement très-fort, en s'élevant rapidement dans l'air. La durée du tourbillon a été d'environ dix minutes et sa largeur était de vingt-six mètres. »
(*Mém. Acad. Sc. de Turin* ; tome 20, page VIII.)

PARIS, 16 MAI 1806.

292. (N° 34.) Trois trombes ; orage, tonnerre, puis trombe ayant un
tube très-transparent : des témoins dirent lumineux ; faible giration
par moment ; vapeur montant par ondulation ; oscillation du tube ;
vapeurs enflammées ; seconde trombe ; pas de giration ; mouvement
ascensionnel ; orage voisin marchant dans un sens et les nuages de
la trombe dans un autre sens ; calme parfait autour.

Le 16 mai 1806, il se forma successivement deux trombes au sud de Paris, dont la relation a été faite par M. Debrun, ancien professeur d'histoire naturelle à l'École centrale de l'Oise. M. Lamarck, qui vit une de ces deux trombes,

probablement la dernière , en donna une courte relation dans son *Annuaire météorologique* de 1807. Voici d'abord un extrait de celle de M. Debrun.

» Le vendredi 16 mai 1806, entre une et deux heures après midi, je vis , dit cet observateur, au dessous des nuées, deux trombes qui se formèrent au sud de Paris. Ces trombes faisaient partie des nuages d'où elles prirent naissance, et en descendirent en s'allongeant plus ou moins rapidement.

» La première commença sur les une heure dix minutes, et paraissait offrir au moins douze pieds de largeur à sa base , que je prends ici par en haut, comme se trouverait celle d'un cône renversé, et dont la pointe serait vers le bas. Elle prit alors successivement la longueur de 15 , 20 à 40 pieds : plus elle descendait , plus sa forme conique devenait aiguë ; car, dans le commencement de sa sortie du nuage, elle formait un cône parfait. A force de gagner en longueur et de perdre en proportion dans son volume , elle ne devint pas plus grosse que le bras, sa partie la plus basse paraissait grosse comme le pouce, du moins à la vue.

» Cette trombe chassait fort doucement vers le sud , ensuite vers l'ouest et le sud-ouest, mais d'une manière infiniment lente, et me paraissait être au dessus des dernières maisons du faubourg Saint-Jacques , puis au dessus N.-E. de la plaine de Montrouge , Montsouris et la Glacière. Elle était de la couleur du blanc grisâtre des nuages ordinaires et ressortait très-bien du fond noirâtre des nuées qui étaient plus loin au sud, et accumulées jusque sur la lisière de l'horizon , ainsi qu'au dessus de la partie méridionale de Paris.

» Ce qui frappa le plus mon attention, ce fut de voir qu'elle formait un long tuyau , en partie demi-transparent, prenant plusieurs courbes ou inflexions , assez semblable à un long boyau flexible, dans lequel je voyais monter les vapeurs par ondulation, comme on verrait la fumée s'élever dans un tuyau de poêle qui serait de verre isolé ; ce qui était fort remarquable, c'est que l'ascension des vapeurs était bien plus déterminée, bien plus active, tout-à-fait vers la partie la plus proche de la terre, et que dans cette même partie, le mouvement, y était extrêmement visible ; cette extrémité inférieure pouvait être alors à 3 ou 400 pieds environ au dessus de terre.

» Les vapeurs s'élevaient dans cette trombe, sans qu'il me fût possible de voir, en aucune manière, d'où elles provenaient, ne voyant rien monter au dessus de la trombe, ni rien de la terre ou de l'atmosphère vers la trombe. Pourrait-on présumer que ces vapeurs sortaient inférieurement du corps même de la trombe, et après en être descendues? Elle offrait encore quelque chose de bien plus singulier que tout cela, c'était de présenter dans le centre de son intérieur et dans toute sa longueur, un sillon ou canal blanchâtre, lumineux, de l'éclat de la lune; il est à croire que ce canal ou tuyau était vide : les vapeurs montaient dans les corps de la trombe ; il s'est montré depuis la grosseur du pouce jusqu'à celle du bras, toujours en apparence ; ce qui, vu la grande distance où elle était de moi, et dont elle s'éloignait de plus en plus, pouvait former un diamètre réel d'un ou de plusieurs pieds.

» Comme la nue qui formait la tête de la trombe avançait, le corps de la trombe se courbait et la suivait, en s'allongeant de 15 à 1600 toises ou plus, pour ne s'en pas détacher ; mais quand la trombe devînt d'une très-grande longueur, par conséquent d'un volume très-petit, et qu'elle vint à prendre une inclinaison bien considérable (formant à peu près, avec l'horizon, un angle de 20 degrés), alors le corps de la trombe serpenta légèrement; ce qui, peut-être, pouvait provenir de la différente direction faible de quelques couches d'air atmosphérique.

» Cette trombe, dans sa plus grande inclinaison, paraissait avoir sa queue au dessus d'Arcueil, et sa tête au dessus de Châtillon ; mais, pendant le chemin que fit sa tête, je ne pus m'empêcher de remarquer qu'il semblait en quelque sorte que sa partie la plus inférieure était fortement attirée ou retenue par la vallée d'Arcueil, et qu'elle ne pouvait s'en éloigner facilement.

» Elle dura plus de trois quarts d'heure, et finit par sa pointe : sa partie supérieure me parut se replier dans le nuage qui lui avait donné naissance ; ce que je ne pourrais pourtant pas assurer positivement, vu qu'elle était alors à une grande distance au S.-S.-O. de Paris, fort petite de volume, et que pour lors quelques nuages très-vaporeux la couvrirent en grande partie, et bientôt achevèrent de m'en dérober totalement la présence.

» Environ 20 minutes après l'apparition, ou plutôt après la formation de cette trombe, j'en vis commencer une seconde, qui, à la vérité, ne présenta pas de particularités aussi intéressantes que la première, mais qui fut d'un effet beaucoup plus majestueux. Elle fut produite par un nuage bien moins élevé que celui qui avait formé la première, et se montra au dessus de l'hospice Cochin, rue du faubourg Saint-Jacques, et de l'Observatoire royal. Elle était grisâtre, avait, dans toute sa longueur, un tuyau lumineux comme la lune : je voyais, dans sa partie inférieure, les vapeurs monter très-distinctement et rapidement. De temps à autre, et par petits intervalles, le corps de cette trombe s'allongeait ou se raccourcissait successivement, et quelquefois très-promptement. Elle passa devant la première, et paraissait n'en être éloignée au nord que de 1,600 à 2,000 pas ; mais la première, vers la fin de son apparition, fuyait beaucoup plus vite vers la partie sud ; elle suivit un peu la même direction que la première, et sa partie inférieure se courba légèrement vers l'ouest.

22

» Mais ces mouvemens et ces courbures des deux trombes, ne me parurent être produits que par l'impulsion que leur donnaient des courans d'air, à la vérité bien faibles et assez élevés, puisqu'à la surface de la terre il faisait très-calme. Je dois avouer que je crus m'apercevoir, par la direction des nuées de différentes hauteurs, qu'il y avait au moins trois ou quatre vents au dessus de la région des nuages, et qu'ils avaient des directions assez opposées.....

» Il partit un coup de tonnerre d'un nuage peu éloigné des trombes, surtout de la seconde, et tout près d'elle vers son côté ouest; elles n'en parurent nullement affectées. Nous jugeâmes aussitôt, par le bruit que fit le coup, que la foudre avait frappé la terre. Il tomba alors, perpendiculairement autour du lieu où j'observais, des gouttes d'eau larges comme le pouce, mais très-rares, et aussi, presque en même temps, quelques grains de grêle de la grosseur d'une noisette.

» Cet orage paraissait venir du côté de l'ouest et se diriger vers le nord-est, et tout le fort de l'orage suivait à peu près la même direction dans le lointain. Je ne crois pas que l'existence de cet orage coïncidât avec l'apparition des trombes, ou, pour mieux dire, que les deux trombes fissent partie de l'orage, puisque entre elles et le centre de l'orage, il y avait une distance assez considérable, et que d'ailleurs les trombes allaient dans un sens et l'orage dans un autre.

» La seconde trombe se replia graduellement vers son nuage générateur, qui l'absorba en assez peu de temps: et elle disparut totalement au bout de 25 minutes, durée entière de son existence. Au moment où ces deux trombes ont paru, le thermomètre de Réaumur marquait 16 deg., le baromètre ordinaire pl. ve. — 3 div.; et la déclinaison de l'aiguille aimantée était de 21°, 51' vers le N.-O. Les jours qui avaient précédé, ainsi que ceux qui ont suivi leur apparition, avaient été, en général, assez calmes.

» D'après les renseignemens que je pris sur les lieux que traversèrent ces trombes, il est certain que la foudre est partie d'un nuage voisin; que ces trombes étaient sèches et qu'il faisait très-calme sur l'horizon, et aussi dans toute la région de l'air jusqu'à la hauteur des nuages; que la grêle, la pluie, et même le tonnerre, qui tombèrent, ne sortirent pas de ces deux trombes; la première dura au moins trois quarts d'heure et la seconde 25 minutes. Une troisième trombe avait commencé à paraître, mais elle rentra dans le nuage.

» Un des témoins dit que la trombe, très-longue, était *semblable à un nuage vaporeux et se contournant rapidement, d'où il lui paraissait sortir des vapeurs blanches et enflammées.* Que cette trombe avait la forme d'un boyau et avait un mouvement d'ondulation, et allait en serpentant. Un autre témoin a dit qu'un éclair était sorti du milieu de la longue colonne, qu'il tomba tout à coup, dans un circuit très-limité, et pendant un court instant, une grande quantité de pluie. *Que cette trombe était blanchâtre, vaporeuse; qu'elle faisait entendre une espèce de frémissement très-singulier, et que sa pointe allait par ondulations et était vivement agitée...* Qu'il y avait dans toute sa longueur *un tuyau lumineux et d'un blanc éclatant.* »

M. Lamarck, qui n'en vit qu'une, donne peu de détails; après avoir décrit sa forme conique tenant au nuage, il dit :

« Dans l'examen de ce phénomène, ce qui me parut le plus intéressant, fut de voir les parties brumeuses de la trombe dans un mouvement continuel. Celles de l'entonnoir ou du cône renversé tournaient très-distinctement comme autour d'un axe, mais en remontant et formant une spirale; celles qui formaient la queue de la trombe ne paraissaient pas tourner aussi fortement, mais on les voyait agitées, remonter sans cesse en décrivant une spirale fort allongée, et cet effet avait lieu sans que la queue perdît de sa longueur... Le baromètre était à 28 pouces 9 lignes, et le thermomètre 21°, 25 c. (*Annuaire météorologique de 1807.*)

FLACQ (ÎLE MAURICE), 5 FÉVRIER 1815.

293. (N° 35.) Deux trombes ; rotation, sillons ; absorbe les eaux ; varie de diamètre selon la conductibilité des terrains.

Le 5 février 1815, dans l'après-midi l'auteur de la relation, habitant Flacq (île Maurice), vit venir du côté de la mer deux espèces de cônes renversés dont la pointe parcourait la terre, et dont la base se confondait dans les nuages qu'ils entraînaient dans leur course. Ils étaient à deux lieues environ de distance l'un de l'autre. La base formant la partie supérieure de celui qu'il put observer d'assez près, lui parut avoir 40 toises de diamètre. Ils avançaient avec une grande rapidité et brisaient avec fracas tout ce qui se trouvait sur leur passage. Dans les bois, dans les plantations, ils traçaient une route telle qu'auraient pu faire des pionniers..... La course de ces météores était ralentie lorsqu'ils passaient sur des vallons et des ravins, l'eau qui s'y trouvait était pompée à l'instant. La base du météore diminuait alors de diamètre, il remontait lentement l'autre pente du vallon ; mais, arrivé au terrain plat, il éprouvait une sorte de dilatation, et sa force semblait s'accroître d'autant. Ces circonstances se sont fait remarquer principalement lorsque l'un de ces météores, après avoir ravagé l'habitation de madame veuve Quétel, semblait conserver à peine assez de mouvement pour gagner l'autre côté du vallon. A peine y fut-il parvenu qu'il détruisit tout sur l'habitation de M. Leblanc. Il se dirigea ensuite vers la forêt de la montagne de Fayence , et là sa trace s'est perdue au milieu des abattis qu'il a fait dans cette forêt.

L'observateur à qui nous devons cette note , vit distinctement des arbres tournoyer dans le cône, et il entendit un bruit semblable à celui du tonnerre. (J. Mallac, *Archives de l'Ile-de-France*, n° 2 , 1er juin 1818¦, t. 1.)

Observation. Le sommet de la trombe diminuait de diamètre lorsqu'elle était au dessus d'un terrain humide ou d'une pièce d'eau, et ses effets étaient moins funestes ; mais elle reprenait toute sa puissance d'action en plaine et son diamètre augmentait , c'est-à-dire, en d'autres termes, que le diamètre du conducteur diminuait ou augmentait selon sa bonne ou sa mauvaise conductibilité ; et que dans ce dernier cas, les effets statiques reprenaient leur puissance.

KENTISCH-TOWN , 27 JUIN 1817.

294. (N° 36.) Trombe mamelonnée ; agitation, mouvemens en tous sens et entrelacemens de tous ces mamelons, mais non un mouvement giratoire d'ensemble ; filament terminal.

M. Tilloch a inséré la relation d'une trombe qui a paru le 17 juin 1817, au dessus de Kentish-Town, marchant de l'est à l'ouest et qui a été vue par l'Éditeur du *Monthly-Magazine*.

Cette trombe était formée de mamelons nuageux groupés en cône renversé ; elle descendit jusqu'aux deux tiers de l'espace, et les portions du nuage dont elle était composée étaient dans la violente agitation d'une fumée qui monte dans la cheminée d'un foyer qu'on vient de remplir de combustible. La trombe ne conserva pas la longueur qu'elle avait atteinte ; elle se retira vers le nuage et prit la forme d'un cône gros et court, terminé par un filament allongé , variant de longueur et de grosseur, qui dura dix minutes.

Le météore paraissait depuis une demi-heure, lorsqu'une averse considérable tomba du nuage auquel il communiquait. Parmi les effets qu'il produisit, on remarqua un chariot chargé qu'il enleva et porta à 20 yards. Les témoins qui l'ont vu de près, se servent d'expressions qui n'indiquent nullement que le cône eût le mouvement giratoire qu'il aurait eu s'il avait été le produit d'un tourbillon de vent, comme le pense M. Tilloch : *the witnesses describe it as a vast mass of smoke working about in great agitation :* les témoins décrivent ce météore comme une masse de fumée étant tout autour dans une grande agitation. Ce cône tombait presque verticalement, un peu incliné vers le nord pour les uns, vers le sud pour les autres ; mais tous disent qu'il remonta sans pluie, et que, au dessous de son extrémité, tous les corps légers le suivaient. Les témoins dirent aussi que dans son abaissement, il paraissait comme hésiter, et il commença d'abord par un mamelon, puis descendit un peu ; toutes les portions se bouclaient et s'entrelaçaient, jusqu'à ce qu'il se raccourcit, et alors il rentra graduellement dans le nuage.

L'auteur a accompagné sa relation de deux figures dont la première, toute mamelonnée, ressemble à notre figure n° 3. Son inspection seule suffit pour reconnaître qu'un tourbillon de vent ne moutonnerait pas ainsi le cône descendant.

Quoi qu'il en soit, voici les conclusions théoriques que M. Tilloch tire de cette seule observation :

1° Une trombe est une collection de nuages de la même nature que la nue d'où elle provient. (L'auteur oublie les trombes si nettement limitées de Stuart, Maxwell et de vingt autres observateurs, qui ressemblaient plus à un tube qu'à un nuage.)

2° Sa descente est un effet mécanique d'un tourbillon de vent qui crée un vide au centre, ou une grande raréfaction entre les nues et la terre ; les nues descendent alors par leur propre gravité ou par la pression des nues voisines ou de l'air. (Nous renvoyons à la première partie, chapitres 7, 17, 18 et 19, pour toute observation.)

3° Les mouvemens circulaires de la masse descendante et le tourbillon senti sur la terre et l'apparence des nues à son origine, pendant son accroissement et son décroissement, tout démontre que c'est un tourbillon de vent qui en est la cause mécanique.

4° Le même tourbillon qui provoque la descente des nues, provoque l'ascension des corps placés sur la surface du sol.

5° Si ce tourbillon a lieu au dessus de l'eau, la colonne ascendante est formée de vapeurs, d'écume ou d'eau.

6° Lorsque le phénomène se termine, les corps légers tombent et les nues remontent.

7° Lorsque les corps légers inférieurs sont de l'eau, il est probable que la vapeur ascendante s'unissant à la trombe, condense les nues qui la forment à ce point, que l'eau tombe comme à travers un siphon.

8° Si le nuage descendant est électrique, il peut lancer une décharge sur le conducteur qui se présente ; de plus il verse sur sa route ce qu'il a enlevé d'abord, et c'est ce qui produit ces phénomènes étranges de pluie de poissons, de grenouilles, etc., etc.

9° Il paraît certain que l'action de l'air sur la masse des nuages, pressant sur l'embouchure du tourbillon comme sur un entonnoir, augmente tellement la condensation que la chute de l'eau tient du prodige. (*Philos. Magazine*, vol. 50, p. 146, année 1817.)

SANT-ANGELO, 14 AOUT 1817.

295. (N° 37.) Ciel serein ; absorbe les eaux ; linge troué et brûlé.

Le 14 août 1817, des blanchisseuses qui lavaient à une fontaine voisine de Sant-Angelo, près de Naples, virent une masse formant un cône immense, s'abattre vers la fontaine au milieu d'un ciel serein : c'était une trombe, qui en un instant, absorba les eaux de cette fontaine. Elle enleva une grande quantité de linge, étendu sur le pré, et s'éloigna jusqu'à plus d'un mille de distance. Le phénomène dura à peu près une heure et revint se dissiper aux environs de la même fontaine, où l'on retrouva tout le linge, dont les pièces paraissaient comme brûlées et quelques unes trouées comme si elles eussent été traversées d'un boulet de canon. (*Journal du Commerce* du 18 septembre 1817 ; *Dict. des sc. nat.*, 55, 421.)

RÉGNEVILLE, 16 JUIN 1822.

296. (N° 38.) Ciel pur qui se couvre à mesure que la trombe s'avance ; le bruit diminue lorsqu'elle passe au dessus d'un petit ruisseau ; elle en enlève les eaux à 20 pieds ; le bruit cesse lorsqu'elle arrive sur la mer ; pluie abondante après sa disparition.

Le 16 juin 1822 (jour d'un assez fort tremblement de terre qui s'est fait sentir dans le département de la Manche), les habitans de Régneville, petit port à deux lieues de Coutances, aperçurent, sur les cinq heures du soir, une trombe qui se dirigeait vers la mer. Ils n'entendirent d'abord qu'un mugissement sourd ; mais bientôt après, on distingua le tourbillon. Avant d'arriver au rivage, il traversa une pièce de terre dont la récolte en luzerne, qui était alors étendue pour sécher, fut totalement enlevée jusqu'à la hauteur de 300 pieds, et rejetée ensuite sur le bord de la mer. Il enleva aussi, à une hauteur à peu près égale, le sable qu'on avait déposé dans un autre champ, près des fondations d'une maison. Quand la trombe traversa un petit ruisseau qui se trouvait sur son passage, le bruit qu'elle occasionait cessa entièrement, et les eaux ne furent soulevées qu'à la hauteur de vingt pieds ; le bruit recommença ensuite, et enfin il ne s'entendit plus dès que le tourbillon eut atteint la mer.

D'après les évaluations les plus probables, la base du météore embrassait sur le sol un espace circulaire de 50 pieds de diamètre. Le ciel, qui avait été parfaitement clair durant l'après-midi du 16 juin, se couvrit de nuages à l'approche de la trombe ; peu de temps après sa disparition, il tomba une pluie abondante. La chaleur fut très-forte tout le jour. (*Ann. ch. ph.* 1822, t. 21, 407.)

Observation. L'expression de l'auteur laisse quelques doutes sur la pureté du ciel avant l'apparition de la trombe, et si le ciel se couvrit seulement aussitôt qu'elle fut formée, comme cela eut lieu pour celle de Cuba, § 219. D'après l'exemple de Cuba et de plusieurs autres, je pense que l'expression de l'auteur veut dire que les nuages se formèrent aussitôt après sa formation. On voit aussi dans cette trombe que le bruit a varié avec la conductibilité du sol.

ASSONVAL, 6 JUILLET 1822.

297. (N° 39.) Globes de feu, explosion, tonnerre, giration ; tourne lentement ; ricochets ; murs de maison renversés en dehors.

Le 6 juillet 1822, à une heure trente-cinq minutes de l'après-midi, dans la plaine d'Assonval, village situé à six lieues ouest-sud-ouest de St-Omer et à six lieues sud-est de Boulogne.... Les nuages venant de différens points, se rassemblaient rapidement au dessus de la plaine. Bientôt ils n'en formèrent qu'un, qui, seul, couvrait entièrement l'horizon. Un instant après, on vit descendre de ce nuage une vapeur épaisse ayant la couleur bleuâtre du soufre en combustion. Elle formait un cône renversé dont la base s'appuyait sur la nue. La partie inférieure du cône, qui descendait sur la terre, forma bientôt, en tournoyant avec une vitesse considérable, une masse oblongue de 30 pieds environ, détachée du nuage. Elle s'éleva en faisant le bruit d'une bombe de gros calibre qui éclate, laissant sur la terre un enfoncement en forme de bassin circulaire de 20 à 25 pieds de circonférence, et de 3 à 4 pieds de profondeur à son milieu. A peine éloigné de cent pas du point de départ, et dirigeant sa route de l'ouest à l'est, la trombe franchit la haie d'un manoir, y abat une grange, et donne à la maison, plus solidement bâtie, une secousse que le fermier a comparée à celle d'un tremblement de terre. Elle avait, en franchissant la haie, déchiré et emporté la couronne des arbres les plus forts : vingt-cinq à trente arbres étaient renversés et couchés en sens divers, de manière à prouver que la trombe faisait son chemin en tournoyant. D'autres furent enlevés et accrochés, ainsi que plusieurs couronnes, au sommet des plus grands arbres (de 60 à 70 pieds de haut).

» Après ces premiers effets, la trombe parcourut une distance de deux lieues sans toucher à terre, en emportant de très-grosses branches d'arbre, qu'elle vomissait à droite et à gauche avec bruit ; arrivée à la pointe du bois de Fanquembergue, elle y arracha de nouveau la tête de plusieurs chênes, que l'on vit passer avec elle au dessus du village de Vendôme, situé au pied de la colline du côté est de la forêt.

» La trombe ne fit dans cette commune d'autre ravage que celui d'enlever avec sa racine un sycomore très-gros, dans une prairie appartenant à M. Degroseiller ; l'arbre fut retrouvé à la distance de six cents pas.

» Continuant sa route à la manière d'un boulet qui frappe la terre et se relève en ricochant, la trombe se porta au village d'Audinctnu, où elle abattit la toiture de trois maisons et enleva plusieurs arbres, entre autres cinq ormes de très-grande hauteur, tous cinq sortant d'une même souche.

» Au sortir de la vallée où sont situés ces derniers villages, la trombe s'éleva sur une montagne dite de Capelle.

Plusieurs paysans, qui y labouraient, virent avec effroi ce phénomène extraordinaire traverser leurs habitations ; ils craignirent bientôt pour eux-mêmes, et n'eurent, pour échapper au danger, que le temps de se coucher, en se tenant fortement à leurs instrumens aratoires ; ils remarquèrent avec étonnement que leurs chevaux étaient tristes, mais ne s'effrayèrent pas ; le soc d'une de leurs charrues fut enfoncé dans la terre assez fortement pour résister aux efforts de trois chevaux ; ils employèrent une pioche pour ne pas le casser.

» Ce fut par ces laboureurs, qui étaient placés sur la montagne, de manière à voir la trombe arriver et continuer sa route, que je parvins à connaître à peu près sa forme, sa grandeur et les élémens présumés qui pouvaient entrer dans sa composition. La forme était ovale ; la longueur leur parut de trente pieds environ ; l'autre diamètre pouvait en avoir vingt. La trombe tournait dans sa marche de manière à présenter successivement chacune de ses faces à tous les points de l'horizon. Il sortait de temps en temps, de son centre, des globes de vapeurs comme soufrées ; les uns et les autres rejetaient, dans divers sens, des branches que le météore avait entraînées de très-loin.

» Le bruit qu'il faisait dans sa marche rapide était semblable à celui d'une voiture pesante courant au galop sur un chemin pavé. On entendait une explosion semblable à celle d'un fusil à chaque sortie d'un globe de feu ou de vapeur ; le vent, qui était impétueux, joignait à ce bruit un sifflement terrible. Après avoir déchiré la terre et emporté tout ce qui lui résistait dans un certain point, la trombe s'élevait au dessus du sol pour aller à une lieue et quelquefois à deux lieues de distance recommencer ses ravages. C'est ainsi qu'en quittant le mont Capelle, et suivant toujours la même direction, elle alla enlever différentes meules de foin et beaucoup d'arbres à Hernin-St-Julien, distant d'une lieue de la montagne. De ce village à Witernestre, sur un intervalle de trois lieues, la trombe ne fit aucun ravage marquant ; on reconnut seulement, sur la montagne qui sépare Hernin d'Étré-Blanche, un sillon de la largeur de trente pas, dans lequel le grain était détruit, dans une étendue de trente arpens de terre, placés au sommet.

» De là elle pénétra dans la vallée de Witernestre et Lambre. Le premier de ces villages, composé de quarante habitations, n'en conserva que huit intactes. Trente-deux maisons, avec leurs grauges, furent renversées, et une énorme quantité d'arbres abattus, déchirés et emportés à une grande distance. On remarqua à Witernestre que les pignons et les murs des maisons furent couchés d'une manière divergente de dedans en dehors.

» Le désastre ne fut pas moins considérable à Lambre. Plusieurs personnes distinguèrent parfaitement la marche tournoyante du météore, sa couleur d'un brun soufré et le centre de feu ardent, d'où sortaient des éclats de vapeurs bitumineuses. Les arbres qui entouraient l'église furent cassés et déracinés ; le mur et le toit de la maison du curé enlevés, et dix-huit maisons, la plupart bâties en briques, sapées à leur fondation, avec le phénomène extraordinaire de l'écartement des murs renversés en dehors.

» Une circonstance heureuse, au milieu de ce grand désastre, c'est que personne n'a péri, pas même dans les deux derniers villages ; un seul individu de Witernestre a été grièvement blessé au bras par une poutrelle.

» En quittant Lambre, la trombe se divisa ; une partie se dissipa dans les airs ; l'autre, qui ne paraissait plus qu'un nuage, chassée par un vent impétueux, venant du nord-ouest, se porta sur Lillers, bourg à trois lieues de Lambre, où elle cassa et déracina près de deux cents arbres dans la belle prairie de M. Desoulers : ensuite elle se dissipa à son tour. A trois heures, le temps était calme, le ciel presque entièrement découvert, et le tonnerre, qui n'avait cessé de se faire entendre de tous les points de l'horizon, finit en même temps que la trombe. La soirée et la nuit suivante furent très-belles. » (Extr. d'un rapport de M. Desmarquoy. *Ann. ch. ph.*, 24, 433.)

ROUVIER, 26 AOUT 1823.

298. (N° 40.) Calme, orage et grèle avant sa formation ; feuilles des-séchées et comme brûlées ; différens objets transportés contre le vent ; les quatre murs d'un jardin renversés en dehors.

On trouve dans le *Bulletin de Férusac*, t. 4, 1823, la notice suivante de M. Defrance. Le 26 août 1823, à trois heures après-midi environ, après un temps calme et très-chaud, pendant lequel le soleil avait lui, une trombe se manifesta auprès du hameau de la Ronce, dépendant de la commune de Rouvier, département d'Eure-et-Loir, arrondissement de Dreux, canton d'Anet. Elle fut précédée par une nuée noire, venant du S.-O., qui fut suivie par d'autres moins noires, jaunes, et d'autres couleurs, dans lesquelles le tonnerre ne discontinuait pas, et qui lança de la grèle. Elle commença ses ravages dans un petit vallon entre le hameau de la Ronce et la commune de Rouvier. Elle paraissait adhérer par le haut à la nue, en même temps que sa base touchait à la terre. Elle renversait ou brisait tout ce qui se trouvait sur son passage, enlevant la terre, les arbres et autres corps, qu'elle rejetait autour d'elle à de grandes distances. Le tourbillon était d'une couleur jaune noirâtre ; mais cette couleur était due, sans doute, à la poussière et aux autres corps qu'il enlevait. Rien n'a été brûlé par la trombe ; on remarque seulement que les feuilles des haies et des arbres, qui n'ont point été enlevés, et qui se sont trouvés sur son passage, ont été desséchées comme si elles avaient été brûlées. Dans le hameau de Marchefroid, où son effet a duré moins d'une minute, elle a détruit cinquante-trois habitations ; les habitans ont à peine entendu l'orage, et il n'y est tombé que très-peu de grêle. Elle y a tué subitement un enfant de trois ans près de sa mère ; on a remarqué sur son cou une blessure en forme de trou, mais on n'a pas su par quel corps elle avait été faite. Elle a parcouru la vallée de Saint-Ouen, où elle a arraché ou brisé 800 pieds de beaux arbres. Elle s'est dirigée sur Dammartin, et autres communes, jusqu'à Ver, près de Mantes, dans un espace de cinq lieues environ, sur 40 à 50 toises de large. L'air n'a point été refroidi par ce météore et le soleil a reparu aussitôt. Quelques uns des effets qu'elle a produits sont surprenans : des maisons ont été entièrement rasées et écroulées ; des combles entiers ont été enlevés de dessus leurs murs ; dans le sens et à contre-sens de la ligne suivie par la trombe ; des branches d'arbres ont été brisées en sens opposés. Des arbres arrachés, et, tête, tronc et racines, transportés de 60 à 100 toises et arrêtés par d'autres arbres restés debout ; d'autres, dans la vallée, ont été rompus à 4, 6, 10, 15 et 20 pieds de hauteur, ce qui ferait penser que dans cette petite vallée la trombe n'exerçait pas ses ravages jusqu'à terre.

Une de ces destructions a été bien régulière. Les quatre murs d'un jardin solidement bâtis en pierre, ont été entièrement renversés chacun dans leur sens en dehors du jardin. Leur destruction et la dislocation des pierres ont été très-régulières dans une ligne droite, qui n'a pas excédé la place convenable, et comme si elles eussent été approchées et rangées pour la construction du mur. Une voiture attelée de trois chevaux et chargée de grain a été enlevée de dessus ses roues et son essieu, qui sont restés à terre, et a passé par dessus un bâtiment, dont elle a crevé le toit. Les lambeaux de la voiture ont été retrouvés en partie de l'autre côté du bâtiment. Le grain a disparu. Les chevaux n'ont éprouvé aucun mal, seulement on les a trouvés entièrement déshabillés.

Une charrue et trois autres chevaux ont éprouvé la même chose. La charrue a disparu et les chevaux ont aussi été désenharnahés

Observation. Le fait des quatre murs renversés en dehors, n'est pas le seul. Nous rappellerons la trombe précédente, et celle de mai 1820, § 239, dont la pointe inférieure s'éloigna du vaisseau comme si elle le fuyait; ce qui atteste que cette extrémité et le vaisseau était chargés de la même électricité. Dans le fait actuel, les quatre murs furent électrisés par l'influence du nuage supérieur de la même manière que la partie inférieure de la trombe, il y avait donc attraction du pavillon de la trombe et répulsion du sommet. Lorsque les objets sont couchés vers un centre, c'est que la neutralisation se fait près du sol, et alors toute la longueur de la trombe est attractive; lorsqu'au contraire les objets sont renversés en sens inverse, c'est que la neutralisation se fait dans une portion élevée de la colonne et conséquemment la partie inférieure est chargée de la même électricité que les objets environnans.

VALEGGIA, 16 SEPTEMBRE 1823.

299. (N° 41.) Feu, fumée; eau absorbée et élevée à une grande hauteur.

Le 16 septembre 1823, à midi, pendant une pluie très-abondante qui avait commencé vers les cinq heures du matin, on vit sortir d'une montagne située dans la paroisse de la Valeggia, province de Savone, un tourbillon épouvantable de fumée noire et de feu. Dans sa course il enleva les toits des maisons, des bois de charpente, des vignes et déracina de gros arbres de toute espèce. En traversant une rivière, auprès de la montagne Magliolo, la trombe *absorba en un instant les eaux*, qui s'étaient éfevées à une hauteur extraordinaire. (Rap. col. Pagliaris, *Ann. ch. ph.* 24, 439.)

'MESSELING, 4 AOUT 1824.

300. (N° 42.) Vive rotation des nuages inférieurs formant un cône droit ; la trombe change de direction comme si elle était attirée par les maisons d'un village ; choix dans ses ravages ; change de forme et d'intensité suivant les localité ; calme parfait tout autour ; le Rhin creusé de 24 pieds ; eau soulevée tout autour jusqu'à 50 pieds ; globe de feu au moment de la séparation ; orage et grêle après.

Le 4 août 1824, vers le midi, le ciel étant très-couvert, les habitans de Messeling, près Aonn, virent un nuage très-noir s'abaisser vers la terre au dessus d'un bas-fonds humide ; une bande grisâtre s'en détacha et vint se réunir à un vaste cône de vapeurs qui avait sa base sur le sol. Ce cône inférieur avait un mouvement de rotation comme s'il eût été soutenu par un axe : la base avait environ 300 pas de diamètre et 80 en hauteur. Cette trombe changea de direction en passant près d'un village, comme si elle eut été attirée par les maisons. Le bruit était de deux sortes comme dans beaucoup d'autres trombes : un bruit de grosse charrette courant sur des cailloux et une sorte de sifflement. Ses dégâts furent ceux communs à ce météore, des arbres renversés, plusieurs écorcés d'un côté seulement, des toits abattus, etc. On remarqua que son diamètre changeait suivant les localités et qu'il semblait faire un choix dans ses ravages ; ainsi il renversa et transporta un arbre jusqu'au pied d'un autre arbre qui n'eut point de dommage ; l'air environnant était dans un calme parfait. Jusque-là, l'auteur considérait ce météore comme une trombe d'air ; mais, arrivé au dessus du Rhin, il le nomme

trombe d'eau ; distinction fort inutile, puisque le phénomène reste le même, quelles que soient les substances qui
forment le lien, le conducteur, de la nue au sol. Placée
au dessus du Rhin, il y forma une immense cavité d'environ 24 pieds de profondeur, de manière qu'on pouvait
presque voir le fond du fleuve. Autour du centre, dans un
large rayon, les eaux au contraire s'élevaient jusqu'à 40 ou
50 pieds, et remplaçaient le pilier de vapeur qu'elle avait
précédemment. Son énergie variait aussi avec les localités :
enfin, ayant quitté le Rhin, elle alla s'éteindre à près d'une
lieue de là. La bande grisâtre que l'on avait toujours vue
de la nue surbaissée au cône terrestre s'effaça peu à peu
et disparut. Des soldats qui manœuvraient près de là, dirent qu'au moment de sa disparition, il y eut un globe de
feu. Une heure après, il y eut un orage et de la grêle.
(Par le Pr Noggerath, *Ann.'de Kartner*, 1824, t. 3, p. 52.)

Observation. L'auteur fait la remarque que cette trombe
avait un cône droit au lieu du cône renversé que présentent presque toutes les autres ; ce ne serait pas la seule qui
aurait présenté un cône droit sur le sol ; celle d'Arcachon,
§ 283, et celle de la Bronte, § 304, en sont des exemples ; mais nous pensons que celle-ci avait la bande grise,
ou, pour mieux dire, le tube gris descendant jusque près
du sol, et que sa transparence la faisait perdre de vue au
milieu des nuages de poussière, de vapeurs ou d'eau qui
l'entouraient. Ce qui nous porte à croire et même à affir-
mer qu'il en était ainsi, c'est le cône immense formé dans
la profondeur des eaux, cône que nous savons maintenant
être formé par la prodigieuse radiation électrique d'une
pointe. Nous pensons que le cône droit de l'auteur est
simplement le *buisson* des Anglais, au centre duquel descendait le tube d'un gris clair et qui devenait invisible au
centre de cet amas extérieur. (Voyez § 171.)

CARCASSONNE, 26 AOUT 1826.

301. (N° 43.) Orage avant ; les nuages s'entrechoquent ; nuage attiré
par la terre ; l'air vivement attiré par le nuage ; explosion ignée au
moment de la réunion du nuage et du sol ; plafonds et murs percés ;
odeur de soufre.

Le *Courrier français* du 19 septembre 1826 rend compte
d'un météore arrivé dans l'arrondissement de Carcassonne, le 26 août précédent. Le vent était au sud ; la chaleur de la matinée avait été étouffante ; à midi environ,
les nuages s'amoncelèrent vers l'ouest ; un vent impétueux se fit sentir ; un nuage noir et épais paraissait suspendu sur une pièce de terre près le château de la Can-
nette (100 toises) ; on voyait dans la direction du territoire
de Frombraise les nuages se heurter, s'entrechoquer et
descendre très-bas, comme attirés par la terre. Le tonnerre grondait de toutes parts ; un roulement sourd se faisait entendre ; les animaux domestiques fuyaient vers leurs
demeures. Tout à coup on entendit un craquement affreux
dans la direction de l'ouest. L'air, vivement agité, était
attiré avec une vitesse extrême vers ce nuage opaque, qui
couvrit le champ Rouge. L'instant de la réunion fut signalé par une forte détonation et l'apparition d'une
énorme colonne de feu, qui, rasant le champ, déracina
tout sur son passage. Un jeune homme de dix-sept ans,
se trouvant dans la direction de ce météore, fut tourbil-
lonné, enlevé dans les airs, et eut la tête fendue sur un
rocher. Quatorze moutons furent enlevés et tombèrent as-
phyxiés. Cette colonne d'air et de feu renversa des murs,
déplaça d'énormes rochers, déracina les plus grands arbres, pénétra dans le château par deux issues, souleva et
renversa les pierres de taille de la porte cochère, brisa
la porte, en tordit toutes les pentures, fracassa une fenêtre, pénétra dans le salon, se fit jour à travers le pla-

fond , perça le second étage , s'élança vers le toit et fit écrouler ces trois appartemens avec un fracas terrible. Des dames qui se trouvaient dans le salon virent le globe de feu y pénétrer , et ne durent leur salut qu'à une énorme poutre qui fit voûte et retint la boiserie. Une trombe d'air, pénétrant par la croisée au dessus de la cuisine , renversa une cloison , souleva le plancher , brisa les meubles , bouleversa les lits , ouvrit les armoires sans rien déranger , perça un gros mur et en jeta les débris à une très-grande distance , brisa les combles du château , déracina et souleva un énorme chêne vert de cinq pieds de circonférence , écrasa deux petites maisons , emporta les charrettes , se précipita dans le ravin , déracina plusieurs noyers énormes qui s'y trouvaient , ravagea les vignes , laissant sur le terrain de très-profonds sillons : l'air était imprégné d'une forte odeur de soufre. Ce météore disparut dans la direction de Fournas , et fut suivi d'une très-forte pluie, Le ciel devint serein et le vent d'est commença à souffler. (*Dict. sc. nat.* , 55 , 422.)

RUWER , 25 JUIN 1829.

302. (N° 44.) Masse lumineuse marchant en sens contraire du nuage ; flammes lancées du cône ; eau projetée en colonne ; marche lente ; un homme est enveloppé par le météore ; il est tantôt attiré , tantôt repoussé. Il y avait , dit-il , deux courans en sens inverse ; odeur de soufre ; orage aussitôt que la trombe eut été rompue ; grêle , calme ensuite.

Cette relation est placée dans le texte , chapitre 6, § 50.

PRÈS LE GANGE , 1831-1834.

(N° 45.) Trombes de sable ; mouvement giratoire ; pas de nuages ; l'atmosphère n'est pas troublée autour.

Le phénomène si connu des trombes marines paraît avoir

son analogue dans les plages désertes de sable qui avoisinent le Gange ; car on trouve dans le journal tenu par M. Stéphenson, durant un séjour de quatre années (1831-34), dans la province de Béhar, plusieurs observations de ce genre. La première eut lieu le 23 novembre 1830, près de Rajmahal, l'auteur vit plusieurs colonnes de sable ayant de 20 à 60 pieds de hauteur, et présentant un mouvement giratoire comme les trombes de mer ; elles passèrent à un demi-mille de distance, et restèrent visibles pendant cinq minutes. Le 10 février 1833, il en vit encore plusieurs dans l'île de Bar ; elles s'élevèrent à plus de cent pieds en colonne perpendiculaire avec un mouvement rotatoire très-visible. Au bout de quelques minutes, elles se brisèrent par la base et se dispersèrent en nuages de sable. Enfin le 25 février suivant, au confluent du Gange et de la Soane, deux énormes colonnes de sable ayant plus de douze pieds de diamètre, et dont la tête se perdait dans l'atmosphère, furent observées par M. S. Elles restèrent parfaites pendant quelques minutes, présentant le même mouvement de tourbillon déjà mentionné, jusqu'à ce qu'une légère brise de l'ouest les dispersa. Pendant toutes ces observations, le ciel était clair et sans nuages.

Les habitans du pays connaissent ces trombes et les appellent *Borndoah.* Ils affirment qu'il y a eu des individus enveloppés dans le tourbillon, et qui ont été tués ou grièvement blessés. Burnes, dans ses Voyages, mentionne ce phénomène sous le nom de tourbillon, et les dépeint comme plus communs au bord des rivières dans les déserts du Kourdistan. Ils élèvent le sable à une grande hauteur et traversent la plaine comme les trombes sur la mer. Ils semblent formés par un soudain coup de vent ; car l'atmosphère n'en paraît pas troublée, et la brise du nord souffle comme à l'ordinaire. (*Asiat. journ.*, décembre 1835 ; *Bibl. univ.*, ann. 1836. t. 6, p. 155.)

PRÈS BRONTE, 1ᵉʳ OCTOBRE 1834.

304. (N° 46.) Mouvement rotatoire ; deux cônes presque égaux joints par leurs sommets.

« Le 1ᵉʳ octobre 1834, je me rendais, dit M. de Beaumont, de Bronte à Randazzo, et j'étais parvenu au point le plus élevé de la route, qui passe sur un coin du massif de l'Etna, élevé d'environ 1000ᵐ, lorsqu'en retournant vers l'espace que je venais de parcourir, c'est-à-dire vers le S.-O., je vis une trombe qui paraissait s'y promener paisiblement. Il était environ onze heures du matin. La partie du ciel au dessous de laquelle se trouvait la trombe était couverte de nuages gris dont la surface inférieure paraissait unie ; il en tombait çà et là quelques petites averses très-circonscrites. La trombe me paraissait à une demilieue de distance, dans la direction du S.-O. ; elle ne faisait aucun bruit ; rien n'annonçait qu'elle commît aucun dégât ; au reste, elle traversait un sol très-sec, sans arbres, qui avait été cultivé en céréales, mais qui était moissonné depuis long-temps. La trombe avait la forme de deux cônes très-aigus, l'un droit, l'autre renversé, se tenant et se pénétrant par la pointe ; la couleur ne changeait pas au point de jonction ; elle paraissait s'élever depuis la surface du sol jusqu'aux nuages ; mais je n'ai pu en estimer la hauteur. Le vent la poussait doucement du N.-O. au S.-E., en faisant quelquefois osciller légèrement sa colonne ; elle avait un mouvement de rotation assez rapide et parfaitement distinct. Je l'observai pendant environ dix minutes, après quoi je me remis en route ; et bientôt les ondulations du sol me la firent perdre de vue. Je n'ai vu aucun signe extérieur qui annonçât les échanges électriques. » (Relation communiquée par M. Élie de Beaumont, de l'Académie des sciences.)

LA FRANÇAISE, 27 JUILLET 1835.

305. (N° 47.) Un orage, en s'affaiblissant, fut remplacé par une colonne de feu ; vapeur après son extinction.

Le 27 juillet 1835, vers six heures du soir, les habitans de la Française et de Lizac aperçurent une colonne de flamme d'environ 5 mètres de circonférence. Elle était à une médiocre hauteur, et l'orage qui l'avait précédée était à peine apaisé ; le tonnerre grondait encore. La colonne de feu s'avança rapidement du sud-est au nord-ouest. Elle plongea dans la rivière du Tarn, dont elle fit gonfler et bouillonner les eaux. Elle se releva et se dirigea vers le village de Lizac, où elle enleva la toiture d'une maison. De là, elle se précipita sur un noyer séculaire, brisa toutes ses branches, et en fora le tronc, comme on aurait foré une pièce d'artillerie. La flamme s'éteint aussitôt et se réduit en un tourbillon de fumée qui obscurcit l'atmosphère. (*Écho du Monde savant*, ann. 1835, n° 73.)

Observation. L'effet produit est tout-à-fait celui d'une trombe, et la flamme n'était que l'intermédiaire visible des conducteurs humides supérieur et inférieur, séparés par une portion de l'atmosphère d'une conductibilité insuffisante. Les décharges ignées ont remplacé l'écoulement latent dans cette partie de l'air.

MORNAY, SEPTEMBRE 1835.

306. (N° 48) Eau d'une rivière enlevée comme une colonne.

M. Mauduyt cite une trombe qui s'est manifestée en septembre 1835, dans les communes de Mornay, canton de Vivone, et de Saint-Maurice. Outre les arbres arrachés et transportés au loin, cette trombe, passant au dessus de la rivière de *la Clouère*, près Reigné, en a soulevé les eaux en une colonne de plus de 33 mètres de hauteur. (*Écho du M. sav.*, 1835, n° 83.)

CAUX, 13 SEPTEMBRE 1835.

307. (N° 49.) Toute l'eau d'une mare enlevée ainsi que les poissons.

La relation est insérée dans le chapitre 6, § 45.

NEW-BRUNSWICK, JUIN 1836.

308. (N° 50.) Les arbres, dans l'axe de sa marche, renversés dans la même direction ; les arbres de chaque côté renversés vers l'axe ; murs de maison renversés en dehors ; objets couverts de boue ; tonnerre, éclairs, feuilles flétries.

En juin 1836, à environ sept milles et demi de New-Brunswick (New-Jersey), il y eut une trombe qui marcha avec une vitesse de vingt-cinq à trente milles à l'heure ; elle se termina à Amboy, à dix-sept milles et demi de son origine. La relation en a été faite par le docteur Hare, professeur de chimie à l'Université de Pensylvanie, et il a ajouté des observations intéressantes sur la cause de ce phénomène.

La trombe avait l'apparence d'un cône renversé, dont la base était dans les nuages et le sommet sur la terre. Elle renversa ou emporta tous les objets qui se trouvèrent sur l'espace de 300 à 600 pieds qu'elle occupait. Les arbres qui se trouvaient sur son axe étaient renversés dans une direction parallèle à la sienne ; ceux qui étaient d'un et d'autre côté étaient au contraire dirigés vers un point qui avait été dans l'axe. Quelques maisons ont comme éclaté, et leurs murs ont été renversés en dehors ; d'autres perdirent leurs toits et même leurs planchers. La tourmente ne restait que quelques secondes dans le même lieu. Une ferme fut entièrement détruite et dévastée et tous ses arbres renversés, tandis que le fermier traversait sa cour.

Le phénomène était accompagné d'un bruit terrible, semblable à celui d'une multitude de chars pesamment chargés. Tous les objets qui se trouvaient sur son passage étaient couverts de boue du côté tourné vers le lieu d'où venait la trombe.

Le tonnerre et les éclairs l'accompagnaient.

Dans quatre lieux différens, tous les arbres étaient couchés, ayant leurs extrémités supérieures dirigées vers un centre commun. Une maison qui se trouvait à l'un de ces centres, a été dépouillée de son toit, et toutes les vitres ont été brisées, la plupart des morceaux de verre étant lancés au dehors. La hauteur apparente de la trombe était d'environ un mille.

Un fait remarquable, observé pendant toute la tourmente ou immédiatement après, fut l'apparence flétrie que présentait le feuillage de ces petits arbres ou arbrisseaux, qui, en vertu de leur flexibilité, ne furent, comme le roseau de la fable, ni renversés ni déracinés. Chaque feuille était en partie flétrie, ce qui paraît une confirmation de la supposition que l'électricité était la cause de la trombe, et produisait cet effet particulier.

Tous les faits ont concouru à démontrer l'existence d'un mouvement convergeant de toutes les directions vers le centre de la trombe, en même temps que celle d'un mouvement en haut vers le milieu. L'auteur, passant en revue les opinions des physiciens sur l'origine des trombes, croit être le premier qui, en l'attribuant à l'électricité, ait donné une idée du mode spécial d'action de ce puissant agent dans ce terrible phénomène. (*Transactions philosophiques américaines*, vol. 5, 381, ou *Jour. am. sc. arts* de Silliman, 1837, vol. 32, pag. 158.)

Après avoir fait la relation des effets du météore, le docteur Hare entre dans quelques considérations théoriques. Les causes apparentes des changemens produits, dit-il, sur les corps mobiles, paraissent être un courant vertical au centre ou axe de la trombe, et une forte attraction de l'air extérieur vers ce centre lui-même. Des arbres pa-

raissent avoir été arrachés à l'approche de la tourmente. . . . . . et sont tombés vers le point occupé par
l'axe de trombe. Ce fait démontre l'existence d'un courant
convergeant en tous sens vers le centre ; celle du courant
vertical est prouvée par le transport à d'énormes distances
de corps légers et de débris de bâtimens et d'arbres.

D'après ces faits, l'auteur pense que les trombes sont
l'effet d'un courant d'air électrisé, dépassant les moyens
ordinaires de décharge entre la terre et les nuages par ces
étincelles qu'on appelle éclairs. Il lui semble que le résultat inévitable d'un tel courant serait de soulever dans
sa sphère d'action le poids de l'atmosphère, et ainsi de
permettre à l'air, obéissant à son élasticité, de se précipiter
dans le vide produit.

Après quelques autres réflexions, il ajoute : « Une cause
d'augmentation de l'effet produit par la trombe est l'état
habituel de contraction des couches inférieures de l'atmosphère, qui, étant soudainement délivrées de la pression
de l'air supérieur, se dilatent avec une sorte de violence
explosive. On a la preuve de ce fait dans la destruction des
maisons situées sur le passage de la trombe, et dont les
murs ont été renversés en dehors et les toits emportés par
la subite dilatation de l'air qu'elles contenaient. En même
temps l'afflux de l'air extérieur, pour remplir le vide,
renverse en sens opposé les arbres et autres objets de tous
les côtés de l'espace occupé par la trombe, etc.

Nous sommes surpris qu'un physicien aussi éminent
que M. Hare n'ait appliqué qu'à l'air la puissante tension
statique du cône trombique, et qu'il ne lui ait donné qu'un
mouvement d'attraction. Nous avons vu, par les distinctions
que nous avons établies chapitre 7, 1re partie, par nos expériences des chapitres 9 et 10, par les exemples rassemblés chapitre 13, etc., etc., que l'attraction de l'air par le
nuage électrique n'est qu'un cas particulier et très-restreint

de ce grand phénomène. Nous renvoyons donc à ces chapitres pour ne pas faire de double emploi.

Au moment de la correction de cette feuille, je reçois le
N° 1er, 1840, du *Journal des sciences et des arts* de Silliman, dans lequel le professeur Hare a traduit notre communication du 15 juillet 1839 à l'Académie des sciences. Ce
savant désapprouve l'idée que nous émettons, qu'une
trombe n'est qu'un conducteur électrique entre les nuages
et le sol. Nous pensons que lorsque M. Hare connaîtra nos
preuves expérimentales et d'observation, il sera le premier
à reconnaître que nous sommes dans le vrai, et que son
explication n'est réellement qu'un cas particulier de la
grande perturbation dont la trombe n'est elle-même qu'un
produit. (Voyez §§ 169 et 170.)

LA PROVIDENCE, FIN D'AOUT 1838.

309. (N° 51.) Les objets enlevés n'étaient rejetés qu'à la hauteur du
nuage; le toit d'une maison parut se soulever, puis s'écrouler; lorsque le cône arriva au dessus, tous les débris furent lancés comme
s'il y avait eu l'explosion d'une mine; en passant au dessus d'une
rivière, il y a eu une grande agitation, de l'écume et des vapeurs
produites; deux fois un éclair parcourut le cône; aussitôt l'agitation de l'eau se calmait et revenait peu à peu; le cône inférieur de
la trombe oscillait horizontalement et verticalement; près de la limite du tourbillon, le vent avait conservé sa direction et sa force
primitive; eau d'un étang enlevée.

Vers la fin d'août 1838, une trombe traversa les fau-
bourgs de la Providence et le village de Somerset, dans
l'état de Rhode-Island, aux Etats-Unis d'Amérique : deux
témoins, placés dans des localités différentes, envoyèrent
au docteur Hare les relations de ce qu'ils avaient vu, relations qu'on trouve dans les *Trans. Amer. Ph. soc. de
Philadelphie*, vol. 6, nouvelle série, part. 2, p. 297,
année 1839. Nous commencerons par donner un extrait
de la lettre de M. Zach. Allen, qui a vu l'origine de la

trombe , quoique le docteur Hare l'ait placée à la fin de la note. Parmi les Américains, il y a encore beaucoup d'auteurs qui font deux espèces de phénomènes des trombes de terre et de celles de mer ; ils pensent que les premières sont dûes aux tourbillons de vent en totalité, et ils les appellent en conséquence *Tornados*, reservant le nom de *Water-Spout* pour les trombes de mer.

« Il était à peu près trois heures de l'après-midi, dit M. Allen, et la pluie tombait avec violence , lorsqu'il vit un nuage noir, au milieu d'autres nuages brillans et moutonnés, prendre un aspect terrible et se former en un cône noir et alongé, s'étendant jusqu'à la surface de la terre. La forme de ce nuage et le cône qui y était suspendu ressemblait tellement aux peintures des trombes de mer, qu'il ne douta pas que ce ne fût une trombe véritable qui venait de se former, ne pensant pas, dit-il , que ce phénomène se trouvait placé au dessus des champs. Pendant qu'il observait la marche de ce nuage et du cône qu'il traînait à sa suite et qui touchait le sol de son extrémité inférieure, il vit des corps noirs comme une volée de merles, les ailes déployées, projetés du dessous des nuages et tomber sur la terre. Au milieu de ces objets il en vit de plus grands qu'il reconnut être des portions de planches tombant obliquement. Ceci ne pouvait lui laisser de doute que ce météore ne fût un *Tornado* violent qui s'approchait et qui rejetait les objets qu'il avait enlevés. Cette idée reçut bientôt confirmation en voyant passer ce tornados au dessus des maisons voisines.

» Le tourbillon ravagea, à peu de toises du lieu où il était, un rang de bâtimens dont les toits parurent s'ouvrir et être un moment soulevés. Toute la maison sembla s'écrouler et n'être plus qu'un amas de débris en mouvement, qu'on entrevoyait à travers la nue qui l'enveloppait comme d'un manteau de vapeurs.

, » La force destructive du tornados devint de plus en plus effrayante par le bruit des charpentes et des planchers brisés, et la projection des éclats de bois qui tombaient tout autour ; il fallut songer à sa sûreté personnelle. Au moment que le bout obscur du cône passa au dessus du bâtiment écroulé, tous les débris parurent élancés dans les airs, comme si on venait de faire jouer une mine.

» Le tornado, arrivé au dessus de la rivière, produisit un cercle d'écume d'environ 300 pieds de diamètre au dedans de ce cercle, on voyait l'eau agitée comme celle d'une immense chaudière en ébullition ; et les vapeurs qui s'élevaient rapidement de la surface et pénétraient dans le tourbillon ôtèrent bientôt la vue du centre de ce cercle et de l'extrémité du cône de vapeur noire. Au milieu de l'agitation de l'eau et de l'air environnant, le cône resta intact quoiqu'il oscillât d'un côté et d'autre avec un mouvement semblable à celui de la trompe d'un éléphant, lorsque cet animal presse la terre pour saisir un objet un peu petit. En un mot, la forme conique de cette colonne de vapeur et son mouvement d'oscillation lui donnaient une ressemblance frappante avec la trompe d'un éléphant.

» Lorsque l'on était à une certaine distance de la nue, elle paraissait comme une vaste ombrelle dont le cône descendant était le manche se perdant dans l'écume des flots de la rivière.

» Les vagues s'élevaient et se gonflaient comme par une puissance magique lorsque le cône passait au dessus des eaux. *Deux fois il remarqua un sillon de lumière ou de fluide électrique, lancé à travers la colonne de vapeur qui paraissait lui servir de conducteur entre l'eau et le nuage. Après cet éclair, l'écume de l'eau parut immédiatement diminuée pour un moment, comme si la décharge du fluide électrique avait servi à calmer l'agitation de la surfaee de l'eau.*

» La marche du tornado fut presque en ligne droite, dans

la direction du vent, et d'une vitesse de 8 à 10 milles à l'heure.

» Quoiqu'il était à la limite extérieure du cercle du tornados, il n'a senti aucune bourrasque extraordinaire ; il ne sentait que le même courant qui existait avant l'arrivée du météore.

» Il remarqua aussi que la température ne parut pas plus élevée dans l'air avoisinant les bords du tourbillon, quoique cela eût été indispensable pour produire la raréfaction nécessaire au courant ascendant. Le tornados, après avoir traversé la rivière, continua sa route, enleva tout ce qu'il rencontra et il le perdit de vue au milieu des vapeurs et des nues de toute espèce qui obscurcissaient l'espace. »

M. Tillinghost, l'autre correspondant du docteur Hare, était placé sur un monticule lorsqu'il aperçut la trombe. « Je vis, dit-il, un immense cône de vapeurs noires dont la base se perdait dans les nues et le sommet venait toucher la terre. La partie inférieure exécutait diverses contorsions et des mouvemens giratoires, de telle sorte, que ce cône ressemblait à une énorme trompe d'éléphant, cherchant par terre de la nourriture. Ce cône était parfois tellement allongé qu'il touchait la terre ; d'autres fois, il passait par-dessus des espaces sans les toucher. A chaque contact qu'il opérait avec le sol ou avec les corps terrestres, il s'élevait tout à coup un nuage de poussière, entremêlé des fragmens de corps brisés qui se perdait dans ce cône. Un étang fut mis à sec en partie, les arbres furent déracinés et dépouillés de leurs feuilles et de leurs branches ; les maisons furent découvertes, les toits enlevés ou brisés, les fermes perdirent leurs grains, leurs fruits et leurs volailles. L'espèce humaine ne fut point à l'abri de ce désastre ; deux femmes furent enlevées de dessus leur voiture et transportées par-dessus un mur dans un champ voisin. Dans le même village, une porte de cellier et son bâti verrouillé furent enlevés et déposés sur un des côtés de leur place première, quoique ce côté fût au vent. Cet effet parut d'autant plus extraordinaire, que le vent, se précipitant sur un plan incliné, devait pousser cette porte sur ses propres fondations. » L'auteur de cette relation, attribuant cet effet à la dilatation du vent, ajoute : « En conséquence de cette dilatation de l'air qui enleva cette porte et son bâti, un toit en planches sous le vent creva, tandis que ceux placés au vent ne furent pas endommagés. »

Le docteur Hare ajoute qu'au moment de cette trombe, qu'il appelle aussi un tornado, il était dans une ferme à 25 milles au sud de la Providence, et à environ 15 milles de Somerset, et qu'il y eut un coup de tonnerre effroyable qui fit trembler toute la maison.

Observation. Cette relation a plusieurs faits dignes de remarque : le premier est le toit soulevé, puis toute la maison croulant, et lorsque le cône arrive au dessus, tous les débris paraissant projetés comme par l'explosion d'une mine. Il est de toute évidence, que cette projection apparente n'était que l'effet ordinaire d'une forte attraction électrique. Le second fait que nous signalerons à l'attention, est l'affaiblissement de l'agitation des eaux après une décharge électrique ; enfin, que le vent régnant n'était aucunement altéré au-delà du cercle d'influence de la trombe.

CHATENAY, 18 JUIN 1839.

310. (Nº 52.) Orage et tonnerre avant ; cessation aussitôt que la trombe est formée ; calotte de feu au bas du cône ; flamme sortant parfois des flancs ; pas de mouvement giratoire d'abord ; nuages parasites allant et venant ; arbres clivés en balais ; tous les arbres extérieurs du parc couchés vers le centre ; feuilles et épis de blé roussis du côté de la trombe ; poissons tués

La relation de cette trombe est insérée dans la première partie, chapitre 20, § 178.

PETIT-MONTROUGE, 1ᵉʳ SEPTEMBRE 1839.

311. (N° 53.) La nuit ; orage d'abord, cesse quand la trombe se forme ; sillons ; 40 mètres de mur couchés sans rupture ; fondations fouillées.

Dans la nuit du 31 août au 1ᵉʳ septembre 1839, les habitans de l'extrémité du Petit-Montrouge, près Paris, furent réveillés par un vent impétueux qui souffla tout à coup vers les deux heures et demie du matin ; presque tous étaient couchés, sauf quelques jardiniers qui se disposaient à conduire à la halle de cette ville le produit de leurs jardins. Ce n'est donc que le matin que la plupart d'entre eux connurent les dégâts de la nuit. Un de ces jardiniers, nommé Joulinet, s'était levé vers les deux heures, et préparait sa voiture lorsque l'orage, qui marchait du sud-ouest au nord-est, accompagné d'éclairs et de tonnerre, s'approcha du Petit-Montrouge, et même y versa quelque peu de grêle mêlée de pluie. Tout à coup les éclairs cessent de briller, un vent violent se fait sentir, les tuiles des habitations volent de toutes parts, des arbres sont arrachés, des murs renversés ; une pluie battante suit ou accompagne cette tempête ; puis, après quelques minutes, tout se calme, et le ciel a repris sa sérénité. C'est une trombe qui s'était formée et avait parcouru 4 ou 500 mètres, du sud-sud-ouest au nord-nord-est, et avait fait sentir son passage sur une largeur d'au plus 40 mètres, en sautant d'un lieu à l'autre. Elle traversa obliquement la route sans faire d'autres dommages que d'enlever quelques branches à un ou deux ormes, et respecta un mauvais mur formant la clôture vers le sud du jardin de M. Toussaint. Au milieu de ce jardin est un puits profond, dont le manége eut toute la toiture enlevée ; elle traversa le jardin, dans lequel elle fit peu de dégâts, et passa dans le suivant, dépendant d'une maison de roulage, portant le n° 105 *bis*, appartenant à la dame veuve Daumont. Une portion du mur de séparation, longue de 40 mètres, fut renversée d'un seul morceau et couchée vers le nord, sans qu'il y eût un seul morceau d'enduit d'enlevé, et sans qu'il y eût aucune brisure; il semblait qu'on l'avait couché avec le plus grand soin. Les fondations avaient été soulevées, et la terre au dessous paraissait fouillée et en était restée meuble. Il fallut tout enlever pour reformer une assise solide capable de recevoir le mur. Les pruniers et les abricotiers qui se sont trouvés sur son passage ont été déracinés ou brisés, les branches arrachées en longs éclats; un seul, plus droit, moins noueux que les autres, a eu son tronc clivé en lattes nombreuses, tandis que deux ou trois autres troncs n'avaient été fendus qu'en trois ou quatre parties : on sait que ces arbres ne peuvent se fendre comme le chêne ni comme le hêtre. Les autres arbres avaient seulement leurs branches brisées en longs éclats. Les arbres à l'est furent couchés de l'est à l'ouest; d'autres, à l'ouest, le furent de l'ouest à l'est; ceux du centre furent entraînés du sud au nord. Les feuilles de la vigne étaient roussies et flétries sur le bord, du côté du météore. Il passa du jardin de madame Daumont dans celui plus au nord de M. Darreau, sans faire d'autre mal au mur de séparation que d'enlever quelques tuiles du chaperon. La trombe se fit à peine sentir dans ce jardin; quelques têtes de jeunes arbres furent ses seuls trophées. Puis, à 100 toises de son entrée à l'autre bout de sa course, 10 mètres du mur furent abattus; on en perdit ensuite les traces.

ENTRE LES NUAGES, 31 JUILLET 1808.

312. (N° 54.) Dans son Annuaire de l'an 1809, Lamarck fait la relation d'un orage ou ouragan qu'il a observé le 31

juillet 1808, vers six heures et demie du soir, le baromètre
étant de quelques lignes au dessous de la moyenne, la température avait été élevée toute la journée, le vent soufflait du
sud-est. Vers l'horizon il y avait des nuages orageux, dans
lesquels le tonnerre se faisait entendre, et au nord-ouest
une nuée se fondait en pluie. Ces nuages avaient tous le
caractère orageux ; ils offraient des déchiquetures profondes, variées et en sens divers. D'un instant à l'autre,
leur figure variait, leurs entaillemens et leurs déchiquetures
changeaient.... Il semblait qu'une force répulsive agissant
de l'intérieur de ces nuages singuliers, empêchait constamment que leurs lobes ou leurs déchiquetures ne pussent se réunir au nuage, et en former un nuage simple ou
entier. De temps en temps, quelques uns de leurs lobes
bizarres se détachaient et se séparaient des nuages. Alors
le lobe détaché formait un petit nuage isolé, qui bientôt se
découpait lui-même.

Outre ces nuages de tonnerre, qui étaient très-nom-
breux, il y avait sur l'horizon de grands nuages *groupés*,
dont la partie supérieure s'élevait en montagne, et dont la
face qui regardait le soleil était bien arrondie et toute mamelonnée. La partie inférieure de ces grands nuages offrait une couleur gris de lin et perlée, qu'on ne leur voit
jamais dans les temps qui ne sont pas orageux.

Ceux de ces grands nuages dans lesquels le tonnerre se
faisait entendre, étaient déjà en grande partie affaissés
et avaient une base très-ample, qui embrassait une grande
portion de l'horizon; ils se fondaient en pluie dans certaines
places, tandis que le reste de leur base aplatie, ne donnait
pas d'eau..... Tout à coup j'apperçus dans un grand nuage,
placé au S.-O., un mouvement singulier que je n'avais jamais remarqué. Ce nuage, qui embrassait une grande partie de l'horizon, ressemblait à une énorme pyramide couchée, dont le sommet ou la pointe était un peu plus abaissée

vers la terre que sa base, grande, large et arrondie. Bientôt les flancs de cette pyramide se déchirèrent en lambeaux dans presque toute la longuer des nuages et je vis distinctement l'extrémité large et arrondie du même nuage, prendre un mouvement giratoire, tourner sur l'axe longitudinal du nuage, à la vérité avec une grande lenteur, et achever un tour complet, et au-delà, dans l'intervalle d'environ deux minutes, par un mouvement qui paraissait régulier. Alors un vent incliné, des plus violens, se fit ressentir et la bourrasque dura près d'un quart d'heure. Je fus obligé de rentrer dans ma maison de campagne. (Il est fâcheux qu'il n'ait pas suivi le phénomène jusqu'à la fin.)

Je ne puis me persuader, ajoute-t-il, que ce grand nuage fût une trombe ; il n'en avait pas la disposition et la figure.

Observation. Il est évident que ce grand cône était une trombe entre deux groupes de nuages ; que cette trombe servait de conducteur électrique à ces nuages, comme les trombes ordinaires servent de conducteur entre la terre et les nuées. Nous en avons deux exemples dans les trombes, §§ 197 et 212, fig. 16 et 17.

EN PLUSIEURS LOCALITÉS.

343. (N°s 55 à 72.) Quatre ont donné des signes électriques ; trois de la grêle ; une répandait l'odeur de soufre ; une coucha les objets contre le vent ; trois eurent lieu au milieu d'un calme complet ; deux eurent lieu la nuit ; une projeta des vapeurs ; un éclair fut suivi du cône trombique.

(N° 55.) Trombe de nuit qui traversa une partie de la France, depuis la Rochelle jusqu'à Paris, en septembre 1669 (Duhamel, *Traité de philosophie*, article *Météores*).

(N° 56.) Trombe de 1715, à Leyde, dont Mussenbroek n'a dit que quelques mots dans son *Cours de physique*, ch. 42, § 2383. Elle faisait un bruit comme celui d'un chariot courant sur des cailloux.

(N° 57.) La trombe de Corne-Abbas, dans le Dorsetshire, le 30 octobre 1731, eut lieu pendant un calme tellement complet, qu'un homme détourna un coin de rue avec une chandelle allumée sans qu'aucun souffle ne vînt l'agiter (Derby, ph., Tr. 41, p. 229).

(N° 58.) La trombe de Venise, vers 1742, n'est qu'indiquée par le père Boschovich, dont il ne cite que les cinq hommes qui furent enlevés de dedans une barque. Voyez la *Dissertation sur la trombe de Rome.*

(N° 59.) La trombe qui s'est formée pendant un orage à Berkoude, le 24 juin 1750, Mussenbroek, dans son *Cours de physique*, ch. 42, ne parle que du double bruit qu'elle fit, un bruit fort et saccadé et un sifflement.

(N° 60.) Celle d'Orbassan, du 19 avril 1775, près Toulouse, qui ne fut accompagnée ni suivie d'aucune pluie (*Mém. acad. Toulouse*, t. II, pag. 24).

(N° 61.) Celle de la montagne d'Alaric, du 6 août 1776, indiquée dans le tom. III, pag. 114 des *Mémoires de l'Académie de Toulouse.*

(N° 62.) Trombe de Benardy, du 18 juillet 1792. On voyait des projections de vapeurs blanches sortir des nues ; un éclair s'échappa d'un nuage et fut suivi d'une colonne trombique ; torrens de pluie (*Gavin Inglis Phil. magaz.* 52, 216. Voyez § 375).

(N° 63.) La trombe décrite par M. Lampadius, qui était accompagnée d'éclairs et d'odeur de soufre (*Atmosphœrologie frieb.*, 1806, pag. 167 ; *Ann. ch. ph.*, 42, 424).

(N° 64.) Celle observée par M. Cyrille Michel, qui coucha tous les échalas d'une vigne contre sa marche (*M. ac. Turin*, 16, p. 26, 1805-1808).

(N° 65.) Celle du pays des Illinois, le 4 juin 1814, observée par M. Griswold, qui était accompagnée d'éclairs (*Annuaires de* 1838, 435).

(N° 66.) Celle du 7 mars 1818 sur Stenbury, près Whitewell dans l'île de Wight, était accompagnée d'averses considérables (*Phil. mag.*, t. 51, p. 236).

(N° 67.) La trombe qui ravagea les environs d'Auxerre, le 18 juin 1818. était accompagnée de grêle et d'un torrent de pluie (*Phil. mag.*, t. 52, pag. 68, année 1818).

(N° 68.) Celle de Foix, du 9 mai 1822, accompagnée de grêle (*Ann. ch. ph.*, 21, 407).

(N° 69.) Celle de Gorschoff, du 15 août 1829, qui fut aussi accompagnée de grêle, et qui eut lieu pendant un temps calme (*Ann. ch. phys.*, 42, 419).

(N° 70.) La trombe de Trebeurden, qui arriva la nuit du 29 au 30 janvier 1836 (*Feuilles d'annonces des côtes du Nord, Écho m. sav.*, 1836, n° 7)

(N° 71.) Celle de Baltimore, du 14 juin 1837, qui fut accompagnée de tonnerre, l'air étant resté calme. (*Écho du monde savant*, 1837, 99, 287).

(N° 72.) Dans la trombe de Flaujagues du 28 juillet 1835, on vit les petits nuages s'engloutir dans un très-gros ; le cône, en touchant la terre, fit une excavation ; on voyait deux courans giratoires intérieurs, un ascendant, l'autre descendant. De loin on vit le bas de la trombe en feu, ce qu'on ne vit pas de près, comme à Châtenay, § 178, et à Holkam, § 271. Tonnerre avant et après, et non pendant l'existence de la trombe (M. Pellis, *Ann. chim. phys.*, 61, 174).

CHAPITRE III.

RELATIONS DE MÉTÉORES QUI ONT PRODUIT DES EFFETS ANALOGUES A CEUX DES TROMBES.

314. Les relations suivantes n'appartiennent pas à ce travail directement, mais à celui que je prépare sur les autres météores ; cependant, comme il est nécessaire de

convaincre de l'identité de la cause première des trombes avec celle des orages, des météores ignés, j'ai pensé que la constatation des mêmes effets par ces divers phénomènes naturels était indispensable afin de lever le plus léger doute.

Dans les trombes on retrouve en totalité ou en partie les douze ordres de phénomènes suivans :

1° Puissante tension électrique des nuages et de l'atmosphère (315).

2° Des pluies , du tonnerre et des éclairs sans nuages visibles (3 19).

3° Phénomènes lumineux provenant de nuages opaques (320).

4° Phénomènes lumineux provenant de nuages transparens (324).

5° Agitation de la mer ou des objets terrestres (331).

6° Abaissement des nuages (335).

7° Vapeurs produites en abondance (338).

8° Poissons tués dans les étangs (341).

9° Arbres clivés en lattes (342).

10° Corps enlevés et transportés au loin (346).

11° Odeur d'acide sulfureux ou nitreux (351).

12° Orages mêlés de trombes (353).

1° PUISSANTE TENSION ÉLECTRIQUE DES NUAGES ET DE L'ATMOSPHÈRE.

315. (N° 1.) Pluie lumineuse de Skara du 22 septembre 1773. Toaldo. (Voyez § 106.)

(N° 2.) Eau lumineuse du 3 mai 1768 , à la Canche. Pasumot. (Voyez § 107.)

(N° 3.) Larges éclairs dans la Méditerranée , entre l'atmosphère sans nuages opaques et la mer , puis entre les nuages opaques et la mer, le 10 juin 1830. Le col. Macerone. (Voyez § 108.)

(N° 4.) Pluie de feu à Lessay, le 3 juin 1734. Dom Halley. (Voyez § 109.)

(N° 5.) Flamme à l'extrémité d'une pique comme signe d'orage à Duino. P. Cotte. (Voyez § 110.)

316. (N° 6.) Phosphorescence électrique des arbres.

Extrait d'une notice sur une chute de grésil et de neige fortement électriques, qui a eu lieu le 25 janvier 1822 aux environs de Freyberg, par le prof. Lampadius (*Ann.*, Gilbert, 1822, c. 2; *Biblioth. univ.*, t. 22, ann. 1823, p. 22).

Le professeur Lampadius exposant son électromètre de Bennet hors de la fenêtre, ses feuilles divergèrent tellement qu'une des feuilles se déchira.

« M. de Thielaw , dit-il, observa pendant cet orage une forte phosphorescence à l'extrémité des branches de tous les arbres qui se trouvaient sur sa route. Lorsqu'il touchait un de ces arbres, la phosphorescence continuait, elle cessait à la vérité lorsqu'il abaissait le bout des branches jusqu'à terre , mais elle se rétablissait de suite lorsqu'il les abandonnait à elles-mêmes. La lumière était d'un blanc bleuâtre , et très-claire. De l'autre côté de notre ville, trois mineurs , qui faisaient route, me dirent avoir remarqué que le grésil qui tombait au commencement de l'orage était lumineux en tombant ; ils n'en purent voir davantage , parce que le vent, qui leur soufflait violemment au visage, les empêchait d'ouvrir les yeux. »

Après quelques remarques sur cette grande électricité près du sol , M. Lampadius dit : « On ignore encore toute l'étendue du rôle que l'électricité joue dans notre atmosphère. Je suis convaincu, par exemple, que beaucoup d'ouragans sont produits seulement par de grandes ruptures d'équilibre électrique. L'électricité de l'air serait-elle sans rapport avec l'axe magnétique de notre globe? »

LEAD-HILLS, 20 FÉVRIER 1817.

317. (N° 7.) Oreilles du cheval lumineuses, ainsi que les bords du chapeau du maître.

James Braid, chirurgien à Lead-Hills, revenait de la campagne à cheval, le 20 février 1817, vers neuf heures du soir. Il vit tout à coup les oreilles de son cheval devenir lumineuses, et le bord de son chapeau semblait être en feu. Quelque temps après, une pluie suivie d'une forte neige survint. Dès que le cheval fut mouillé, la lumière de ses oreilles disparut; mais celle du bord du chapeau ne cessa que lorsque le chapeau fut entièrement pénétré d'eau. Avant que la pluie commençât, une nombreuse quantité de petites étincelles pétillaient dans toutes les directions vers le bord du chapeau et les oreilles du cheval. M. Bright ajoute que depuis le 15 février, l'air a dû être fortement électrique autour de Lead-Hills, car on voyait tous les jours beaucoup d'éclairs, et on entendait rouler le tonnerre (Rapport fait à la soc. Wernérienne d'Edimbourg; *Bib. univ.*, 1823, t. 22, p. 24; *Ann. phys.*, Gilbert, 1822, cah. 2).

318. (N° 8.) Objets lumineux.

La nuit du 17 janvier 1817, dans un nombre de lieux appartenant à la côte orientale des États-Unis d'Amérique, on éprouva beaucoup d'orages accompagnés de pluie et de neige. Les éclairs se succédaient rapidement, mais on entendait que peu de tonnerres. Les personnes qui se trouvaient alors en plein air dans des endroits un peu élevés, virent le bord de leurs chapeaux, leurs gants; les oreilles, la queue et les crinières de leurs chevaux; les broussailles le long des chemins, des troncs d'arbres..... entourés de flammes vives, vacillantes et de différentes formes; elles produisaient un faible bruit, semblable à celui de l'eau quand elle est prête à entrer en ébullition. Elles" ressemblaient parfaitement à ces petites flammes qu'on voit voltiger la nuit autour d'un métal chargé d'électricité. Le mouvement semblait favoriser la production de cette lumière. Lorsqu'on crachait, les gouttes de la salive devenaient lumineuses, à une petite distance de la bouche (*Mem. of American Acad.*, *Bib. univ.*, 1823, v. 22, p. 25).

J'aurais pu ajouter à ces faits les observations de MM. Denon et Ed. Rüpper sur le vent nommé Kharamsin et sur le Semoum ; mais ce qui précède me paraît suffisant pour porter la conviction dans nos démonstrations actuelles, et je réserve ces faits pour le volume suivant. (Voyez l'ouvrage sur l'Egypte de M. Denon et les lettres de M. Rüppert dans la Corresp. astron. du baron de Zach, vol. 7, p. 532 et suivantes.)

2° DES PLUIES, DU TONNERRE ET DES ÉCLAIRS SANS NUAGES VISIBLES.

319. (N° 9.) Pluie sans nuages à Genève, le 6 janvier 1791. (§ 117.)

(N° 10.) Idem. (§ 120.)

(N° 11.) Pluie et vapeur roussâtre sans nuages en Amérique. (§§ 118 et 119.)

(N° 12.) Iris sans nuages à Genève. (§ 120.)

(N° 13.) Tonnerre et éclairs sans nuages. (§§ 126, 127, 128, 129.) Le 24 mars 1840, des habitans de Champcueil, d'Auverneaux et de Ballancourt, département de Seine-et-Oise, entendirent plusieurs coups de tonnerre lorsque le ciel était parfaitement serein. Parmi les personnes qui ont entendu ces détonnations électriques, nous citerons M. Chartier, curé de Ballencourt, et M. Hérisson, curé de Chevanne. Le fait [m'a été communiqué par M. Le Dieu, curé de Champcueil.

3° PHÉNOMÈNES LUMINEUX PROVENANT DES NUAGES OPAQUES.

320. (N° 14.) Météores *ignés* tenant à des nuages. (§ 132.)

321. (N° 15.) Parties basses des nuages teintes en rouge ; nuages bleus de plomb.

« Le 30 juillet 1797 , je me levai, dit Nicholson , à 5 heures du matin. Le ciel, excepté vers le sud, était alors couvert de nuages très-denses qui couraient avec une grande rapidité vers l'ouest-sud-ouest. Des éclairs se montraient également au nord-ouest et au sud-ouest...... Ils étaient suivis après 11 ou 12 secondes, de violens coups de tonnerre. Les parties les plus basses, les plus ondulées, les plus déchiquetées des nuages, étaient constamment teintes en rouge, et j'appris que cette teinte avait eu encore beaucoup plus de vivacité avant qu'il m'eût été possible de l'observer... A quatre heures un quart, au moment d'une grande obscurité, on eût dit des maisons placées en face de celle où je demeure, qu'on les regardait à travers un verre bleu d'une teinte foncée ; en portant les yeux au ciel, je vis les nuages d'un bleu de plomb très-intense. » (*Annuaire de* 1838 , p. 281.)

LOUGH SCAVIG, DANS L'ÎLE DE SKY.

322. (N° 16.) Nuage lumineux.

Pendant ses voyages pour la détermination des lignes d'intensité magnétique en Écosse, M. le major Sabine resta plusieurs jours à l'ancre , à Lough-Scavig , dans l'île de Sky. Cette île est entourée de montagnes nues et élevées parmi lesquelles on en remarque une qu'enveloppe presque toujours un nuage résultant de la précipitation des va-

peurs que les vents à peu près constans de l'ouest y amè-
nent de l'Atlantique. Ce nuage, la nuit, était lumineux par
lui-même et d'une manière permanente. Plusieurs fois,
M. Sabine en vit sortir, en outre, des jets semblables à
ceux des aurores boréales. Il repousse bien loin l'idée que
ces jets dussent être attribués à des aurores véritables,
voisines de l'horizon et dont la montagne aurait dérobé
la vue directe. Suivant lui, tous ces phénomènes de
lumière continue et de lumière intermittente, avaient leur
cause, quelle qu'en puisse être d'ailleurs la nature, dans
le nuage même.

M. Robinson, directeur de l'observatoire d'Armagh, qui
a communiqué à M. Arago le fait précédent, a fait lui-
même diverses observations sur les propriétés phosphores-
centes des bouillards ordinaires. (M. Arago, *Annuaire*
1838, 385.)

323. (N° 17.) Nuages lumineux.

« Il m'est arrivé fréquemment, dit Beccaria, dans des
nuits entièrement obscures, particulièrement en hiver, de
voir des nuages épars, s'agglomérer et former ensuite dans
leur ensemble un nuage général, uniforme, à surface unie
et d'une densité en apparence peu considérable. De tels
nuages répandent dans tous les sens une lueur rougeâtre,
sans limites définies, mais assez intense pour qu'elle m'ait
permis de lire des livres imprimés en caractères ordinaires
(médiocre caractère). Les clartés nocturnes, provenant des
nuages, je les ai surtout observées dans les nuits d'hiver,
entre deux averses de neige... Quant à moi, je les attribue
à la matière de la Foudre (feu électrique), car c'est à elle
qu'il appartient universellement de former les nuages généraux, sans ondulations apparentes. Cette matière circu-
lant dans les vapeurs, en quantité un tant soit peu plus con-

sidérable qu'elles ne peuvent en transmettre, doit se manifester à l'état lumineux, ainsi que le constatent tant d'expériences de cabinet. S'il existe des traits de lumière très-déliés et extrêmement fréquens, dans tous les points où les vapeurs présentent de légères variations de densité, il ne saurait évidemment manquer d'en résulter une lueur générale sans limites définies. »

Dell' Elettricismo terrestre atmosferico di Beccaria.
(M. Arago. *Annuaire de* 1838, p. 282.)

4° PHÉNOMÈNES LUMINEUX PROVENANT DE NUAGES TRANSPARENS.

324. (N° 18.) Voyez §§ 133, 134, 135 et 136.

MITTELHEIM, 23 JANVIER 1686.

325. (N° 19.) Grande flamme qui s'élève de la terre et monte jusqu'au ciel avec rapidité ; elle disparaît et est suivie par d'autres flammes semblables ; temps froid et calme ; un peu de vapeur à l'horizon.

Le 23 janvier 1686, à 7 heures du soir, étant à Mittelheim, M. Th. Mœren vit tout à coup un météore igné, très brillant, vers l'occident d'hyver, derrière le village de Winckel, à une demi-heure de distance de son endroit; il vit s'élever de terre une grande flamme ayant un mouvement presque aussi accéléré que celui de la foudre, qui se perdit dans le ciel. Par sa hauteur, sa largeur et sa forme, on l'aurait prise pour la flamme d'un vaste incendie, si sa rapidité et sa prompte disparition n'eût démontré le contraire. Mais à peine cette flamme eut-elle atteint le ciel et se fut-elle éteinte, qu'une nouvelle flamme sortit de nouveau de la terre et se perdit dans l'espace. Ce renouvellement dura deux heures, et beaucoup de gens du village étaient disposés à prendre ce météore pour **un** incendie.

La journée avait été froide et calme, il n'y avait que quelques vapeurs à l'horizon, qui furent augmentées par la nuit close. (*Eph. Natur. curios.* 1686, p. 215. Norimbergæ.)

Observations. Ces flammes n'étaient que les décharges électriques des nues transparentes, comme elles ont lieu entre les nuages opaques ; à cette différence que la plupart de ces derniers ayant plus d'électricité libre à la surface, les échanges électriques s'y font par des explosions instantanées.

BÉZIERS, 13 AOUT 1781.

326. (Nᵒ 20.) Zones lumineuses.

« Le 13 août 1781, après une journée très-chaude, le ciel à Béziers se couvrit de nuages qui parurent s'abaisser vers la terre, vers les 7 heures du soir. A sept heures trois quarts le tonnerre commença à se faire entendre ; à 8 heures les vents se contrarièrent et donnèrent aux nuages différentes directions. A cette époque les coups de tonnerre redoublèrent du côté de la montagne et le ciel était tout en feu. A huit heures cinq minutes j'aperçus un point lumineux dont la lumière était semblable à celle du mercure qu'on agite dans un tube privé d'air. Ce point lumineux acquit peu à peu du volume et de l'étendue. Il forma insensiblement une zone, une bande phosphorique qui se montrait à mes yeux sur une hauteur de trois pieds ; elle finit par soutendre à mon œil un angle de 60 degrés.

» Sur cette première zone lumineuse il s'en forma une seconde, de la même hauteur et qui n'avait que 30 degrés d'étendue, c'est-à-dire la moitié de celle de la zone inférieure. Entre deux, resta un vide dont la hauteur égalait celle d'une des deux zones prise séparément. On remarquait dans l'une comme dans l'autre zone, des irrégularités, à peu près comme sur les bords des gros nuages blancs avant-coureurs de l'orage. Ces bords n'étaient pas tous également lumineux, quoique le centre des zones offrît une clarté uniforme. Pendant le temps que ces zones avançaient vers l'est, la foudre à trois reprises différentes s'élança de l'extrémité de la zone inférieure, mais sans produire de détonation appréciable.

» Les zones lumineuses ne tenaient pas à la masse générale des nuages orageux, elles étaient plus près de terre : le phénomène brilla depuis huit heures cinq minutes jusqu'à huit heures dix-sept minutes. A cet instant un coup de vent du sud éloigna l'orage de Béziers.

» Il y a toute apparence que ces zones étaient un simple amas de vapeurs tellement chargées d'électricité, qu'elles les rendaient transparentes et phosphoriques. Ce qui le prouve, c'est que trois fois la foudre en est partie et la traînée lumineuse qui formait l'éclair a paru d'un diamètre plus que double de celui des éclairs ordinaires. » (Relation de l'abbé Rozier. *Journ. phy.*, 1781, t. 18, p. 276.)

Observation. Ce phénomène est un des plus propres à constater l'existence des nuages transparens et la dispersion de leur électricité. Cette électricité répartie autour des particules de vapeurs, n'offre point à la périphérie de ces charges libres qui se neutralisent en masse et forment une vive explosion. Leur neutralisation au contraire se fait peu à peu, par une suite de rayonnemens réguliers qui produisent une lumière durable, mais d'une intensité beaucoup plus faible que celle des éclairs.

327. (Nº 21.) Flamme qui s'élève de terre.

« Un homme, après avoir dépassé un bois qu'il venait de cotoyer, s'arrêta pour voir le ciel, qui, serein partout ailleurs, commençait à se couvrir au dessus de sa tête ; et ayant regardé derrière lui, il vit le long du bois une bordure de fraisiers, chargés de fruits mûrs, ce qui l'étonna beaucoup, parce qu'il ne s'en était pas aperçu en passant par le même endroit. A quelques pas plus loin, il regarda encore derrière lui, pour considérer ces belles fraises qu'il se reprochait de n'avoir pas goûtées; mais au lieu de fraises il vit de petites flammes qui s'élevaient en pointes inégales à la hauteur commune d'environ un demi-pied.

» Cependant le temps se couvrait, au dessus du bois surtout, et notre voyageur s'éloignait. A la distance de plus d'un quart de lieue, il se retourna encore et découvrit une flamme qui s'élevait à la moitié environ de la hauteur des arbres, et le nuage qui descendait fort près de leur sommet. A quelques pas plus loin, il entendit des coups multipliés de tonnerre. »

L'auteur de cette relation, M. Ferris, vit un jour, pendant un orage violent, une flamme qui s'élevait de terre et couvrait un espace d'environ 150 toises; il crut d'abord que c'était un incendie et en fut bientôt détrompé en remarquant que le feu était bleuâtre, qu'il montait moins haut que les flammes d'un incendie, qu'il ne se pliait pas au vent, et qu'il n'y avait pas de fumée. Il en conclut que c'était de l'électricité terrestre qui s'élevait dans l'atmosphère. Lettre de M. Ferris (*Jour. phy. Roz.*, t. 22, 197, année 1783).

CAPTIEUX, 13 JUIN 1759.

328. (N° 22.) Colonne de feu; odeur de soufre; incendie; ciel serein.

Le 13 juin 1759, vers les neuf heures du soir, le ciel étant clair et serein avec un vent frais du nord, le curé du village de Captieux, à deux lieues de Bazas, aperçut en l'air une colonne de feu, qui semblait se diriger du levant au midi ; mais bientôt des bois lui en dérobèrent la vue. Cependant étant rentré chez lui , à peine fut-il couché qu'il entendit crier au feu ; l'écurie était remplie de flammes de toutes parts ; elles disparurent promptement et il vit alors les chevaux tués , sans aucune marque de brûlure , et tout le fumier consumé. Il fut suffoqué par l'odeur de soufre et ne revint à lui qu'avec peine. Cependant le plancher supérieur n'était point enflammé et on n'y trouva que deux trous de 3 ou 4 pouces de diamètre ; mais toute la charpente du toit était embrasée , et il fallut l'abattre pour sauver la maison.

Une heure après , il parut une autre colonne de feu qui alla se jeter dans la petite rivière de la Gainère , et qui , en tombant, éclata avec plus de force qu'un coup de tonnerre. Ce qu'il y a de vraiment singulier , c'est que pendant tout ce fracas, le ciel était clair et sans nuages , et que la nuit était très-belle (*Ext. Hist. ac. sc.* , *Paris 1759*, 34).

Observations. Ce météore est une véritable trombe de vapeurs transparentes à travers desquelles se fait une suite de décharges visibles. Nous avons vu dans tout le cours de cet ouvrage que les vapeurs transparentes étaient moins conductrices que les vapeurs opaques, que chaque particule retient plus d'électricité propre, et en cède moins aux particules voisines : il résulte de leur état de plus grand isolement, que leur communication électrique ne se fait que par décharges et conséquemment d'une manière visible.

VALLÉE DE SUSE , 8 FÉVRIER 1836.

329. (Nº 23.) Globe nébuleux ; explosion ; vapeurs ; temps serein.

M. Mérabréas , officier de génie, a vu, le 8 février 1836, dans la plaine, entre St-Ambroise et Rivoli (Piémont) , qui était en grande partie couverte par la neige, sur les sept heures du soir, température environ 6°, temps serein, léger vent tombant des Alpes, un petit globe nébuleux, laissant après lui une traînée légère et pareillement nébuleuse, qui s'est élevé de terre avec une grande rapidité jusqu'à la hauteur de 30 pieds environ, à laquelle il a éclaté avec un petit bruissement semblable à celui d'une pincée de poudre qui brûle librement, et en produisant une clarté très-vive, après la disparition de laquelle il est retombé une espèce de poussière blanchâtre. L'effet a été, en général, très-semblable à celui d'une chandelle romaine, pour la dimension et les apparences. (*Bibl. univ.*, 1836, 1, 145.)

ENTRE VAUXHALL ET LAMBETH, 11 DÉCEMBRE 1741.

330. (N° 24.) Globe de feu avec queue lumineuse qu'il abandonne.

Le 11 décembre 1741, le capitaine W. Gordon vit, entre Vauxhall et Lambeth, un météore lumineux, à environ 35° d'élévation qui, en peu de secondes, prit la forme d'un cerf-volant, projetant une longue queue vers le nord-ouest, brillant d'une lumière semblable à celle d'une feuille de papier qui brûle : ce météore grossit beaucoup et prit la largeur d'une pleine-lune en s'élevant dans un horizon brumeux. Il monta doucement pendant deux minutes en conservant cette forme, et, s'avançant vers le nord-est jusqu'à ce qu'étant arrivé à 45°, il quitta soudainement sa queue, qui s'évanouit en colorant les nuages voisins en jaune. Il avait alors la forme d'une balle de feu, il marcha rapidement vers le sud-est comme une vapeur lumineuse, il disparut en faisant un bruit comme un coup de tonnerre entendu à quelque distance et laissa derrière lui une traînée d'une substance vaporeuse. (*Ph. tr.*, vol. 42. Ann. 1742 et 1743, p. 59, n° 463.)

Observation. Ces corps lumineux ne sont que des neutra-lisations électriques le long des masses de vapeurs trans-parentes ; ce ne sont pas des neutralisations de masses d'é-lectricité libre, mais des quantités qui arrivent successive-ment de l'intérieur, avec une lenteur dépendante de la conduction des nuages.

5° AGITATION DE LA MER OU DES OBJETS TERRESTRES.

331. (N° 25.) Le paquebot *le New-York* frappé de la foudre, le 19 avril 1827.Toutes les parties du vaisseau rem-plies d'une fumée épaisse ayant une odeur de soufre ; éclairs, tonnerre ; agitation prodigieuse de la mer ; im-menses nuages qui s'en élèvent ; trois colonnes d'eau élan-cées dans les airs ; la mer fortement déprimée au moment de la chute de la foudre ; vapeurs lumineuses. (§ 146.)

332. (N° 26.) Bouillonnement de la mer, précurseur des typhons.

Le P. Ant. Thomas a fait l'observation suivante pendant son séjour en Chine :

« Après ce que j'ai vu dans mon voyage de Siam à Macao, je ne puis plus douter que les feux souterrains ne contri-buent beaucoup à exciter les exhalaisons dont se forment certains grands coups de vent fort ordinaires sur la mer de la Chine, que l'on appelle typhons ; car, avant que ces vents s'élèvent, l'eau de la mer ne manque jamais de bouillonner d'une manière sensible, et l'air est si rempli d'exhalaisons sulfurées, que le ciel paraît couvert d'une croûte de cou-leur de cuivre, qui ôte la vue du soleil et des étoiles, quoi-qu'il n'y ait alors aucun nuage.

» Ces feux souterrains font, qu'au milieu de l'hiver et surtout aux nouvelles lunes, l'eau de la mer est toujours tiède. » (Lettre datée du 7 octobre 1686. *Mém. Ac. de Pa-ris*, t. 7, p. 695. Années de 1666 à 1699.)

Observation. Nous avons conservé les expressions de l'auteur, quelle que soit sa fausse interprétation ; il nous suffit qu'elles prouvent que la mer est agitée avant l'apparence du phénomène, comme elle l'est sous l'influence d'une nue qui n'est pas encore allongée en trombe. Voyez § 146 et la Notice de M. Arago, dans l'*Annuaire* de 1838, p. 359 et suiv.

333. (N° 27.) Raz de marée ou marche des eaux contre l'état normal.

Un raz-de-marée brusque, impétueux comme les phénomènes de ce genre qui se font si souvent sentir aux Antilles, a eu lieu dans l'anse de la Hougue, près Cherbourg, le 27 septembre 1839, pendant un violent ouragan.

Il était deux heures et demie de l'après-midi ; la mer baissait déjà ; elle s'était retirée à une distance de plus de trois cents mètres sur cette plage, qui découvre de sept à à huit cents toises dans les fortes marées ; tout à coup le vent saute de l'est au sud-est ; il se déchaîne et souffle en ouragan avec une force extrême ; la mer entre en fureur, ses vagues changent de direction, le jusant s'arrête, et la masse des eaux, refoulée vers la côte, couvre la plage au-delà des limites qu'atteint le flux d'équinoxe. La mer, par un autre mouvement normal, s'est ensuite retirée brusquement jusqu'à la ligne de reflux des basses eaux. Un second coup de ressac l'a ramenée au rivage ; puis, se contractant de nouveau sur elle-même, elle est enfin redescendue à son point de jusant, et a repris son cours naturel. L'ouragan venait de finir. (*Journal des Débats*, du 2 octobre 1839, tiré du *Journal de Honfleur*.)

Il y a eu un très-grand mouvement oscillatoire de la mer près des îles Sandwich, le 7 novembre 1837. L'atmosphère était claire et fraîche à l'origine ; mais pendant cette perturbation de la mer, qui dura de six heures du soir au lendemain à midi, les nuages se formèrent, et il y eut de fortes averses. (*Ceylan Chronicle*, 26 juin 1839, et *Bibl. un.* Genève, décembre 1839, n° 48, p. 379.)

LOUISIANE.

334. (N° 28.) Effets semblables à ceux d'une trombe.

« A la Louisiane, au mois de mars 1722, on entendit pendant plusieurs jours un bruit sourd, quoique fort, depuis la mer aux Illinois, qui montait du côté de l'ouest ; l'après-midi on l'entendait descendre du côté de l'est, le tout avec une vitesse incroyable : quoique le bruit parût appuyé sur l'eau, elle ne frémissait point et on ne sentait pas plus de vent sur le fleuve qu'auparavant. Ce bruit n'était que le prélude de la tempête la plus violente. Cet ouragan, le plus furieux qui eût jamais paru dans la province, dura trois jours. Comme il montait du sud-ouest au nord-ouest, il allongeait tous les établissemens qui étaient le long du fleuve : on s'en ressentait plus ou moins fort suivant que l'on était plus ou moins éloigné ; mais, dans les endroits où passa l'ouragan, il renversa tout ce qui se rencontra sur son chemin, qui était de la largeur d'un bon quart de lieue, en sorte que l'on eût pris pour une avenue faite exprès l'endroit où il avait passé, qui était totalement aplati et avait les côtés droits : les plus gros arbres étaient déracinés et leurs branches brisées à plate terre, de même que les roseaux des bords. Dans les prairies, l'herbe qui n'avait que six pouces de haut et qui était fort fine, fut foulée, flétrie et collée à terre... Comme cet ouragan venait de la partie sud, il gonfla tellement la mer, que le fleuve refoula contre son courant, jusqu'à monter à plus de 15 pieds. (*Hist. de la Louisiane*, par M. Le Page du Pratz, t. 1. Paris, 1778. L'abbé Richard, *Hist. de l'air.*, 6, 447.)

Observation. Cet ouragan présente toutes les phases

prolongées d'une trombe ; il n'y aurait de différence avec les trombes ordinaires que la transparence de la colonne qui aurait été aussi limitée dans ses dégâts, que la colonne opaque. Le vent ne suffit pas pour expliquer les 15 pieds d'élévation du fleuve ; il n'y a que l'attraction de la trombe ou du nuage trombique invisible qui peut en donner raison.

6° ABAISSEMENT DES NUAGES.

335. (N° 29.) Coup de foudre du 4 janvier 1717, sorti de nuages abaissés jusque près des maisons ; le globe de feu alla se briser contre la tour de l'église et s'éparpilla en pluie de feu ; forte détonation. (Voy. § 147.)

336. (N° 30.) Nue allongée sur la ville de Toul.

Le 11 juillet 1753, il s'éleva, sur les deux heures après midi, un orage accompagné de quelques coups de tonnerre qui semblaient être éloignés ; immédiatement après, parut une nuée longue et fort noire, venant du midi au nord, qui s'allongea sur la ville, et de laquelle tomba une grêle monstrueuse par sa grosseur : un des grains qui avait cependant perdu de sa masse, fut trouvé de 25 lignes de long sur 14 d'épaisseur et 18 de largeur. Un autre avait près de 3 pouces en tout sens, etc. (Le comte de Tressan, *Hist. Ac. Par.*, 1753, pag. 74.)

337. (N° 31.) Nue allongée en protubérance.

Dans la relation de l'orage de grêle, du 2 août 1835, que M. Lecoc, professeur à Clermont-Ferrant, envoya à l'Académie des sciences, il y a le passage suivant : « Tant que les deux couches de nuages ne furent pas superposées, il n'y eut aucun signe de grêle, seulement ceux qui venaient du sud et qui étaient les moins élevés, se réunissaient par petits groupes qui semblaient se précipiter les uns sur les autres et formaient de gros nuages noirs et pesans, que les vents ne déplaçaient qu'avec peine. Ils se mouvaient cependant vers le nord, le dessous du nuage s'allongeait offrant une énorme protubérance, puis des torrents de pluie s'en échappaient, inondant des espaces très-circonscrits. . . . etc. » (Compte rendu du 28 mars 1836.)

7° VAPEURS PRODUITES EN ABONDANCE.

338. (N° 32.) Vapeur considérable produite au moment de la chute de la foudre, le 17 juin 1839 ; petite boule de feu sautillant le long de la nue. (Voy. § 148.)

339. (N° 33.) Vapeurs produites et eau soulevée.

Il y a dans la montagne qui est près du lac de Zirknitz, en Carniole, deux cavernes qui vomissent de l'eau en quantité, lorsqu'un nuage orageux la domine. On est averti de la prochaine projection de l'eau par une vapeur qui s'élève tout à coup en formant une nue épaisse, et on peut prédire alors que le tonnerre va gronder et l'eau sortir en abondance. La force de la projection varie suivant les orages, plus ces derniers sont considérables, et plus le tonnerre se fait entendre, plus les colonnes d'eau qui sortent de ces cavernes s'élèvent haut. On voit de tous les côtés l'eau jaillir par toutes les issues et le lac se remplir rapidement. (Extrait d'une lettre de Weich Valwasor, *Ph. Trans.*, 1687, t. 16. p. 411, n° 191.)

340. (N° 34.) Vapeur sortant du clocher.

La foudre tomba à Stralsund, en Poméranie, le 29 juin 1670, sur le clocher de l'église de Saint-Nicolas, pendant l'office du dimanche, et présenta des effets extraordinaires. Elle passa par le trou rond de la voûte et tomba sur l'autel, sous la forme d'une balle de feu foncé, remplissant l'église de lumière, de feu, de détonation, de fumée et de vapeurs, comme si des grenades chargées avaient été jetées par ce trou et avaient éclaté au même instant, laissant après elles une odeur de soufre. Elle fit divers ravages, renversa les calices, les burettes, etc; fondit des fils d'archal, etc. Les assistans se sauvèrent hors de l'église ; et, regardant derrière eux, ils virent le clocher du sud entouré d'une vapeur, imitant une épaisse fumée, qui leur fit croire que le feu était en quelque endroit du clocher ; mais le charpentier de l'église qui y était monté, ne vit qu'une vapeur épaisse et entendit un craquement dans l'église qui lui fit croire que c'était l'église qui était en feu. (*Voyez* la relation pour connaître toutes les particularités de ce coup de foudre, dans les *Transactions philosophiques*, année 1670, n° 65, p. 2084, t. 5.)

8° POISSONS TUÉS PAR LA FOUDRE.

341. (N° 35.) « Dans la nuit du 4 au 5 septembre 1767, pendant un orage, la foudre parut prendre sa direction sur un étang de la paroisse de Châtillon, près de Parthenai en Poitou. Le fermier de cet étang, qui n'en était pas éloigné, s'aperçut qu'il était couvert, dans toute l'étendue de sa surface, d'une flamme si épaisse, qu'elle dérobait l'eau à la vue. Lorsque cette flamme fut dissipée, le fermier ne trouva aucune altération dans l'eau de son étang ;.... mais le lendemain, il aperçut que les poissons venaient mourir sur les bords... Ils répandirent bientôt une grande infection. » (Richard. *Histoire naturelle de l'air et des météores*, t. 8, p. 285. *Voyez* aussi § 178.)

9° ARBRES CLIVÉS EN LATTES OU LACÉRÉS EN PARTIE.

342. (N° 36.) Le coup de foudre du 28 juin 1778, à Marsillargues, divisa quelques arbres en lanières. La terre fut fouillée. § 151.

(N° 37.) Dans la forêt de Carnelle, la foudre cliva un arbre en lattes, le 18 juin 1837. § 151.

(N° 38.) Rue Caumartin, à Paris, mai 1806, la foudre fendit des planches chez un menuisier. § 153.

343. (N° 39.) Trois sillons formés sur un arbre.

M. de Louville vit un arbre dans le parc du château de Nevers qui avait été frappé par la foudre ; elle se divisa en trois, à partir du sommet de l'arbre et fit trois sillons le long de l'arbre ; celui-ci a été dépouillé de son écorce tout d'un côté, depuis la moitié de l'arbre jusqu'en bas. Malgré ces effets de la foudre, on ne voyait aucune tâche noire. (*Mém. Ac. de Paris*, 1714, t. 18, p. 7.)

344. (N° 40.) Lanière enlevée.

M. John Clark cite, dans les *Trans. philos.*, vol. 41, ann. 1740 et 1741, p. 235, un chêne haut de 60 pieds et de 4 pieds de diamètre, sur lequel la foudre tomba, dans le parc de Whinfield ; elle lui enleva une lanière de 3 pouces de largeur sur 2 d'épaisseur, depuis le haut jusqu'en bas en ligne droite. Il cite ensuite un autre arbre de même force sur lequel la foudre a enlevé une pareille lanière, mais en une spirale faisant trois fois le tour de l'arbre et se prolongeant jusqu'à 6 pieds sous terre. (Lettre du 6 novembre 1731.)

345. (N° 41.) Écorce enlevée et arbre fendu.

Le 27 juin 1756, sur les 9 heures du soir, il y eut un

orage violent à l'abbaye du Val, près de l'Ile-Adam.....
Le tonnerre tomba sur un gros chêne d'environ 50 à 60
pieds de hauteur et de 4 pieds de diamètre à sa racine. Le
tonnerre avait probablement frappé la cime de l'arbre, et
de là était venu, après avoir brisé les premières branches,
sur le milieu du tronc qui était dépouillé de son écorce, et
fendu jusqu'à 6 pieds de terre, en morceaux presque aussi
minces que des lattes ;... la plupart des branches étaient
dépouillées de leur écorce, déchiquetées et hachées comme
si on l'eût fait à plaisir ; elles tenaient cependant toujours
au tronc, et celui-ci, quoique entièrement dépouillé de son
écorce avait conservé sa couleur et n'avait aucune tache
noire. Ces écorces détachées avaient été jetées de côté et
d'autre, à 30 ou 40 pas de distance ; le tronc et les branches, même les feuilles qui y tenaient, étaient absolument
desséchées. (*Mém. Ac. des sc.*, 1756, h. 27.)

10° CORPS ENLEVÉS ET TRANSPORTÉS AU LOIN.

346. (n° 42.) Le 6 août 1809, à Swinton, la foudre enleva
un mur formé de 7,000 briques. § 154.

(n° 43.) Dans la nuit du 22 au 23 juin 1723, la foudre
fendit un arbre près de Nemours, et transporta les morceaux à diverses distances. § 155.

(n° 44.) A Breag, en Cornouailles, la foudre démolit
une tourelle et en projeta au loin les parties. § 155.

347. (N° 45.) Rocher brisé, arraché et transporté à une grande distance.

A Funzie, dans le Fetlar (Ecosse), vers le milieu du
siècle dernier, une roche de mica-schiste, de 105 pieds de
long, 10 pieds de large et 4 pieds d'épaisseur en quelques
endroits, fut un instant arrachée de son lit par la foudre

et rompue en trois gros morceaux, et en d'autres petits
fragmens. Un de ces morceaux, de 26 pieds de long, 10 de
large et de 4 d'épaisseur, fut simplement renversé sur lui-
même; le second, qui avait 28 pieds de long, 17 de large
et 5 d'épaisseur, fut lancé par dessus un tertre et alla
tomber à la distance de 50 yards (45 mètres). Une autre
masse, d'environ 30 pieds de long, fut projetée encore
plus loin, mais dans la même direction, et se perdit dans
la mer. Les fragmens furent éparpillés en tous sens.
(*Lyell's principles of Geology*, 1, 385, éd. 1835.)

Cette citation est tirée des manuscripts du R. George
Low, de Fetlar, par le D' Hibbert.

348. (N° 46.) Homme frappé par la foudre, enlevé et transporté à 23
mètres de distance.

Le lundi 8 juillet 1839, à six heures du matin, la foudre
est tombée sur un chêne, près Boisemont, aux environs
de Triel, département de Seine-et-Oise, et a frappé deux
ouvriers carriers qui s'étaient refugiés dessous. Le plus
jeune des deux, nommé Athanase Pion, âgé de vingt-deux
ans, a été tué sur place; il avait des traces de brûlure
depuis l'épaule droite jusqu'au pied du même côté. Ses
vêtemens de coton tombaient en charpie. Son père, placé
près de lui et frappé du même coup, portait également des
traces de la foudre, du front et de l'épaule gauche au pied
gauche, dont le soulier fut percé d'un trou. Au même
instant, il fut soulevé et transporté à 23 mètres de distance
dans une touffe de châtaigniers, d'où on le retira àmoitié mort.
Ce malheureux ouvrier est resté estropié de cet accident.

L'arbre qui a été foudroyé est un chêne de 70 ans, de
1 mètre 90 centimètres de circonférence, à 1 mètre 30 centimètres de hauteur du sol. La foudre tombant sur une
faible branche, elle la brisa et suivit les filamens ligneux
qui en provenaient le long du tronc de l'arbre, en traçant

une ligne spirale de trois quarts de tour, enleva l'écorce et creusa une rainure de 8 centimètres de large sur 4 centimètres de profondeur environ. Le ligneux qui remplissait cette rainure dans la partie, supérieure fut projeté en filamens, tandis que dans la partie inférieure, des portions de ce ligneux clivé en balai restaient encore attachées à l'arbre. Aucun de ces filamens n'était carbonisé. Nous ferons remarquer que cette rainure a une solution de continuité à l'endroit d'une loupe de l'arbre, et qu'on retrouva la marche de la foudre dans le clivage des fibres contournées en tous sens. Cette rainure disparut tout à coup à une hauteur de 2 mètres 61 centimètres, et les traces de la foudre ne reparurent que de l'autre côté de l'arbre en se projetant sur ces deux hommes. (Extrait de la relation manuscrite de M. Hubert aîné, architecte. Voyez aussi *Compte-Rendu de l'Ac. sc.*, n° 3, 20 janvier 1840, page 115.)

349. (N° 47.) Conducteur frappé par la foudre et enlevé de dessus son cheval.

« Au mois de mai 1755, étant après midi dans la plaine qui s'étend au sud de Dijon, à une lieue environ de cette ville, je fus surpris par deux ou trois orages qui se suivirent de près, et qui paraissaient tous sortir de nuages simples et peu étendus, mais qui étaient accompagnés de grosses pluies, d'éclairs très-vifs, d'un bruit de tonnerre éclatant, et même de la chute de la foudre, que je vis plusieurs fois serpenter dans l'air et rouler à terre. J'étais en rase campagne lorsque le tonnerre se fit entendre..... Dans le même temps venait vis-à-vis de moi, et en opposition directe au cours du nuage, un homme de la campagne, monté sur un cheval attelé à un char léger, et qui allait au trot. Je réfléchissais sur son imprudence, lorsque la foudre éclata, et vint le frapper. Je le vis enlever de dessus son cheval, et jeté par le côté la face contre terre ; le cheval resta immobile, au point que je le crus aussi foudroyé. Cette première foudre se dissipa ; moins d'une minute après, il en tomba une seconde à peu de distance de l'homme et de son chariot, dans le champ à droite, qui roula assez loin à la surface de la terre : comme elle ne passa pas à plus de 10 toises de moi, son diamètre me parut être d'environ 1 pied; son mouvement était très-rapide, sa couleur vive et ardente. Je ne vis pas où elle s'éteignit, parce que dans ce moment le cheval partit au galop...... » (L'abbé Richard, *Histoire naturelle de l'air et des météores*, t. 8, p. 261.)

350. (N° 48.) Hommes et femmes enlevés et transportés hors d'une église remplie d'une fumée noire.

Pendant l'orage du 11 juillet 1819, qui éclata sur Châteauneuf, dans l'arrondissement de Digne, la foudre tomba sur l'église au moment qu'on officiait, et produisit des effets terribles : neuf personnes furent tuées et quatre-vingt-deux blessées; tous les chiens furent trouvés morts à la place qu'ils occupaient. Un grand nombre des assistans furent enlevés et transportés hors de l'église, qui était remplie d'une fumée noire et épaisse. La terre fut fouillée dans un endroit, et la traînée, passant au dessous des fondations, se prolongea jusqu'à une écurie voisine, où il y eut cinq moutons tués et une jument. (Voir les détails. *Ann. ch. ph.*, t. 12, p. 354.)

351. (N° 49.) Eau soulevée à Genève le 3 août 1763.

M. de Saussure vit, le 3 août 1763, vers les quatre heures du soir, l'eau du fossé de la porte de Rive s'élever et s'abaisser plusieurs fois, il trouva une différence entre deux hauteurs de 4 pieds 9 lignes ; à la seconde oscillation, il trouva 4 pieds 6 pouces 9 lignes. La troisième fois elle ne s'éleva plus que de 2 pieds 8 pouces 9 lignes. Le temps de ces oscillations fut variable, il fut de dix à quinze minutes. Il avait fait très-chaud la veille, et le matin il y avait eu un orage à Genève sur les trois heures et demie ; mais à l'instant du phénomène, quoique le ciel fût encore couvert, il ne tombait que quelques gouttes d'eau, et le vent était au sud-ouest et très-faible. En recherchant la cause de ce phénomène, M. de Saussure vit bien que ce ne pouvait être une fonte de neige, et cela était d'autant plus certain que l'Arve ne s'était point accrue, il n'osa rien décider sur la cause. (Ext. du rapport. *Mém. Ac. sc. Par.* 1763, t. 67, p. 18.)

Observation. Nous avons vu des effets tout semblables produits par les trombes ou par des nuages orageux très-bas ; celui-ci n'en diffère que parce que les nuages opaques n'étaient pas considérables, et que toute la tension électrique appartenait aux vapeurs transparentes.

11° ODEUR D'ACIDE SULFUREUX OU NITREUX.

352. (N° 50.) Nous rappellerons seulement que partout où la foudre a tombé, elle a laissé après elle une odeur de soufre brûlé très-prononcée ; deux exemples suffiront :

Le 4 août 1780, le tonnerre tomba sur l'église métropolitaine de Narbonne, pénétra dans l'intérieur par la chaîne d'une lampe et sauta de cette lampe sur une rampe de fer placée à 4 pieds 9 pouces de distance, et de cette rampe à une grille... Plusieurs personnes qui se trouvaient au même moment dans le sanctuaire, virent l'église remplie de fumée et de flammes, sentirent une odeur de soufre, et entendirent une explosion épouvantable. (*Sur l'utilité des paratonnerres*, par M. Beyer, 1806, p. 21.)

(N° 51.) Odeur de soufre ; cheminée projetée ; têtes de clous fondues ; bordure de glace enlevée ; glace intacte.

Le 14 février 1809 , la foudre tomba sur la maison de M. Badeinier, à Antoni, près Paris, vers les sept heures du soir. On vit à travers les carreaux de la porte vitrée une large nappe de feu qui semblait enflammer tout le vestibule ; toute la maison fut aussitôt remplie d'une odeur de soufre. La foudre, en tombant sur la cheminée nord-ouest , l'enleva et la lança au milieu de la cour. Elle suivit les fils de sonnettes et fit d'autres dégâts qui lui sont ordinaires ; nous avons remarqué celui d'une glace qui a eu sa bordure enlevée sans qu'elle en soit endommagée ; tous les clous dorés d'un fauteuil ont eu la tête fondue dans les parties voisines les unes des autres. Plusieurs fils de sonnette ont été volatilisés complétement et ont formé sur le mur une très-belle incrustation fuligineuse, etc. (*J. ph*. t. 69, p. 752. Ann. 1809. Extrait de la relation faite par Beyer. Ce coup de foudre a reproduit un des effets de la trombe de Carcassonne, du 3 novembre 1780. Voyez §§ 51 et 52.)

12° ORAGE ACCOMPAGNÉ DE TROMBES , 26 JUILLET 1819.

353. (N° 52.) Éclair à trois branches ; 15 pouces d'eau sont tombés pendant cet orage ; les nues touchaient l'eau de la rivière ; trois trombes s'élevèrent de la rivière en cônes droits, la pointe se perdant dans les nuages ; tous les signes de la plus grande tension électrique.

Le canton de Catskill est situé à l'ouest de la rivière Hudson , qui lui sert de limite à l'est ; au nord il est limité par le canton d'Athens, à l'ouest par Cairo, et au sud , par Saugerties. La ville de Catskill est à 120 milles nord de New-York. Trois ruisseaux ou petites rivières traversent ce pays ; le Kistatom , qui se verse dans le Kaaterskill, et ce dernier dans le Catskill , deux milles au dessus de son embouchure dans le Hudson. Ces petites rivières descendent des montagnes de Catskill, à l'ouest de la ville...

Le 26 juillet 1819, le ciel était nuageux, l'*air épais*, comme l'on dit, et étouffant ; les nuages étaient bas et pesans, et le vent soufflait du sud-ouest.

Vers les trois heures et demie de l'après-midi, trois nuages bien distincts, noirs et denses, se levèrent du sud-est successivement. Il y eut alors une forte ondée. Un vent frais souffla quelques instans ; mais un peu avant quatre heures, il y eut un calme qui dura environ une heure. Vers cinq heures, la pluie cessa de tomber pendant quelques instans. A cinq heures et demie, un autre nuage noir se leva du sud-ouest et fut accompagné d'un vent frais. Ce nuage eut bientôt atteint le zénith ; *trois rayons lumineux en sortirent et parurent être trois branches du même éclair ;* ils furent suivis de trois coups de tonnerre fort aigus, qui furent presque instantanés.

Pendant ce temps, un nouveau nuage noir et dense se leva rapidement du nord-est et se répandit au dessus de la ville. C'est à cet instant que commença une pluie des plus torrentielles. L'obscurité était telle qu'on ne distinguait pas les plus gros objets à quelques mètres. Cette obscurité ne paraissait pas provenir d'un brouillard, mais de la quantité d'eau qui tombait des nuages mêmes descendus jusque sur la terre. Aussitôt la rencontre de toutes ces nues, le vent devint très-variable, souffla en peu d'instans de tous les points du compas, et devint parfois si violent qu'il faisait pénétrer la pluie à travers toutes les fissures des portes. A cette violence succédait tout à coup un calme de quelques minutes. Les éclairs et le tonnerre avaient une âpreté inusitée ; souvent le tonnerre n'était qu'une seule détonation, comme celle d'un canon ou l'éclat pénétrant d'un coup de fouet. L'eau tombait en larges gouttes et quelquefois par filets et par lames. Il y eut quatre ou cinq intermissions de huit à dix minutes chaque. La plus grande violence des averses se calma un peu vers six heures et demie, continua assez fortement jusqu'à neuf heures, et ne cessa tout-à-fait qu'à onze. On estima que la masse d'eau tombée était aumoins de 15 pouces.

Lors de l'éclair à trois branches, plusieurs personnes placées sur un vaisseau, ressentirent des commotions ; une d'entre elles vit une flamme s'élever de l'un de ses bras ; d'autres coups de tonnerre occasionèrent des commotions, des engourdissemens, etc. Une autre personne ayant été renversée sur le pont, il s'élevait des flammes tout autour de son corps, comme s'il était en feu ; ces flammes étaient accompagnées de craquemens et de sifflement. Le mât, quoique terminé par une tige de fer, n'eut pas de flammes à sa pointe. Est-ce que le nuage était plus bas que l'extrémité du mât ?

Une personne qui attendait avec anxiété l'arrivée d'un sloop, observa très-attentivement tout ce qui se passa ; elle a dit qu'elle ne vit aucun intervalle entre les nuages et l'eau, près le quai de Livingston. Le nuage qui s'était abaissé ainsi était très-noir dans la partie inférieure, tandis que l'extrémité supérieure ressemblait à un banc de neige très-blanche. Ce n'était pas de la pluie qui tombait, mais des filets ou des lames d'eau. On ne voyait rien à 30 pieds de distance.

Deux autres personnes virent, dans le moment de la rencontre des nuages, une trombe s'élever de la rivière sur laquelle était sa base et monter en tournant sur elle-même, jusqu'au nuage, en prenant la forme d'un cône régulier. Un hôtelier en vit deux autres qui s'élevèrent également des eaux et se terminèrent en pointe dans la nue.

Le pays sur lequel sévit cet orage, peut être estimé à 80 milles carrés, on peut assurer qu'il tomba 15 pouces d'eau pendant cette tempête.

L'auteur entre ensuite dans de nombreux détails pour

prouver que cette quantité ne peut pas avoir été au dessous de ce chiffre; puis il rapporte tous les dégâts causés par cette énorme chute d'eau et par son écoulement. (Benjamin W. Dwigt. *American Jour. of. sc.* Vol. 4, p. 124. — 1821.)

CHAPITRE IV.

DES HYPOTHÈSES ÉMISES SUR LA CAUSE DES TROMBES.

354. Je vais réunir dans ce dernier chapitre, des extraits des principales hypothèses que l'on a faites sur ce météore; je n'y ajouterai que quelques mots d'observation, lorsque cela sera nécessaire, pour indiquer l'erreur qui a conduit à une fausse interprétation. Je serai nécessairement bref, puisque la première partie de ce travail contient toutes les preuves qui démontrent la cause véritable de ce météore; on n'aura qu'à consulter les chapitres qui en traitent lorsque l'on conservera quelque doute.

J'ai rapporté dans le chapitre 6, de la première partie, les idées des anciens sur ce météore; on a vu que la plupart d'entre eux le regardaient comme le produit des vents renfermés dans les nues comme s'ils l'étaient dans une outre; ils faisaient de ces nues une sorte d'enveloppe imperméable, dans l'intérieur de laquelle ces vents se débattaient, et c'est leurs efforts pour en sortir qui produisaient ces nuages allongés en cône ou en colonne. Cette manière d'envisager ce phénomène a duré fort long-temps, et on en trouve des exemples jusque dans des auteurs récens. On voit que, dans cette hypothèse, on considère le *vent* comme une *force primitive*, adhérente à l'air, et qui agit renfermée, comme elle agirait en liberté. Le vent n'est plus l'air en mouvement, un produit positif; c'est une puissance d'action, tantôt virtuelle, tantôt active ; c'est une entité nouvelle qui se fait sentir partout où elle se trouve. Je pense qu'il suffit d'indiquer une telle erreur pour la détruire, et qu'il est inutile de la combattre davantage.

1° Les vents étant renfermés dans une nue, l'entraînent en s'échappant et forment la trombe.

LE PÈRE TACHARD.

355. Presque tous les auteurs de l'antiquité ont eu cette opinion. (*Voyez* les chapitres 3, 4 et 5 de la première partie.

Le père Tachard, dans son *Voyage de Siam*, imprimé à Paris, in-4°, en 1686, p. 49, parle des *trompes, pompes,* ou *dragons d'eau*, qu'il distingue des siphons : je n'ai pas bien saisi la distinction qu'il en a faite ; il dit que les dragons d'eau sont formés d'un gros nuage noir dont le vent en détache une portion qui prend une forme allongée et qui descend jusque sur la mer ; que c'est la violence du vent qui retient cette colonne suspendue, mais, qu'aussitôt qu'un coup de canon, ou le passage d'un vaisseau, a rompu ou déplacé les vents qui la soutiennent, elle se résout en une pluie torrentielle, et le dragon se dissipe.

Le siphon en diffère peu ; ce sont des nuages longs et épais environnés d'autres nuages clairs et transparens ; ils ne tombent point, ils se confondent et se dissipent peu à peu ; les dragons, au contraire, sont poussés avec impétuosité, durent long-temps et sont toujours accompagnés de pluie et de tourbillon qui font bouillonner la mer et la couvrent d'écume.

Il est inutile de s'arrêter à ces divisions illusoires et à des explications tout-à-fait insuffisantes.

L'ABBÉ RICHARD, HARTSOEKER, DUHAMEL, M. PAGE.

356. « L'air ou les vapeurs et les exhalaisons étant renfermés entre deux nuages, il faut que l'un des deux crève, pour laisser une issue libre à ces matières en fermentation qui font effort pour échapper et s'étendre. Si la résistance des deux nuages est égale dans toutes leurs parties, celui qui est au dessous se brisera plus aisément. La même chose peut arriver dans un nuage seul que l'on concevra comme un balon ou un éolipyle fermé, rempli de matières très-raréfiées ; c'est là qu'il faut chercher l'origine de toutes les tempêtes aériennes, etc.... » En poussant les vapeurs, l'air produit la colonne de la trombe !

On voit que l'abbé Richard ne fait que renouveler les idées des anciens sur l'emprisonnement des vents par les nuages, auquel il ajoute une puissance fermentante qui joue un très-grand rôle suivant lui.

Hartsœker et Duhamel ont émis à peu près les mêmes idées. (*Cours de phys.*, liv. 6, ch. 1, et *Phil. ano. et mod.*, art. Météores.)

M. Page pense aussi qu'une masse d'air comprimée en est la cause. (*Voyez* § 249.)

2º Les feux souterrains, ou les éructations sont la cause des trombes.

LÉMERY ET BUFFON.

357. De toutes les explications qu'on a cherché à donner de ce phénomène, la moins admissible, celle qui ne peut rendre compte d'aucune des phases du météore, est l'hypothèse de Buffon : « Il paraît, dit-il, qu'il y a sous la mer » des terrains mêlés de soufre, de bitume et de minéraux,

» comme l'on n'en peut guère douter ; on peut concevoir
» que ces matières venant à s'enflammer, produisent une
» grande quantité d'air, comme en produit la poudre à ca-
» non, cette quantité d'air nouvellement généré, et prodi-
» gieusement raréfié, s'échappe et monte avec rapidité, ce
» qui doit élever l'eau et peut produire ces *trombes* qui
» s'élèvent de la mer vers le ciel ; et de même, si par l'in-
» flammation des matières sulfureuses que contient un
» nuage, il se forme un courant d'air qui descende perpen-
» diculairement du nuage vers la mer, toutes les parties
» aqueuses que contient le nuage peuvent suivre le courant
» d'air et former une trombe qui tombe du ciel sur la mer. »

Il est vrai qu'il ajoute ensuite : « Mais il faut avouer que
l'explication de cette espèce de trombe, non plus que celle
que nous avons donnée par le tourbillon des vents et la
compression des nuages, ne satisfait pas encore à tout,
car on aura raison de nous demander pourquoi l'on ne voit
pas plus souvent sur la terre comme sur la mer, de ces
espèces de trombes qui tombent perpendiculairement.
(*Hist. nat. gén. et part.*, 1.)

Lemery avait déjà émis la même opinion dans son Cours
de chimie. (*Voyez* § 199.)

Buffon ne s'est pas fait la plus grande objection, celle
de la marche des trombes, parcourant quelquefois de
grands espaces en peu d'instans. Comment ces feux souterrains pourraient-ils changer ainsi de place ? Cette objection est indépendante des autres impossibilités physiques.

———

3° Les trombes sont produites par une grande perturbation dans l'air ; cette perturbation peut être occasionée
par une prompte dilatation ou une prompte condensation
de l'atmosphère ; ou bien par la rencontre de vents contraires qui se résolvent en tourbillons.

STUART ET ANDOQUE.

358. Les auteurs qui ont formulé la théorie des trombes et que j'ai rassemblés dans la troisième série du tableau, § 184, pages 184 et 185, ont pris pour cause première la rencontre des vents contraires qui se transforment en tourbillon. A cet énoncé général, chacun de ces auteurs explique différemment la cause du vent, sa marche et son effet sur les nues. L'un veut que les vents viennent de promptes condensations, un autre, de promptes dilatations ; d'autres veulent que les tourbillons soient enfantés par la seule rencontre des vents contraires. Tous supposent des choses impossibles ; les premiers en admettant des causes permanantes d'une immense condensation ou dilatation, dans un point très-rétréci de l'espace ; les derniers, en supposant que la force tangentielle du tourbillon dilatera plus l'air intérieur que la force de pression extérieure originelle ne le comprimera.

Stuart est un des premiers auteurs qui ont émis cette opinion, dont j'ai donné un extrait dans le paragraphe 195.

Peu de temps après, Andoque a émis la même opinion, dont Brisson a fait lui-même l'analyse dans son mémoire imprimé dans les *Mémoires de l'Académie des Sciences* de l'année 1767, pages 11 et 409.

M. Andoque (*Hist. Acad. Sci.*, Paris, 1727, p. 5) admet, pour cause des trombes, deux courans de vent parallèles, de directions opposées, établis dans l'air à une médiocre distance l'un de l'autre et qui forcent la partie immobile de l'atmosphère qui est entre deux, à prendre le mouvement de tourbillon ; de là il déduit la figure conique du tourbillon, dont la partie supérieure doit prendre plus aisément le mouvement circulaire, parce qu'elle est moins chargée. Les relations précédentes démontrent surabondamment l'insuffisance de cette théorie, puisqu'il y a un très-grand nombre de trombes qui apparaissent pendant un vent régulier ou au milieu d'un calme parfait.

FRANKLIN.

359. Dans sa lettre du 4 février 1753, Franklin formule ainsi son opinion.

1°. La région inférieure de l'atmosphère est plus chaude que la supérieure, et conséquemment l'air y est plus léger. Le froid des régions supérieures est prouvé par la grêle qui tombe quelquefois pendant les jours très-chauds.

» 2°. Cet air chaud peut être très-chargé de vapeurs d'eau invisibles, jusqu'à ce que le froid les rende visibles.

» Maintenant, supposons un espace sur la terre ou sur la mer, de six milles carrés, sous un ciel ouvert, pendant un temps calme, pendant un beau jour d'été, ou pendant plusieurs jours très-chauds ; l'air y deviendra spécifiquement plus léger que l'air supérieur. Supposons, encore que les régions environnant cet espace échauffé, aient conservé leur atmosphère plus froide, plus pesante ; il me semble tout naturel de conclure que l'air pesant pressera l'air léger et que ce dernier montera dans les régions supérieures, et que l'air plus lourd descendra. Toute la masse ne pouvant monter à la fois, c'est donc au point le plus échauffé que le mouvement commencera ; tout l'air chaud de l'espace décrit s'y portera horizontalement, puis s'élevera dans ce lieu où le mouvement ascendant a été établi ; ces divers courans se rencontrant au centre, ils impriment à la colonne ascendante un mouvement giratoire, comme cela a lieu dans l'eau d'un vase qui s'écoule par un petit orifice.

» Tous les courans horizontaux en arrivant au centre ne peuvent changer subitement leur sens d'impulsion et passer de l'horizontalité à la verticalité ; c'est pourquoi tous

ces courans se dévient peu à peu de la ligne droite pour
en prendre une courbe qui se rétrécit en s'approchant du
centre et qui donne un mouvement giratoire à la colonne
ascendante, comme fait l'eau d'un entonnoir qui se vide.

» Enfin, comme l'air inférieur, le plus près de la surface, est le plus raréfié par la chaleur du soleil, qu'il est
poussé avec le plus d'énergie par l'atmotphère plus froide
et plus pesante qui l'environne ; il en résulte que le mouvement de l'air vers le centre rotatoire ou trompe est très-
vif, que les portions inférieures lancées avec une grande
force, sont emportées par la force centrifuge, et que le
centre alors aura un vide plus parfait, près du sol ou de
la mer et de moins en moins parfait en s'élevant vers les
nues, se terminant ainsi en une pointe aiguë à une certaine
hauteur.

» C'est cette masse d'air en mouvement au centre qui dé-
mantèle les bâtimens, déracine les arbres et les enlève jusqu'à ce que la puissance de rotation soit insuffisante pour
contrebalancer la force centrifuge des corps enlevés, qui
s'échappent alors dans la tangente et vont tomber à de
grandes distances. Si ce phénomène arrive en mer, l'eau est
violemment agitée et projetée autour; une portion est enlevée avec le courant en spirale et rejetée sous l'apparence d'un
buisson. Sous le vide fait au centre, l'eau peut s'y élever
jusqu'à 32 pieds ; les portes des maisons sont arrachées,
les objets enlevés.

Franklin répète pour l'atmosphère supérieure ce qu'il
a dit pour l'inférieure. « L'air chaud inférieur étant arrivé
dans les régions supérieures, la vapeur qu'elle contenait
s'y condense, forme un nuage qui se trouve renfermé dans
le tourbillon ; c'est là le cône pendant. Ces nouveaux nuages
arrivés à l'extrémité du tourbillon sont éparpillés au milieu
des autres, en augmentent le nombre, d'autres suivent et
ainsi de suite. Le cône supérieur n'est donc pas formé de

nuages descendans, mais de vapeurs condensées qui montent au contraire vers les nuages.

» La condensation de la vapeur peut être telle qu'elle forme un nuage descendant considérable, quoiqu'étant au dessus de la terre comme celui d'Hatfield, et si le sol n'est pas très-chargé de poussière, on verra à peine la partie inférieure du tourbillon, quoiqu'on verra très-bien la partie dite descendante.

» En mer, si le tourbillon est faible il y aura un peu d'agitation sur l'eau et une condensation dans la partie supérieure et l'on ne verra rien entre ces deux portions.

» Si le mouvement giratoire est fort, la poussière enlevée de la terre, ou l'eau de la mer, peut être élevée assez haut pour rejoindre les vapeurs condensées de la portion supérieure; alors la colonne est complète, elle s'obscurcit dans toute sa longueur et on voit la vapeur monter, La rotation diminuant, l'eau ou la poussière sera moins élevée, elle ne touchera plus la vapeur pendante; il y aura une séparation transparente, parce que le tourbillon d'air n'étant pas visible, laisse voir séparés les nuages supérieur et inférieur.

» Le docteur Stuart dit qu'il a observé dans toutes les trombes qu'il a vues, mais plus percevable dans les grandes; que, vers la fin, la trombe apparaît comme un tube creux, noir sur les bords, blanc dans le milieu; et quoique d'abord, ce tube parut noir et opaque, on pouvait voir ensuite très-distinctement l'eau de la mer monter le long de ce canal, comme de la fumée monte le long d'une cheminée. Dans sa relation, le docteur Mather dit qu'un petit nuage obscur s'élève ayant en lui un pilier de lumière; Franklin ramène ce pilier au tube blanc de Stuart.

» Pour ceux qui savent ce que c'est que l'électricité il est facile de comprendre comment on vit des éclairs descendre par la trombe de Rome, lorsque les vapeurs communiquent dans le tuyau des nuages jusqu'à quelques pieds de la terre. »

Franklin avoue ensuite ne pas comprendre comment on ne cite pas de pluie salée, puisque dans les trombes on voit monter l'eau de la mer. Il se perd dans des considérations qui ne sont plus de notre époque.

Il y a dans une autre lettre (2 avril 1754) une phrase qui montre combien on est disposé à regarder comme cause, l'effet produit que l'on voit. « Les trombes, y est-il dit, sont pour moi des effets de violens courans d'air ; mes yeux et mes oreilles m'en ont convaincu.

360. Plusieurs des amis de Franklin combattirent vivement ces idées ; l'un d'eux revint encore sur ce sujet en 1756, et lui écrivit qu'aucun renseignement n'avait pu lui démontrer que les trombes étaient le produit de tourbillons. Il rechercha les témoignages des marins qui avaient vu des trombes et en avaient ressenti les effets, et il ne put trouver aucun fait qui pût l'ébranler dans sa conviction contre la théorie des tourbillons. Il cite à ce sujet les quatre observations que nous avons rapportées §§ 207, 208, 209, 210, puis il ajoute : « Tous m'assurèrent, dit-il, qu'il n'y avait aucun vent soufflant vers eux, et je n'ai pu trouver personne qui ait observé un tel vent. Ces exemples prouvent complétement que toutes les trombes ne sont pas les effets de tourbillons de vent et que l'eau descend réellement dans plusieurs d'entre elles. Il semble peu probable qu'il y ait deux sortes de trombes, l'une ascendante, l'autre descendante ; les trombes ascendantes n'ont jamais été bien prouvées ; souvent on les a vues de trop loin et il y a eu illusion d'optique. » Après avoir rappelé encore une fois que les lieux qui ont le plus de trombes, comme les côtes de Guinée et le détroit de Malacca, ont des vents horizontaux favorables à former des tourbillons ascendans, et par-là contraires aux trombes dont la marche est descendante, il

ajoute : « Ce qui accompagne la formation des trombes, dé-
note qu'elles viennent d'en haut. Il y a toujours des nuages
placés au dessus du lieu qui est agité et d'où rejaillit l'eau ;
on voit ensuite , en suivant la marche du phénomène, une
portion saillante descendre du nuage, et si le phénomène
se continue, cette saillie ou colonne descend jusqu'au centre de l'agitation de l'eau accompagné d'un bruissement
proportionnel à la quantité descendue ; alors le météore
diminue ou s'arrête quelquefois graduellement, quelquefois
soudainement. Voyons donc ce qui s'y passe :

» Le nuage primitif est très-dense et conséquemment tend
à s'abaisser, ce qui prévient naturellement toute ascension.
Tout au contraire, si je suis bien informé, les tourbillons
ont lieu pendant que le ciel est clair et sans nuages.

» On peut donc concevoir l'agitation de la mer causée par
une pluie serrée, très-dense, qui tombe de ce nuage où s'est
faite une rapide condensation, comme cela arrive par l'*œil-
de-bœuf* sur les côtes de la Guinée. L'eau, en tombant, entraîne de l'air, qui lui-même entraîne les vapeurs qui forment les nuages voisins. Les mouvemens de prolongation
et de rétraction qu'on remarque souvent, viennent de la
quantité plus ou moins grande de condensation de vapeur
en pluie, qui augmente ou diminue le courant descendant. »

Il remarque qu'il pleut rarement avant la trombe , mais
qu'il pleut fortement après..... « Le bruit d'une trombe ne
ressemble en aucune manière à celui d'un tourbillon , il
semble une île qui croule.

» La projection des corps d'une trombe est encore contraire au mouvement d'un tourbillon qui attire tout à
lui , etc. »

J'ai dû citer ces opinions avec quelques détails , parce
qu'une partie des objections s'y trouvent placées à côté de
la théorie des tourbillons, et nous renvoyons aux chapitres
2, 4, 6, 7, etc., pour le reste de la démonstration. L'au-

teur renverse facilement la théorie de Franklin ; mais ce qu'il met à la place est tout aussi inadmissible.

361. De la Pryme, §§ 262, 264 ; Guettard, § 269 ; Shaw, § 199 ; Boschovich, § 276 ; Mussenbroek (*Cours de phys.*, ch. 42), Forster (*Observ. pendant un voyage*, etc., in-4°, p. 109) ; Falconer (*An univ. Dictionary of the marine.* Lond. 1780) ; Rozier (*Obs. sur la phys.*, etc., t. 7, p. 70) ; Monge (*Ann. chimie*, t. 5, p. 1) ; Oliver (*Trans. amer.*, *ph. soc.* 1786, vol. 2, 101), etc., ont émis avant Franklin, ou ont reproduit après lui les mêmes idées qu'il a développées dans ses Lettres. Quelques uns ajoutent aux vents contraires des dilatations ou des condensations de l'atmosphère, ou bien encore ils se servent seulement de cette cause de vents pour rendre compte de la formation des trombes au milieu d'un calme plat. Andrew Oliver donne à la trombe une forme de vis d'Archimède, afin que l'eau puisse monter au-delà de dix mètres ; il s'aide aussi d'une physique toute spéciale qu'il s'est créée pour arriver à l'explication de diverses parties des trombes.

Dʳ PERKINS.

362. Nous avons rapporté quatre exemples du docteur Perkins, aux §§ 208 à 211, nᵒˢ 18 à 21. (*Trans. am. ph. soc.* 1786, v. 2, p. 335.)

Après ces exemples, il entre dans quelques considérations théoriques dont voici les principales :

« Nous ferons remarquer, dit-il, que l'air des régions inférieures est chassé d'un côté ou de l'autre, soit par la chaleur des continens voisins, ou dans les calmes de certaines latitudes très-propices à l'élévation de température des régions inférieures. » Il se sert aussi de la supposition que nous avons déjà retrouvée tant de fois, que l'air étant refroidi dans les régions supérieures et conséquemment plus lourd, il descend vers les régions basses, dont il condense les vapeurs, qu'il transforme en gouttes tombant en colonne et formant par leur réunion cette colonne d'eau descendante.

Ayant supposé que les vapeurs qui se rencontreraient dans l'étendue de cette colonne suffiraient pour produire la masse d'eau descendante, il explique le bruit qui accompagne les trombes par la chute des gouttes d'eau tombant de très-haut. De même, le buisson au pied de la colonne n'est plus qu'un amas d'éclabousssures et la colonne ascendante une illusion d'optique. Pour lui, toute trombe est une colonne d'eau descendante ; il n'admet pas d'eau ascendante, ce qui est, dit-il, contraire aux lois de la nature ; lorsqu'il n'est pas possible de nier le soulèvement des objets et leur transport à une grande hauteur, il n'est nullement embarrassé, c'est par les tourbillons de vents qu'il en rend compte et croit satisfaire ainsi aux faits contradictoires qu'il trouve dans les relations.

Le tornado des Espagnols est un tourbillon de vent d'une très-grande violence. Voici la description qu'il en donne : « Le *tornado* apparaît subitement ; des nuages plus ou moins abondans s'étant rassemblés, un tourbillon en provient tout à coup et vient fondre sur la terre dans un espace limité de quelques toises en diamètre ; il s'avance d'un demi-mille ou d'un mille en longueur, dans le sens que soufflait le vent avant la formation du tourbillon. » C'est toujours par des raréfactions d'air qu'il explique ces raffales venant d'en haut et se projetant avec violence contre le sol, où il produit une puissante réaction, chassant tout ce qu'il rencontre. Des vapeurs, du brouillard ou des averses l'accompagnent et laissent des marques de son passage.

« Au mois de juillet, dit-il, pendant un jour très-chaud, vers quatre heures de l'après-midi, quelques nuages s'étant réunis vers l'ouest et s'étant avancés sur nos têtes, on vit

tout à coup un mouvement dans un espace de peu d'étendue
et aussitôt un tourbillon vint fondre sur le côté ouest d'une
maison et l'enleva avec le nègre qui y était renfermé , et
qui fut tué dans le conflit. Tout ce qu'il toucha fut recouvert de vapeurs humides , et toute la voie parcourue était
mouillée... »

Il donne la même explication pour les ouragans ; c'est
toujours un refroidissement local qui est la cause de tout.
(Voyez au § 222, les idées théoriques de Spallanzani.)

LAMARCK.

363. Dans l'*Annuaire météorologique* de 1807, Lamarck a
inséré un article sur les trombes.

« Les trombes , dit-il, sont un des phénomènes divers
qui appartiennent aux orages ; ce sont de grandes portions
de nuage qui quelquefois s'abaissent sous les nuages orageux, y forment un cône renversé qui s'allonge en colonne
brumeuse jusqu'à la surface de la terre ou de la mer, et
qui , dans les lieux qu'atteint cette colonne , cause ordi-
dairement des dégâts considérables.

» Elles ne sont pas , comme on l'a dit, l'effet des vents
qui soufflent en tout sens contre un nuage orageux, le condensent , et le forcent à pirouetter et à prendre en longueur
une extension verticale ; elles ne sont pas non plus les
suites de deux courans d'air parallèles et voisins , qui, par
l'effet de leur direction opposée, force la partie de l'atmosphère qui est entre les deux courans à prendre un
mouvement circulaire et à tourbillonner sous une figure
conique ; mais elles sont une des suites de la précipitation
de l'air supérieur aux nuages orageux, qui arrive par
masses sur ces nuages pour remplir le vide considérable
que la destruction d'un grand nombre de ses vésicules brumeuses subitement condensées y occassione, ou auquel

le déplacement subit d'une grande quantité de matière électrique donne lieu.

» Lorsque les masses d'air qui se précipitent sur les
nuages orageux et sur ceux qui se dégroupent, sont peu
considérables, elles s'échappent ensuite de ces nuages en
vents inclinés, sans tourbillonner fortement et sans entraîner avec elles les parties brumeuses du nuage ; elles produisent alors simplement les bourrasques ordinaires des
orages et des nuages en dégroupement. Mais lorsque ces
masses d'air sont d'une grande étendue, et qu'en se précipitant sur le nuage orageux, elles se trouvent gênées de
tous côtés par les pressions latérales des couches atmosphériques, alors elles s'élancent en tourbillon rapide qui
perce le nuage, entraîne avec lui ses particules brumeuses,
et forme sous ce même nuage ce cône renversé et
cette colonne fuligineuse et ambulante qui constitue la
trombe. »

A la suite de ces idées théoriques, il décrit une petite
trombe incomplète qu'il a eu occasion de voir le 16 mai
1806, à une heure trente-cinq minutes de l'après-midi.
(Voyez § 292.)

VOLNEY.

364. Nous ne citerons que pour mémoire les idées de Volney, qui ne reposent que sur des suppositions erronées et
incompatibles avec les lois de la physique. Suivant lui, les
Trombes sont des tourbillons de vent et d'eau que l'on voit
ordinairement dans les temps orageux. « Il paraît, dit-il,
que par suite de l'état orageux de l'air et de quelques
détonations imparfaites, il se fait dans la région moyenne
de l'atmosphère des vides dans lesquels les nuages sont entraînés par l'air qui y afflue ; quelques couches d'air plus
froides que les autres, condensent les nuages, comme fait

la goutte d'eau froide dans la pompe à feu, il s'y établit un mouvement de dissolution et de résolution en pluie; mais, soit parce que la couche inférieure résiste par sa densité ou par sa chaleur, soit parce que le tourbillonnement de l'air maîtrise et tient à demi suspendue l'eau qui veut tomber, les divers filets de cette pluie finissent par se rassembler inférieurement en un même faisceau, et cette masse prend la forme d'un entonnoir qui a sa bouche dans la nue en dissolution et sa pointe sur la mer où se fait le versement de l'eau rendue à son poids naturel. » (*Tableau du climat et du sol des États-Unis*, p. 204.)

CAP. NAPIER.

365. Voici les idées que le capitaine Napier a émises à la suite de la relation des trombes qu'il a vues le 6 septembre 1814, et que nous avons insérées au paragraphe 237.

« Après avoir été témoin de ce phénomène extraordinaire, je m'efforçai d'en indiquer les causes, m'appuyant sur les axiomes suivans :

» 1° L'eau dans le vide ne monte qu'à 32 pieds, ou en d'autres termes, une colonne d'eau de 32 pieds fait équilibre à une colonne de l'atmosphère qui a même base.

» 2° Il en est de même d'une colonne de mercure de 29 pouces et demi anglais.

» 3° La chaleur raréfie l'air et produit ainsi un vide partiel.

» 4° Lorsque l'atmosphère inférieure est raréfiée et devient plus légère que les nuages suspendus, ces nuages ou vapeurs tombent alors en pluie et se dispersent sur la surface du sol.

» 5° Lorsque les nuages descendent, le mercure descend aussi dans le baromètre; lorsque les vapeurs se lèvent des parties inférieures de l'atmosphère, qui est devenue plus dense qu'elles, le mercure monte également dans le baromètre.

» Maintenant que nous savons ce qui se passe dans ces diverses circonstances, appliquons nos connaissances acquises au phénomène des trombes.

» 1° Des nuages bas, pesans, noirs, furent aperçus, vers le sud, à midi, le baromètre restant à 30 pouces 1/10, et le thermomètre à 81° Fahr. dans un courant d'air froid; l'atmosphère en général devenait grise, épaisse en quelques places, serrée et très-chaude; le vent était variable et suivi d'averses. Un tourbillon de vent se forma, enlevant l'eau avec lui, apparemment dans l'état de vapeur ou de brouillard; il s'avança dans la direction du sud suspendu aux nuages noirs susmentionnés, s'accroissant en hauteur et en largeur par un mouvement rapide en spirale, jusqu'à ce qu'il arriva au contact du nuage qui s'était abaissé à sa rencontre : alors il déchargea une grande quantité d'eau, non en masse, mais en filets séparés ou raies, accompagnée d'une sorte de sifflement.

» 2° Après quelques temps, il retourna avec une grande vélocité vers le nord, en opposition au vent qui soufflait sur le vaisseau. L'eau à la base bouillonnait avec une vapeur blanche, dont une partie était projetée au dehors dans la circonférence, et une partie s'élevait en vapeurs épaisses et noires, qui s'arrangea graduellement en raies minces, en s'élevant vers les nuages, jusqu'à ce que, le nuage crevant, tout fut dispersé en averses.

» 3° Les nuages n'étant point encore saturés, ils descendirent et s'approchèrent graduellement de la mer.

» 4° Les nuages s'étendirent en larges masses noires sur une grande étendue de l'hémisphère ouest, et la partie au dessus de nous était très-épaisse et très-obscure.

» 5° La trombe, à sa base, couvrait 100 mètres d'eau en

diamètre, et dans sa partie la plus mince environ 150 mètres ; elle paraissait avoir 2 mètres en diamètre.

» La hauteur était d'environ 550 mètres.

» Enfin, pendant la durée de ce phénomène extraordinaire
dans l'atmosphère, le mercure dans le baromètre devint
seulement plus convexe qu'auparavant, et le thermomètre
monta d'un degré.

M. Napier observant ensuite que l'eau ne peut monter
au-delà de de 10 mètres 5 décimètres dans le vide, ce
n'est donc pas par sa puissance que l'eau est enlevée ; il
critique aussi l'énoncé de M. Olivier qui veut que les
nuages opèrent une succion, comme si c'étaient des pou-
mons ou des sacs aëriens, etc. Il donne ensuite l'explication
suivante :

« 1° Des courans de vent opposés les uns aux autres et s'a-
vançant vers un même centre avec des forces différentes,
impriment un mouvement rotatoire à la masse centrale de
l'air. L'espace central, n'ayant plus sa pression ordinaire,
l'air s'y raréfie naturellement par la chaleur qui existe, et
cela à un tel point que le vide est presque fait.

» 2° Ce mouvement giratoire continué, forme ce qu'on
nomme communément, un tourbillon, et la pression de
l'atmosphère à la base, force l'eau à monter jusqu'à certaine hauteur ; cette eau est alors portée plus haut par une
action mécanique du vent, en filets légers et isolés.
L'espace, formant la base, étant redevenue vide, est de
nouveau remplie par la pression extérieure jusqu'à ce que
le jet de la trombe soit parfaitement formé.

» L'eau arrivée à la région des nuages, elle y est naturellement attirée, disséminée et mêlée avec les nuages qu'elle
accroît, jusqu'à ce que l'atmosphère devenant plus légère
que les nuages qui la dominent, cette masse d'eau se repand et se résout en pluie.

Il explique la permanence de la colonne de mercure et

la plus grande convexité du ménisque de la manière suivante :

« La trombe dura à peine trente minutes. Ce météore a une formation trop prompte, une fin trop prochaine pour donner le temps au mercure de se déplacer. *Cette convexité pronostique seulement ce qui serait arrivé s'il n'y avait pas eu de trombe et ce qui arrive après l'événement, c'est-à-dire une atmosphère très-claire et d'une chaleur lourde.*

Dans sa relation Maxwel fait naître le commencement du tourbillon par le nuage qui descend d'une surface plane sous forme de cône et avant que la mer ne soit agitée à sa surface d'une manière visible.

Dans cette relation, au contraire, il paraît que la trombe a commencé par la mer. On a vu un jet ou tourbillon de vapeur parcourir des distances considérables, marchant vers le sud, avant de se mettre en contact avec le nuage, qui ne paraissait pas s'empresser de se réunir à lui. Dans les deux relations, on voit les nuages et la mer en communication par une longue colonne d'eau ; mais dans la dernière relation, cette colonne d'eau ayant pris son origine sur la mer, elle se développa beaucoup, et présentait plus de masse que celle provenant du nuage ; d'où on peut dire que dans le premier cas, le canal formant la trombe, ayant pris son origine dans les nues, agit comme un canal ou un conducteur, à travers lequel les nuages se déchargent dans la mer. Les trombes décrites par Maxwell paraissent avoir eu des dimensions beaucoup plus petites et moins redoutables que celles rapportées par le capitaine Napier.

Dans la formation des tourbillons de vent, on ne peut dire quelles sont les causes qui les font se former plus haut ou plus bas, plus près des nuages ou plus près de la mer ; il est naturel de penser que la dimension de cette

27

masse d'eau enlevée, doit varier avec le lieu de la naissance du tourbillon ; lorsqu'il aura commencé sur la surface de la mer, la colonne d'eau sera plus considérable que celle provenant des nuages.

La relation ajoute que l'eau tombée sur le bord de l'Erne était douce et non salée, et qu'on ne peut dire comment la distillation a eu lieu ; mais qu'il se peut que la quantité d'eau de la mer ait été trop petite relativement à celle des nuages pour l'altérer sensiblement. (*Edinb. phil. jour.* 6, 95 ; *An. ch. ph.* 19, 217.

M. DEFRANCE.

366. M. Defrance, dans son article *Trombe* inséré dans le *Dictionnaire des sciences naturelles*, après avoir rapporté quelques relations de trombes, ajoute des réflexions théoriques sur ce phénomène dont nous devons donner un extrait. (Cet article, de M. Defrance, est la reproduction de celui qu'il avait inséré dans le *Journal de physique*, t. 88, p. 269.)

« Nous n'avons jamais vu de trombes, dit-il, avant dix » heures du matin, ni après cinq heures du soir ; et celles » que nous avons rapportées, et dont l'heure a été indi- » quée, ne se sont pas montrées avant le lever ou après le » coucher du soleil. Elles ne se sont jamais présentées ni » pendant la nuit ni pendant l'hiver. » On voit que cet habile observateur ignorait la fameuse trombe qui dévasta Rome dans la nuit du 11 au 12 juin 1749, et dont le P. Boscovich a fait une relation d'un très-grand intérêt.

(Voyez sept exemples de trombes de nuit, §§ 276, 258, 270, 279, 311 et 313.)

« Il a fallu, continue M. Defrance, le concours de deux » circonstances pour toutes celles dont nous avons été les

» témoins. La première, c'est la présence du soleil pen-
» dant le phénomène, ou au moins peu de temps aupara-
» vant. La seconde, c'est l'absence du vent, ou seulement
» quand il faisait un vent très-faible, excepté toutefois dans
» l'espace occupé par la trombe, où il est quelquefois im-
» pétueux.

» Nous nous sommes jetés un jour au milieu d'une trombe
» qui passait près de nous, et nous avons éprouvé que le
» tourbillon de vent qu'elle occasionait était difficile à sup-
» porter, quoiqu'elle ne fût pas très-forte ; mais l'air était
» calme à quelque distance de la trombe. Elle avait lieu
» dans un bois au mois d'avril. Elle enlevait une très-
» grande quantité de feuilles sèches qu'elle éleva à perte
» de vue.....

» Au mois de juillet 1815, nous avons vu sur une pièce
» de terre labourée pendant la sécheresse, de petites trom-
» bes qui étaient signalées par l'enlèvement de la pous-
» sière sur les lieux où elles passaient. Un vent faible du
» nord-est les dirigeait sur le sud-ouest. Nous ne les avions
» pas aperçues avant qu'elles arrivassent sur cette pièce de
» terre, et nous n'en apercevions plus aucune trace, quand
» elles l'avaient dépassée, parce qu'alors leur effet n'avait
» lieu que sur des objets qui ne se déplaçaient pas visible-
» ment pour nous, comme le faisait la poussière de la pièce
» de terre labourée. Nous voyions quelquefois jusqu'à trois
» trombes à la fois sur cette étendue, et il était rare qu'il
» n'y en eût pas toujours une ou deux.....

» Les relations des trombes tendent à prouver que les
» moins fortes arrivent quand il y a peu ou point de nua-
» ges ; que les autres sont presque toujours accompagnées
» de grêle et d'un orage ; qu'elles ne sont jamais arrivées
» pendant l'hiver, ni pendant la nuit ; que toutes celles qui
» ont été remarquées attentivement, sont annoncées avoir
» eu lieu dans un temps calme, et ont été précédées par

» un temps chaud ; qu'elles s'élèvent toutes en spirale , en
» enlevant suivant le degré de leur force......

» J'ai été conduit , par l'observation de tous ces faits , à
» penser :

» 1° Qu'il n'y a que des trombes ascendantes ;

» 2° Qu'elles n'arrivent jamais pendant la nuit , ni pendant l'hiver dans nos climats ;

» 3° Qu'on ne doit pas faire de distinction entre celles de
terre et celles de mer ;

» 4° Qu'elles ne peuvent avoir pour cause des nuées condensées par des vents qui s'entrechoquent, ni des feux souterrains ;

» 5° Et à soupçonner qu'elles sont l'effet du rétablissement
de l'équilibre dans les couches de l'air , soit par la différence de leur température , ou par quelque vide qui se
forme à la partie supérieure de l'atmosphère.

» Les trombes qu'on a quelquefois prises pour être des-
» cendantes , parce qu'elles jetaient beaucoup d'eau , relâ-
» chaient seulement celle qu'elles avaient enlevée, comme
» celles qui ont lieu sur la terre rejettent autour d'elles
» les corps qu'elles ont enlevés , et qui sortent du tourbil-
» lon par la force centrifuge.

» Nous soupçonnons qu'une trombe est un courant d'air
» qui s'élève en spirale de bas en haut , de la même ma-
» nière que l'eau s'écoule en passant verticalement et avec
» tranquillité dans un lieu plus bas, comme il arrive quand
» elle passe dans un grand entonnoir. On voit alors au des-
» sus de cette eau tranquille un tournoiement au milieu
» duquel se trouve un petit trou qui engloutit les corps lé-
» gers qui se trouvent au dessus de cet écoulement , de la
» même manière que la trombe , dans un sens contraire ,
» enlève les corps qui se trouvent sur son passage à la sur-
» face de la terre. »

Après avoir fait remarquer que la forme en entonnoir

s'explique bien par un air ascendant, et qu'il n'en serait pas de même avec un air descendant ; « sa pointe qui ar-
» riverait en bas, dit-il, ferait tout le contraire de ce qu'on
» a toujours remarqué : elle formerait immédiatement au
» dessous d'elle un enfoncement prodigieux dans les eaux,
» au lieu d'y produire une élévation. Elle sillonnerait pro-
» fondément les terres au lieu d'enlever les corps comme
» elles font toutes.

» Les petites trombes dont j'ai été le témoin pendant le
» mois de juillet 1815, ayant eu lieu dans un temps calme,
» et par un ciel sans nuages depuis plusieurs jours ; j'ai
» pensé que la couche d'air la plus rapprochée de la terre
» se trouvant plus échauffée, et conséquemment plus lé-
» gère que les couches qui étaient au dessus d'elle, pou-
» vait s'élever en petites trombes nombreuses, comme
» celles que j'avais sous les yeux. »

Après ces données, M. Defrance avoue que cela ne suf-fit pas ;pour donner l'explication des trombes qui se for-ment pendant les orages ; d'autres suppositions s'ajoutent nécessairement aux précédentes.

On voit que M. Defrance ne connaissait pas les relations qui parlent de ces dépressions au milieu desquelles les co-lonnes descendantes plongent sans toucher le liquide. En-fin, pour cet auteur, comme pour plusieurs autres, ce n'est qu'un équilibre rompu par une différence de tempé-rature qui produit ces courans ascendans qu'on nomme *trombe*.

(Voyez § 294, pour connaître les idées théoriques de M. Tilloch.)

LE COMTE DE MAISTRE.

367. Dans le cinquante-et-unième volume de la *Biblio-thèque universelle*, année 1832, page 226, il y a un mé-moire de M. le comte Xavier de Maistre, intitulé : *Expé-*

riences initiatives pour servir à l'explication des Trombes, dont voici les principaux traits.

« Parmi les explications qu'on a données jusqu'ici des trombes, deux seulement méritent d'être discutées ; l'une est celle qui fait des trombes un phénomène d'électricité, l'autre est celle qui, lui attribuant une cause purement mécanique, suppose qu'elles sont produites par le mouvement circulaire de l'air. Le célèbre Francklin avait adopté cette dernière théorie ; la première a été soutenue par MM. Brisson et Berthelon, qui l'ont appuyée de toutes les preuves dont elle leur a paru susceptible.

» Par la seule électricité, on rend assez bien compte des trombes descendantes ; on peut en effet concevoir comment les nuages fortement électrisés peuvent être attirés par la mer et descendre jusqu'à sa surface, puisqu'ils n'opposent qu'une résistance insensible à la force qui les attire : mais il n'est pas aussi facile d'expliquer comment les nuages peuvent attirer et élever les eaux de la mer, et quelle est la force qui les retient dans les airs, lorsqu'ils supportent le poids d'une colonne d'eau dans les trombes ascendantes. D'ailleurs on a souvent observé des trombes qui ne donnaient aucun signe d'électricité.

M. de Maistre dit ensuite qu'il serait plus naturel de supposer que l'électricité, lorsqu'elle se manifeste dans le phénomène, est développée par le mouvement de l'air, qui occasione les trombes. Préférant reconnaître la cause de ce météore dans le mouvement de l'air, il a fait quelques expériences fort ingénieuses pour éclaircir le fait.

» En imprimant un mouvement rotatoire à la partie supérieure d'un liquide, on établit un tourbillon qui se communique peu à peu jusqu'au fond du vase ; le même effet a lieu si on superpose des liquides de différentes densités, et qu'on imprime le mouvement giratoire au liquide supérieur, et conséquemment le moins dense. Cette formation d'un tourbillon du point mis en mouvement jusqu'à l'extrémité du vase , a lieu également lorsque le mouvement est imprimé au fond du vase ; le mouvement giratoire et ascentionnel a lieu alors de la partie supérieure à la partie inférieure. Enfin , si on imprime ce mouvement au centre d'un liquide il se forme deux tourbillons, dont les pointes sont au moulinet, qui imprime le mouvement primitif et les bases aux deux extrémites des vases.

» On peut expliquer facilement la cause de ces mouvemens divers , dit M. de Maistre , si l'on observe que, lorsque le tourbillon se forme à la surface d'un liquide , la force centrifuge le chasse vers la circonférence , et occasione une dépression au centre ; l'équilibre rompu ne peut se rétablir que par l'axe du tourbillon qui n'est pas soumis à la force centrifuge : le liquide s'élève donc dans cette partie , pressé par les colonnes latérales qui ont plus de hauteur , et comme il est de nouveau incessamment chassé à la circonférence , il s'établit un courant ascendant continuel dans l'axe du tourbillon.

Il applique son expérience et son explication au tourbillon extraordinaire qui a lieu sur les côtes de Norwége , et qu'on nomme soltenstroem au moment des flux ou reflux. (Voyez *Voyage en Norwége et en Laponie*, par M. de Buch.)

» Ce soltenstroem est formé au fond du canal étroit et profond , suivant lui , où se presse l'eau des marées , tandis que la surface est immobile ; en effet , quelle que soit la rapidité que l'on donne à un tourbillon , à la surface de l'eau, la dépression qui se forme au centre n'augmente pas en raison de la vitesse , parce que le courant central ascendant remplace incessamment le liquide chassé à la circonférence ; au lieu que , lorsque le tourbillon se forme au fond de l'eau, le remplacement du liquide chassé à la circonférence , ne peut avoir lieu que par la partie supérieure de l'axe de rotation , ce qui nécessite le courant central descendant, et forme un gouffre à la surface.

» Il résulte de toutes les relations des voyageurs, que les trombes ont toujours lieu par un grand calme, ou tout au plus par une brise légère, et qu'on n'en observe jamais pendant les grands orages, qui sembleraient, au premier aperçu, plus propres à les produire. La raison en est que le choc des vents, qui produit le tourbillon primitif, est toujours très-éloigné du point où la trombe commence à paraître, comme cela a lieu dans l'expérience ; lorsque l'on veut élever une trombe du fond du vase, on excite le tourbillon à la surface du liquide, et lorsqu'on veut faire descendre une trombe au fond de l'eau, depuis sa surface, on forme le tourbillon au fond du vase.

Il suppose alors que le tourbillon primitif est formé dans les nuages, qu'il se communique peu à peu vers la mer, favorisé par le calme; s'il existait un vent rapide, le tourbillon serait rompu.

» On peut conclure des expériences et des observations qui précèdent, que la cause des trombes est purement mécanique, et que le seul mouvement de l'air, dans les tourbillons, suffit à leur production ; mais en n'admettant pas l'électricité comme cause immédiate du phénomène, il ne s'ensuit pas qu'elle ne puisse en être une cause éloignée, puisqu'il est possible que cet agent entre pour beaucoup dans la formation des tourbillons et des vents qui les produisent. » (Voyez 1ʳᵉ partie, chap. 2, la discussion de ces idées théoriques.)

LE PÈRE PIANCIANI.

368. Dans ses *Institutions physico-chimiques*, t. 3, partie 2ᵉ, chapitre 18, page 552 et suivantes, le père Pianciani traite la question des trombes. Après avoir fait la description de ce météore et cité la trombe près d'Aix, qui se di-

visa en trois branches et se réunit ensuite en une suivant la relation du P. Boschovich, il ajoute : Les trombes marines ne présentent pas habituellement d'apparences ignées, si ce n'est quelques éclairs ; quelquefois cependant elles se montrent tout en feu, mais c'est principalement lorsqu'elles sont passées sur terre. Il paraît que les trombes qui naissent sur terre, montrent plus souvent ces apparences ignées.

» Quant au phénomène principal, on en donne deux explications probables, l'une électrique, l'autre mécanique. Diverses circonstances nous montrent assez évidemment que si l'électricité n'est pas la cause unique ou primitive des trombes, elle en est une des causes ou au moins un effet ; tels sont le fracas qui les accompagne, les éclairs, les lueurs qu'elles présentent, alors surtout qu'elles ne sont plus sur l'eau conductrice. Ce qui semble confirmer cette opinion, c'est l'odeur de soufre assez commune dans les trombes de terre, et même les trous qu'elles laissent souvent dans les édifices ; ce sont ces pieds de trombes qui résistent au vent, attendant la portion de nuage éloigné avec laquelle ils s'unissent. La tension électrique pourrait peut-être dilater, refroidir, et faire dans l'intérieur de la colonne et autour d'elle une espèce de vide augmenté par le mouvement en tourbillon de l'air. De là, différens phénomènes ; l'air qui accourt, les corps pressés et soulevés ; c'est pour cela encore que les corps qui ne se trouvent pas sur leur passage, mais dans leur voisinage, en éprouvent cependant les effets.

» Néanmoins l'explication mécanique du phénomène principal semble plus probable après les expériences récentes de M. de Maistre. (Voyez § 367 et le chap. 2 de la 1re partie, page 4.)

Pour connaître les idées théoriques de M. Ogden, voyez § 239.

LE PROFESSEUR ŒRSTED.

369. M. le professeur OErsted , de Copenhague, a publié
un mémoire dans le *Schumacher's Iahrbuch*, *für* 1838 ,
qui a été reproduit en abrégé dans le cahier de septembre
1839, de la *Bibliothèque universelle*, n° 45, p. 145. Tout ce
qu'il dit sur ce météore, dans les chapitres *Nature générale
des trombes*, *Forme*, *Dimension* , *Couleur et transparence*,
Durée et marche , *Puissance* , *Bruit et odeur*, *Circonstances*, etc., et enfin *Formation et phénomènes des trombes*,
se retrouve partout et ne présente rien de nouveau.
Pour le peu que l'on soit au courant des relations qui ont
été faites de ce météore , on s'aperçoit facilement que
M. OErsted ne s'en est pas enquis, qu'il n'a pris que les
cinq ou six trombes qui passent d'un recueil à l'autre et n'y
a vu que ce qu'il voulait y voir. Aussi les déductions de ce
physicien se ressentent-elles du peu de documens qu'il
avait sous les yeux. Elles font suite à des phrases dou-
teuses, incertaines, comme : *il est probable, il est possible*,
on pourrait penser, et d'autres semblables. Tous les énoncés généraux sont suivis de restrictions et d'exceptions ;
ainsi il pense qu'un mouvement giratoire est la base, la
cause de la trombe ; cependant on a vu des mouvemens
d'ondulation ; on ne voit habituellement qu'une trombe par
nuage, cependant on a vu quatorze trombes suspendues à
la même nue, etc.

Un grand nombre de trombes s'étant formées pendant le
calme ou un vent modéré et régulier, il ne peut accueillir
l'hypothèse du conflit des vents dans la portion inférieure
de l'atmosphère , mais alors il le place dans les nuages
comme beaucoup d'auteurs l'ont déjà fait. Dans le chapitre
de la *Nature des trombes* , il se demande : « Que paraît
» donc être une trombe ? il paraît évident que c'est un

» tourbillon d'air, qui n'est pas plus visible que l'atmo-
» sphère elle-même, et qui ne le devient que par son mé-
» lange avec des vapeurs, de l'eau ou des matières so-
» lides.

» La source de ce tourbillon ne vient point d'en bas.
» Rien de ce qui concerne la croûte terrestre ne paraît en
» rapport avec ce phénomène ; les trombes se forment sur
» les sols les plus divers et sur les eaux. Elles ne sont point
» dues aux vents, car elles se forment surtout dans un air
» tranquille. Elles ont donc leur origine dans les régions
» supérieures. »

Ayant admis de prime abord que la cause des trombes
était un mouvement giratoire dans la partie supérieure de
l'atmosphère, il reproduit toutes les déductions de ses
prédécesseurs, c'est-à-dire qu'il chasse dans la tangente
les molécules intérieures du tourbillon, qu'il y fait un vide
où s'élancent les objets inférieurs, que l'air en montant se
refroidit et abandonne sa vapeur qui se résout en pluie,
quelquefois même en grêle... « *Il est probable* que les vio-
» lens orages de grêle qui dévastent de longues bandes
» étroites de la surface de la terre, *peuvent être dûs* à des
» tourbillons d'air qui prennent place dans les régions su-
» périeures de l'atmosphère, et dont la base ne descend
» pas au dessous des nuages inférieurs. Toutes les circon-
» stances qui accompagnent les orages de grêle, y compris
» le développement des forces électriques, se rencontrent
» aussi dans les trombes, et, *si l'on veut admettre* la coopé-
» ration de l'électricité dans la formation de la grêle, *il*
» *est possible* que son action contribue à augmenter les
» mouvemens produits par les tourbillons d'air.

» Près de l'axe des trombes *doit sans doute se condenser*
» une partie de la vapeur aqueuse. *C'est de là probable-*
» *ment* que provient la pluie en larges gouttes... »

Plus bas il dit : « De ce que l'électricité accompagne

» toujours le phénomène des trombes , ce n'est pas un mo-
» tif de conclure que son action soit la cause première du
» phénomène. On a récemment supposé que l'on pourrait
» expliquer leur mouvement giratoire, en y admettant
» l'existence d'un fort courant électrique qui recevrait une
» impulsion circulaire par l'influence du magnétisme ter-
» restre. Mais rien ne paraît établir la présence dans les
» trombes d'un véritable courant électrique. Les individus
» qui ont été en contact avec les météores , n'ont éprouvé
» aucun choc électrique, et néanmoins, aucun corps ne
» peut entrer dans un courant électrique ni en sortir, sans
» recevoir une étincelle. Un argument décisif contre cette
» opinion, c'est qu'une trombe dans laquelle il existerait
» un développement d'électricité tel, que le magnétisme
» terrestre dût lui imprimer un mouvement giratoire aussi
» violent, devrait nécessairement exercer une très-forte ac-
» tion sur l'aiguille aimantée , et aucun des nombreux vais-
» seaux qui ont été dans le voisinage de ces météores, n'a
» aperçu un effet semblable. »

Nous n'avons qu'une seule observation à faire sur ce qui
précède, et nous sommes surpris d'être obligé de la faire ;
c'est que les effets dynamiques, quels qu'ils soient, ne peuvent exister que par l'influence d'un courant continu, tel
qu'il existe à travers les conducteurs métalliques et liquides, mais qu'ils cessent aussitôt que le circuit conducteur
ne donne qu'un passage intermittent, comme le font les
points d'un tableau magique, ou les vapeurs vésiculaires
d'un nuage. La trombe n'est pas un conducteur liquide
dans toute son étendue , tel que nous l'entendons, ce n'est
point une colonne d'eau liquide , mais à l'état de vapeur,
et l'écoulement qui a lieu par un tel conducteur, ne peut
se faire que par une suite de décharges intermittentes de
vésicule à vésicule , et non un écoulement continu comme
cela a lieu dans les métaux ou dans l'eau liquide. Quant à

la commotion, elle existe, puisque la décharge a tué souvent les poissons des étangs. Si les relations ne les men-
tionnent pas chaque fois, c'est, d'une part, le peu d'exemples d'hommes placés au milieu d'une trombe, leur enlèvement, leur perte de connaissance et souvent leur mort.
Cependant les relations rapportent ce fait, comme celle
§ 250, 260 et plusieurs autres.

Quant à la cause du mouvement giratoire, M. OErsted
répète l'affirmation de ses prédécesseurs, c'est la rencontre
des vents contraires. Voici ses propres paroles : « Mais
quelle peut être l'origine de pareils tourbillons? *On peut
comprendre* qu'ils se forment lorsque deux courans d'air
suivent des directions parallèles, mais en sens opposés.
Or, rien ne s'oppose à ce que nous puissions admettre
l'existence de pareils courans dans les régions supérieures
de l'atmosphère... Ainsi, quoique nous n'ayons pas de
preuve directe que de semblables courans aient précédé
la formation des trombes, comme *ils doivent être* très-fré-
quens, et qu'*ils doivent* avoir assez d'énergie pour donner
naissance au météore, *on peut admettre* qu'ils en sont la
première cause.

4° Électricité considérée comme cause des trombes.

BECCARIA.

370. Beccaria doit être mis à la tête des physiciens qui
ont résisté à la fausse théorie des tourbillons de vent, son
esprit judicieux et si rigoureusement observateur a bien vu
qu'une telle théorie était inconciliable avec les faits. Dans
son *Traité d'Electricité artificielle et naturelle*, imprimé
in-4° à Turin en 1753, traité qu'il ne faut pas confondre

avec celui d'*Electricité artificielle*, imprimé également à Turin, in-4°, en 1772, il dit dans le chapitre 7 : « L'opinion que les typhous et les trombes de mer sont produits par le choc des vents contraires, quoique généralement répandue, est cependant peu conforme à l'observation. Je citerai pour exemple qu'en 1747, naviguant de Livourne à Onéglia, le 29 août entre deux et quatre heures de l'après-midi, je vis plusieurs trombes pendant que la mer était dans un calme complet. Un marin en compta dix-huit. Ce phénomène me convainquit que le conflit des vents n'était pas la véritable cause des trombes ni celle des typhons. »

Cet auteur entre dans quelques détails sur la forme de ce météore, le bruit qu'il fait, l'agitation des eaux, sa durée et l'époque la plus ordinaire de son apparition. Il remarque que la plus grande partie des trombes naissent pendant les mois chauds et donnent des signes nombreux d'électricité, sous forme d'éclairs. Elles sont aussi très-souvent accompagnées d'averses et de grêle et se terminent assez brusquement. Persuadé que l'électricité est la cause de ce phénomène, il a cherché à en reproduire une petite image en terminant un conducteur électrique par une goutte d'eau, suspendue au dessus d'un vase rempli d'eau. Au moment qu'on électrise le conducteur, la goutte d'eau suspendue s'allonge et la surface du liquide du vase s'élève en un petit bouton conique; on entend alors un petit craquement, pendant les échanges électriques; de ces trois faits il conclut à la similitude des trombes avec la goutte d'eau allongée, du buisson ou pilier avec le bouton conique et enfin des bruits divers aux éclats des décharges électriques.

Beccaria, comme on peut le voir, était sur la voie de la vérité, et il l'eût atteinte s'il fût venu cinquante ans plus tard, lorsque la science s'était agrandie et completée dans plusieurs de ses parties. Je n'indiquerai pas ici ce qui

manque à ces observations et à ces expériences pour être
complètes, ce serait reproduire ce que j'ai dit dans les
chapitres de 6 à 15 de la première partie. Si ce savant
homme fût venu au monde un demi siècle plus tard, il n'eût
pas été arrêté dans ses déductions, par la cause productive de l'électricité; il n'aurait pas été arrêté par une difficulté qui n'existait pas, par le besoin d'admettre des
corps frottés et frottans pour produire l'électricité de l'atmosphère. A son époque on ne connaissait pas d'autre
cause productive que celle du frottement; ses erreurs et
ses omissions sont celles de son temps et non de son esprit.

WILCKE ET WILKINSON.

371. Dans la relation du phénomène que nous avons
rapporté § 280, Wilcke démontre que l'électricité est la
cause de ces sortes de *Tourbillons*. Wilkinson, que nous
avons oublié d'inscrire dans le tableau, page 185, pense
aussi que l'électricité est la cause des *trombes*. *Elements of
Galvanisme*, etc. London, 1804, vol. 2, 287.

BRISSON.

372. « Si une nue orageuse, dit Brisson, et par conséquent électrique se présente à une distance convenable de
la terre, la partie la plus voisine de la terre sera attirée
et s'allongera en descendant vers la terre, et voilà une
trombe descendante, il ne peut y en avoir d'autres sur la
terre; mais si la nuée se trouve sur la mer ou sur une
grande quantité d'eau, une partie de cette eau sera attirée
vers ce nuage et formera une trombe montante. On voit
bien que le plus ou moins de force électrique dans le nuage
doit introduire de grandes variations dans le phénomène,

et que, dans ce cas, la trombe sera ascendante si le courant de matière électrique qui sort de la mer est plus fort ; descendante si c'est celui de la nuée qui l'emporte, et participant de l'une et de l'autre, si les deux courans sont égaux en force.

M. Brisson a fait voir par une expérience directe que l'eau, étant attirée par un corps électrisé, s'élève en cône au dessus du niveau.

Le mémoire de M. Brisson est dans ceux de *l'Ac. sc.*, 1767, p. 409. Brisson était de l'école de l'abbé Nollet, il regardait l'électricité comme une matière effluente ou affluente ; c'est pourquoi il fait monter ou descendre la colonne nuageuse suivant la marche du fluide effluent.

LACÉPÈDE.

373. Le comte de Lacepède, dans son Essai sur l'électricité, chercha à expliquer aussi la formation des trombes par la présence de l'électricité (t. 2, p. 332 et suiv.) Dans plusieurs passages on voit qu'il concevait que l'attraction de la terre et d'un nuage orageux pouvait forcer ce dernier à descendre et à s'approcher du sol. Malheureusement le tout est indiqué en termes si généraux, si peu précis, si peu motivés, que l'esprit glisse sur de tels énoncés sans rien y avoir de certain et de prouvé par les faits.

(Voyez § 227 pour connaître l'interprétation de M. Michaud.)

TH. YOUNG.

374. Th. Young, dans ses *Leçons de Physique*, vol. 1, p. 716, dit :

« Le phénomène des trombes, s'il n'est pas d'origine électrique, paraît avoir quelques connexions avec les causes électriques. Une trombe consiste généralement en un large écoulement, comme une pluie très-dense, très-agitée, montant et descendant par un mouvement en spirale, en même temps que toute la trombe est transportée horizontalement, accompagnée en général par un bruit semblable à celui des vagues. Les trombes sont quelquefois, quoique rarement, observées sur la terre, mais généralement dans le voisinage des eaux ; elles sont communément plus larges dans la partie supérieure ; quelquefois il y a deux cônes de projetés, un du nuage, l'autre de la mer, au dessous du premier, de manière à se rencontrer, la jonction étant accompagnée d'un éclair : lorsque le cône a montré ce jet de lumière, il a peut-être servi à conduire l'électricité lentement des nuages à la terre. Quelques unes de ces circonstances peuvent être expliquées en considérant une trombe comme un tourbillon aspirant et montant l'eau qu'elle a séparée de la surface de la mer ; et le reste peut être déduit de la coopération de l'électricité existant déjà dans le nuage voisin. »

375. Voyez le § 290, où est le passage concernant M. de Humboldt ; le § 159 pour celui de Beechey, et les Annales de Gilbert, t. 73, 95, pour connaître les idées de Horner.

Delalande, dans l'Histoire de l'Astromonie pour 1805, insérée dans le *Magasin encyclopédique* de mars 1806, pag. 69 et suivantes, rapporte la cause des ouragans, dans lesquels il comprend les trombes, à des orages qui s'étendent sur d'immenses espaces.

GAVIN INGLIS.

376. « J'ai observé, dit M. Gavin Inglis, avec un grand intérêt les différentes opinions sur les lois et les principes de ce phénomène prodigieux qu'on nomme *Trombe*..... Je n'ai point eu l'occasion de voir des trombes en pleine mer,

mais j'ai eu le bonheur d'en voir deux, une ascendante, l'autre descendante. C'est de la vue de ces deux météores que j'ai pu me former l'idée de leur cause que je présente.

» Le 2 juillet 1788, étant près des étangs de Abbotshall, le temps se couvrit et devint très-sombre. Rien ne pouvait paraître plus menaçant que cette atmosphère obscurcie par des nuages d'une épaisseur et d'une obscurité peu communes, qui s'étendaient de Fife-Ness jusque vers Saint-Abb's head. Du nuage avancé, formant le front de l'orage, une ligne bien définie, paraissant grosse comme un câble ordinaire, descendit jusque sur la surface des eaux; mais bientôt, prenant de l'étendue, elle parut aussi grosse qu'un fort vaisseau, et continua de s'accroître en s'approchant du Firth.

» Ce météore vint au dessus du Firth avec une telle vitesse, poussé par son électrique vélocité, qu'il devança la légère brise de l'est qui soufflait alors. Un marin, assis dans son bateau et voyant le météore s'approcher, n'eut que le temps de lever l'ancre en pierre et de se garer de son passage. Ce marin dit que la surface de cette *trompe* (*proboscis*) avait toute l'apparence d'une chaudière bouillante. Le bruit sifflant qu'elle faisait entendre fit croire aux témoins placés sur la côte que l'eau tombait de la trombe et faisait craindre la destruction de la partie ouest de la ville; mais lorsqu'elle arriva sur la côte et que l'eau lui manqua, cette *proboscide* diminua d'épaisseur et de densité, et se détacha enfin de l'eau inférieure en s'élevant vers la nue en une belle spirale, et traversa au dessus de la ville en ne versant qu'une averse ordinaire. Ce fait me fit conclure que dans ce genre de trombes, l'eau de la mer montait vers les nues.

» Tandis que l'eau montait et s'éloignait sans dommage *à la négative*, tous les effets d'une trombe descendante avait lieu à quelque distance de là, sous la forme d'un torrent de pluie, à l'autre bout *positif*. Ce double effet d'eau ascendante et descendante est dépendant des lois de l'électricité. Lorsqu'un nuage est électrique et qu'il cherche à s'équilibrer avec l'océan, la surface de l'eau est assez fortement agitée et s'élève en colonne pour se réunir au cône descendant. L'auteur dit que l'électricité s'échappant à angles droits vers un centre commun, oblige de toute nécessité l'eau à s'élever ; mais si au contraire le cône descend obliquement, le courant électrique étant oblique, la force agira partiellement ; et, au lieu d'agir dans un ensemble vers un point, elle donnera un mouvement oblique et rotatoire, etc. »

L'auteur s'étend beaucoup dans une suite de suppositions pour prouver que l'eau enlevée par l'attraction électrique à l'un des côtés du nuage est déversée par l'autre, principalement lorsque le côté opposé de la nue est près d'une élévation de terrain. . . . . etc.

Il cite une trombe qui eut lieu le 18 juillet 1792, vers trois heures de l'après-midi, au dessus de Benardy, colline près celle qui sépare Loch-Leven de Loch-Orr, à la suite d'une belle matinée. On remarquait entre les nues une agitation extraordinaire ; on voyait des projections de vapeurs blanches sortir des nues très-sombres ; enfin on vit un large et brillant éclair s'échapper de la portion inférieure du nuage. Cet éclair fut aussitôt suivi d'une trombe ayant la forme d'un cône renversé, qui joignit la nue à la colline et qui inonda le pays circonvoisin. L'eau qui descendait de la colline ressemblait à des vagues de la mer agitée. . . . . La rivière Leven, au dessous du pont d'Auchmoor, fut remplie à l'instant. (*Phil. Mag.*, vol. 52, année 1818, pag. 216.)

MM. LE PRÉDOUR, HARE ET DE TESSAN.

377. M. Le Prédour dit que le phénomène des trombes est attribué à l'électricité. . . . « J'ai passé auprès de quelques trombes au moment où le tourbillon se formait, et j'ai été en position de faire les observations suivantes :

» Par une force électrique ou un tourbillon ascendant, un mouvement circulaire est donné à une petite partie de la surface de la mer, autour de laquelle on voit des brisans, et les eaux semblent tourner avec une vitesse de 2, 3, 4 ou 5 milles par heure. Au même moment, une très-grande partie de l'eau que contient la trombe se disperse en parties extrêmement fines, ressemblant à de la fumée ou à de la vapeur, et en faisant un grand bruit, qui provient de la vitesse avec laquelle tourbillonnent ces gouttes d'eau ; elles montent en décrivant une spirale jusqu'à ce qu'elles se joignent au nuage qui est au dessus. Au milieu de la trombe, il existe une lacune dans laquelle les gouttes d'eau ascendantes ne pénètrent pas ; et dans cette lacune, ainsi que le long de la partie extérieure de la trombe, il semble pleuvoir : cela vient de ce que la force motrice n'étant pas assez puissante dans ces parties pour faire monter l'eau, elle retombe en forme de pluie.

» La lacune qu'on aperçoit au centre de la trombe est probablement la colonne transparente qu'elle paraît former quand on la voit de loin. Durant les calmes, les trombes ont une direction verticale ; mais quand il vente, elles sont inclinées et courbées, selon la pression que le vent exerce sur elles. . . . . . . On en rencontre rarement la nuit, quoiqu'il me soit arrivé une fois d'en trouver une. Les trombes ne sont pas aussi dangereuses que le prétendent quelques personnes, qui disent que, quand elles se rompent, elles jettent assez d'eau pour couler un navire. Je ne pense pas qu'il en soit ainsi, attendu que l'eau ne tombe que comme une forte pluie ; mais un petit bâtiment courrait le danger de chavirer s'il avait beaucoup de voiles dehors. » (Introd. de la traduction des *Inst. naut.* d'Horsburg, 18-20.)

Les idées théoriques du professeur Hare ayant été jointes à la relation de la trombe de New-Brunswick, § 308, nous y renvoyons le lecteur. Il en est de même de M. de Tessan, dont nous avons fait connaître les interprétations au § 252.

5° Averse considérable dont les gouttes se rapprochent en tombant.

EELES.

378. M. Eeles, dans sa lettre du 25 novembre 1754, *Phil. Tr.*, ann. 1755, vol. 49, p. 147, dit que les trombes ont été bizarrement décrites, en supposant qu'elles pouvaient être formées par une colonne d'eau ascendante. « Je n'ai jamais rien vu de semblable, dit-il, et je ne vois dans aucune relation qui mérite confiance une pareille assertion ; c'est pourquoi je pense qu'il n'en est nullement ainsi. Les trombes ne sont que des *averses* très-limitées tombant d'un épais nuage, qui prend la forme conique tout en tombant, jusqu'à n'avoir qu'une forme très-resserrée avant d'arriver à la mer : cette averse tombe violemment et avec fracas dans la mer. Il est probable que cette forme conique vient de l'attraction générale ; car, tandis que les vapeurs flottent dans l'air, suivant leur pesanteur spécifique, elles sont également attirées par l'air comme elles le sont l'une par l'autre. Mais lorsque leur pesanteur spécifique est grandement augmentée par leur transformation en larges gouttes et abandonnant une grande partie de leur électricité qui les

faisait flotter, la grande quantité d'eau qui se trouve tomber au centre de l'averse attire les gouttes extérieures.

379. Toutes les opinions émises sur la cause des trombes se renfermant dans ces cinq interprétations, nous ne trouvons pas qu'il soit nécessaire de multiplier les citations au-delà de celles qui précèdent. D'un autre côté, nous n'avons pas voulu relever chacun des énoncés qui nous ont paru fautifs ou incomplets, puisqu'il nous aurait fallu reproduire chaque fois les preuves que nous avons rassemblées dans la première partie de cet ouvrage, et auxquelles nous renvoyons.

FIN.

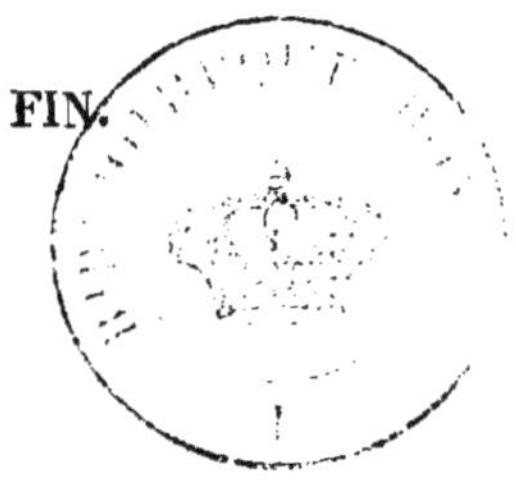

ERRATA.

—

Page 67, ligne 21, § 78, *lisez :* 77.
— 104, ligne 19, 142, *lisez :* 143.
— 106, — 31, Geebie, *lisez :* Geekie.
— 107, — 24, pont de la, *lisez :* port de la.
— 228, — 27, Brinold, *lisez :* Reinold.
— 270, — 12, 151, *lisez :* 251.
— 320, — 4, 383, *ajoutez :* (Nº 25.)

LISTE ALPHABÉTIQUE

DES AUTEURS CITÉS DANS CET OUVRAGE.

Les recueils scientifiques contiennent des observations sans en indiquer les auteurs. Nous en avons pris dix-huit de ce genre, qu'on trouvera aux paragraphes 135, 268, 287, 295, 301, 313, 318, 328, 333, 340, 345 et 349.

EXPLICATION DES FIGURES.

TABLE DES MATIÈRES.

DEUXIÈME PARTIE.

FIN DE LA TABLE DES MATIÈRES.

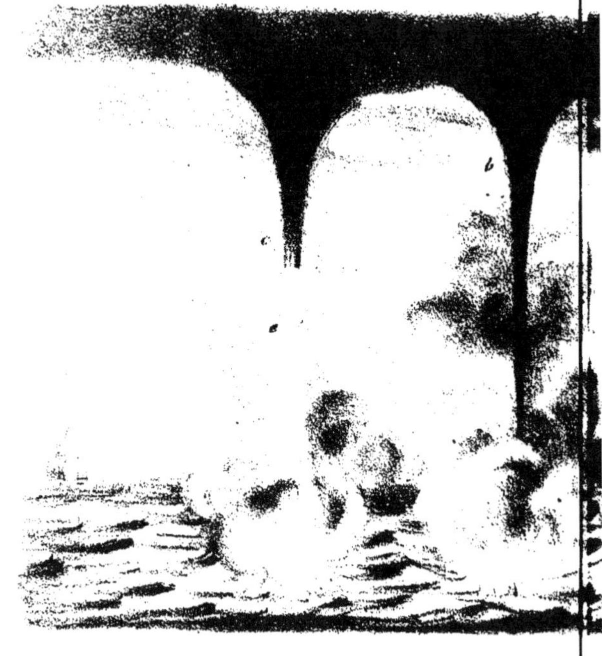

Fig. 1

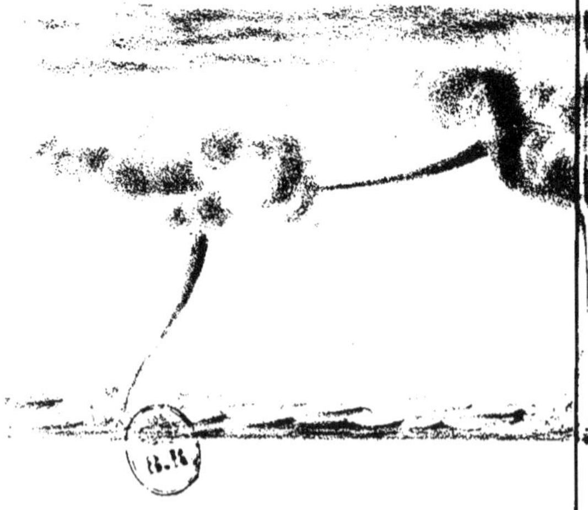

Fig. 16.

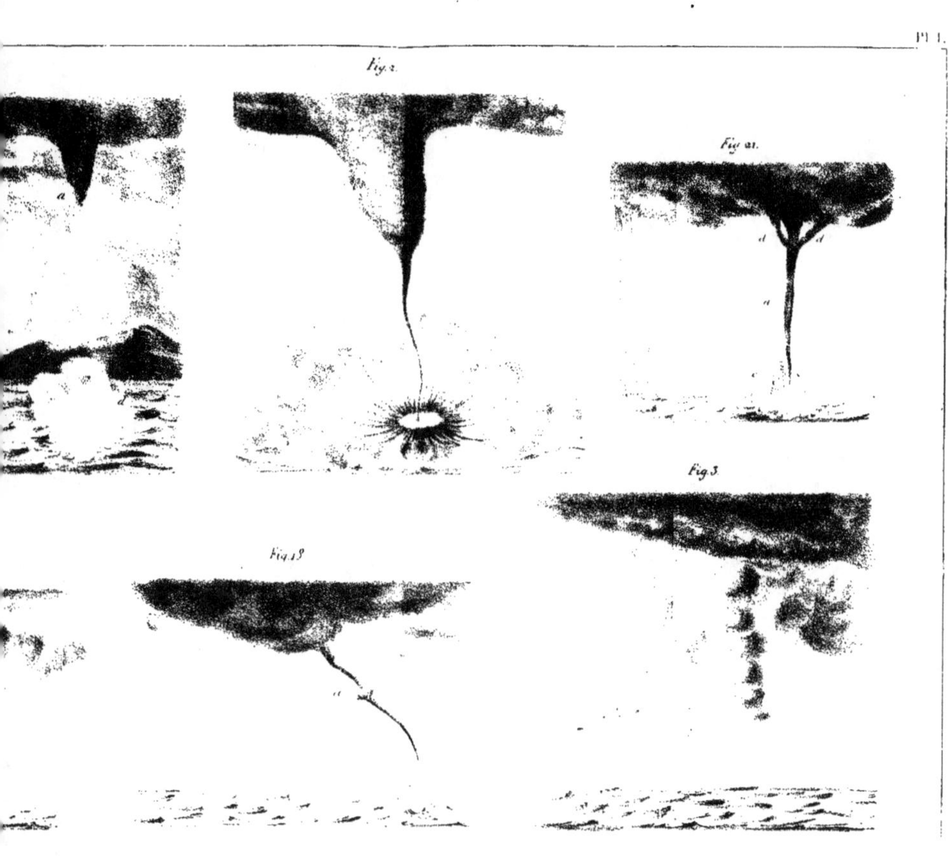

Fig. 2.
Fig. 21.
Fig. 3.
Fig. 19.

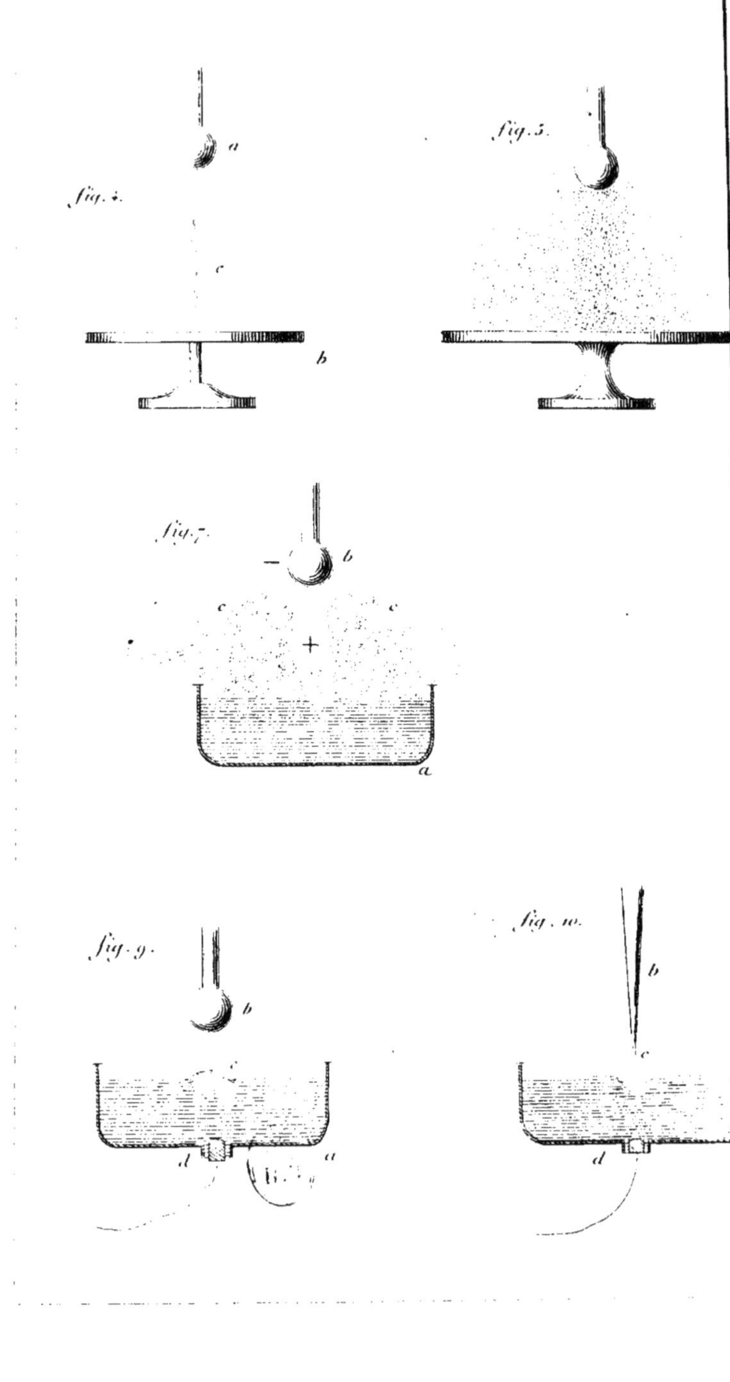

fig. 4.
a
c
b
fig. 5.
fig. 7.
b
c
e
a
fig. 9.
b
c
d
a
fig. 10.
b
c
d

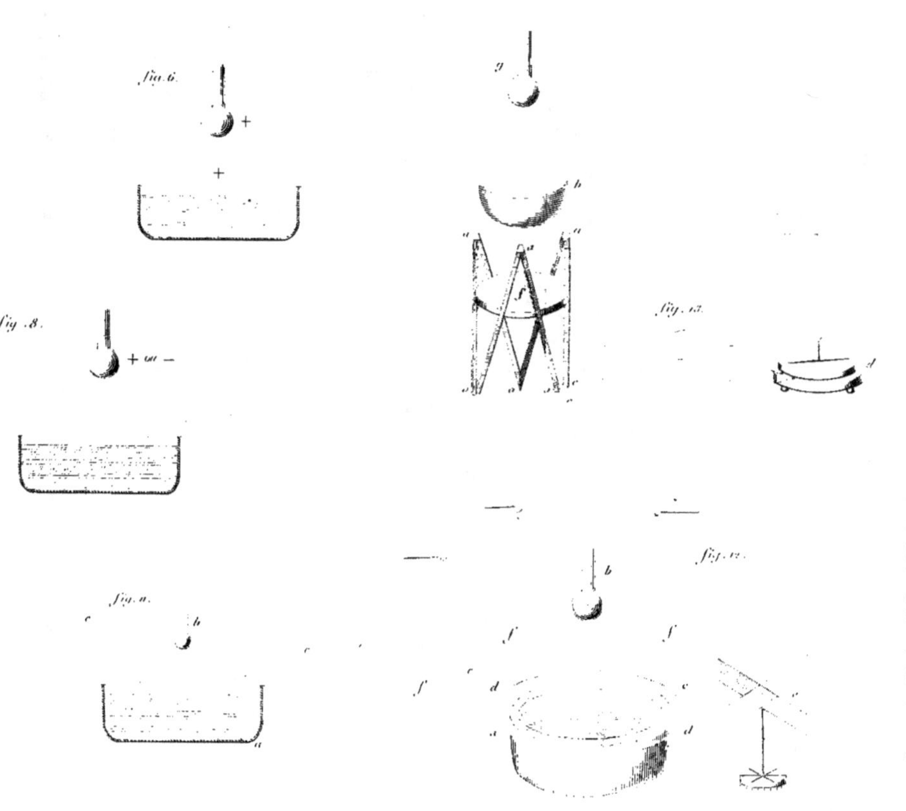
fig. 6.
fig. 8.
fig. 11.
fig. 13.
fig. 12.

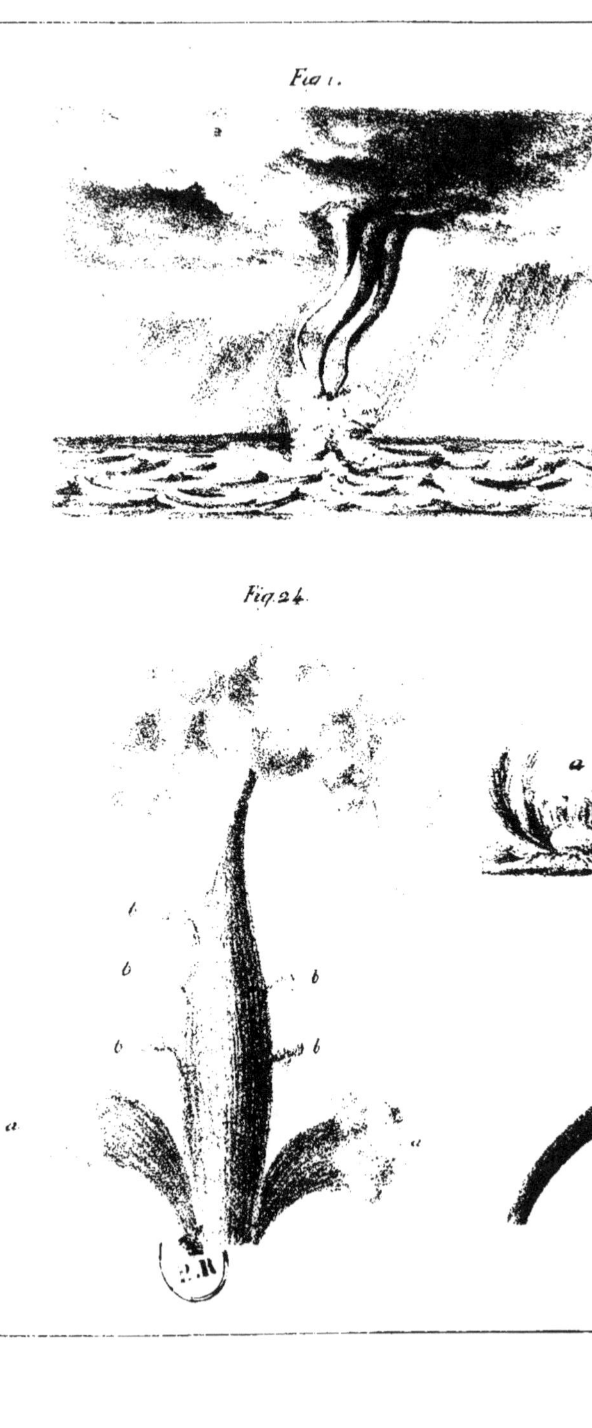

Fig. 1.

Fig. 24.

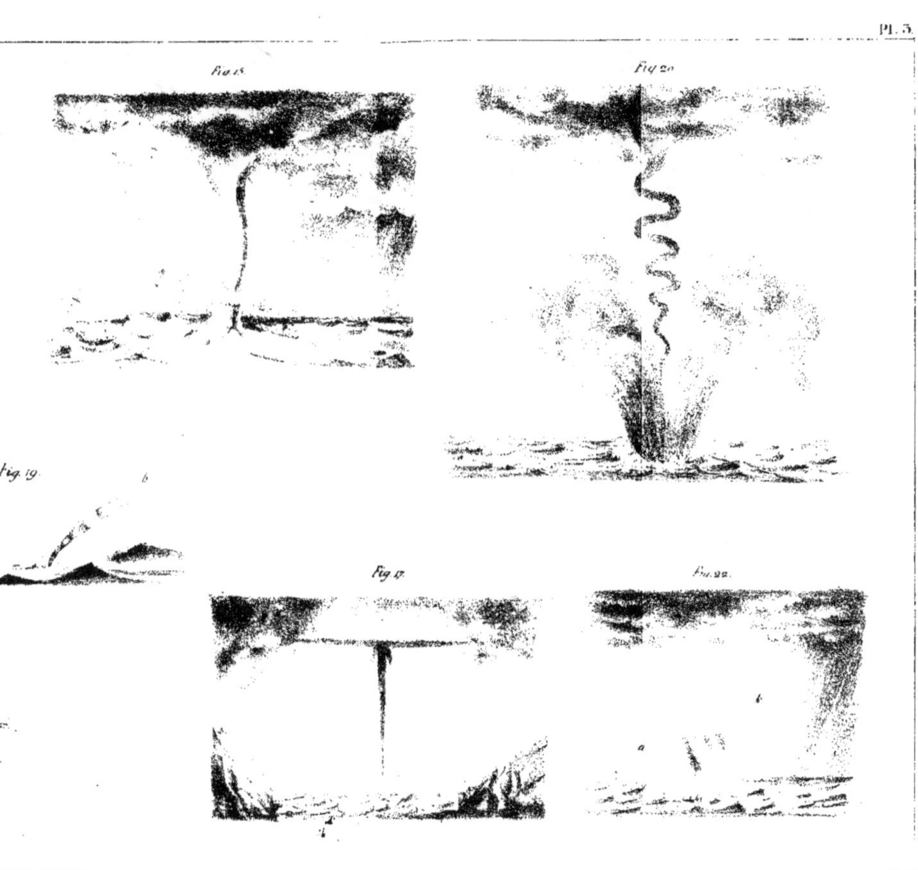

Fig. 18.
Fig. 20.
Fig. 19.
Fig. 17.
Fig. 22.